Unterwegs in die Welt von morgen

Utopische Geschichten
und Science-fiction-Romane

Verlag Das Beste
Stuttgart · Zürich · Wien

146

Printed in Germany
ISBN 3 87070 561 2

Unterwegs
in die Welt von morgen

JAMES BLISH UND NORMAN L. KNIGHT
Tausend Milliarden glückliche Menschen
Ins Deutsche übertragen von Helga Wingert-Uhde

ERSTES BUCH

1

DIE STADT im Bilderrahmen in Biond Smith' Büro stand hochkant. Biond konnte es natürlich nicht sehen, weil er mit dem Rücken dazu stand. Nur ein winziger Spiegel in der hufeisenförmigen Konsole verriet, was im Rahmen erschien. Aber das spielte keine Rolle. Sein Besucher sollte die senkrechte Stadt betrachten.

Während Biond die letzten Bilder eines Filmstreifens durchsah, studierte Jothen Kent, sein Besucher, die Stadt mit offensichtlichem Interesse. Schließlich war es Jothens Stadt: Gitler, Missouri. Er war dort oberster Wasserbauingenieur. Jothen wußte sogar, daß sie diesen merkwürdigen Namen einer Gruppe ukrainischer Flüchtlinge verdankte: Sie hatten sie nach dem Dritten Weltkrieg gegründet.

Auch Biond kannte die Geschichte, die allerdings keinen Eindruck auf ihn machte. Für Biond und die Planungsbehörde für Katastrophenfälle war Gitler die Stadt Nr. 2103, Weltzone 6.

„Sieht komisch aus, wenn man's so betrachtet", sagte Jothen. „Ich bin daran gewöhnt, die Stadt von innen zu sehen – in Begriffen von Schleusen, Rohrzuleitungen und so weiter. Von wo aus wurde das Bild aufgenommen?"

„Vigil achtzehn, Teil des Relais-Satellitennetzes", antwortete Biond und überflog den letzten Teil von Jothens Protokoll. Er wandte sich um und schaute das Bild direkt an. Plötzlich war ihm, als gleite er seitwärts aus dem Sessel, in seinen Ohren dröhnte es. Bionds Orientierungsvermögen war vom Visuellen her beeinträchtigt, manchmal befiel ihn sogar ein Schwindelgefühl, wenn er eine Landkarte betrachtete. Nur Marg't Splains Anwesenheit in der Zentralbehörde hatte ihn daran gehindert, sich zur Therapie zu melden. Jetzt klammerte er sich unauffällig an die Armlehnen des Sessels.

Der Prozeß war umkehrbar: Er konnte das Bild wie eine Karte, die an der Wand hing, betrachten. Das ganze Gebiet innerhalb des Rahmens war einheitlich grün, bis auf das farblose Quadrat des Flugplatzes, der direkt in der Mitte der Stadt lag. Um den Flugplatz herum bildete ein mattschwarzes Netzwerk ein weiteres Quadrat, etwa drei Kilometer vom Rand des gepflasterten Gebietes entfernt. Dies wiederum umgab ein anderes Quadrat, das sich um die gleiche Entfernung nach außen hin erstreckte. Acht Kilometer vom geometrischen Mittelpunkt entfernt, war die Stadt schließlich zu Ende – eine Pyramide mit der Seitenlänge von sechzehn Kilometern. Dieses letzte Quadrat unterbrachen vier riesige Ellipsen, die in jede Seite schnitten; es sah so aus, als hätte jemand in eine riesige Waffel gebissen. Wenn man sich den Biß näher anschaute, konnte man sogar die Abdrücke der Zähne erkennen: Apartmentreihen von achtzig Stockwerken waren auf zehn dreißig Meter hohen, zurückgesetzten Fassaden errichtet.

Die chinesischen Mauern, die sich über jede einzelne Ebene der Stadt schlängelten, wiesen das gleiche System der Zurücksetzung auf wie die Ränder der einzelnen Ebenen. Die zweiunddreißig Stufentürme erhoben sich an den Ecken eines jeden Quadrates und an jeder Seite im Verhältnis von 1:2:1:0. Die Türme waren deshalb bemerkenswert, weil sie sich wie der Flugplatz grauweiß gegen den gleichmäßig grünen Hintergrund abhoben; sonst wären die kleinen konzentrischen Kreise, als die sie auf dem Bild erschienen, aus einer Höhe von fünf Kilometern nicht mehr zu erkennen gewesen.

Abgesehen von der Regelmäßigkeit und den verhältnismäßig kleinen Ausmaßen hätte Gitler, Missouri, irgendeine Stadt auf der Erde sein können – irgendeine von hunderttausend anderen. Und nur die Regelmäßigkeit, der vollkommen rationale Grundriß, verriet dem geübten Auge, daß es eine „Katastrophenstadt" war.

Nach einem Augenblick mußte sich Biond abwenden; seine Muskeln versuchten, auf die illusorische Verschiebung der Gravitationsebene zu reagieren. Er hatte das alles für Jothen inszeniert, und es war dumm, daß er sich selbst in die Sache verwickeln ließ. Selbst in diesem Jahr der Vernunft 2794 steckte in den meisten Menschen eine gewisse Unsicherheit, die hervorgerufen wurde, wenn man sich etwas sehr Vertrautem in unbekanntem Zusammenhang gegenübersah. Die senkrecht stehende Stadt war ein Schachzug Bionds, um Jothen Kent davon zu überzeugen, daß er zu Hause bleiben mußte.

Jothen schien überhaupt nicht beeindruckt zu sein. Er war groß und grobknochig, das rote Haar trug er nach konventioneller Art kurz geschnitten. Sein unregelmäßiges, ausdrucksvolles Gesicht trug deutlich kaukasische Züge, über den Augen standen dichte rotgoldene Augenbrauen. In jener Zeit sah man selten Körperhaar, aber Biond mußte gestehen, daß die hellen Büschel über den blauen Augen eine keinesfalls unangenehme Wirkung hatten. Der Kontrast von Rotgold und Blau wiederholte sich in dem unregelmäßigen Muster von Jothens halblangem Mantel, den er ohne die beliebten, übermäßig gepolsterten Schultern trug. Im übrigen war Jothen streng nach nützlichen Gesichtspunkten gekleidet: Sandalen und weiße Shorts.

„Du hast deinen Urlaub verdient, Jo", sagte Biond schließlich und schaltete den Filmprojektor ab. „Zugegeben, seitdem Gitler erbaut wurde, war es nie bewohnt, und du hast die ganze Zeit dort Dienst getan. Aber jetzt kennst du den anderen Teil der Geschichte. Möglicherweise müssen wir die Stadt von einem Augenblick zum anderen füllen."

„Die Wahrscheinlichkeit dafür ist meiner Meinung nach ziemlich gering", sagte Jothen langsam. „Sonst hätte ich nicht mein Urlaubsgesuch eingereicht. Keine der Städte, für deren Entlastung Gitler gedacht ist, liegt auch nur in der Nähe der Gefahrenzone. Was eine Epidemie betrifft, so ist sie noch unwahrscheinlicher als ein Erdbeben – deine eigene Seuchenabteilung teilt mit, daß seit dem Winter des Jahres 2742 von keinem Ort der Erde auch nur ein Niesen gemeldet wurde. Die Stürme in meinem Gebiet sind vorüber, und außerdem glaube ich, daß moderne Städte hundertprozentig wetterfest sind. Und der Urlaub steht mir zu."

„Ich weiß", sagte Biond. „Trotzdem bin ich der Meinung, daß du ihn in deiner Stadt verbringen solltest."

Jothen zuckte die Schultern. „In Gitler kann man nicht viel unternehmen. Eine Katastrophenstadt ist verdammt langweilig, Biond."

Dagegen ließ sich nichts einwenden. Biond überlegte, ob sich der Versuch lohnte, Jothen davon zu überzeugen, daß auch Novoe-Washingtongrad und selbst York Basin verdammt langweilige Orte waren.

„Wohin willst du denn fahren?"

„Steht alles im Bericht. Ich dachte an einen Planeten."

„Kommt nicht in Frage", sagte Biond brüsk. „Stell dir vor, deine Stadt muß innerhalb kurzer Zeit bevölkert werden und du bist in der Zwielichtzone des Merkur. Das wäre ein schöner Schlamassel. Warum fährst du nicht in eines der Reservate? Wenn ich mich recht erinnere, ist doch gleich in der Nähe eines."

„Sicher", sagte Jothen. „Das Hungerfelsen-Reservat. Kim arbeitet dort als Ökologe. Ich glaube nicht, daß sie sich für den Gedanken erwärmen könnte, den Urlaub zu Hause zu verbringen."

„Nun, es gibt immerhin noch den Strand, die schwimmenden Hotels, das Hochland, die Pole", sagte er. „Aber ich glaube nicht, daß du dort noch Glück haben wirst. Sie sind auf Jahre im voraus ausgebucht. Hast du dir irgendwo etwas reservieren lassen?"

„Nein", sagte Jothen. „Ich wollte warten, bis du . . ."

„Du liebe Güte, Jo. Du verschwendest deine Zeit."

„Das glaube ich nicht", sagte Jothen. „Wenn die Planeten nicht in Frage kommen, würde ich am liebsten meinen Urlaub mit einer Beschäftigung verbringen, die mit meinem Beruf zusammenhängt. Ich habe keine Lust, Sehenswürdigkeiten zu bestaunen oder schwimmen zu gehen. Wie wäre es, wenn ich in eine der großen Küstenstädte fahre oder an einen Ort unter dem Meer, um dort die Wasserversorgungsanlagen zu besichtigen? Ich habe gehört, daß man für das Tritonriff eine neue Technik entwickelt hat."

„Hm. Sprichst du Triton – oder den Delphindialekt?"

„Ich spreche nur Basic", sagte Jothen gelassen. „Kim beherrscht eine Menge Sprachen, weil sie ununterbrochen Kontakt mit der Öffentlichkeit hat. Wenn du mit der Reise einverstanden bist, könnte ich jede beliebige Sprache lernen. Als angestellter Bürger ist es mir gestattet, mit den Lernmaschinen jedes Thema, das mit meiner speziellen Tätigkeit zusammenhängt, zu studieren, und ich denke, eine derartige Reise würde unter diese Kategorie fallen." Jothen beugte sich vor und spreizte die Hände auf den Oberschenkeln. „Schau mal, Biond", sagte er, „ich kenne dich schon eine ganze Weile, aber selbst einem Fremden wäre es aufgefallen, daß diese Geschichte mit der Sprache eine reine Spitzfindigkeit ist. Soweit ich sehe, gibt es keinen einzigen vernünftigen Grund, warum ich Gitler nicht für drei Wochen verlassen könnte, es sei denn wegen der allgemeinen Politik, daß man die Leute nicht zum Reisen animiert. Und dazu kann ich dir nur sagen, daß ich diese Politik für unsinnig halte."

„Da hast du unrecht", sagte Biond. „Das ist im Gegenteil sehr wichtig. Beantworte mir eine Frage, Jo. Wenn der Katastrophenfall eintritt, wie viele Menschen müssen wir dann mindestens umsiedeln?"

„Ich verfolge die Zahlen genauso aufmerksam wie du. Etwa hundert Millionen."

„Stimmt. Du wirst mit mir einer Meinung sein, daß das eine ganze Menge ist. Nehmen wir also an, ein Prozent der gegenwärtigen Weltbevölkerung setzt sich in den Kopf, jedes Jahr einmal eine einmonatige Urlaubsreise zu unternehmen. Wir müssen für die Leute natürlich Transportmittel liefern, desgleichen vorübergehend für Unterkunft, Verpflegung und Entspannung sorgen. Nein, hol nicht den Rechenschieber heraus. Ich kenne die Zahl im Schlaf. Das sind etwa eins Komma sechs Milliarden Menschen pro Monat."

„Das hätte ich nicht gedacht", gestand Jothen.

„Das ist erst der Anfang. Die Zahl ist hypothetisch, weil wir gar nicht genug Angestellte haben. Die meisten Menschen sind arbeitslos. Wir wagen nicht, sie zu ermutigen, nach Herzenslust herumzureisen."

„Bist du sicher, daß nur so wenige Leute arbeiten?"

„Wenn ich es nicht weiß, wer sollte es dann wissen? Sieh mal, Jo. Du lebst in einer Stadt, die für eine durchschnittliche Bevölkerung entworfen wurde, sie ist jedoch leer. Nur das Wartungspersonal lebt dort, und jeder hat seine Arbeit. Das ist eine seltene und in höchstem Maße künstliche Situation. Seit der Kybernetischen Revolution sinkt die Zahl der arbeitenden Menschen ständig in einer Exponentialkurve. Wir haben buchstäblich nur noch Verwendung für kreative und administrative Menschen von einem Niveau, das unseren Großvätern in der Tat als sehr hoch erschienen wäre. Des weiteren haben wir durch die Erschöpfung der Erbanlagen, die stattfand, als die Bevölkerung ihrem gegenwärtigen Höhepunkt zustrebte, eine große Anzahl regelrechter Idioten. Bis auf ein Zehntelprozent der Weltbevölkerung leben alle von Unterstützung. Und es kann geschehen, daß du und ich und eine erschreckende Anzahl anderer Angestellter schon im nächsten Jahr durch irgendeine neue Denkmaschine deklassiert werden – und dann leben auch wir von der Unterstützung."

Jothen zupfte nachdenklich an seiner Nase. „Dann gibt es also eigentlich gar kein Urlaubsproblem", sagte er schließlich.

„Natürlich nicht. Es ist etwas weitaus Schlimmeres. Wir haben eine Bevölkerung, die die ganze Zeit über nichts mit sich anfangen kann. Es liegt auf der Hand, daß wir nicht zulassen können, daß sich die gesamte Bevölkerung ununterbrochen auf Reisen befindet, nur weil sich die Leute langweilen. Wir können die wichtigsten Transportverbindungen nur mit Mühe und Not aufrechterhalten. Wir müssen die Leute veranlassen, zu Hause zu bleiben. Wir tun das auf ein Dutzend verschiedene Arten. Zum Beispiel erhalten wir die Sprachgrenzen künstlich aufrecht. Wenn es sein müßte, könnten wir der Welt über Nacht eine gemeinsame Sprache bescheren – jeder, der eine Arbeit hat, spricht ja heute schon Basic, und das brauchte kein Privileg zu sein –, statt dessen jedoch schaffen wir noch zusätzliche Sprachrivalitäten. Aus diesem einzigen Grunde haben wir die Erde hispanisiert."

„Den Ausdruck kenne ich nicht", sagte Jothen.

„Entschuldige. Im alten Spanien verachtete der Katalane den Basken. Wir haben für jeden, der nicht arbeitet, zur Ehrensache erklärt, daß er nur eine einzige Sprache spricht. Desgleichen haben wir die Leute ermutigt, die örtlichen Sitten und kulturelle Substanz zu wahren. Wenn man die Lieder, die in einer beliebigen Stadt in einem beliebigen Land gesungen werden, nicht kennt, ist man ein Narr, ein Ausgestoßener. In diesem Teil der Welt gab es vor etwa eineinhalbtausend Jahren ein Lied, das all dies hübsch zusammenfaßte. Es ging um die Frage, wie man den Bauern auf seinem Hof halten wolle, nachdem er Paris gesehen hat."

„Man erteilte ihm Befehle", sagte Jothen, „wie du es mit mir machst."

„Nein, damals war die Landwirtschaft nämlich noch in privaten Händen. Unser Problem ist weitaus schwieriger. Wir haben keine Bauern, nur Manager. Wir müssen den Pariser in Paris halten, obgleich er dort nichts zu tun hat."

„Warum", fragte Jothen ruhig, „verschwendest du deine kostbare Zeit, um einen einzigen Menschen ‚auf seinem Hof' zu halten? Warum mußte ich nach Novoe-Washingtongrad kommen, wenn der einzige Grund für deine negative Entscheidung die allgemeinen Richtlinien sind? Du hältst nicht jeden einzelnen Bittsteller zu Hause, indem du ihn zu einem persönlichen Interview herbeizitierst. Warum also mußte ich hierherkommen?"

„Ich habe nicht gesagt, daß die allgemeinen Richtlinien der einzige Grund sind. Ich erkläre dir das alles nur, weil du die Sprache darauf gebracht hast – jetzt siehst du, daß es einen Sinn hat. Der Grund, warum ich versuche, dich zu Hause zu halten, ist der, daß ich Vorsitzender der Planungsstelle für Katastrophenfälle bin und keine Lust habe, allein eine Horde von Menschen in eine Katastrophenstadt evakuieren zu müssen, deren Wasserbauingenieur verreist ist."

Nach einer Weile fügte er hinzu: „Und damit komme ich zu einem anderen Punkt. Die Jones-Tagung ist dieses Jahr für Gitler angesetzt. Sie beginnt zwei Tage nach deiner voraussichtlichen Abreise. Du wirst es nicht wissen, aber die Chavez-Tagung im vergangenen Monat hat derart viel Wasser verschwendet, daß man erwägt, Tagungsjahre völlig abzuschaffen. Ich mußte die Hälfte der Angestellten jener Stadt, in der die Tagung stattfand, entlassen."

„Wo war das denn?" fragte Jothen interessiert.

„Das kann ich dir nicht sagen. Es war bereits eine Indiskretion, daß ich den Namen der Gruppe genannt habe. Bitte geh der Sache nicht weiter nach."

„Natürlich nicht. Aber mach dir wegen der Jones-Gruppe keine Sorgen. Der Clan stirbt aus – wir erwarten kaum mehr als eine Million. Wenn uns die Sing-Tagung zugeteilt worden wäre, dann hätte ich Bedenken, aber ich glaube, wir können alle Mitglieder des Jones-Clans auf der zweiten Ebene im Nordostflügel unterbringen. Die Jungs werden mit den Leuten schon fertig."

Biond zuckte die Schultern. „Gegen deine Einschätzung der Lage ist natürlich nichts einzuwenden."

„Danke. Nun, Biond, wie lautet das Urteil?"

„Du hast eine Stelle. Dadurch bist du ein freier Mensch. Wenn du deiner Meinung nach Gitler drei Wochen verlassen kannst, vermag weder ich noch sonstjemand auf der Welt dich daran zu hindern."

„Zum Teufel, Biond, das weiß ich", sagte Jothen. „Natürlich hätte ich gern deine Zustimmung, damit ich nicht deklassiert werde, wenn sich herausstellen sollte, daß ich mich geirrt habe. Biond, mach's mir bitte nicht so schwer. Diese Reise ist für mich wichtig. Ich hoffe, ich kann Kim dazu bewegen, mich zu heiraten. Bisher bin ich nicht weit gekommen, aber ich habe das Gefühl, daß die Dinge nach drei Wochen, in denen wir ununterbrochen zusammen sind, ein wenig anders liegen. Zumindest hat sie Gelegenheit festzustellen, wie das Leben mit mir auf einer Vierundzwanzigstundenbasis aussieht.“

Eine Schockwelle lief durch Bionds Magengrube. Irgend jemand in der Zentralbehörde mußte geredet haben – vielleicht Marg't selbst. Wie konnte Jothen sonst so genau seine verwundbare Stelle kennen? Und wenn er Bescheid wußte, dann war Jothens Schritt unerhört und aufdringlich. In diesem Licht betrachtet, schien auch der Urlaub auf dem Triton-Riff von Anfang an Jothens Ziel gewesen zu sein – er hatte mit verdächtiger Bereitwilligkeit die Unmöglichkeit, einen der üblichen Orte zu besuchen, akzeptiert . . .

Biond wurde durch ein Licht abgelenkt – zwei der durchsichtigen Tasten auf der Konsole leuchteten auf. Je nachdem, welche Taste in welcher Farbe aufglühte, konnte sich Biond mit einem Blick über die Art des Anrufs und den wahrscheinlichen Dringlichkeitsgrad orientieren. Die Entwicklung dieses Systems hatte unzählige Telefonisten aufs Abstellgleis geschoben; all das war vor langer Zeit geschehen.

Ein Anruf kam von der Zentralbehörde. Die Taste leuchtete grün auf, was offizielle Geschäfte bedeutete. Weil die meisten Anrufe in diese Kategorie fielen, handelte es sich vermutlich um eine Routineangelegenheit. Die Taste der Transportbehörde war gelb – mäßige Dringlichkeit. Als Biond nach dem Schaltpult griff, leuchtete sie scharlachrot auf – das war ein seltenes Signal, und es bedurfte keinerlei Erklärung.

Bionds Hand zögerte über dem Knopf mit der Aufschrift „Tonband“, er überlegte, ob er die beiden Nachrichten zur späteren Inspektion aufnehmen lassen sollte. Dann drückte er auf den Knopf. Kein Notfall, den Transcorp entdeckte, konnte die Planungsstelle für Katastrophenfälle so direkt betreffen, daß ein sofortiges Einschreiten nötig wurde. Überdies tat man besser daran, Notfällen mit konzentrierter Aufmerksamkeit zu begegnen.

Die Lichter erloschen. Jothen beobachtete Biond wachsam und erwartungsvoll. Ganz offensichtlich hatte Jothen vertraulich gesprochen und Biond nicht angreifen wollen, sondern vielmehr seine eigene Würde in einem Akt der Freundschaft bloßgelegt. Wenn er jetzt negativ reagierte, würde Jothen das als Unfreundlichkeit auffassen und, was noch schlimmer war, als gefühllos. Von

Bionds Seite wäre es Neid; Jothen würde es zwar nicht erfahren, aber er, Biond, wußte es.

Verdammte Marg't Splain. Und verdammter Chen U. „Ich will ein Auge zudrücken", sagte Biond plötzlich energisch. „Ich glaube, du hast recht, Jo. Die Katastrophenbehörde kann dich für vierzehn Tage oder so entbehren. Und viel Glück bei Dr. Wernicke. Warum ist sie übrigens nicht auch hier?"

„Sie ist bei einer Exkursion, sonst hätte ich sie mitgebracht, damit sie mich unterstützt. Irgendein Schmarotzer ist in ihrem Gebiet aufgetaucht. Danke für den Wunsch – ich werde Glück nötig haben."

„Wir brauchen Erbanlagen wie ihre und deine."

„Das erzähle ich ihr die ganze Zeit", sagte Jothen, „aber irgendwie scheint es nicht das richtige Argument zu sein. Auch all die anderen verfangen nicht." Er erhob sich lächelnd und streckte seine Hand aus. „Nochmals vielen Dank. Ich werde natürlich auf dem laufenden bleiben."

„Nichts zu danken, Jo. ‚Mögest du die Tiefen in Frieden finden.'"

„‚Und die Dunkelheit schweigend'", antwortete Jothen ebenfalls in der Tritonsprache. Erst als sich die Tür hinter ihm geschlossen hatte, erinnerte sich Biond daran, daß Jothen behauptet hatte, außer Basic keine andere Sprache zu beherrschen. Der Wasserbauingenieur hatte seinen Chef gründlich überlistet.

2

DEBAN TOD holte das Päckchen aus dem Lieferschacht und öffnete es. Sein Gesicht nahm einen theatralischen Ausdruck an. „Das scheint ein Planktongericht zu sein", sagte er. „Ich hatte eigentlich für uns alle etwas Besonderes bestellt, meine Damen und Herren, aber es hat anscheinend nicht geklappt."

„Ich habe nichts dagegen", sagte Chen U und machte es sich in seinem Sessel bequem. Der feingliedrige Mann mit den klaren Zügen wirkte neben Deban Tods enormer Gestalt noch kleiner; er bewegte sich jedoch mit einer so großen Selbstsicherheit, daß es nicht weiter auffiel. Als Vorsitzender der Weltversorgungsbehörde war er eigentlich der Präsident der gesamten Erde. Chen U tat jedoch nichts, um diesen Eindruck zu verstärken, und er verstand es geschickt zu verbergen, daß seine Frau, Marg't Splain, ein und einen halben Kopf größer war als er selbst. Haltung, Sprache, Gestik, Handlungsweise verrieten seine Gelassenheit und Selbstsicherheit.

„Ich auch nicht", sagte Biond schnell. „Glücklicherweise habe ich das Zeug seit einem Monat nicht mehr serviert bekommen."

„Sehr gut", sagte Deban. Er ließ sich neben Biond auf die Couch sinken. „Greift zu."

Biond bediente sich, obgleich er kaum Appetit hatte. Wie die anderen aß er mit den Fingern, den Löffel benutzte er lediglich für Nahrung, die nicht fest genug war; zwischendurch spülte er die Finger und den Mund. Der Eßtisch hatte sich aus der Mitte des Fußbodens erhoben. In die Platte waren Fingerschalen eingelassen, und Ventile, die durch eine Handbewegung ausgelöst wurden, sorgten dafür, daß sie stets zur Hälfte mit lauwarmem Meerwasser, das eine Spur Zitronensäure enthielt, gefüllt waren.

Es war Spätnachmittag. Die Strahlen der Sonne fielen schräg durch die Veranda ein. Biond hätte lieber draußen gegessen, aber wenn die Zentralbehörde sich in Debans Wohnung traf, mußten alle drinnen speisen. Deban war nicht nur das gewählte Oberhaupt der Kommunikationsbehörde, sondern auch leidenschaftlicher Amateurgärtner.

Die Blumen wirkten auf Dorthy Sumter, die schlanke blonde Repräsentantin der Behörde für Unterwasserprodukte, faszinierend. Dieses Ministerium bildete ursprünglich eine Nebenabteilung der Weltversorgungsstelle und war erst vor kurzem autonom geworden; aus diesem Grunde saß Dorthy erst seit wenigen Wochen in der Zentralbehörde und kannte Debans Gewächse noch nicht.

„Sind sie gefährlich?" erkundigte sie sich mit einem Blick auf das Farbengewoge auf der Veranda. Sie sprach Basic mit einem Akzent, den Biond nicht ohne weiteres erriet. Er hätte Polynesisch sein können, die Agglutination jedoch konnte auch auf einen französischen Einfluß hindeuten. Plötzlich wußte Biond Bescheid, und er wunderte sich, warum er nicht gleich darauf gekommen war – es war natürlich ein Tritonakzent.

„Ja und nein", antwortete Deban. „Manche Leute entwickeln Sensitivierungsreaktionen gegen einige Blumen – sogenannte Allergien sind das –, wenn sie genug Zeit haben. Ich halte meinen Garten jedoch lediglich aus dem gleichen Grunde versiegelt, aus dem auch die Biologischen Reservate geschlossen sind – um zu verhindern, daß sich meine Lieblinge im Weltwald aussamen. Ich könnte mir vorstellen, daß Chen U mächtig gereizt wäre, wenn sich herausstellte, daß sich einige dieser Pflanzen mit seinen Züchtungen gekreuzt haben."

„Das ist schon vorgekommen", sagte Chen U.

Marg't Splain betrachtete nachdenklich Dorthys Rücken. Die jüngere Frau trug einen glitzernden Smaragdgürtel, der zu ihren Haaren paßte, ohne die gebräunte Haut blaß wirken zu lassen. Obgleich sie fast mager war, wirkte ihre Figur delikat und interessant; man erriet nicht sofort, warum sie im Haus bekleidet ging. Die meisten Menschen trugen nur außerhalb ihrer vier Wände Kleider, um sich bei speziellen Tätigkeiten zu schützen, zu Hause jedoch ging man im allgemeinen nackt.

Biond war so gut wie sicher, daß Marg't darüber nachdachte, welchen körperlichen Defekt Dorthy zu verbergen hatte. Er wußte es besser. In der Zeit, als die Unterwasserbehörde von der Ernährungsstelle abgetrennt wurde, hatte er Dorthy einige Male in ihrem Privatbüro auf dem Riff besucht. Dort, wo sie zu Hause war, war ihr schlanker Körper unbehindert, makellos und einzigartig graziös von einer Aufgabe zur anderen gehuscht.

Der Gürtel war vermutlich ein Zeichen für ihre Unsicherheit. Es war immer noch ungewohnt für sie, Mitglied der Zentralbehörde zu sein, und sie empfand vor Marg't, die die Transportbehörde leitete, mehr als ein bißchen Scheu. Vermutlich wollte sie lediglich vermeiden, daß sie die komplizierten Vorschriften für normale Nacktheit beachten mußte – war sie doch kaum mit den weitaus komplizierteren Vorschriften für die Rangordnung in der Zentralbehörde vertraut.

Biond mußte zugeben, daß diese Vorsicht klug war. Er war zwar in Marg't Splain verliebt, machte sich jedoch über ihre Großzügigkeit keinerlei Illusionen. Sie würde sofort Anstoß nehmen, falls Dorthy versehentlich etwas tat, was für eine nackte Frau als unschicklich galt, wie zum Beispiel sich vorbeugen oder laufen – sie würde Anstoß nehmen und politisches Kapital daraus schlagen. Die einfache Bekleidung hatte zur Folge, daß sich Dorthy zumindest in dieser Hinsicht keine Sorgen zu machen brauchte.

Er wußte, daß auch in seine Richtung gelegentlich prüfende Blicke fielen, denn auch er war, im Gegensatz zu den übrigen Gästen, bekleidet. Er konnte nur hoffen, daß man seinen formellen Lendenschurz als höfliche Geste Dorthy gegenüber auffaßte.

Zum Glück erregte noch eine andere Person Aufsehen. Dorthy hatte einen Triton mitgebracht. Diese Geschöpfe waren ein Wunder der Tektogenetik; sie konnten unter Wasser und an Land leben. Tritonen kümmerten sich um die Ernten der Behörde für Unterwasserprodukte und standen in engem Kontakt mit den Delphinen. Die Tritonen waren eine neue menschliche Spezies.

Dieser Triton, er hieß Storm, war Dorthy Sumters Stellvertreter. Er war groß und sehr schlank, hatte eine gescheckte dunkle Haut, was jedoch nichts besagte, weil die Tritonen ihre Hautfarbe wechseln konnten – es war für sie eine ergänzende Form der Verständigung –; die langen, flachen Muskeln verrieten den Schwimmer. Storm war jung und hatte ruhige, ebenmäßige Züge. Obgleich seine interkostalen Atmungsöffnungen jetzt unsichtbar waren, erkannte man den Triton an den Schwimmhäuten zwischen Fingern und Zehen, an seinem Kamm, den Warzen auf dem haarlosen Scheitel und an verschiedenen unauffälligeren Merkmalen.

Am überraschendsten war, daß er ununterbrochen weinte. Dieser Fehler der Tritonen hatte bisher jedem Versuch der Tektogenetiker widerstanden, obgleich sie andere, wichtigere Fehler ausgemerzt hatten. Notgedrungen stimmte die Körperflüssigkeit der Tritonen mit dem Tonus des Meerwassers überein, das bedeutete, daß sie um 1,5 Prozent salziger war als die Körperflüssigkeit der Landbewohner. Das galt auch für ihre Tränen; und wenn diese an der Luft verdunsteten, wurden sie zu konzentriert für das Augengewebe. Daraus ergab sich, daß ein Triton an Land, jedesmal wenn er blinzelte, automatisch Tränen vergoß. Obgleich Storm seit der Begrüßung nichts gesagt hatte und den anderen mit höflichem, aber abwesendem Gesichtsausdruck lauschte, machten die mechanisch fallenden Tränen Biond nervös.

„Da wir gerade bei den Reservaten sind", sagte Marg't unvermittelt, „hat jemand von euch schon einmal darüber nachgedacht, wie es sein müßte, wenn man richtige Eier ißt? Oder richtigen Schinken?"

„Marg't!" sagte ihr Mann tadelnd. „Das ist doch wohl bei Tisch nicht das rechte Thema!"

„Ich würde sagen, genau das richtige", sagte Deban Tod. „Obgleich mir die Frage ein bißchen akademisch vorkommt."

„Wieso?" Marg't wandte ihrem Mann die schönen Schultern zu. Ihr aristokratisches, vollkommen gleichmäßig gemeißeltes Gesicht wurde allmählich lebhaft unter dem phantasievoll geformten, helmförmigen Haaraufbau. „Darum habe ich doch die Reservate erwähnt. Dort könnte man das richtige Tier bekommen. Die Angestellten im Reservat müssen doch manchmal Tiere vernichten, nicht wahr?"

„Ja", sagte Chen U. „Nicht oft, aber hin und wieder doch."

„Dann dürfte es nicht weiter schwierig sein. In den Büchern steht, von welchem Tier Schinken stammt, und das Reservat könnte es dann liefern. Oder?"

„Nein", sagte Chen U. „Nicht einmal jemand aus der Zentralbehörde könnte ein Tier aus einem Reservat herausschaffen. Wenn ein Kadaver vernichtet werden muß, so geschieht das im Reservat selbst. Niemand könnte einen herausbringen."

„Ich schon", sagte Marg't, und Biond blickte sie von der Seite an. Er war davon überzeugt, daß sie recht hatte.

„Ich habe heute gerade mit einem jungen Mann gesprochen", sagte er. „Seine Verlobte ist leitende Ökologin in einem der Reservate. Ich habe ihm einen Gefallen getan. Vielleicht könnte ich ihn zu einer Gegenleistung bewegen." Marg't warf dem Chef der Katastrophenbehörde einen prüfenden Blick zu. „Aber das wäre doch vielleicht ein wenig geschmacklos, nicht wahr?" meinte sie, und ihre Stimme klang melodisch und unschuldig.

Kurzes Schweigen. Dann sagte Deban: „Nun, U, was steht für heute auf der Tagesordnung?"

„Zufällig Nahrung", entgegnete Chen U. „Die Weltversorgungsstelle erwägt, die Grundrationen zu kürzen; die Entscheidung ist bereits gefallen."

„Aber wie ist denn das möglich?" fragte Dorthy. „Ich dachte, die Rationalisierung habe bereits das empfohlene Mindestmaß erreicht?"

„Stimmt. Aber die empfohlene Menge und der tatsächliche tägliche Mindestbedarf sind zwei verschiedene Dinge. Wir planen keine Veränderung für Kohlehydrate, Fette, Vitamine oder Metalle, sondern lediglich eine Reduzierung der Aminosäuren. Im Augenblick beträgt die tägliche Zuteilung pro Person etwas mehr als fünfzehn

Gramm von zehn Aminosäuren. Der durchschnittliche Tagesmindestbedarf liegt etwa um die Hälfte niedriger. Wir haben den gegenwärtigen Stand gehalten, weil einzelne Menschen mehr als das Durchschnittsminimum brauchen, und wir konnten es uns leisten."

„Wie stark soll die Kürzung sein?" erkundigte sich Deban.

„Zunächst einmal scheiden zwei Aminos ganz aus – Histidin und Arginin. Der Körper kann sie selbst synthetisieren. In der gegenwärtigen Diät sind sie enthalten, weil wir sie erübrigen konnten, und außerdem hatten Paul Argus und die Genetikbehörde uns darum gebeten. Wir können es jedoch verantworten, sie wegzulassen. Zweitens schlagen wir vor, die Menge der übrigen acht Aminosäuren auf das Minimum zu beschränken; durch eine Spezialeintragung im Kartensystem wird gewährleistet, daß Leute, deren Stoffwechsel mehr benötigt, Sonderrationen erhalten."

„Ich hasse diese Karten", sagte Biond düster.

„Zweifellos wird das neue System eine Menge Verwaltungsarbeit mit sich bringen", erklärte Chen U freundlich. „Aber die Einsparungen an Nahrung werden das erhöhte Energiebudget mehr als ausgleichen."

„Meine Einwände werden Sie nicht beseitigen", sagte Biond. „Na gut. Was ich aber wirklich wissen möchte, warum hat die Versorgungsbehörde diesen Beschluß gefaßt? Es herrscht doch keine Knappheit?"

„Noch nicht, aber bald."

„Ich dachte, die Dinosynthese . . ."

„Wir konnten die Produktion noch nicht völlig angleichen, Biond. Nur etwa ein Viertel unserer photosynthetischen Industrie konnte bisher auf die Dinosynthese umgestellt werden. Es dauert schießlich seine Zeit, bis ein neuer Prozeß auf weltweiter Basis funktioniert. Und inzwischen steigt der Verbrauch, und die Computer sagen voraus, daß ein Jahr vor Abschluß der Umstellung eine Knappheit auftreten wird. Die vorgesehene Reduzierung der Rationen beugt dem vor."

„Wie wird sich die Kürzung auf unsere Mahlzeiten auswirken?" fragte Dorthy zögernd.

Chen U lächelte ihr zu. „Sie werden es nicht einmal bemerken", antwortete er. „Sie bekommen ebenso viele Mahlzeiten wie bisher, auch die gleiche Menge. Lediglich der Aminosäuregehalt der Mahlzeiten wird geringer. Das ist alles."

„Und Sie sind sicher, daß keine Gefahr der Unterernährung besteht?“ fragte Biond.

„Völlig sicher. Acht Aminos in Mengen von je einem Gramm etwa sind alles, was der menschliche Körper pro Tag braucht, um Protein herzustellen – die anderen vierzehn synthetisiert er selbst.“

Deban nahm den Hörer ab und sagte: „Lokal. Küche. Instrument 29–1, 012. Endit.“ Sofort erhoben sich Teller, Tassen und das übrige Geschirr in die Luft und glitten in den dafür bestimmten Tunnel. Deban legte den Hörer wieder auf die Gabel und starrte nachdenklich in seinen Garten.

„Sie haben etwas ausgelassen, U“, sagte er langsam. „Sie haben die Genetikbehörde erwähnt. Es ist ein Jammer, daß Paul Argus heute abend nicht hier sein kann. Ich wüßte gern, wie diese Behörde darüber denkt.“

„Das kann ich Ihnen sagen“, sagte Chen U. „Sie haben uns gebeten, Histidin in der Nahrung zu lassen. Sie fürchten, daß ein Fehlen in der menschlichen Nahrung auf lange Zeit gesehen eine Wirkung hervorbringt, die wir bisher noch nicht entdecken konnten. Ähnlich verhält es sich mit Arginin, das für Ratten und andere Tiere wichtig ist. Sie können zwar ohne die Aminosäure leben, aber sie wachsen dann nicht richtig aus. Auch hierbei konnten wir durch Weglassen keine Wirkung auf den Menschen entdecken, aber die Genetik möchte nichts dem Zufall überlassen und kein Risiko eingehen.“

„Ich auch nicht. Sind die Genetiker gegen den neuen Aminoplan?“

„Ja“, gab Chen U zu.

„Dann bin ich auch dagegen“, sagte Deban sofort. „Ich finde es nicht schlimm, wenn wir die Menge verringern, aber Histidin und Arginin sollten in der Ration enthalten sein.“

„Darf ich einen Vorschlag machen?“ fragte Dorthy.

„Darum sind wir ja hier, Dorthy“, sagte Biond.

„Meine Abteilung wächst sehr schnell. Die Karibische Brutstätte produziert bereits auf enormer Skala, und wir erschließen laufend tiefere Gewässer. Wenn eine Knappheit entsteht, warum können wir sie nicht mit Meeresprodukten ausgleichen?“

Chen U lächelte nachsichtig. „Wir haben die Ausdehnungsgeschwindigkeit Ihrer Einrichtung berechnet“, sagte er. „Natürliche Nahrungsmittel, einschließlich der Meeresprodukte, können niemals mehr als einen winzigen Bruchteil unseres Bedarfs decken. Nein, wir müssen die Ration kürzen und die Befürchtungen der Genetiker in Kauf nehmen. Ehrlich gesagt, ich messe ihnen nicht viel Bedeutung bei. Bei unseren Experimenten zeigte der Ausfall von Histidin und Arginin keinerlei Wirkung, und wir haben die Versuche über mehr als fünfunddreißig Jahre laufen lassen."

„Ich möchte nicht wissen, wo oder wie", sagte Deban. „Aber lassen Sie uns abstimmen, nur des Protokolls wegen. Biond?"

„Ich weiß nicht genug über die Geschichte. Ich würde nur so weit gehen und sagen, daß mir die Sache nicht gefällt. Zählen Sie meine Entscheidung also zu den Neinstimmen."

„Transcorp?"

„Ich halte es für notwendig", sagte Marg't Splain. „Schließlich soll uns die Kürzung ja nur über ein mageres Jahr hinweghelfen."

„Dorthy?"

„Ich – ich glaube noch immer, daß Sie die Unterwasserprodukte unterschätzen." Sie zögerte und schaute sich im Kreise um; als sie feststellte, daß ihr die Kollegen anscheinend keine offene Feindseligkeit entgegenbrachten, holte sie tief Atem und sprudelte hervor: „Zufällig konzentriert sich meine Behörde auf einen natürlichen Prozeß mit hohen Erträgen, um Aminosäuren und Proteine in großen Mengen herzustellen. Ein Forschungsteam von etwa zwölfhundert Leuten arbeitet daran. Die meisten von ihnen sind Tritonen. Die Technik wird in fünfundzwanzig verschiedenen Stationen in der ganzen Welt untersucht, in verschiedenen Meeren, verschiedenen Breitengraden, verschiedener Tiefe, alle jedoch im dunklen Wasser . . ."

„Dunkles Wasser?" Biond murmelte es wie eine Zauberformel. „Was ist das?"

„So nennen wir in der Umgangssprache die Tiefsee, in die kein Licht dringt", sagte Dorthy ein wenig verwirrt, dann fuhr sie fort: „Im Grundschlamm leben Bakterien, die ohne Licht Nitrogenverbindungen synthetisieren. Sie leben, indem sie Mangan oxydieren. Durch die Oxydation wird Energie frei, und die Energie ermöglicht die Synthese. Man könnte sagen, daß diese Bakterien Mangan essen. Durch einen kleinen tektogenetischen Eingriff ist es uns gelungen, verschiedene Rassen hervorzubringen, die zehn- bis hundertmal soviel Nitrogenverbindungen hervorbringen wie die natürlichen Arten – das ist immer noch nicht viel, aber es sieht so aus, als mache die Entwicklung gute Fortschritte. Eine dieser Rassen ist ein vorzüglicher Argininproduzent. Das Rohprodukt ist eine Masse geleeartigen Schleims, mit Aminosäuren beladen. Wir wissen nicht, wie viele es sind. Wir sind noch bei der Teilung."

„Eine sehr erfreuliche Entwicklung", erklärte Chen U, in dessen Augen eine Lebhaftigkeit funkelte, der Biond nicht ganz traute. „Aber warum haben wir bisher noch nichts davon gehört? Und welches Produktionsvolumen haben Sie erreicht?"

„Die Sache ist ziemlich neu", sagte Dorthy. „Wir arbeiten erst fünf Monate daran, fast täglich werden Veränderungen in der Technik vorgenommen, und gerade letzte Woche haben wir bei einer der neuen Rassen eine hundertprozentige Produktionssteigerung entdeckt. Aber der Ausstoß teilweise raffinierter Aminosäuren ist niedrig. Heute morgen hatten wir etwa eins Komma drei Kilogramm Arginin mit neunzigprozentiger Reinheit und geringere Mengen anderer Aminosäuren.

Die meisten Sorgen macht uns die niedrige Sauerstoffkonzentration. Aber wir können das regulieren.

Am Großen Barrier-Riff richtet eine Triton-Mannschaft eine Versuchsanstalt ein, wo Aminosäuren und Proteine in einer Tiefe von neunhundert Metern synthetisiert werden sollen. Vom Wasserspiegel der Küstenlinie aus wird eine Pipeline in das Anbaugebiet verlegt, das etwa einen Quadratkilometer groß ist. Oxygenisiertes Oberflächenwasser wird durch diese Pipeline ins Anbaugebiet gepumpt. Das Röhrenprojekt und die Ernte des Gelees zur Fraktionierung und Reinigung an Land bieten eine vorzügliche Gelegenheit, die Nützlichkeit der Tiefseesafari zu demonstrieren . . ."

„Tiefseesafari!" warf Biond erneut hilflos ein. Die gelegentlichen poetischen Ausdrücke zwischen Dorthys Statistiken lenkten ihn jedesmal ab. „Ich habe hier und dort mal darüber gehört, aber es klingt phantastisch."

„Tut es zunächst auch", räumte Dorthy ein, „aber im Grunde ist es ganz einfach. Menschen, die ohne Taucheranzug tauchen, fühlen sich selbst mit einem Atemgerät unbehaglich, wenn sie sehr lange in einer Tiefe von dreißig Metern oder mehr verweilen. Die Unterwasserumgebung ist für sie ungewohnt. Aber Tritonen sind Wassermenschen. Sie glauben, daß ihnen selbst die größten

Tiefen zugänglich sind, ohne daß sie dafür Unterwassergeräte brauchen. Sie sind bis zu sechshundert Meter tief getaucht, indem sie kurze Teilstrecken zurücklegten und alle dreißig Meter ausruhten, damit sich ihr innerer Flüssigkeitsdruck dem äußeren Druck angleichen konnte. In einem Fall haben zwölf Tritonen achtundvierzig Stunden in einer Tiefe von sechshundert Metern verbracht. Den Rückweg haben sie, ebenso wie den Abstieg, in Teilstrecken vorgenommen. Als sie auftauchten, machten sich keinerlei Krankheitserscheinungen bemerkbar. Die Tritonen eignen sich ausgezeichnet für Unterwasserkonstruktionen, für Bewachungsarbeiten, Bergungs- und Rettungsoperationen. Stellen Sie sich einmal vor, was eine Tiefseesafari für ein auf dem Meeresgrund gestrandetes Tiefseetauchboot bedeuten könnte."

„Das bezweifle ich nicht", sagte Marg't Splain kühl, „aber ich bin sicher, wir alle möchten mehr über die Aminosäuren erfahren."

Dorthy errötete. Offensichtlich hatte sie nicht bemerkt, daß Marg't das Wort „alle" betont hatte, und falls sie es doch bemerkt hatte, konnte sie es nicht als Spitze, die allein auf Biond gezielt war, erkennen.

„Ich sollte Ihnen vielleicht noch erzählen, daß unser tektogenetischer Eingriff ein Ding hervorgebracht hat – ich vermute, es ist eine Art Pflanze –, die irgend jemand Sakophyt getauft hat. Sie sieht aus wie sich windende schokoladenfarbene Spaghetti. Sie schmeckt wie Fleisch und ist ungiftig."

Dorthy warf Chen U einen Blick zu und sagte: „Wenn ein Schnelltauchprogramm genehmigt würde, könnten wir Ende des Jahres tonnenweise Aminosäuren herstellen. Desgleichen Sakophyten, falls sich herausstellt, daß sie als Nahrung zu verwenden sind. Dadurch könnten die anderen Prozesse während der Umstellung auf Dinosynthese ein wenig entlastet werden. Millionen Quadratkilometer Meeresgrund warten in der Kälte und der Dunkelheit . . ."

„Das ist alles schön und gut", sagte Chen U freundlich, „und ich bin sicher, daß unsere Kollegen hier überwiegend überrascht und erfreut sind. Aber, Dorthy, jetzt ist eigentlich nicht der richtige Zeitpunkt für diese Dinge. Wir wollen Ihre Entscheidung wissen."

„Tut mir leid", sagte sie und errötete erneut. „Ich stimme positiv. Natürlich nur auf vorübergehender Basis."

„Gut. Dann steht es drei gegen zwei", sagte Chen U. „Selbstverständlich werden die Rationen gekürzt, aber die Opposition wird vermerkt. Noch etwas? Biond, ist irgendeine Katastrophe im Anzug?"

„Nicht, daß ich wüßte."

„Biond, haben Sie die rote Nachricht bekommen, die Ihnen der Leiter des Observatoriums geschickt hat?" fragte Deban. „Ich würde gern wissen, worum es sich handelt."

„Ich habe die Nachricht erhalten, konnte sie bisher jedoch nicht prüfen", sagte Biond. „Ich war die ganze Zeit beschäftigt. Wenn's Ihnen recht ist, gebe ich Ihnen später Bescheid."

„Dorthy, irgendwas Neues – Probleme, meine ich? . . . Gut. Marg't, wann brechen wir zu den Sternen auf? Mir scheint, es ist an der Zeit, daß wir die Ganymed-Mannschaft aus ihrem Exil erlösen und die Sache aufgeben."

„Du kannst nicht aufgeben", sagte Marg't mit fester, kalter Eindringlichkeit. „Die Fahrt in den interstellaren Raum ist unsere einzige wirkliche Hoffnung, und du weißt das ebenso gut wie ich. Außerdem machen wir mittlerweile wirklich Fortschritte. Noch ein Jahr . . ."

„Und schon haben wir ein neues Fiasko", sagte Biond trockener, als er vorgehabt hatte. „Marg't, diese Geschichte hören wir seit der Ankündigung von Weinogradskys Scholie. Die höchste Geschwindigkeit, die wir bisher im Raumflug erreichen konnten, beträgt noch immer kaum 2400 Kilometer pro Sekunde. Geben wir es doch zu, der alte Milne hatte recht, und vor ihm Einstein. Weinogradskys Gleichungen sind zwar elegant, es gibt jedoch keinen denkbaren Weg, sie zu testen."

„Sie sind geprüft worden, und zwar noch vor Weinogradsky."

„Ich weiß – Phasengeschwindigkeit in der Wellenleiter-Theorie und dergleichen. Dabei wurde die Möglichkeit außer acht gelassen, daß Weinogradskys Beispiele nichts weiter als Illusionen sind. Ich bestreite, daß der interstellare Flug die Hoffnung unserer Rasse ist, selbst wenn er durchführbar wäre. Ich bin eher geneigt, ihn einen Fluch zu nennen."

„Verzeihung", sagte Chen U, „aber ich habe keine Zeit, mir diese Debatte anzuhören. Ich muß jetzt zum Flugplatz und werde in einer Stunde in Seattle erwartet. Guten Abend allerseits – und, Marg't, halte die Stellung."

Lächelnd ging er fort. Biond und die anderen hatten sich erhoben. Auch Marg't hatte sich halb aufgerichtet. Aber in dem Augenblick, als Chen U verschwunden war, schnellte sie zu Biond herum, und ihre Mundwinkel vertieften sich.

„Wollen Sie mich wieder lächerlich machen?" fragte sie.

„Natürlich", sagte Biond verächtlich. Jedes Wort schmerzte ihn wie ein Messerschnitt, aber er war ein zu guter Beamter, als daß er es zugelassen hätte, daß seine Gefühle sich mit einer Angelegenheit des öffentlichen Lebens vermischten. „Es ist völlig unmöglich, Menschen von diesem Planeten so schnell fortzubringen, daß man mit der Geburtenrate Schritt halten könnte."

„Worüber unterhalten wir uns eigentlich?" erkundigte sich Dorthy. „Soweit ich hörte, sollte das Ganymed-Projekt eine Studie der außerirdischen Bakteriologie sein, man wollte Grundlagentests anstellen, inwiefern die alte Arrheniusidee stimmen könnte, daß sich das Leben durch Lichtdruck von einer Welt zur anderen fortpflanzt. Was hat das mit dem interstellaren Flug zu tun?"

„Nichts", sagte Marg't, „und das Ganymed-Projekt hat ebensowenig mit der Xenobakteriologie zu tun wie Sie. Man hat die Öffentlichkeit absichtlich falsch unterrichtet."

„Aber warum denn?"

„Weil sich dumme Leute wie Biond schon vor dem bloßen Gedanken an einen interstellaren Flug fürchten. Sie begreifen nicht, daß die einzige Möglichkeit, der Übervölkerung der Erde Herr zu werden, die Eroberung neuer Gestirne ist. Sie sind der Meinung, daß die Menschenwürde immer mehr Beschränkungen unterworfen werden sollte. Sie wollen die uralte Geburtenkontrolle zu neuem Leben erwecken, angesichts des eindeutigen Beweises, daß solche Kampagnen niemals funktionieren. Sie sehen in der menschlichen Fruchtbarkeit nichts als eine Bedrohung. Sie sind unfähig, sie als die treibende Kraft zu erkennen, die Kraft, die hinter dem menschlichen Schicksal steht . . . Sind Sie verheiratet, Dorthy?"

„Nein", sagte Dorthy verstört.

„Heiraten Sie. Setzen Sie Kinder in die Welt. Treiben Sie die Bionds aus ihrer Reserve. Helfen Sie, den Bevölkerungsdruck unseres Planeten bis zum Explosionspunkt zu steigern. Etwas anderes hilft nicht. Und wir brauchen auch nichts anderes – weil man es nicht stoppen kann. Früher oder später wird die menschliche Rasse dieses winzige Ei sprengen und sich ausbreiten!"

„Bravo!" sagte Deban Tod.

„Bravo, allerdings", sagte Biond, „Ihre Beredsamkeit, Marg't, überflügelt leider Ihren Sinn für Gerechtigkeit. Der Grund für die Geheimhaltung des Ganymed-Projektes sieht ein wenig anders aus, als Sie es gerade darstellten – obgleich ich Ihnen für die öffentliche Analyse meiner Rolle in dieser Angelegenheit danken muß."

Marg't blickte ihn eisig an. „Verzeihen Sie", sagte sie. „Ich hatte kein Recht, eine geringe Meinung von Ihrem gesunden Menschenverstand zu haben, Biond. Angenommen, die Bevölkerung erfährt, daß wir uns auf der Schwelle zum interstellaren Flug befinden? Angenommen, dieses Wissen veranlaßt einen Anstieg der Geburtenrate? Wenn wir es schaffen, ist das Bevölkerungsproblem gelöst. Die Galaxis wird uns gehören – und die höhere Geburtenrate ist vollauf gerechtfertigt. Ist eine angemessene Aminosäurenrationalisierung das einzige Ziel dieser Rasse von Faulenzern und Drückebergern? Sind wir umsonst fruchtbar? Der Himmel ist voller Sterne – will sie außer mir niemand besitzen?"

Deban erhob sich. „Fortsetzung folgt auf unserer nächsten Konferenz", sagte er. „Einstweilen würde ich die Staatsgeschäfte gern ein wenig vergessen und mich mit Gartenbau beschäftigen." Er ging zu Dorthy hinüber und ergriff ihre Hand. Sie blickte zu ihm auf, sie hatte offensichtlich Angst. Die beiden boten einen wahrhaft komischen Anblick; Deban war beinahe doppelt so groß wie Dorthy.

„Wollen Sie mir Gesellschaft leisten, Dorthy?" fragte er. „Ich möchte Sie gern mit meinen Blumen bekannt machen."

Seltsamerweise schaute sich das Mädchen nach Biond um. Biond erwiderte erstaunt ihren Blick. Glaubte Dorthy, daß Sitze in der Zentralbehörde mit einem Eid der Keuschheit, ritueller Verstümmelung oder ähnlicher Barbarei bezahlt werden mußten? Nach einem Augenblick war er gezwungen zu lächeln, er nickte fast unmerklich – obgleich es ihm ein Rätsel war, warum ihn Dorthy um Zustimmung gebeten hatte.

Doch sie schien nicht zufrieden zu sein. Sie blickte fort.

„Ja, gern", sagte sie zu Deban.

Storm, der Triton, erhob sich geschmeidig. Er verbeugte sich leicht und ging hinaus, ohne mit jemandem gesprochen zu haben. Merkwürdiger Kerl. Was war nur an ihm, daß er so beunruhigend wirkte?

„Bleiben also nur noch Sie, mit dem ich nach Hause gehen könnte", sagte Marg't. „Wenn Sie nichts anderes vorhaben, Biond, dann lassen Sie uns unseren Streit in der Tubeway fortsetzen."

3

IN DER Zeit unmittelbar nach dem Dritten Weltkrieg, als die meisten Großstädte der Welt noch nicht fertiggestellt waren, hatte man die Korridorwände der Monolithenstädte über und über mit einem Gekritzel versehen, das man „Werbung" nannte. Diese „Anzeigen" hatten den Zweck, den Verbrauch von Gütern zu steigern. Glücklicherweise war diese Unsitte mit der Einführung der völlig kontrollierten Wirtschaft verschwunden.

Man hatte nicht alle „Anzeigen" ausgelöscht, wie jener Teil von Novoe-Washingtongrad bewies, in dem Debans Wohnung lag. Die Städteplaner hatten seinerzeit von der Erfahrung des alten Baron Haussman profitiert und bereits vorhandene Städte verbessert, anstatt völlig neue zu bauen; dabei hatte man darauf geachtet, nicht alle Spuren der alten Orte zu zerstören. Viele Leute wohnten gern in den kleinen, veralteten Stadtteilen, wo von den Wänden noch immer Farben herableuchteten und man aufgefordert wurde, geheimnisvolle Produkte zu kaufen.

„Ich möchte gern einmal wissen, wie es war, als es noch Glotzaugen gab", sagte Biond und überflog prüfend den erleuchteten Korridor.

„Was für Dinger?" fragte Marg't.

„Anzeigen, die im wahrsten Sinne des Wortes den Kunden packten und so lange festhielten, bis er ihren Spruch angehört hatte", sagte Biond. „G-l-o-t-z-a-u-g-e-n. Ich weiß nicht, woher der Name stammt. Aber es muß damals ziemlich abenteuerlich gewesen sein, durch die Stadt zu gehen."

„Schon möglich. Heute ist es ziemlich langweilig."

Eine Zubringerlinie transportierte sie über einen beweglichen Gang, der sich in eine spiralenförmige Rolltreppe verwandelte, in die unterste Etage des achtstöckigen Gebäudes, wo sie ein schnelleres Laufband zu einer zweiten Zubringerlinie betraten. Um diese Abendstunde, und eigentlich zu jeder Tages- und Nachtzeit, waren die Untergrundbahnen voll besetzt und ermunterten nicht zu Privatgesprächen. Jede Ansammlung von Menschen machte es unvermeidlich, daß andere mithören mußten; beides galt als gleich schweres Vergehen gegen die Würde des einzelnen: einen Mitreisenden zu zwingen, ein Privatgespräch mit anzuhören, und selbst zu lauschen.

Während der Fahrt machte Biond aus diesem Grunde nur hin und wieder eine belanglose Bemerkung, auf die Marg't einsilbig oder überhaupt nicht antwortete. Sie schien auf einmal verdrießlich zu sein, oder zumindest hatte sie sich in sich zurückgezogen. Selbst die Tatsache, daß die Passagiere in ihrer Nähe bewundernd die Köpfe wandten, konnte sie nicht aufheitern.

Über die Zubringerlinie erreichten sie eine zweite Station. Mit einer schnellen Rolltreppe fuhren sie abwärts bis zum Fundament der Chinesischen Mauer, zum Verteilungszentrum, das in der Nähe lag. Neben einigen Dutzend anderen Funktionen erfüllte das Gebäude auch die eines Umsteigebahnhofs. Von hier aus konnte man mit der Druckluftbahn auf einer der Hauptlinien, die vom Stadtzentrum ausgingen, quer durch Novoe-Washingtongrad fahren. Als sie die Endstation, die in Marg'ts Nachbarschaft lag, erreicht hatten, mußte die ganze Prozedur in umgekehrter Reihenfolge noch einmal durchgestanden werden; diese Umständlichkeit erklärte, warum man nur in den dringendsten Fällen lange Reisen durch die Stadt unternahm und alle nur denkbaren Arbeiten zu Hause und nicht in einem Büro erledigte.

„Kommen Sie herein", sagte Marg't.

Biond folgte ihr. Im Gegensatz zu Debans Wohnung war diese bis zu den Möbeln hin ganz und gar nach der Standardform eingerichtet; anscheinend hatte Chen U keine Hobbys und versuchte bewußt zu vermeiden, daß sein Zuhause einen persönlichen Charakter trug. In dieser Umgebung wirkte Marg'ts körperliche Pracht wie tropischer Überfluß, der nur mit der größten Schwierigkeit unter Kontrolle gehalten wird. Und es hätte Biond nicht überrascht, wenn Chen U genau diese Wirkung eingeplant hätte.

„Machen Sie es sich bequem."

„Vielen Dank." Biond setzte sich. Eine unbestimmte Ahnung

durchbebte ihn, er spürte ein akutes Schuldgefühl. „Zu dieser Abendstunde, Marg't, hätte mir im Zeitalter der Verschwendung meine Gastgeberin etwas zu trinken angeboten. Das gehörte damals zum festen Ritual."

„Oh, sind Sie durstig? Ich bestelle Wasser . . ."

„Nein, danke. Der Gedanke schoß mir nur durch den Kopf. Außerdem hatte Wasser in jenen Tagen keinen Wert. Man trank Kaffee, Tee, Alkohol und Fruchtsäfte. Es ging sogar so weit, daß sie eine Pflanze aus dem einzigen Grunde anbauten, um den Duft zu riechen, wenn sie brannte. Sie nannten das Zeug Tabak."

„Davon habe ich noch nie gehört", sagte Marg't, „außer von Alkohol natürlich, aber ich wußte nicht, daß man ihn trinken konnte. Ich habe jedoch stets vermutet, daß das Zeitalter der Verschwendung seinen Namen irgendwie zu Recht trägt. Aber es kommt die Zeit, da werden wir wieder verschwenderisch leben können, wenn wir wollen. Wir werden uns weitaus mehr Verschwendung leisten können, als zweihundertfünfzig Kilo gute Flußerde für exotische Pflanzen zu verwenden, wie es Deban tut."

„Das bezweifle ich", sagte Biond düster.

„Biond, bitte überlegen Sie doch einmal. Wie lange wollen Sie und der Rest der Menschheit sich noch mit einer einzigen Erde zufriedengeben, wenn es im Weltraum unter hunderttausend Sternen jeweils zwei erdähnliche Planeten gibt? Was wäre wohl verschwenderischer, als alle diese Planeten brachliegen zu lassen – während wir hier verkommen?"

„Ich wäre nicht überrascht", sagte Biond, „wenn viele dieser Welten bereits ihre eigenen Bewohner hätten."

„Ich auch nicht – aber wie können wir das herausfinden, wenn wir nicht hinfliegen? Und welche andere mögliche Lösung unseres gegenwärtigen Problems gibt es? Die Geburtenkontrolle ist ein fürchterlicher Fehlschlag gewesen, das wissen Sie ebensogut wie ich. Die Kampagne von 2500 war so gründlich wie nur möglich. Jeder Erwachsene erhielt kostenlos eine reichliche Menge an Pillen und konnte nach Bedarf mehr bekommen. Die Verbindung selbst ist keimtötend, leicht aphrodisisch, man gewöhnt sich an sie, und außerdem verhütet sie die Empfängnis – eine ideale Kombination. Und was geschah? Heute ist die Bevölkerung um beinahe die Hälfte größer als im Jahre 2500!"

„Das stimmt vollkommen. Wenn die Kampagne nicht gewesen

wäre, wäre die Bevölkerung jetzt doppelt so groß wie 2500. Der springende Punkt ist der, Marg't, daß es 2500 für eine solche Kampagne bereits zu spät war. Sie konnte sich nur noch lindernd auswirken. Man hätte damit bereits einige Jahrhunderte früher beginnen sollen, schon vor dem Dritten Weltkrieg. Damals hatte man noch eine echte Chance, die Wachstumsrate auf ein sicheres Maß zu beschränken. Aber die Leute, die das damals klar erkannten, wurden niedergebrüllt."

Marg't wartete ungeduldig, bis er ausgesprochen hatte. „Das mag stimmen oder auch nicht. Ich habe nicht die genauen Zahlen im Kopf, aber ich glaube, der Abstieg folgt der Perl-Kurve . . ."

„Nein. Ich glaube, daß wir bisher noch keinen Perl-Kurven-Effekt entdecken konnten, und Paul Argus sagte mir, wir sollten beten, daß das niemals geschieht – ich weiß nicht, warum. Die hemmende Wirkung der Kampagne von 2500 war deutlich genug."

„Und doch geben Sie zu, daß die Wirkung damals, vor dreihundert Jahren, nur lindern konnte! Welchen Nutzen könnte eine Kampagne heute haben? Und wie wollen Sie die Leute dazu bringen, die Pillen zu schlucken?"

„Ich fürchte, ein neues Programm müßte eine zwangsweise Massensterilisation einschließen", räumte Biond ein. „Ebensogut könnte man Massenexekutionen durchführen. Aber, zum Teufel, genau das ist unser Problem – wir haben keine Lösung. Und aus diesem Grund bin ich gegen den interstellaren Flug, Marg't, es wäre zwar eine große Errungenschaft, würde jedoch nicht dazu beitragen, das Übervölkerungsproblem der Erde zu lösen. Zwangsweise Massendeportationen kämen nicht in Frage, ebensowenig wie zwangsweise Sterilisation, und jeder Aufruf nach Freiwilligen würde bestenfalls ein schwaches Echo finden. Die meisten Menschen fühlen sich heute vollkommen wohl. Wenn man ihnen erzählt, daß früher oder später eine künftige Generation einen weltweiten Zusammenbruch erleben wird, dann erhält man zur Antwort, daß sich gefälligst die nächste Generation darum kümmern solle. Ein Risiko eingehen und als Pionier zu einem Planeten reisen, daran ist nicht zu denken."

„Unsinn. Sie werden sich hordenweise aufmachen, wenn man einen genau überlegten Propagandafeldzug inszeniert. Wenn die Behörden ein paar wohlgezielte einschränkende Gesetze erlassen, wenn man den Leuten suggeriert, daß die Erde übermäßig bevölkert ist, daß sie ein langweiliges Leben führen, und dann die Entdeckung des interstellaren Fluges bringt . . ." Sie schwieg und seufzte. „Ich sehe schon, daß ich bei Ihnen nichts erreiche, Biond."

Sie erhob sich graziös, jede Linie ihres Körpers drückte leises Bedauern aus. Noch einen Augenblick nachdem sie bereits stand, schien sie sich von der Erde emporzuheben. Ihr Kinn hob sich, die Ellenbogen schoben sich an den Kopf, die Wirbelsäule wölbte sich, der ganze Körper schien auf den Fußspitzen zu schweben.

Das war eine direkte, ungeheuerliche Vergewaltigung des Nuditätenkodex. Die Frau versuchte, ihn kaltblütig zu bestechen. Ein derart komplexes, gesellschaftliches Verbrechen wurde zwar hin und wieder in der Dichtung begangen, jedoch selbst in eines verwickelt zu sein, das erfüllte ihn mit Bestürzung. Er war ebenso wie jedes andere Mitglied seiner Gesellschaft ein Kind des Antifruchtbarkeitstabus. In Gedanken erhob er sich, um sie zu umarmen und gleich darauf aus der Tür zu stürzen. Daraus ergab sich, daß er wie festgefroren sitzen blieb und den Atem anhielt.

Das Telefon klingelte.

Marg'ts Körper erstarrte, ihre Lippen wurden schmal. Dann wandte sie sich um und drückte auf den Knopf mit der Aufschrift „Wiedergabe".

„Marg't, warten Sie", sagte Biond bebend. „Das ist – das ist eine rote Botschaft."

Sie wandte sich wieder um und schaute ihn zunächst ungläubig, dann wütend und verächtlich an.

„Stimmt", sagte sie und nahm den Hörer ab. „Hier Marg't Splain . . . Ja, er ist hier. Einen Augenblick."

Sie reichte Biond den Hörer; der Bildschirm blieb leer. Vorsichtig nahm er den Hörer. Im großen und ganzen wußte er bereits, was der Anruf zu bedeuten hatte.

„Hier Biond Smith."

„Ihr Büro, Mr. Smith. Bei Durchsicht der einlaufenden Nachrichten des heutigen Tages fanden wir eine Meldung, die wohl ein Eindringen in Ihre Privatsphäre rechtfertigt. Wir brachten aus diesem Grund Diskretionsstufe eins in Anwendung und spürten Sie auf. Mr. Deban Tod mißbilligte das Vorgehen. Bitte geben Sie uns weitere Instruktionen."

„Schon gut", sagte Biond. „Geben Sie die Nachricht durch."

„Zusammengefaßt lautet sie wie folgt: Die Astronomische Abteilung der Transportbehörde meldet einen nicht ablenkbaren Meteor von bedeutender Größe, der in vierzig Tagen in das Gebiet der Hudson Bay fallen wird. Sofortige Rücksprache ist erforderlich."

Biond schloß die Augen und schluckte. „Ist die Ankunftsgröße des Meteors bekannt?"

„Ja, Sir."

Einen kurzen Augenblick lang war Biond wie oft schon früher darüber gereizt, daß selbst die besten Computer alles wörtlich nahmen und dementsprechend antworteten, dann war die Erregung vorüber. „Gut, wie groß ist er also?"

„Eineinhalb Kilometer im Durchmesser, Sir."

„Eineinhalb Kilometer?"

„Ja, Sir. Rechtfertigt die Botschaft eine Diskretion auf dieser Ebene, Mr. Smith?"

„Ja", sagte Biond heiser. „Ja, natürlich. Streichen Sie alle Termine auf meinem Kalender, und vereinbaren Sie sofort eine Zusammenkunft mit der betroffenen Sektion. Und geben Sie Alarm, daß übermorgen um null neunhundert eine wichtige Konferenz stattfindet."

„Ja, Mr. Smith. Vielen Dank."

„Biond, was ist los?" fragte Marg't. „Sie sehen ja ganz krank aus. Hat jemand in Indonesien einen leichten Husten? Oder werden wir morgen allesamt sterben?"

Biond legte den Hörer auf. „Sterben?" sagte er leise. „Ich weiß nicht. Nein . . ., nicht alle werden sterben. Aber wir alle werden danach anders sein."

4

AUS DER Luft gesehen, hatte das Biologische Reservat Hungerfels Ähnlichkeit mit einer Flechte. Der Anblick überraschte Jothen stets aufs neue, und zwar aus dem einfachen Grund, weil die Farben nicht stimmten.

In der Nähe befanden sich mindestens fünf Städte, die vom Hubschrauber aus sichtbar waren. Sie unterschieden sich in der

Größe, und die meisten waren erheblich kleiner als das Reservat; alle jedoch hatten die Farbe des Weltwaldes, und zwar deshalb, weil der Wald einfach über sie hinwegging, von Terrasse zu Terrasse. Die endlos weiten Flächen der Bedachung des Reservates aber waren klar zu erkennen. Alle Pflanzen gediehen unter der Kunststoffschicht, die das Sonnenlicht reflektierte.

Jede der sieben Hauptsektionen des Reservates hatte einen anderen Grünton, der sich vom Grün des Waldes abhob. Der Grund war plausibel: In jedem Sektor herrschte ein anderes künstliches Klima, jede Abteilung enthielt einen anderen ökologischen Komplex, die allesamt in diesem Klima fremd waren und aus allen Teilen der Welt stammten. Der Kontrast fiel ins Auge. Die anscheinend bedeutungslosen Unterschiede in der Größe der einzelnen Abteilungen, die sich deutlich von den offensichtlich genau geplanten Städten abhoben, fielen auf, weil sie nicht von den eisernen Gesetzen einer sich ausdehnenden menschlichen Bevölkerung bestimmt wurden, sondern von der Nahrungsmenge und dem Spielraum, den die Fauna eines jeden Sektors benötigte. Überdies erhob sich das Reservat zum zentralen Flugplatz hin nicht pyramidenförmig – was normalerweise der Fall war –, sondern breitete sich unregelmäßig über die Landschaft aus, schmiegte sich an die Höhenlinien.

Jothen wußte, daß innerhalb der Sektoren Trennwände die Hauptabteilungen in kleinere Gebiete gliederten, von denen die meisten etwa zehn Quadratkilometer groß und daher vom Hubschrauber aus nicht sichtbar waren. Aus dieser Höhe gewahrte man nur die riesige, blattförmige Ausdehnung, die sich über das Land erstreckte; das längste Blatt mochte etwa fünfzig Kilometer im Durchmesser sein; die Hauptquartiere der einzelnen Sektoren und die Flugplätze an den Rändern glichen bauchigen Sporenkapseln.

Dieses Monstrum war Kim Wernickes Baby, und im Augenblick schien es auch das einzige zu sein, das sie sich wünschte. Es war nicht weiter verwunderlich, daß das Reservat Jothen wie ein Parasit erschien. Fast empfand er Sympathie für die Antikonservatismus-Partei, die die Reservate abschaffen und das Land in den Produktionsprozeß eingliedern wollte.

Je näher der Hubschrauber dem Silikoiddach kam, desto weniger Details erkannte Jothen. Er sah nur die reflektierenden Sonnenstrahlen auf der transparenten Verschalung, die Leuchtzeichen, die Flugzeuge warnen sollten, und die raupenförmige Bewegung der Straße, die sich durch das Reservat schlängelte. Je näher er zu Kim kam, desto verschwommener wurde alles, was unter ihm vorging.

Wie immer war er jedoch gezwungen, sich mit einigen Dingen zu beschäftigen. Obgleich schnelle Untergrundzüge für das Reservatspersonal durch alle Fundamente der Struktur führten, hatte Jothen als Besucher keinen Zutritt zu ihnen. Den Ahnungslosen erwarteten dort vielerlei Fallen. Um vom zentralen Flugplatz ins Hauptquartier von Kims Sektion zu gelangen, mußte Jothen wie jeder andere Tourist die Ausflugswege nehmen.

Bei anderer Gelegenheit hätte ihm das vielleicht Spaß gemacht, heute jedoch fand er es unglaublich umständlich. Das Laufband wand sich von einem Subsektor zum anderen, an einer Route entlang, die ein Maximum an Ausblick und ein Minimum an Geschwindigkeit bot. Die Oberfläche des Bandes bestand im wesentlichen aus Metallstreifen von etwa zweieinhalb Zentimeter Breite, die mit einem schweren, elastischen Gewebe bedeckt waren, das sich dehnte, wenn die Straße um eine Kurve führte. Mehr oder weniger zufällig waren überall Drehstühle verstreut; wenn man in einer bestimmten Abteilung länger verweilen wollte, konnte man an einer der zahlreichen stationären „Aussichtsposten" die Straße verlassen und seinen Sessel mit sich nehmen.

„Mama, Papa, seht mal! Das Ding da mit den vielen Haaren auf dem Hals. Jetzt rennt es. Ich wette, das ist ein Pferd."

„Ja, auf dem Plakat steht, daß es hier Pferde gibt."

„Almer, stimmt es, daß wir früher die Milch von diesen Tieren getrunken haben?"

„N-nein, ich glaube nicht. Das Milchtier hieß Ochse."

„Wie sieht ein Ochse aus, Vater?"

„Nun, der sieht aus wie . . . Laßt uns lieber weitergehen, es gibt noch eine Menge zu sehen. Kommt jetzt."

Unvermutet erreichte die Straße die ebene Erde, das gewölbte Dach aus Bauglas schien in eine wild wogende grüne Masse hineinzutauchen. Einen Augenblick lang sah Jothen nichts als merkwürdige Blätter, die gar keine Ähnlichkeit hatten mit den Nadeln des riesigen Zuckerrohrs, des Bambus, der Pappelkreuzungen und der Pinien, aus denen der Weltwald bestand. Dann folgte Dunkelheit, dröhnend krachte etwas gegen die Überdachung der Straße; sie waren direkt unter einem Ventilator durch eine innere Wand von einem Subsektor in den anderen gefahren.

Als Jothen wieder sehen konnte, lief das Band auf der Erde entlang und überquerte gerade einen kleinen Bach, der durch ein Gitter der Innenwand floß. Über die Betondecke der Mauer reichten Glaswände bis zum Dach des Reservates, sie waren hier und dort durch Jalousien durchbrochen, die sich öffnen ließen, damit die Vögel von einem Klima ins andere wechseln konnten – eine Angewohnheit der Vögel, die, so hatte Kim ihm erzählt, die Genetiker des Reservates nicht völlig hatten ausmerzen können.

In der Nähe drehte ein Regenverteiler, der dreimal so groß war wie die umstehenden Bäume, träge seine drei muschelförmigen Gebläse. Jothen erinnerte sich daran, daß diese Rotoren einen positiven Antrieb hatten und nicht von der Newtonschen Reaktion der ausgestoßenen Luft und des Wassers abhängig waren, so daß die Entfernung, in die der Regen geschleudert wurde, direkt durch die Kraft des Luftdrucks kontrolliert werden konnte; für diese Dinge hatte er berufsmäßiges Interesse. Die Blätter des Sektors funkelten und glitzerten, was darauf hinwies, daß die Maschine erst seit kurzem in Betrieb war.

„Schau mal, Papa, ein Jak. Was für eine große Nase er hat."

„Ich weiß nicht, wie die Leute auf diesen Tieren reiten konnten. Mir sind sie zu unruhig."

Ein Jak? Nein, es war ein Hirsch. Dies mußte also Kims Gebiet sein – nordamerikanisches Klima, der einzige Rest dieser weiten, waldbestandenen Ökologie auf der ganzen Erde, das letzte Überbleibsel des Königreichs der Hirsche und Bären und Vielfraße, des wilden Tabaks, des Zuckerahorns, der Eichen und der Ruhe unter rauchfarbenem Himmel. Hier wenigstens würde sich nichts ändern, und gerade darum hing Kim daran – nicht wegen der Regenbogenforellen in den Bächen oder dem Schnee, sondern weil dies alles war, was es noch gab oder was es geben würde; und in seinem schimmernden Kunststoffleib war es dauerhaft und gegen den Menschen immun.

So oder ähnlich sah Jothen die Sache. Er verließ die Straße beim Turm des Hauptquartiers und durfte schließlich den offiziellen Aufzug zum Büro des Ökologen benutzen.

Kim kam ihm mit ausgestreckten Händen entgegen. „Du bist pünktlich wie immer", sagte sie lächelnd. „Darin kommt dir niemand gleich. Aber diesmal bin ich fast fertig."

„Fein. Wir müssen uns an den Fahrplan halten – ich habe Ausweise für die Rakete."

„Ich weiß, darum beeile ich mich ja. Ich habe schon gepackt. Aber wohin fahren wir denn nun eigentlich, Jo? Ist es noch immer ein Geheimnis?"

Jothen grinste. „Nein, jetzt nicht mehr. Wir fahren nach Australien."

„Australien!" Kim schlug wie ein Kind die Hände zusammen. „O Jothen! Ins Barrier-Hotel?"

„Nein", sagte Jothen und zögerte die Überraschung so lange wie möglich hinaus. „Du darfst noch einmal raten."

„Kann ich nicht."

„Wir fahren zum Triton-Riff", sagte Jothen, der im stillen hoffte, er würde das Barrier-Hotel noch vor Ablauf seiner Reise erblikken – wobei er nicht ahnen konnte, daß er diesen Wunsch bereuen würde.

„Triton-Riff! Du meinst, wir werden auf dem Riff leben – mit Tritonen?"

„Mach nicht so ein unglückliches Gesicht. Die Tritonen freuen sich über Besucher vom Festland. Sie haben trockene, bequeme Gästequartiere mit allem modernen Komfort. Und kümmere dich nicht um eine Fotoausrüstung. Die Tritonen leihen dir jede Fotoausrüstung. Wahrscheinlich werden sie dir auch ein paar Tips geben, wie du deinen Schwimmstil verbessern kannst."

„Hm. Ich dachte immer, sie wären ziemlich hochmütig – ihren eigenen Leuten gegenüber natürlich nicht."

„Das stimmt nicht. Sie sind so fröhlich wie die Delphine. Auch Delphine wirst du kennenlernen. Die Tritonen fungieren als Dolmetscher. Aber das wirst du alles sehen, wenn wir da sind. Wir müssen jetzt los, wenn wir in Chicago das Flugzeug nach Cedros Island erwischen wollen."

„Wo liegt denn das?"

„An der Küste von Baja California. Dort starten die Raketen zum Riff."

„Müssen wir denn mit der Rakete fliegen? Was kann man denn aus einer Höhe von fünfhundert Kilometern schon sehen? Es wäre viel lustiger, wenn wir niedriger fliegen und mehr sehen könnten."

„Mach dir deswegen keine Sorgen. Man hat etwas Neues erfunden, und zwar basiert das auf dem Prinzip der Gummilinsen. Es ist eine Art Teleskop-Fernsehen. Die Gummilinsenkameras tasten durch eine Öffnung in der Unterseite der Rakete den Boden ab, und die Passagiere haben jeweils eine eigene Sehvorrichtung – man trägt sie wie eine Schutzbrille. Wenn keine Wolken im Wege sind, kann man sogar Menschen erkennen."

Das Telefon klingelte in Abständen dreimal. Kim nahm den Hörer ab. „Hier spricht Kim Wernicke."

„Hier ist der Schaltbrettcomputer des Barrier-Hotels. Wenn dieses Gespräch privat sein soll, veranlassen Sie bitte das Nötige."

„Ist nicht nötig. Bitte sprechen Sie."

Es folgte ein Klicken, dann kamen verschiedene Pings. Eine andere Stimme meldete sich. „Hier ist der Computer, der die eintreffende Post überwacht. Das Paket, das Sie an Dr. Matouf schickten, kam vor acht Tagen an. Dr. Matouf war nicht anwesend und ist noch nicht zurückgekehrt. Soll das Material mit der ausgehenden Post an die Adresse in Istanbul geschickt werden?"

„Kümmert sich jemand um die Tiere?" fragte Kim.

„Ja. Wir haben einen Entomologen aus dem Biologischen Reservat von Kookaburra kommen lassen. Er kümmert sich seither um sie."

„Dann senden Sie sie ihm nicht nach. Dr. Matouf legte großen Wert darauf, daß sie bis zu seiner Rückkehr von der Exkursion im Hotel bleiben."

„Auftrag wird ausgeführt", sagte die Computerstimme.

„Worum handelt es sich?" erkundigte sich Jothen.

„Ein Entomologe aus Istanbul, Dr. Kemal Matouf – ein sehr bedeutender Mann. Er poliert die Klassifizierung der *Thysanura* – der Silberfischchen – auf. Er behauptet, die Struktur ihrer Blutproteine enthülle neue Fakten über ihre evolutionären Verwandtschaften. Er hat sich von überall her Exemplare erbeten."

„Klingt sehr aufregend", sagte Jothen ironisch.

Er ahnte nicht, wie recht er haben sollte.

ALS JOTHEN vor wenigen Stunden ins Hungerfelsen-Reservat geflogen war, hatte sich seine Aufmerksamkeit voll auf das Reservat beschränkt. Jetzt jedoch war Kim bei ihm, sie flogen nach Chicago, das Reservat lag schon weit hinter ihnen am südwestlichen Horizont und schimmerte in der Spätnachmittagssonne.

Jetzt beschäftigte er sich mit einem erstaunlichen Phänomen, das vor ihm am Horizont erschien. Es ähnelte einem niedrigen Gebirgszug, der in der Entfernung bläulichviolett schimmerte und den gesamten nordöstlichen Quadranten des Horizontes ausfüllte. Gebirge? In Illinois? Als sie näher kamen, konnte er die bewaldeten Terrassen erkennen, aber die Steilfelsen, die die Terrassen unterteilten, waren pastellfarbene Bänder. Er wandte sich an Kim.

„Es überrascht mich, daß hier Berge sind. Ich dachte, dieses ganze Gebiet sei flach wie eine Tischplatte."

„Jothen!" Kim lachte. „Das ist Chicago! Oder vielmehr eine Ecke der Stadt."

Der Hubschrauber brachte sie den terrassenförmigen Wällen Chicagos immer näher, und Jothen starrte fasziniert auf das Schauspiel: Sie wurden höher und höher und breiteten sich endlos weit nach rechts und links aus. Noch bevor sie den ersten architektonischen Gebirgszug überflogen hatten, erhoben sich dahinter bereits andere Grate, Spitzen, Abgründe und Kuppen. Aufragende Türme und Masten, große, glitzernde Kuppeln und skelettförmige Rahmen neuer Konstruktionen wurden in der blauen Ferne sichtbar. Als sie näher kamen, erstreckte sich unter ihnen von Horizont zu Horizont die riesige Stadt, ein verwirrendes Netz von grünen Terrassen und abgetönten Mauern.

Jothen löste sich aus seiner hypnoseähnlichen Konzentration auf das unten abrollende Panorama.

„Eigentlich sollte ich nicht so überrascht sein. Ich habe ähnliches bereits in Bildbänden gesehen. Aber man muß es selbst aus der Luft betrachtet haben, um die gigantischen Ausmaße tatsächlich begreifen zu können."

Vor ihnen stieg eine hohe, spitz endende Pyramide auf, ein Mount Everest, der die niedrigeren Gipfel überragte. Die Sonne stand tief im Westen und beleuchtete die Terrassen und Mauern mit einem weichen kupferfarbenen Licht. Eine spiralförmige, tiefhängende graue Wolkenwand glitt darauf zu, getragen vom Wind, der vom Michigansee herüberwehte. Ein nebliger Regenvorhang glitt aus der Wolke, die Umrisse der Pyramide verschwammen hinter einem perlgrauen Gazeschleier, dann entfaltete sich wie durch Zauberkraft ein gigantischer Regenbogenring. Der Kreis aus

Spektralfarben bildete einen matt glänzenden Ring um die Pyramide.

„Das ist ein perfektes Symbol unserer endlosen Argumentation", sagte Jothen nachdenklich. „Ein runder Regenbogen."

„Wenn dies die Vorrede zu einem deiner periodischen Heiratsanträge sein soll, dann hat es keinen Zweck", sagte Kim. „In der Welt, in der wir leben, hat niemand das Recht, zu heiraten und Kinder zu zeugen. Sieh dir deinen symbolischen Regenbogen noch einmal an! Diese riesige Pyramide da unten ist das Städtische Dienstleistungszentrum. Es versorgt eine Bevölkerung von drei Milliarden Menschen – nach der letzten Zählung sind es bereits ein oder zwei Millionen mehr. Du siehst nur einen Teil der Pyramide. Der größte Teil ist unsichtbar.

Irgendwo da drinnen ist das Hauptquartier der Öffentlichen Medizinischen Anstalten. Ich wurde dort geboren. Jeden Tag erblicken dort etwa fünfzehntausend Babys das Licht der Welt. Die neun außerhalb gelegenen Regionalzentren produzieren noch einmal etwa die gleiche Anzahl. Bequemerweise liegt gleich nebenan eine Abteilung der Städtischen Krematorien. Pro Tag fallen etwa hundertvierzigtausend Verbrennungen an – das ergibt einen Nettoanstieg der Bevölkerung von zehntausend pro Tag. Und wofür? Daß dieser entsetzliche menschliche Termitenhügel aus Bauglas, Kunststoff und Metall, aus Röhren, Kabeln und Computern, Myriaden von Rolltreppen, Fahrstühlen und Laufbändern bis in alle Ewigkeit wächst, größer und größer wird, höher und höher, tiefer und tiefer, bis in alle Ewigkeit!"

„Nun mal langsam", sagte Jothen.

Der Hubschrauber glitt in den Regenvorhang, der Regenbogenkreis verschwand. Ohne darauf zu achten, sprach Kim weiter.

„Weißt du eigentlich, wie groß Chicago ist? Es erstreckt sich nördlich bis zur Sturgeon Bay und westlich halbwegs über Wisconsin und Illinois. Von einigen Punkten an der Westwand kann man an klaren Tagen den Mississippi sehen. Und du hast selbst entdeckt, daß wenige Minuten hinter dem Hungerfels-Reservat bereits die Umrisse von Chicago am Horizont auftauchen. Es reicht achtzig oder hundert Kilometer südlich nach Illinois und Indiana hinein, dann hinauf bis ins südliche Michigan. Kürzlich wurde Lansing annektiert. Die Ostmauer von Chicago ist nur etwa zwanzig Kilometer von der Westmauer Detroits entfernt. Es ist ein häßlicher Tumor auf dem Gesicht der Erde – und wir sind die Viren, die ihn erzeugt haben. Ich kann mich nicht mit dem Gedanken anfreunden, die Virenbevölkerung noch zu vergrößern."

Der Hubschrauber umflog die Pyramide. Nur noch die höheren Gipfel von Chicagos gezackter Silhouette glühten im orangefarbenen Licht der untergehenden Sonne. Der Regen hatte aufgehört. Wie ein bleicher Smaragd schimmerte die Venus am blaugrünen wolkenlosen Himmelsstreifen im Westen. Am östlichen Horizont erschienen farbige Zeichen – einige leuchteten gleichmäßig, andere blinkten rhythmisch. Sie markierten die ausgedehnten Flugplätze entlang des Seeufers.

„Ich halte mich nicht gern für einen Virus", sagte Jothen ruhig. „Ich möchte lieber etwas Konstruktives sein, ein Enzym oder eine Spore. Und mein konstruktiver Vorschlag lautet nunmehr, daß wir uns auf das Aussteigen vorbereiten sollten."

Die Flugplätze von Chicago bestanden aus glatten grauweißen Vitrolithflächen, die sich fünfzehn bis fünfundzwanzig Kilometer weit in den See erstreckten. Sie waren mit großen und kleinen Lichtern besetzt, sie wimmelten von hin und her gleitenden Lichtern, den Umrissen von Fahrzeugen und an- und ausrollenden Flugzeugen. Sie wurden getragen von einem Labyrinth zyklopischer Säulen und Bögen, in deren ausgehöhlten Räumen Wasserwerke, Werften, Trockendocks und Kais untergebracht waren. Von der Luft aus glich der Flughafenbezirk einer Reihe stumpfer Zähne, die den untersten See von Manitowoc, Wisconsin, bis nach Grand Haven im südlichen Michigan abgrenzten. Der Hubschrauber setzte auf einem Landeplatz an der küstenwärts gerichteten Seite des 42. Flugplatzes auf, der inoffiziell Lincoln-Park-Flugplatz hieß. Der „Park" war bereits siebenhundert Jahre früher von der städtischen Expansion geschluckt worden.

Als Jothen hinter Kim aus dem Hubschrauber stieg, geriet er in ein Gewirr aus Lichtern und Geräuschen. Flüchtig blickte er über den fünf Kilometer weiten Flugplatz zu dem blauglitzernden dreieckigen Speer hinüber, der sie nach Cedros Island bringen würde, dann wurde er durch einen Angestellten mit Kim in einen Aufzug gescheucht. Der Lift brummte aufwärts, hielt, die Türen öffneten sich. Ein anderer Angestellter begleitete sie zu einer Röhrenbahn, die sie geschwind durch den Unterbau des Flugplatzes zu einer Station in der Nähe des Flugzeuges brachte. Sie verließen den

Zug, betraten einen anderen Aufzug, fuhren aufwärts und traten in einen kurzen Gang mit Laufband, das sie bis zur Tür der Maschine transportierte.

In der Tür zum Flugzeug wurden sie von einem elfenbeinfarbenen Steward in ultramarinblauer Uniform begrüßt. Er hatte glänzendes schwarzes Haar. Er sprach lebhaft und gestikulierte dabei.

„Ich bin Umiak", sagte er. „Ich werde Sie auf diesem Flug betreuen. Sie werden sich über meinen Namen wundern, mich jedoch aus Höflichkeit nicht danach fragen. Es ist ein Eskimoname. Sie haben das Abteil Nummer zweiunddreißig. Bitte folgen Sie mir."

Nachdem sie sich in ihrem Abteil niedergelassen hatten, sagte Umiak: „Wenn Sie eine Information wünschen oder irgend etwas, was Ihnen die Selbstbedienung nicht liefern kann, dann drücken Sie bitte den blauen Knopf an der Schalttafel, und ich werde kommen. Wir starten in fünfzehn Minuten."

Das Flugzeug erhob sich senkrecht, bis es die höchsten Gipfel Chicagos überstiegen hatte. Dann schwebte es, von seinen Düsen angetrieben, in einer langen Schräge in den Abendhimmel.

Kim berührte Jothens Arm. „Sieh mal! Da ist schon wieder das Abendrot. Wir überholen die Sonne."

Umiak kehrte zurück und servierte eine kleine Tasse mit einer nach Minze schmeckenden Flüssigkeit. Er bat sie, den Inhalt sofort zu trinken.

„Ihren Unterlagen entnehme ich, daß Sie von Cedros Island zum erstenmal mit einer Rakete fliegen werden", erklärte er. „Viele Menschen sind beim ersten Flug empfindlich. Dieses Medikament verhütet das. Wenn wir auf dem Raketenstartplatz landen, werden sie vollkommen ruhig sein." Dann fügte er respektvoll hinzu: „Ich konnte Ihre Bemerkung über das Abendrot nicht überhören. Wir haben die Sonne bisher nur ein wenig überholt. Wir sehen das Abendrot deswegen, weil wir uns acht Kilometer höher befinden als auf dem Flugplatz. Aber wenn wir St. Louis überflogen haben, werden Sie mehr als nur ein Abendrot sehen. Ich verspreche Ihnen im Westen einen Sonnenaufgang."

„Dann werden wir den letzten Teil unseres Fluges bei Tageslicht zurücklegen?" fragte Jothen.

„Stimmt", sagte Umiak und entfernte sich mit einer Verbeugung.

„Ein Sonnenaufgang im Westen", sagte Jothen. „Geradeso, als kehrte eine längst verlorengegangene Hoffnung zurück."

Kim betrachtete ihn prüfend. „Wenn du schon wieder ein Symbol suchst", begann sie leicht gereizt, „dann laß es lieber bleiben. Es hat keinen Sinn, die alten, ausgeleierten Worte zu wiederholen."

„Das habe ich auch nicht vor. Ich denke an deine Beschreibung Chicagos. Du hast die Größe und die überwältigende Masse der Architektur und Maschinen betont. Die Menschen hast du nur zweimal erwähnt – zuerst waren sie Termiten, dann Viren. Aber du hast etwas übersehen, Kim. Vorausgesetzt, Chicago ist ein häßlicher Auswuchs auf dem Gesicht der Erde, dann ist die wichtigste Tatsache die, daß es voller Menschen ist. Menschen sind keine Viren. Menschen haben Gehirn und Verstand. Chicago hat eine Bevölkerung von drei Milliarden und mehr. Anders ausgedrückt bedeutet das, daß es dort mehr als drei Milliarden Menschen mit Verstand gibt. Du bist der Meinung, daß nur ein kleiner Prozentsatz dieser Gehirne neue Gedanken produziert, daß der Rest lediglich zufriedenen Tieren gleicht, die auf warmen Kissen träumen. Aber das ist nicht alles. Es gibt verschiedene Abstufungen der Kreativität. Die meisten Menschen sind in irgendeiner Hinsicht schöpferisch. Ihre Fähigkeiten reichen von dem Dekorieren einer Wohnung bis zur Ebene des Genies. Wenn man die Anzahl der Gehirne von genialen Ausmaßen in Chicago mit einem hundertstel Prozent ansetzt, sind das dreihunderttausend. Auf die Weltbevölkerung umgerechnet, bedeutet das hundert Millionen produktive Gehirne von hohem Niveau.

Nun, was tun sie? Es gibt Amateur-Mathematiker, -Astronomen, -Töpfer, -Botaniker, -Historiker. In Paris hat eine Gruppe die Kunst des Druckens zu neuem Leben erweckt. Statt Papier benutzten sie Silikose, das Silikon entspricht der Zellulose. Sie stellen gedruckte Bücher her, einfach nur aus Spaß an der Sache. Da ist Dr. Matouf mit seinen Silberfischchen. Man darf die Dr. Matoufs auf der Welt nicht unterschätzen. Ich hätte mich über ihn nicht lustig machen sollen. Aus all dieser Amateurtätigkeit, der Aktivität, die man in der Freizeit und nur zum Spaß tut, können die präzisen Theorien, die präzisen Daten resultieren, die im nächsten Jahr oder im nächsten Jahrhundert den Schlußstein zu etwas Großem bilden."

„Jothen, wie kommst du zu diesem Gedankengang? Woher hast du all die Informationen?" fragte Kim.

„Ich bin nicht die ganze Zeit mit meiner Arbeit beschäftigt. Ich habe in meiner Wohnung einen Bibliotheksprojektor, und wenn ich den üblichen Wust an technischen Berichten über Wasserbau erledigt habe, wende ich mich anderen Dingen zu, manchmal Mikrofilmen, manchmal Bildbänden und 3-D-Magazinen . . ., wenn man so will, nur zum Spaß."

„Wie läßt sich das mit ‚einer Hoffnung, die längst verloren schien und dann wieder auftauchte', vereinen?"

„Du hast Chicago als eine Art Modell der Welt und der menschlichen Rasse zitiert – ein heimtückisches Gewächs, das wuchert. Du spürst, daß in der Zukunft wenig Hoffnung liegt. Vielleicht sollte man sich die Welt lieber als einen Bienenkorb kreativer Gehirne vorstellen. Allein die Multiplizität der menschlichen Wesen könnte die Probleme lösen, die diese Multiplizität hervorgebracht hat. Haben wir das Recht, uns zu weigern, zu heiraten und Gehirne zu zeugen? Die Welt braucht jedes Gehirn, selbst wenn neunundneunzig Prozent kaum mehr tun, als vor sich hin zu vegetieren."

„Nur zu deiner Information, Jothen, du denkst recht einseitig."

„Wenn dieses Argument meine Theorie widerlegen soll, dann taugt es nicht viel."

Die Unterhaltung drohte scharf zu werden, aber glücklicherweise kehrte Umiak zurück.

„Wie geht es Ihnen?" erkundigte er sich. „Haben Sie Kopfschmerzen?"

„Nein. Mir geht es gut."

„Wir überfliegen gerade St. Louis", erklärte Umiak ungefragt. „Vielleicht möchten Sie es sehen."

Der blaugrüne Schimmer am Horizont war heller geworden, so daß die Welt unter ihnen im Zwielicht lag. St. Louis erschien als gigantische dunkle Scheibe mit bogenförmig gezackten Ecken. Die roten Lichter der Flugwarnsignale säumten die Terrassenränder.

Die Stadt erhob sich oberhalb und unterhalb des Zusammenflusses von Mississippi und Missouri quer über die Flüsse. Teile der Nord- und Westmauern bildeten zwei Dämme, die jeweils einen künstlichen See umgaben. Das Wasser beider Flüsse ergoß sich durch interne Rohrzuleitungen nach St. Louis, lieferte Trinkwasser und Energie, quoll in Sturzbächen aus den Schleusenmündungen in der Südwand und floß schließlich in das stromabwärts gelegene Reservoir.

Als sie weiter nach Südwesten flogen, tauchten langsam die terrassenförmigen Umrisse des Weltwaldes aus der trüben Dunkelheit, je weiter das Licht des umgekehrten Sonnenunterganges am Himmel emporkroch. Überall markierten Ketten von Seen und Dämmen die Flußläufe. Überall sah man das endlos variierte Muster der Terrassenstädte.

Als das Flugzeug die Südostecke von New Mexico überflog, erschien die Sonne über dem westlichen Horizont und verwandelte die Topographie des Landes in ein Hochrelief. Unten wurde eine leuchtende flache Struktur enthüllt. Kim setzte sich auf und rief: „Dort ist ein Biologisches Reservat!"

„Von dieser Höhe aus kann man sich in den Farben täuschen, aber es sieht gar nicht wie das Hungerfels-Reservat aus. Dieses Reservat ist eintönig grünbraun", antwortete Jothen.

„Soll es auch. Es ist das ‚Staked-Plain-Reservat für Wüstenleben'. Es ist von Natur aus nicht besonders grün. In einigen Sektoren werden die Berieselungsvorrichtungen lediglich ein- oder zweimal im Jahr kurz angestellt. Es gibt Abteilungen, in denen Windmaschinen Sandstürme erzeugen können."

Südwestlich des Staked-Plain-Reservates lag Juarez-El Paso. Wie eine zehnblättrige Blume lag die Stadt quer über dem Rio Grande, zwischen einem oberen und einem unteren Reservoir. Jenseits des Rio Grande wurden die Terrassen enger und erklommen die Flanken der Berge, erst an der Baumgrenze hielten sie an.

Jetzt stand bereits die halbe Sonnenscheibe über dem Horizont.

„Irgendwas stimmt nicht", sagte Kim. „Dieses Land dort unten – es ist unnatürlich. Es gibt überhaupt keine großen Städte. Nur Berge und Wälder und hier und da eine winzige Siedlung mit einem Flugplatz. Was ist das?"

„Das kann ich dir sagen", erwiderte Jothen. „Es ist ein Erdbebengebiet, ein Land der Vulkane und unruhigen Erdschichten. Es ist ein Teil der U-förmigen Zone rund um das pazifische Becken, das von der Westküste Südamerikas bis zum südöstlichen Asien reicht. Als auf diesem Land große moderne Städte errichtet wurden, kam eine Katastrophe nach der anderen. Danach verließ man die Städte im Erdbebengebiet nach und nach und demontierte sie."

Sie glitten über Baja California hinweg, und hinter der grünen Erdkrümmung erschien der Pazifische Ozean. Zuerst war er nur eine graublaue Linie, die an das Grün stieß; dann breitete er sich aus, bis es nur noch Meer und Himmel gab; über dem Horizont schwebte am Rande eines orangefarbenen Lichtstreifens die kupferne Sonnenscheibe. Dann schien sich in der Ferne ein blauer Hügel aus dem Meer zu erheben.

„Das muß Cedros Island sein!" rief Jothen.

„Cedros Island raucht", sagte Kim. „Gibt es dort einen Vulkan, oder ist das Rauch von Industrien?"

Eine blauweiße Flammenlinie schoß vertikal von der Insel empor und wuchs stetig in den Himmel. Sie kletterte höher und höher, wurde dünner, schrumpfte zu einem zarten Feuerstrang zusammen, verlief im Unsichtbaren. Die Flammenlinie verwandelte sich in eine flockige Dampfspur, die sich auflöste und sich zu den anderen Dampffetzen gesellte.

„Da hast du die Antwort", sagte Jothen. „Kein Vulkan. Nur die Spuren einer Rakete. Ich habe gehört, daß alle zwanzig oder dreißig Minuten eine startet."

„Wir landen", sagte Kim. „Man kann die Landebahnen an den Enden der Insel schon ausmachen. Auf einer sind ein paar Flugzeuge, aber ich kann keine Raketen entdecken. Wo sind sie?"

„In unterirdischen Startrampen, hat mir der Reiseberater erzählt."

Als das Flugzeug zur Landung ansetzte, manövrierte es auf ein gelbmarkiertes Quadrat zu. Das Quadrat sank auf hydraulischen Kolben hinunter und brachte so das Flugzeug in einen unterirdischen Hangar.

DAS RAKETENABTEIL hatte die Form einer auf der Seite liegenden Trommel, von innen gesehen. Die Decke bestand aus einer gebogenen Leuchtverkleidung, die ein weiches weißes Licht ausstrahlte; der Rest der Einrichtung war in blassem Jadegrün gehalten. Jothen und Kim lagen nebeneinander; sie waren an Konturensitze geschnallt, die mit dickem grünem Plastikschaum gepolstert waren.

„Das ging aber schnell", sagte Kim. „Flugzeug, Tubeway, Aufzug,

Rakete. Die Angestellte, die uns angeschnallt hat – was hat sie über die Luftmessung gesagt?"

„Sie hat gesagt, daß die Luft über und um Cedros Island voller Raketenabgase ist", sagte Jothen. „Die Raketen verbrennen flüssigen Wasserstoff und Fluor. Deshalb wurde das Flugzeug gleich nach der Landung in einen unterirdischen Hangar gebracht. Seitdem wir das Flugzeug verlassen haben, atmen wir gefilterte Luft. Wenn nur die kleinste Spur von Abgasen eindringt, wird Alarm ausgelöst."

Kurze Stille. Beide lauschten, versuchten irgendeinen Hinweis auf das zu erhaschen, was draußen vor sich ging. Aber ihr Abteil war gegen Außengeräusche isoliert. Aus einem Gitter in der Nähe der Deckenbeleuchtung sprach eine Stimme: „Hier spricht der Start-Computer. Jetzt sind es noch fünfzehn Minuten bis zur Zündung. Das Aufrichten der Rakete hat begonnen."

„Wir bewegen uns!" sagte Kim. „Ich fühle ein leichtes Beben. Aber mir ist noch immer so, als hätte ich meine Lage nicht verändert."

„Das Abteil ist auf Gleitrollen montiert. Wenn sich die Rakete aufrichtet, dreht es sich mit, rastet jedoch danach ein, so daß wir flach auf dem Rücken liegenbleiben."

Wiederum schwiegen sie.

„Dies ist eine spartanische Art zu reisen", sagte Jothen. „Kein Selbstbedienungsautomat. Ein Wasserbehälter und eine Tube Nahrungsmittelpaste für jeden von uns. Na ja, das reicht vermutlich. Es ist eine schnelle Reise. Keine Sichtöffnungen. Und die Kabinentür wurde geschlossen, nachdem wir angeschnallt waren."

„Wie viele Abteile gibt es noch?"

„Neun. Alle sind besetzt."

„Noch fünf Minuten bis zum Start", verkündete der Computer. „Der Hilfsantrieb wird jetzt mit der Rakete gekoppelt."

Es folgte eine Reihe von leichten Stößen und Vibrationen. Jothen sagte: „Sei tapfer. Es dauert jetzt nicht mehr lange."

„Wo sind die Gummilinsenbrillen?"

„In einer Vertiefung der Sessellehne, direkt unter deiner rechten Hand. Aber du kannst sie jetzt nicht herausnehmen. Der Deckel öffnet sich erst, wenn wir die Umlaufbahn erreicht haben."

Der Computer begann mit der letzten Ankündigung: „Wir nähern uns den letzten zehn Sekunden vor der Zündung ... Zehn ... neun ... acht ..."

Kim ergriff Jothens Hand.

„Sieben ... sechs ..."

„Was ist, Kim? Angst?"

„Fünf ... vier ..."

„Nein. Ich schwimme in einer Wolke von Beruhigungsmitteln. Ich fühle mich ..., als ob ..."

„Drei ..."

„Als ob ich ohne Flügel fliegen könnte. Dumm, nicht wahr?"

„Zwei ..."

„Nein. Das ist Euphorie. Künstlich beruhigte Aufregung."

„Eins ..."

Das Wort „Zündung" vernahm Jothen nicht. Langsam senkte sich ein Rammklotz auf ihn nieder ... Er wurde flach gegen das Schaumgummipolster gepreßt. Die Vibrationen des Ultradonners der Hydrogen-Fluor-Detonation, die sie in den Himmel stieß, fühlte er mehr, als daß er sie hörte. Die Deckenbeleuchtung verglomm, es wurde dunkel.

Dann verschwand die Dunkelheit. Er hing in einer unendlichen Leere weißen Lichtes. Übermächtiger Frieden erfüllte ihn. Er konnte jedes Problem lösen.

Wie steht's mit deinen Problemen? Hast du welche, Jothen? – Ja. Warum mache ich bei Kim keine Fortschritte? Alles, was ich sage, scheint falsch zu sein. – Das ist es auch, du Idiot! Du willst alles mit Logik machen. Du versuchst, brillant und überzeugend zu wirken, und alles, was dabei herauskommt, ist, daß es wie ein Traktat oder wie eine Vorlesung klingt. – Was soll ich denn sagen? Welches sind die richtigen Worte? – Da haben wir's schon wieder, Worte, Worte! Denk nicht soviel über die Worte nach. Ergründe deine Gefühle, und drück sie dann aus. – Wie macht man das? – Das ist deine Sache.

Er begriff, daß die strahlendweiße Leere nichts anderes war als das weiße Lichtpaneel über ihm. Der Druck war gewichen. Statt dessen empfand er das Gefühl schwereloser Leichtigkeit. Kim schüttelte ihn an der Schulter.

„Jothen! Was ist passiert? Ich glaube, ich war kurz ohnmächtig, aber du warst einige Minuten weg. Du hast vor dich hin gemurmelt."

„Ja? Was habe ich denn gesagt?“

Kim zögerte. „Du hast immerzu ‚Kim‘ gesagt.“

„Das ist nicht weiter überraschend. Die meiste Zeit beschäftige ich mich nämlich mit dir.“

„Das behauptest du wenigstens immerfort, auf jede denkbare Weise. Wie wär's, wenn wir die Gummilinsen mal ausprobierten?“

„O ja, natürlich“, sagte Jothen mit einem leichten Seufzer.

5

DAS GROSSE BARRIER-RIFF ist eine ausgedehnte Korallenplattform, die sich südlich von Neuguinea an der Ostküste Australiens mehr als tausendsechshundert Kilometer weit entlangzieht. Teile dieser Plattform sind von relativ seichtem Wasser überflutet; andere Teile werden bei Ebbe frei, und wieder andere erheben sich als Atolle über den Wasserspiegel. Der äußere Schutzwall ist eine Korallenwand, dicht und hart wie Beton – ein undurchdringlicher Wellenbrecher gegen die tobenden Wogen des Pazifiks.

Entlang der Barriere gewähren Öffnungen Zutritt in das Labyrinth von Kanälen, Atollen, Untiefen, Inselchen und Sandbänken, die hinter dem Wall liegen. Diese innere Zone variiert in der Breite zwischen zweiunddreißig und zweihundertvierzig Kilometern. Jenseits des äußeren Walles, zur Seeseite hin, fällt der Meeresboden jäh ab in die ozeanischen Abgründe.

Das Riff ist ein Zwischenbereich; eine Brücke zwischen zwei verschiedenen Welten: Land und Meer; das natürliche Symbol der Tritonen, die es kolonisiert haben. Die Riffkolonie ist die am dichtesten besiedelte Tritonengemeinschaft der Welt, sie übertrifft sogar die westindische Siedlung, die sich von den Bahamas bis zur südamerikanischen Küste erstreckt. Die Riffbevölkerung ist autarker, weniger mechanisiert und weniger reglementiert als die Bewohner der Riesenstädte des Festlands.

Die Tritonen sind jedoch nicht so selbstgefällig, daß sie gegenüber den guten Seiten der Festländer unempfindlich wären. Sie sind eine tektogenetische Schöpfung: eine neue menschliche Rasse, die das Meer erforschen soll – zusammen mit ihren Genossen, den Delphinen –, eine Aufgabe, die Trockenländer nie durchzuführen erhoffen können.

Wenn man auf dem äußeren Abhang des Riffs in der Nähe des als Lachs-Passage bekannten Kanals steht, kann man die obere Hälfte des Barrier-Hotels als bunte Kuppel sehen, die etwa acht Kilometer vom Ufer entfernt auf den Wellen tanzt. Tatsächlich ist das Hotel eine künstliche Insel, deren Basis in 570 Meter Tiefe in den Meeresgrund eingebettet ist. Es handelt sich hierbei um ein Unternehmen der Transportbehörde, die Wohngelegenheiten für zwei Millionen Gäste und eine Bedienungsmannschaft von zwanzigtausend Angestellten liefert. Äußerlich betrachtet ist die Architektur einfach und kompakt – eine Stahlkugel von 1050 Meter Durchmesser. Der Teil über Wasser gleicht einer 390 Meter hohen Kuppel, deren Oberfläche in zwölf Segmente mit einander abwechselnden Farben eingeteilt ist – rot, weiß, blau, weiß, rot –, die zur Spitze hin auf eine gelbe Scheibe zulaufen: den Flugplatz. Aus der Luft gesehen ähnelt das Hotel einem riesigen Wasserball, der auf den Wellen schwimmt.

Ein 120 Meter breiter Ring umgürtet das Hotel in Höhe der Wasserlinie. Die innere Zone dieses Ringes wurde in einen „Strand" mit weißem Seesand, Muscheln und malerisch gebleichtem Treibgut umgewandelt. Zwischen dem Ufer und dem hochgezogenen äußeren Rand des Ringes befindet sich ein Seewasser-Schwimmbad. Dieser äußere Rand verhindert, daß die Brandung und Haie und Barrakudas hereingelangen.

Innen ist das Barrier-Hotel ein Automatenlabyrinth von Gästezimmern, Unterhaltungssälen, Salons, Läden, Rolltreppen, Laufbändern und Aufzügen. Für diese Kategorie sind zwanzig Ebenen mit jeweils zehn Stockwerken reserviert; vier weitere Ebenen beherbergen die Dienstleistungs-Einrichtungen. Auf gleicher Ebene mit dem Freiluftbad umgeben das Hotel ein innerer Strand und ein Becken. Ein weiteres, verborgenes Labyrinth zwischen den Wänden und unterhalb der Böden ist nur dem Personal zugänglich – ein Irrgarten aus Röhren, Kabeln, Wellenleitern und Förderrohren, die vom Komplex der Service-Mechanismen und ihrer Kontrollcomputer ausgehen, die entlang der vertikalen Achse des Hotels in einer zylindrischen Säule angeordnet sind.

Auf der zweiten Ebene unterhalb des Flugplatzes befindet sich der Hauptcomputer, der die übrigen spezialisierten Computer, die die automatischen Vorrichtungen des Hotels dirigieren, koordiniert und überwacht. Aber auch der Hauptcomputer wird kontrolliert.

Im Kern befindet sich ein kreisförmiger Kontrollraum, in dem ein fünfundzwanzigköpfiges Team von Inspektoren ständig in vierstündigen Schichten Wache hält. Diese Menschen arbeiten in zwielichtiger Dämmerung, die nur von den Fernsehschirmen und den blinkenden, leuchtenden Punkten und Quadraten auf den Schalttischen erhellt wird. Hier treffen sich menschlicher Verstand und Elektronik. Hier erhalten die Inspektoren Berichte über Vorgänge, die sie angeordnet haben. Hier werden Entscheidungen getroffen und Anweisungen für Situationen erteilt, in denen der Hauptcomputer sich außerstande sieht, selbständig und ohne Instruktionen zu handeln.

Der Hauptcomputer hat viele Stimmen. Er kann gleichzeitig fünfundzwanzig verschiedene Unterhaltungen mit den Inspektoren führen.

„Der tropische Sturm über den Salomon-Inseln nimmt zu", verkündete der Hauptcomputer dem Inspektor Nummer neun, und gleichzeitig erschien auf dem Bildschirm eine Wetterkarte. „Das Zentrum befindet sich über Bougainville und bewegt sich mit einer Geschwindigkeit von dreißig Kilometer pro Stunde nach Süd-Südwest. Zentrale Windgeschwindigkeit neunzig Kilometer pro Stunde. Er kann möglicherweise Hurrikanstärke erreichen. Wir spüren periphere Wind- und Wellenauswirkungen. Hurrikananweisung Alpha ist erteilt."

„Warten wir noch vierundzwanzig Stunden, bevor wir eine neue Anweisung ausgeben", antwortete Inspektor neun. „Dann werden wir mehr über die Stärke und den voraussichtlichen Weg des Sturms wissen."

Zu Inspektor vierzehn sagte der Hauptcomputer: „Es wurde ein Bericht vorgelegt über das angebliche Vorhandensein von Gliederfüßlern in Gästezimmern. Soll ich ihn jetzt durchgeben?"

„Ich höre."

„Wir haben zwei Berichte erhalten, in denen es heißt, daß Gliederfüßler in Gästezimmern gesehen wurden. Die Gäste, die sich beschwert hatten, wurden befragt, und man zeigte ihnen mit einem tragbaren Gerät lebensgroße dreidimensionale Filme verschiedener Gliederfüßler.

Beschwerde Nummer eins: Madame Renée Lamotte berichtete, sie habe in ihrem Badezimmer einen Skorpion gesehen. Sie behauptete felsenfest, es habe sich um einen Skorpion gehandelt, weil er einen Stachel auf dem Schwanz hatte. Als man ihr den Film über einen Skorpion zeigte, behauptete sie, dieses Tier habe keine Ähnlichkeit mit der Kreatur, die sie gesehen habe. Auch ihr Kommentar zu einem Film über einen Ohrwurm fiel negativ aus. Mittlerweile war sie bereits außerordentlich erregt und weigerte sich, noch weitere Bilder anzuschauen. Ihr Gatte hat dem Untersuchungsbeamten im Vertrauen mitgeteilt, daß Madame Lamotte unter einer Insektenphobie leidet.

Beschwerde Nummer zwei kam von Mulaka Ouagadu, der angeblich einen Tausendfüßler in seinem Pantoffel fand. Auf Bildern von Tausendfüßlern konnte er nicht die Kreatur identifizieren, die er gesehen hat. Nachdem er noch drei weitere Filme angeschaut hatte, weigerte er sich, noch mehr anzusehen, weil er das Ganze ekelerregend fand. Er kennt Madame Lamotte nicht, hat jedoch von den Gerüchten um den Skorpion gehört.

Schlußfolgerung der Recherchen: Madame Lamotte ist eine Neurotikerin; sie hat sich eingebildet, eine insektenähnliche Kreatur gesehen zu haben, und hat sie Skorpion genannt. Ouagadu vernahm das Gerücht, wurde alarmiert und bildete sich ebenfalls ein, einen Gliederfüßler zu sehen. Nach Ansicht des Untersuchungsbeamten ist keiner der beiden Gäste in der Lage, eine Ameise von einem Regenwurm zu unterscheiden.

Weitere Beschwerden dieser Art liegen nicht vor. Ende des Berichts."

„Geben Sie eine Nachricht an alle Gäste und das Bedienungspersonal durch", befahl der Inspektor vierzehn, „daß Gerüchte über Skorpione et cetera, die sich angeblich im Barrier-Hotel befinden, jeder Grundlage entbehren."

Der Hauptcomputer sagte zu Inspektor Nummer drei: „Die Gruppe Tritonen und Delphine nähert sich wie geplant dem Sektor zwölf. Wir verkünden es über das Lautsprechersystem am Strand."

Die Menge am Strand hielt in ihrer Tätigkeit inne und lauschte der schallenden künstlichen Stimme, die aus den verborgenen Lautsprechern durch die farbige Kuppel hallte.

„Hier ist die Stimme des Barrier-Hotels. Wir haben mit den Tritonen vom Großen Barrier-Riff eine Vereinbarung getroffen, nach der Sie nun ungewöhnlichen Besuch erhalten. In wenigen Minuten werden sich einige Gitter in der Wand des zwölften Sektors öffnen und Tritonen und Delphine einlassen. Zweifellos haben Sie alle mehr oder weniger genaue Berichte über Tritonen und Delphine gehört. Jetzt können Sie sie selbst sehen, mit ihnen sprechen und Informationen aus erster Hand erhalten."

Eine allgemeine Flucht aus dem Schwimmbassin erfolgte. Erwartungsvolle Stille breitete sich aus, die durch das rhythmische Klatschen des Wassers gegen die Gitter noch unterstrichen wurde. Einsame Wasserbälle und Plastikflöße hüpften auf den Wellen.

Mit metallischem Klicken glitten die Gitter zur Seite. Die Zuschauer am Strand beobachteten, wie sich durch diese Öffnungen eine massige türkisgrüne Woge wölbte, auf sie zuschoß und sich in drei zischenden Katarakten in das Becken ergoß. Auf den Kuppen der Katarakte stürzten drei Delphine herein, die glatten, gewölbten Leiber tauchten einen Augenblick lang aus dem tosenden, schaumbedeckten Wasser auf. Auf dem Rücken jedes Delphins, flach zwischen Kopf und Rückenflossen, lag ein bronzehäutiges Tritonkind, das sich mit Armen und Beinen an den Delphin klammerte. Delphine und Kinder verschwanden in einem weißen Sprühnebel aus Schaum.

Auf halbem Weg zwischen Strand und Seewand brachen die Delphine plötzlich mit einem machtvollen Sprung hervor, der sie drei Meter in die Luft schleuderte. Auf dem Gipfel des parabolischen Fluges glitten die drei Tritonkinder seitwärts vom Rücken der Delphine und verschwanden gemeinsam mit ihnen im Wasser. Tosender Applaus erklang vom Strand.

Mit jeder neuen Woge stürzte mehr Wasser mit weiteren Delphinen und Tritonen ins Bad. Die Haut einiger Tritonen war dunkelbraun, andere waren schwarzpurpurn, einige glichen braungetöntem Elfenbein, andere waren gescheckt. Das Bassin wimmelte von schwimmenden Tritonen und springenden Delphinen.

Die drei Gitter glitten wieder vor die Öffnungen.

Die Delphine erkannten geschwind die Möglichkeiten, die herumschwimmende Wasserbälle boten; sie stießen sie in die Luft und zielten dabei so, daß die Bälle in die Menge am Ufer flogen. Zuerst verursachte dies einige Unruhe, doch dann nahmen die Zuschauer die Gelegenheit wahr und warfen die Bälle ins Wasser zurück. Ein lebhaftes gegenseitiges Bombardement mit Wasserbällen begann.

Allmählich gingen die Menschen ins Wasser zurück. Bald

waren alle im Bassin. Selbst die Nichtschwimmer waren bis zur Hüfte hineingewatet. Schnell wurden einige Wasserpolospiele organisiert. Tritonkinder unterrichteten Kinder aus dem Hotel im Reiten auf Delphinen. Tritonen und Gäste schwammen um die Wette zur Seewand und zurück. Allerdings war es ein ungleicher Kampf. Man versuchte sich in der Unterhaltung mit Delphinen. Die Luft war erfüllt von Rufen, Gelächter und Plätschern.

Ein Tritonmädchen zog sich aus dem Wasser auf ein Kunststoffboot, richtete sich auf – die schwarze Haut schimmerte wie lebender Obsidian – und leerte ihre Kiemen, indem sie Wasserstrahlen abließ. Ein Ring von Schwimmern versammelte sich um das Boot, hielt sich am Rand fest und stellte ihr eine ganze Menge Fragen.

„Warum spritzt du so herum?"

„Wenn ich das Wasser aus meinen Kiemen nicht ablasse, kann ich nicht atmen."

„Ich sehe aber gar keine Kiemen."

„Sie sind dort, wo eure Lungen sitzen."

„Wie lange kannst du an der Luft bleiben?"

„Ich habe es bisher auf zwanzig Stunden gebracht."

„Wie heißt du?"

„Ruvani."

„Eßt ihr rohen Fisch?"

„Rohen Fisch! Nein! Meistens bekommen wir das Essen aus einer Selbstbedienungsvorrichtung. Manchmal fangen wir Fisch oder Krabben, Hummer oder Muscheln und kochen sie unter freiem Himmel."

„Ihr macht Feuer? Niemand darf Feuer anzünden! Ihr könntet den Wald in Brand stecken!"

„Wo wir unser Feuer anzünden, gibt es keinen Wald. Wir nehmen dazu Treibholz von kleinen Inseln hinter der Barriere. Meistens sind es nur Sandbänke oder nackte Felsen. Auf einigen wachsen ein paar wilde Bäume. Sie sind zu klein, als daß es sich lohnte, dort einen Wald anzupflanzen."

„Was ist das für eine kleine Stange an deinem Gürtel?"

„Das ist ein elektrischer Haistock. Wenn man draufdrückt, wird ein langer Stock daraus – so. Wenn ein Hai zu nahe kommt, berühre ich ihn mit der Spitze, gebe ihm einen Schock, und schon macht er, daß er fortkommt."

„Das ist ein so winziger Stock. Wo sitzt die Batterie?"

„Es gibt keine Batterie. Ich selbst erzeuge die Elektrizität."

„Was? Du selbst? Das kann doch nicht wahr sein! Beweise es."

„Gut. Streck deinen Zeigefinger aus. Jetzt berühre ich ihn mit meinem Finger. Ich werde versuchen, den Schock so gering wie möglich zu halten. Jetzt!"

„Autsch!"

„Überzeugt?"

„Ja! Mein Arm schmerzt bis zur Schulter hinauf. Kannst du einen Menschen umbringen?"

„Ich glaube nicht. Ich habe es noch nicht versucht. Aber ich habe bereits Muränen getötet."

Ruvanis Verhör – das sie mit Fassung trug – hätte noch stundenlang weiterdauern können, wie es schon häufig der Fall gewesen war; aber diesmal wurde es unterbrochen. Aus den Lautsprechern dröhnte Sirenengeheul über das Bad hin.

„Wir bitten um Ihre Aufmerksamkeit", sagte eine energische Stimme. „Achtung, Achtung! Von Nordosten nähert sich ein tropischer Sturm. Bitte räumen Sie den Strand und das Becken. Räumen Sie Strand und Becken. Die Gäste begeben sich bitte freundlicherweise ins Hotel zurück und bleiben bis auf weiteres drinnen. Die Gitter werden geöffnet, und die Tritonen und Delphine werden nach Hause zurückkehren. Das wäre alles."

Am Strand entstand allgemeine Bewegung, es kam jedoch nicht zur Panik. In der Art, wie der Computer gesagt hatte, „das wäre alles", hatte etwas nahezu Beruhigendes gelegen, so als seien tropische Stürme für das Barrier-Hotel nichts Neues.

Und das stimmte auch; aber die beruhigenden Worte des Computers waren nicht ganz ehrlich. Der aufziehende Sturm würde sich auf den Strand erst in vierundzwanzig Stunden gefährlich auswirken. Mit der Warnung hatte man erreichen wollen, daß sich jedermann ohne Panik in Sicherheit brachte, um eine Gefahr völlig anderer Art zu bannen.

ZEHN Minuten früher hatte der Hauptcomputer die Inspektoren in Bestürzung versetzt, als er verkündete: „Das Barrier-Hotel sinkt."

Seit dieser Ankündigung waren die Inspektoren fieberhaft beschäftigt. Sie versuchten den Defekt herauszufinden, der zu dieser Meldung geführt hatte. Es mußte ein Defekt sein. Er gehörte in die Rubrik Störungen erster Ordnung, und die Inspektoren durften kein Risiko eingehen.

Die Abreise der Gäste ging wie üblich vonstatten. Gäste, die sich auf dem Weg ins Barrier-Hotel befanden, mußten unterwegs aufgehalten werden. Die wasserdichten Türen aller Eingänge hatte man geschlossen und abgesichert. Lediglich die Ausgänge für Abreisende blieben geöffnet. Man hatte die Transportbehörde darüber informiert, daß die Evakuierung des Hotels notwendig sein könnte. Die Berichte, die durch den Hauptcomputer übertragen wurden, zeigten an, daß die Koordinierung der restlichen Computer in steigendem Maße durcheinandergeriet. Das Barrier-Hotel sank . . . Das Barrier-Hotel sank nicht; es war noch immer sicher auf dem Meeresboden verankert . . . Das Aquaphonschaltbrett funktionierte nicht mehr. Dadurch wurde die Unterwasserverbindung mit den Unterseefähren und den Külsteninstallationen unterbrochen . . . Computer 5 B (der für den Ballast verantwortlich war) hatte alle Pumpen auf volle Aktivität geschaltet und leerte die Ballasttanks . . . Die Verbindung zwischen dem Hauptcomputer und Computer 5 B brach ab.

Alle dienstfreien Schichten des technischen Personals wurden zurückgerufen, und mit vereinten Kräften suchte man nach der Störung. Ein Trupp hatte den Befehl erhalten, die Pumpen manuell zu stoppen. Die Türen, die zum manuellen Pumpenkontrollzentrum führten, waren von Computer 5 B geschlossen worden und mußten von Hand geöffnet werden – worauf Computer 5 B sie wieder schloß.

Als die Techniker wieder und wieder die vielen Millionen Komponenten des Barrier-Hotels überprüften, stellte sich heraus, daß es nicht eine, sondern mehrere Störungen gab. Die Computer des Hotels litten – falls man den Begriff auf Computer anwenden konnte – an Schizophrenie. Die Inspektoren umgingen den Hauptcomputer und erteilten der Überwachungsabteilung einen direkten Befehl: „Schaltet Computer 5 B aus, und stoppt die Pumpen."

Um den Computer stillzulegen, brauchte man lediglich die Energiezufuhr abzustellen. Umständlicher war es, die Pumpen zu stoppen. Es gab zweitausend Pumpen, und sie konnten nur in Sektoreneinheiten abgestellt werden. Um die Achse des schwimmenden Hotels in exakt vertikaler Position zu halten, mußte man die Pumpen in einer ganz bestimmten Reihenfolge stoppen.

Diese Operation hatte man noch nie manuell durchgeführt. Als man das neuerbaute Hotel in die gegenwärtige Position abgesenkt hatte, waren die Ballasttanks unter Kontrolle der Computer aufgefüllt worden. Seither waren lediglich geringe automatische Anpassungen des statischen Auftriebs nötig gewesen, um den täglichen Gezeitenwechsel auszugleichen. Die Möglichkeit, daß sich das Hotel von selbst aus seiner Verankerung lösen und davonschwimmen könnte, hatte man nicht in Betracht gezogen; die Konstrukteure hatten lediglich lokale Flutung durch strukturelles Versagen berücksichtigt. Im ersten Stadium der manuellen Stillegung der Ballast-Pumpinstallation wurden noch immer große Wassermengen entleert, und der statische Auftrieb des Hotels nahm zu.

Die Gäste hatten glücklicherweise von dem drohenden Unheil keine Ahnung und kümmerten sich wenig um die zeitweiligen Erschütterungen, die den automatischen Mikrokosmos erbeben ließen. Die wenigen, die es wahrnahmen, schrieben die Vibrationen der Einwirkung der Brecher zu. Aber die Inspektoren wußten es besser. Die Stahlkugel hatte sich vom Meeresschlamm gelöst und schwamm dicht über der kugelförmigen Bettung.

Den Technikern an den Pumpenkontrollen fehlte die reibungslose Koordination des Computers 5 B. Wiederholt auftretende winzige Neigungen und hastiges Ausgleichen schufen eine Atmosphäre wachsender Dringlichkeit, die mit Panik durchsetzt war. Daraus ergab sich eine nervöse, übertriebene Vorsicht und zunehmende Langsamkeit der Operationen.

Inzwischen stieg das Barrier-Hotel. Der vorspringende Ring, der Strand und Bassin stützte, befand sich mehr als dreißig Meter über dem Wasserspiegel. Die untere Seite war sichtbar, und man sah, daß ein Teil des kugelförmigen Rumpfes von Meeresgewächsen überkrustet war. Durch die Gitter stürzte das Wasser des Bassins in lärmenden Kaskaden. Die Anlegeplätze für Tragflügelboote und Unterwasserfähren, über die Gäste zum Festland und zurück transportiert wurden, befanden sich gleicherweise über dem Wasserspiegel. Man hatte angeordnet, daß sich die Hotelgäste in ihren Räumen aufhalten sollten, bis man sie aufforderte, sich für den Abtransport vorzubereiten.

Während dieser Ereignisse fand zwischen dem Hauptcomputer des Hotels und dem Hauptcomputer der von Tritonen unterhaltenen Basis, dem Eidechseninsel-Komplex innerhalb des Riffs, eine lebhafte Unterhaltung statt.

„Barrier-Hotel an Eidechseninsel. Dringend. Sind wegen Computerstörung dicht vor dem Abtreiben. Anlegestellen für Fähren befinden sich über dem Wasserspiegel. Evakuierung findet nur per Flugzeug statt, bedeutet zehnfache Belastung. Brauchen alle verfügbaren Hubschrauber und Schwebeschiffe."

Der gleiche Appell wurde an Transcorp durchgegeben.

„Eidechseninsel an Steinhaufen-Riff. Dringend. Benachrichtigt Satelliten-Riffs. Barrier-Hotel treibt in Kürze im Meer und wird evakuiert. Schickt alle Unterwasserfähren zur Zusammenarbeit mit Flugzeugen. See ist zu rauh für Tragflächenboote. Die Evakuierten werden vom Flugplatz mit Rettungsgurten in Unterwasserboote gebracht."

„Eidechseninsel an Schlangen-Riff. Dringend. Benachrichtigt..."

„Eidechseninsel an Fischadler-Riff. Dringend . . ."

Die ersten Flugzeuge der Eidechseninsel und vom Schlangen-Riff erreichten den Flugplatz eine Stunde vor denen der Transportgesellschaft vom Festland. Zur gleichen Zeit verließ das schwimmende Hotel seinen Bettungstrichter. Mit Hilfe der zunehmenden Kraft des Südwestwindes löste sich die enorme Masse und begann langsam nach Nordosten dem tieferen Wasser zuzutreiben. Alle massiveren Installationen, wie Energieversorgung, Meerwasserentsalzungsanlage, Frischwassertank, Abwasserverarbeitung, befanden sich im unteren Teil der Kugel. Die Hauptmasse und der Schwerpunkt lagen noch immer unterhalb der Wasserlinie. Die Kugel bewegte sich mit der unaufhaltsamen Schwerfälligkeit eines Eisberges, ungeachtet der zunehmend rauher werdenden See.

Die Überwachungsabteilung meldete den Inspektoren, daß man ein Störungsmodul gefunden und ersetzt hatte, ferner war die automatische Pumpenkontrolle wiederhergestellt. Die Pumpen lagen still, und das Hotel trieb weiter – der äußere Strand und das Bassin, das nun vollkommen trocken war, befanden sich etwas mehr als 90 Meter über dem normalen Stand.

Die Eidechseninsel empfing einen neuen Notruf vom Hauptcomputer des Hotels.

„Barrier-Hotel an Eidechseninsel. Eine Achtzigkilometerbö hat uns getroffen. Der aerodynamische Druck auf den Ring des äußeren Schwimmbades neigt die vertikale Achse um zwei Zehntelgrad.

Dadurch gerät das Wasser des inneren Bassins ins Schwanken. Die angrenzenden Räume sind überflutet. Wir legen das Bassin trocken. Der zunehmende Sturm wird wahrscheinlich gefährliches Schlingern verursachen. Wir müssen wieder teilweise zurücksinken oder ganz und gar die Normallage erreichen. Orten Sie unsere Position, und teilen Sie uns mit, ob sich Unterwasserklippen oder Riffe auf unserem extrapolierten Kurs befinden."

Einen Augenblick lang herrschte Stille, während der Computer auf der Eidechseninsel in seinem Elektronenspeicher suchte und die Position des Hotels mit Peilfunkgeräten feststellte.

„Eidechseninsel an Barrier-Hotel. Vorhandene Seekarten für Ihre Position sind veraltet. Kürzlicher Zusammenbruch von Unterwasserklippen und ausgedehnte Erdrutsche haben die Bodenkonturen drastisch verändert. Neue Vermessungen unvollständig. In der Nähe Ihres extrapolierten Kurses befand sich früher ein Unterwasserbasaltgipfel. Wenn Lage und Tiefe sich nicht verändert haben, kollidieren Sie auf jeden Fall."

Die Evakuierungsarbeiten gingen per Flugzeug und Rettungsgurt vom Außenstrand und vom Flughafen aus vor sich. Die rauhe See und der zunehmende Sturm behinderten die Operation. Der Transport mit den schwingenden Rettungsgurten auf rollende, schlingernde Unterwasserboote mußte im Wasser von schwimmenden Tritonen vorgenommen werden; in einem Chaos aus Wogen und Schaum zogen sie die Menschen aus den Schlingen und schwammen mit ihnen zu den Unterwasserbooten, wo andere Tritonen sie an Bord zogen. Das Tempo war erschreckend langsam. In vier Stunden hatte man nur etwa fünftausend Menschen evakuiert, und die Dunkelheit senkte sich herab. Die hin und her schlingernden Navigationslichter der Unterseeboote scharten sich um das schwimmende Hotel wie ein Schwarm roter und grüner Leuchtkäfer. Die Strahlen ihrer Suchscheinwerfer glitten spielerisch über die gestreifte Kuppel, sondierten die Luft nach ankommenden Flugzeugen, glitten über die tosenden Wellen.

„Achtung! An alle Gäste. Bitte bleiben Sie in Ihren Räumen. Wir erwarten Kollision mit einem Unterwasserriff innerhalb der nächsten Stunde! Wiederhole, bleiben Sie in Ihren Räumen! Alle wasserdichten Türen werden in zwanzig Minuten geschlossen."

Weil das Barrier-Hotel nicht als seetüchtiges Fahrzeug gedacht war, besaß es keine Antriebskraft, keine Steuerung, keine Lotvorrichtungen, keine Hindernisdetektoren oder andere Navigationshilfen. Der Computer der Eidechseninsel unterrichtete die Monitoren laufend über Position und Kurs, indem man sich auf die zuletzt verzeichnete Lage der gesunkenen Klippe stützte.

Der Basaltfelsen war mit unebenen Vorsprüngen übersät und machte lediglich den oberen Teil einer größeren Masse aus, die in Schlamm und Korallensand begraben lag – er war nur eine einzige Ecke eines riesigen Blockes, der sich bei einem früheren Erdbeben gelöst und aufgerichtet hatte. Neben seiner gesamten Masse hätte das Barrier-Hotel winzig klein gewirkt. Der Felsen hatte weder seine Tiefe noch seine Position verändert.

Das Barrier-Hotel hielt mit langsamer Geschwindigkeit auf den Felsen zu. Die gerundeten Seiten streiften den spitzen, gezackten Gipfel. Knirschend und krachend mahlte sich der Basalt durch die äußeren und inneren Häute, schnitt eine riesige diagonale Wunde von über dreihundert Meter Länge in die Kugel. Tosende Gießbäche von Blasen sprudelten aus der klaffenden Wunde an die Oberfläche. Das Hotel taumelte, die Menschen wurden in ihren Zimmern hin und her geschleudert.

Auf den ersten Stoß reagierten die Computer des Hotels blitzschnell. Die Sektoren der verschiedenen Ebenen wurden einzeln abgeriegelt, das axiale Dienstleistungszentrum von der übrigen Struktur getrennt. Die Türen zum Strand und zum Flughafen schlossen sich. Die Sektoren der achten, neunten und zehnten Ebene wurden geflutet; der aus dem Gleichgewicht geratene Globus veränderte seinen Neigungswinkel.

Das Hotel sank schnell. Meerwasser ergoß sich über die Wand zur See hin und überflutete den Strand. Ein immer enger werdender Ring aus Schaum kletterte die rot-weiß-blaue Kuppel empor, bis die Radio- und Fernsehanlagen auf der Spitze des Flughafenkontrollturmes in einem Wirbel aus Schaum und Treibholz verschwanden. Die Pumpen verschoben mit Höchstgeschwindigkeit Ballast; nach und nach richtete sich das Hotel wieder auf und kam auf dem Meeresboden zur Ruhe – die Spitze des Kontrollturmes lag fünfundvierzig Meter unter dem Wasserspiegel.

Die Gäste, die auf dem windgepeitschten Flugplatz und am Außenstrand gewartet hatten, waren fortgespült worden und zappelten in der stürmischen nächtlichen See. Es schien, als sei ihr Ende gekommen. Aber die Delphine drückten sich gegen die

Menschen und trugen sie empor. Oben wurden sie von Tritonen ergriffen, die sie in schlingernde Unterseeboote zogen.

Ein vorläufiger Bericht über die Anzahl der registrierten Todesfälle, das Ausmaß der Beschädigung des Barrier-Hotels und den Zustand der automatischen Installationen war den Inspektoren vom Hauptcomputer geliefert worden. Die Flut der Telefonanrufe von verängstigten Gästen übernahmen Computer der niedrigeren Ränge in der elektronischen Hierarchie. Im Kontrollraum herrschte eine kurze Stille. Mit dem Untertauchen des Flugplatzes war die Funkverbindung zur Außenwelt unterbrochen. Alle fünfundzwanzig Inspektoren dachten etwa das gleiche: Was soll nun geschehen? Was sollen wir als nächstes tun?

Der Hauptcomputer sprach mit Inspektor Nummer eins: „Da ist ein Anruf vom Kontrollturm für Sie. Wollen Sie ihn annehmen?"

„Der Kontrollturm? Dort ist doch niemand mehr! Wir haben alle Leute herunterbeordert, bevor wir sanken."

„Aber jetzt ist jemand dort. Nehmen Sie den Anruf an?"

„Dumme Frage. Stellen Sie durch."

Auf dem Fernsehschirm vor dem Inspektor erschien das Gesicht einer blonden jungen Frau. Sie schob eine leichte Unterwassermaske in die Stirn zurück.

„Hallo, Kontrollraum!" sagte sie. „Was ist da unten passiert? Ist es sehr schlimm?"

„Schlimm genug, aber besser, als wir dachten. Wer sind Sie? Wie sind Sie in den Kontrollturm gekommen?"

„Ich bin Dorthy Sumter, Vorsitzende der Behörde für Unterwasserprodukte. Ich bin in einem Unterwasserschnellboot gekommen, mit einer Triton-Rettungsmannschaft. Sie inspizieren den Schaden an Ihrem Rumpf und stellen Vermessungen an, damit wir ihn flicken können. Wir sind durch eine Luke im Dach des Kontrollturmes eingestiegen."

„Das ist die Einstiegsluke zum Funkraum. Wie konnten Sie sie öffnen, ohne den Raum zu fluten?"

„Wir haben eine Rettungsschleuse über die Luke gelegt und sind dann eingestiegen."

„Eine Rettungsschleuse?"

„Ja. Können wir hinunterkommen? Wir würden uns gern mal kurz umschauen und uns mit jemandem, der gerade Zeit hat, unterhalten."

„Ich werde mich mit Ihnen unterhalten. Wir machen gerade Schichtwechsel. Ich heiße Defabio. Ich bin dann im Dienstraum der Inspektoren. Alle Transportsysteme funktionieren – außer den überfluteten Teilen. Beachten Sie die Lagepläne unterwegs. Wenn Sie sich verlaufen, benutzen Sie das nächste Haustelefon, und verlangen Sie den Führungsdienst. Der zuständige Computer wird Ihnen alle Informationen geben."

Als Defabio Dorthy im Dienstraum der Inspektoren begrüßte, befand sie sich in Begleitung eines Tritons, den sie als Tioru vorstellte. Dorthy steckte in einem isolierenden, wärmespeichernden Anzug aus fluoreszierendem orangegelbem Plastikmaterial. Wie alle Tritonen kühlte Tioru nicht aus, wenn er längere Zeit Wassertemperaturen bis zu fünfzehn Grad Celsius ausgesetzt war, er trug nur einen gelben Gürtel. Von einer Nylonschnur hing ein grüner Fiberglaszylinder mit versiegelten Enden um seinen Hals.

„Was ist in dem Behälter?" fragte Defabio, nachdem sie sich gesetzt hatten.

„Ein Film", erwiderte Dorthy. „Ich denke, wir sollten ihn über Ihr Bordsystem allen Gästen des Hotels zeigen. Dann wissen alle, was sie zu tun haben. Es wird die Moral heben."

„Und was schlagen Sie vor?"

„Weil dies ein Projekt der Tritonen ist, soll Tioru es Ihnen erzählen."

„Vielen Dank", sagte Tioru, verneigte sich leicht vor Dorthy und dann auch vor Defabio. „Mit zwei Dingen können wir auf der Stelle beginnen. Zunächst einmal wollen wir alle Menschen aus dem Hotel herausbringen. Zweitens werden wir das Leck im Rumpf reparieren. Sie haben etwas über zwei Millionen Menschen an Bord, und augenblicklich ist der einzige Ausweg die Rettungsschleuse. Wir ziehen nicht in Betracht, jeden einzelnen dort hinauszubringen. Das wäre, als wollten wir einen Tausendlitertank durch ein Nadelöhr leeren. Wir brauchen mehr Schleusen."

Defabio unterbrach ihn: „Diese Rettungsschleuse im Kontrollturm – wie konnten Sie sie anbringen, ohne daß Wasser eindrang?"

„Eine Rettungsschleuse ist eine Kuppel von zwei Meter vierzig Durchmesser mit einer pneumatischen Schleuse an der Spitze. Wir haben die Halbkugel mit einem Metallklebemittel befestigt, das selbst unter Wasser sofort erhärtet. Man kann jetzt diese Schleuse nur lösen, wenn man einen Teil des Daches mitnimmt. Eine eingebaute Pumpe leert Kuppel und Pneumatikschleuse. Wir sind durch die Schleuse hereingekommen und haben die Luke geöffnet. Kein Problem. Schätzungsweise können wir ohne weiteres fünfhundert Schleusen auf dem Landeplatz des Flughafens anbringen."

„Fünfhundert! Woher kriegen Sie die in so kurzer Zeit?"

„Wir haben ein Werk auf der Eidechseninsel, das Schleusen und andere Dinge herstellt. Hundert Stück etwa haben wir dort auf Lager, und inzwischen arbeiten wir mit Hochdruck rund um die Uhr. Auf dem Steinhaufen-Riff lagern weitere fünfzig Stück. Außerdem haben wir angeordnet, daß per unbemannter Rakete noch mehr Schleusen von den Fidschi- und Andamaneninseln eingeflogen werden. Auf den Bahamas sind auch noch etliche. Vielleicht brauchen wir gar keine fünfhundert. Das wissen wir aber erst, wenn wir die Dauer der Operation gestoppt haben. Unter jeder Schleuse müssen wir ein Loch in die Landebahn schlagen. Wir haben Transcorp deswegen bereits um Erlaubnis gebeten. Wir erhielten vor einer Stunde die Nachricht. Ich habe eine Kopie für Ihre Akten."

„Hören Sie auf!" protestierte Defabio. „Die Spitze unseres Kontrollturmes liegt fünfundvierzig, der Landeplatz etwa hundertzwanzig Meter unter Wasser. In dieser Tiefe kann man die Leute nicht durch die Rettungsschleusen hinausbringen. Das Wasser ist kalt, und der Druck liegt bei zwölf Atmosphären. Sie ertrinken, bevor sie die Oberfläche erreichen, wenn sie nicht bereits vor Angst gestorben sind."

An dieser Stelle fiel ihm Dorthy ins Wort: „Der Film wird die Leute auf die Rettungsroutine vorbereiten. Und wir legen ihnen Miniaturgeräte an. Wie ich eins trage. Die kleinen Zylinder fassen Sauerstoff für zwanzig Minuten. Sie sind speziell für kurze Unterwasseraufenthalte der Festlandbewohner entworfen worden – zum Beispiel, wenn man von einem Unterseeboot auf das andere umsteigt, und zwar unter Wasser."

Tioru fuhr fort: „Jeder bleibt fünf Minuten in der Schleuse, um sich dem Druck anzupassen. Sobald er dann aufsteigt, wird er wiederum durch eine Schleuse in ein Unterwasserfahrzeug gezogen, bevor er noch bis zehn zählen kann. Die Menschen werden der

Kälte und dem Druck nur kurze Zeit ausgesetzt. Die Unterseeboote werden sich etwa zwölf bis fünfzehn Meter über dem Flugplatz aufhalten. Es ist ein Glück, daß Sie so tief gesunken sind. Oben tobt ein Sturm mit einer Geschwindigkeit von sechzig Stundenkilometern.

Sobald ein Boot beladen ist, fährt es ab, und ein anderes nimmt seine Stelle ein. In Ihrem Kontrollturm werden wir eine Verkehrskontrolle für Unterseeboote einrichten. Wir bringen unser eigenes Aquaphon und eine Fernseh- und Radioausrüstung mit. Auf dem Festland richten wir Empfangszentren für Ihre Leute ein. Nun zu den Verunglückten. Wie viele haben Sie?"

„Wir sind noch dabei, das festzustellen", sagte Defabio düster. „Dreiundzwanzig Todesfälle sind bekannt. Die Liste der Knochenbrüche und Verrenkungen ist meterlang. Als mein Dienst zu Ende war, belief sich die Zahl auf mehr als zweihundert. Die Leute in den überfluteten Sektoren können wir nicht erreichen. Die Räume sind zwar dicht, aber die Korridore stehen unter Wasser, und zwar mit dem Druck einer Tiefe von 840 Metern. Wir können sie über die Selbstbedienung wie üblich ernähren und durch die Paketzustellungsröhren Medikamente und Erste-Hilfe-Material schicken. Wir können ihnen über Fernsehtelefon Instruktionen erteilen, Musik und 3-D-Filme liefern."

Tioru sagte: „Wir werden zunächst die erreichbaren Verletzten herausbringen. Die anderen müssen noch eine Weile warten. Wir können die Räume in den überfluteten Sektoren erst öffnen, wenn wir das Wasser aus den Fluren gepumpt haben, und pumpen können wir erst, wenn der Rumpf repariert ist."

„Da ist noch etwas", sagte Defabio. „Kleine Kinder und Säuglinge. In der Entbindungsstation befinden sich siebenundvierzig Neugeborene – das ist glücklicherweise in einer oberen Ebene, die nicht überflutet ist – und ganze Schwärme größerer Kinder."

„Daran haben wir gedacht. Wir haben uns etwas Besonderes einfallen lassen. Sie werden sehen. Machen Sie sich keine Sorgen!"

„Keine Sorgen machen!" sagte Defabio mit müder Geste. Er stand auf. „Um das Ganze offiziell zu machen, müssen wir eine Konferenz aller Inspektoren einberufen, aber ich nehme es auf mich, dem Projekt zuzustimmen. Niemand mit Verantwortungsgefühl könnte dagegen sein. Ich werde Ihren Film sofort über unser internes Netz senden. Bitte benachrichtigen Sie Ihr Tritonhauptquartier, damit die Rettungsoperation anlaufen kann."

Dann schwieg er und sah verlegen aus. „Wie sagt man im Namen von zwei Millionen Menschen danke schön?"

DIE RAKETE, in der Jothen und Kim reisten, hatte bereits fünf Zeitzonen durchquert und trat gerade in die sechste ein. Während der ersten Hälfte des Fluges hatten sie kaum mehr als die endlose Weite der offenen See zu Gesicht bekommen – eine Welt aus blauem Wasser und Wolkenflotten.

In der zweiten Hälfte der Reise sahen sie aus einer Höhe von scheinbar hundertfünfzig Metern, wie die See kilometerweit durch springende Fische in Schaumrosetten verwandelt wurde – unter der Oberfläche mußte sich eine unberechenbare Menge von weiteren Fischen befinden. Das Meer blinkte von den glitzernden Myriaden silberschuppiger Leiber. Eine schwimmende Fischfabrik kreuzte langsam durch die bewegten Wasser und brachte die lebendige Ernte ein. Einmal sichteten sie auch eine Herde Wale, die von Delphinen gehütet wurde – ein merkwürdig friedlicher Anblick.

Dann sahen sie durch die Gummilinsen unregelmäßig grüngeprägte Muster auf dem blauen Feld, die jeweils von einer weißen Strand- und Brandungslinie begrenzt wurden. Zwischen den Inseln verstreut lagen als weiße Ringe, Halbmonde und Filigranmuster die Riffe und Atolle.

„Laut Flugplan müßten wir über den Salomoninseln sein", sagte Jothen. „Ich glaube, ich sehe schon ein paar von ihnen am Horizont. Und da ist etwas noch Auffälligeres. Schau mal, Kim."

„Ich sehe einige längliche Inseln", sagte Kim, „und über den Rand der Erde steigt ein Wirbel weißer Wolken auf."

„Das ist die Oberseite eines Taifuns. Der da muß sich so schnell gebildet haben, daß er bereits außer Kontrolle geriet, bevor ihn die Knaben von der Wetterwarte unschädlich machen konnten. Ich hoffe, daß das Fischadler-Riff nicht in seiner Richtung liegt."

„Will uns dort die Tritonenfamilie abholen? Was weißt du über sie?"

„Sehr wenig. Es sind drei. Der Vater heißt Storm. Er ist die rechte Hand von Dorthy Sumter, der Vorsitzenden der Behörde für Unterwasserprodukte. Sie leben auf einer Koralleninsel, die Seepferdchen-Riff heißt. Sie gehört zur äußeren Barriere. Ich . . ., es tut mir leid, aber ich habe Storm gesagt, wir befänden uns auf unserer Hochzeitsreise."

„Du bist doch unverbesserlich", sagte Kim.

„Ich bin ein wenig weit gegangen", gab Jothen zu. Aber er erhielt keine Gelegenheit, weiter auf das Thema einzugehen.

„Ich sehe nichts mehr", verkündete Kim.

„Ich auch nicht. Wir setzen vermutlich zur Landung an."

„TUT MIR leid", sagte Storm, „aber es ist etwas geschehen, das alle unsere Pläne über den Haufen wirft. Wir werden, fürchte ich, keine guten Gastgeber sein, und Ihr Urlaub wird vermutlich nicht sehr ruhig verlaufen."

Es fiel Jothen schwer, Storms rhythmische, herabtropfende Tränen unbeachtet zu lassen und nicht unentwegt die fleischige, federförmige Hörantenne, die fortwährend bebte, anzustarren. Kim schien das nichts auszumachen, aber sie war schließlich an biologische Eigenarten gewöhnt.

„Doch hoffentlich nichts Persönliches?" fragte sie.

„Nein. Ein Unglück im Barrier-Hotel. Gehen wir an Bord, dann erzähle ich Ihnen die ganze Geschichte."

Storms *Seepfeil* war ein schlankes Fünfmannfahrzeug, das von zentrifugal getriebenen Wasserdüsen bewegt wurde. Er brachte das Unterseeboot auf neun Meter Tiefe und verließ den Hafen des Raketenstartplatzes durch einen Unterwasserausgang. Der Fernsehschirm im Kommandoturm zeigte nur eine schmutziggrüne Dämmerung.

„Sie werden es kaum glauben", sagte der Triton, „aber der Sturm, den Sie gesehen haben, und ein Versagen des Computers haben dazu geführt, daß sich das Hotel aus seiner Verankerung gelöst hat und auf eine Unterwasserklippe trieb. Das Hotel sank wie ein Stein – etwa 1500 Meter tief, was nicht ganz so schlimm ist, wenn man bedenkt, daß das Hotel selbst 1050 Meter im Durchmesser mißt. Es waren zwei Millionen Menschen an Bord – die größte Seekatastrophe der Geschichte, wenn wir sie nicht herausbekommen."

„Sie herausholen!" sagte Jothen ungläubig. „Aber der Rumpf – der Tiefendruck . . ."

„Der Rumpf hält es aus", sagte Storm. „Das Hotel wurde mit

dem Sicherheitsfaktor fünf gebaut. Das Hauptproblem ist, daß sich das Rettungsgebiet in einer Tiefe von hundertzehn Metern befindet. Ich brauche wohl nicht zu sagen, daß wir Tag und Nacht arbeiten. Ich dachte mir, Mr. Kent, weil Katastrophen in gewissem Sinne zu Ihrem Beruf gehören, würden Sie sich vielleicht gern einmal anschauen, was getan wird."

„Ja, gern . . . Kim?"

„Natürlich." Sie schaute in das trübe Wasser. „Aber kann man denn überhaupt etwas erkennen?"

„Oh, der Flugplatz – das ist das Arbeitsgebiet – ist erleuchtet. Ich kann Sie nicht tiefer hinunterbringen, damit Sie sich anschauen können, wie die Reparaturmannschaft am beschädigten Rumpf arbeitet, weil das die Sicherheitsgrenze dieses Bootes überschreitet."

Der *Seepfeil* tauchte schräg ab; auf dem Bildschirm erschien ein tiefes Blauviolett, dann tauchte ein verschwommenes, geisterhaftes Gebiet mit grünlichem Schimmer auf. „Da ist es", sagte Storm. „Wir haben rings um den Flugplatz Lichter vertäut."

„Die armen Leute", sagte Kim. „Wenn ich mir nur vorstelle, ich wäre in dem Ding, bekomme ich schon Klaustrophobie."

„Ich auch", sagte Jothen. „Besonders wenn ich daran denke, daß du dorthin wolltest."

Je dichter der *Seepfeil* herankam, desto weiter dehnte sich das beleuchtete Gebiet aus. Es tauchte aus der Wassertrübung und wurde zu einer runden gelben Fläche, dem Flughafen, der von einem Ring schwimmender Leuchtkugeln erhellt wurde, die mit einem käfigähnlichen Gitterwerk verstärkt waren. Vertäuungskabel, die durch rote Punkte von Warnlichtern skizziert wurden, verankerten die Kugeln rings um das Flugfeld. Das Feld selbst war mit phosphoreszierender violetter Farbe in ein riesiges Schachbrett eingeteilt worden, dessen Quadrate schimmernde violette Zahlen kenntlich machten. Auf etlichen dieser Quadrate befand sich bereits eine Schleuse.

Aus zwei Schleusen gleich in ihrer Nähe ragte eine Art dickes Kabel oder Rohr, das in steilem Winkel in die tiefblaue Dunkelheit stieß. Die Rohre bewegten sich träge und waren mit roten Warnlampen bestückt. Auf Jothens Frage antwortete Storm: „Man könnte das Superschnorchelschläuche nennen. Als der Rumpf aufgerissen wurde, verlor das Barrier-Hotel eine Menge Luft, und jedesmal, wenn wir eine Schleuse öffnen, geht wiederum etwas Luft verloren. Die Menschen im Hotel verbrauchen Sauerstoff. Das Hotel hat zwar eine komprimierte Sauerstoffreserve, wir wollen sie jedoch einstweilen sparen. Über das Ventilationssystem des Hotels pumpen wir Luft durch eine Pipeline hinein und durch die andere wieder heraus. Die Röhren sind zwar aus Metall, jedoch lang genug, so daß sie eine gewisse Flexibilität besitzen. Die Pumpen sind auf Motorschleppern an der Wasseroberfläche montiert. Auf diese Weise können sie sich trotz Wind und Strömung in ziemlich konstanter Position halten."

Die dunklen Körper von fünf Unterseefähren schwebten wie riesige Haie in geringer Höhe über dem Flugplatz. Dutzende von Tritonen und Delphinen schwammen zwischen Schleusen und Fähren. Jothen war überrascht, wie groß alles in Wirklichkeit war, als er die winzigen Körper schwimmen sah.

In Abständen öffnete sich eine Schleuse, und ein Blasensprudel stieg in den Lichtschein, dann folgte eine ungeschickt schwimmende menschliche Gestalt mit einem Atemgerät. Sofort packte ein Triton den Schwimmer und zog ihn rasch hinauf in eine Fähre. Der erleuchtete Eingang einer Schleuse öffnete sich an der Unterseite des Schiffsrumpfes, der Triton schob den Passagier hinein, wartete, bis sie sich wieder schloß, und schwamm dann zu der ihm anvertrauten Schleuse zurück.

Aus der Dunkelheit senkte sich ein Unterwasserfrachter herab und kam dicht über den Fähren zum Stillstand. Eine riesige runde Luke öffnete sich in seinem Bauch, aus der bläuliches Licht schimmerte, und aus der Schleuse schob sich das Ende eines Kabels. Ein Trupp Tritonen erschien und dirigierte das Kabel in die Mitte eines numerierten Quadrates.

„Seit gestern abend einundzwanzig Uhr verlegen wir Schleusen", sagte Storm nicht ohne Stolz. „Diese Ladung beträgt fünfzig Stück. In zwanzig Minuten ist eine Schleuse installiert und funktionsfähig, und wir hoffen, daß wir diese Zeit auf fünfzehn Minuten verkürzen können. Bisher sind etwas weniger als hundert in Betrieb, aber die Evakuierung geht noch immer zu langsam vonstatten. Nach den letzten Berichten sind inzwischen 15 200 Menschen herausgebracht worden."

Jothen rechnete. „Aber – bei der Geschwindigkeit wird es über hundert Tage dauern, bis die letzten heraus sind."

„Stimmt", sagte Storm. „Aber je mehr Schleusen wir haben, desto schneller geht es, außerdem bekommen die Leute Routine. Wir wollen uns jedoch nicht allein auf die Schleusen verlassen. Wir beschleunigen die Konstruktion eines größeren Modells, das an die Ladeschleuse eines Frachters angeschlossen wird. Auf diese Weise könnten wir direkt über eine Förderanlage Verpflegung in das Hotel liefern und gleichzeitig über eine Rolltreppe Passagiere aufnehmen."

„Verpflegung. Das wird ein Problem sein", sagte Jothen. „Wieviel Vorräte hat das Hotel?"

„Nicht genug. Normalerweise haben sie Verpflegung für zwei Tage an Bord. Sie rationieren die Vorräte."

„Die Nahrungsmittelcontainer sind wahrscheinlich für die Schleusen zu groß?"

„Stimmt."

„Warum setzt man dann das Barrier-Hotel nicht zu neunzig Prozent auf flüssige Diät? Die kann man einpumpen. Durch eine Pipeline. Suppen, Pürees, dickflüssige Pasten. Das ginge schneller als das Abladen fester Güter. Dadurch würden die anderen Vorräte noch weiter gestreckt."

„Natürlich!" rief Storm. „Wir haben alle Hochleistungsplastikröhren, die wir brauchen, auf der Eidechseninsel. Wir verlegten gerade eine Unterwasserpipeline, als das Hotel sank."

„Eine Unterwasserpipeline? Wofür?" erkundigte sich Kim.

„Das ist ein Tiefsee-Safari-Projekt. Wir wollen oxygenisiertes Wasser zu einer Versuchskultur in neunhundert Meter Tiefe pumpen. Wir haben die Leute, die an diesem Projekt arbeiten, hierhergebracht, als wir erfuhren, daß das Barrier-Hotel gesunken ist."

Storm erklärte Kim und Jothen einiges über Tiefsee-Safaris und das Schleimkulturenprojekt, rief dann die Eidechseninsel an und erteilte Anweisungen für die Nahrungspipeline.

„Wir müssen weiter", sagte er. „Ich muß einige Inspektionen machen, und Sie haben jetzt alles gesehen, was – nein! Noch nicht alles. Da ist noch mehr. Sehen Sie das aufblitzende Licht?"

Auf der Spitze einer Rettungsschleuse blinkte ein blaugrünes Licht.

„Was hat das zu bedeuten?" erkundigte sich Kim.

„Das heißt, daß das, was herauskommt, spezielle Sorgfalt und

Aufmerksamkeit verdient", sagte Storm. „Wir fahren ein bißchen näher heran."

Die Rettungsschleuse befand sich am Rande des Flugplatzes. Storm stoppte den *Seepfeil* etwa fünfzehn Meter vom Blinklicht entfernt. Drei Delphine und ein Triton umkreisten das Licht.

Die Luke der Schleuse öffnete sich, und Blasen sprudelten heraus. Dann stieg langsam eine durchsichtige Kugel, die mit Gitterwerk verstärkt war, aus der Schleuse. Das Innere erleuchtete ein winziges Leuchtpaneel.

Ein Netz mit einer Leine umschloß die Kugel. Ein Delphin schoß darauf zu, schnappte die Leine mit dem Mund und stieg zum nächsten Unterseeboot auf; die Kugel schwebte wie ein Luftballon über ihm.

In der Kugel strampelte auf einem Nestchen aus weißer Silikose ein winziges Baby.

„Himmel!" sagte Kim. „Wie kommt denn das ins Barrier-Hotel? Es sieht so aus, als sei es erst gestern geboren worden."

„Das kann schon sein", sagte Storm. „Oder vor ein, zwei Stunden. Soweit ich weiß, waren über fünfzig Säuglinge in der Entbindungsstation, als das Hotel sank."

„Was haben sich denn die Eltern dabei gedacht? Sie müssen doch gewußt haben . . . Warum sind sie nicht zu Hause geblieben?"

„Wenn man schon drei oder vier Jahre im voraus ein Zimmer im Barrier-Hotel reservieren läßt, bleibt man nicht zu Hause", sagte Storm. „Man fährt in Urlaub und kriegt das Kind im Hotel."

„Was wollen wir jetzt tun? Ich muß die Arbeiten im Hotel inspizieren. Will einer von Ihnen mir Gesellschaft leisten?"

„Ja, gern", sagte Jothen schnell.

Kim schauderte. „Nein danke. Ich habe genug gesehen von dieser düsteren Unterwasserwelt. Ich möchte lieber zum Seepferdchen-Riff und die Brandung betrachten."

Storm telefonierte per Aquaphon mit dem Hotel und fand einen Triton, der bereit war, Kim mit dem *Seepfeil* zum Riff zu bringen. Jothen überlegte, ob er sie begleiten sollte; aber bisher hatte er keinen Grund zu der Annahme, daß er dadurch bei ihr Fortschritte machen könnte.

Jothen trug zum erstenmal ein Mini-Atemgerät, als er Storm durch die Rettungsschleuse auf dem Dach des Kontrollturmes ins

Barrier-Hotel folgte. In seinem provisorischen Büro erwarteten Storm bereits zwei Nachrichten. Die eine stammte von der Überwachungsabteilung und besagte, daß die Reparaturen am Rumpf so weit beendet waren, daß einer der gefluteten Sektoren, Nummer sieben in der zehnten Ebene, wieder geöffnet werden konnte. Die andere Botschaft vom Rat der Inspektoren lautete folgendermaßen: „Wir haben alle Störungen des Computers aufgespürt. Insgesamt waren es sieben, vier traten im Hauptcomputer auf. Die Untersuchung der beschädigten Module ergab, daß die Ursache in allen Fällen die gleiche war – ein Kurzschluß, verursacht durch kleine Insekten, die quer über zwei oder mehreren Segmenten der Leitung lagen. Ein Exemplar wird an Sie weitergeleitet. Weitere Tiere fand man in den Ventilationskanälen. Wahrscheinlich wurden sie auf diese Weise im Hotel verstreut. Ihre Herkunft ist unbekannt."

Das Exemplar war in ein durchsichtiges Plastikquadrat eingebettet. Es war ein kleines silberweißes Geschöpf, kaum einen Zentimeter lang.

„UND SO etwas kann das Barrier-Hotel zum Sinken bringen?" fragte Jothen ungläubig.

„Anscheinend schon", erwiderte Storm. „Wie sind sie bloß hierhergekommen? Ob sich wohl unter den Gästen des Hotels ein Entomologe befindet?"

Bei dem Wort „Entomologe" kam Jothen ein Gedanke. „Es könnte Dr. Kemal Matouf dabeisein. Befragen Sie den Computer, der für die Registrierung zuständig ist, ob er sich noch hier aufhält."

Der Computer informierte Storm, daß Dr. Matouf Zimmer 97, Block sechs, Zone acht, fünfte Etage, Sektor sieben, zehnte Ebene zugewiesen worden war; daß dieser Teil des Hotels Räume mit den wichtigsten Laboreinrichtungen enthielt und für wissenschaftlich tätige Gäste gedacht war; und daß Dr. Matouf nach dem Sinken des Hotels keinen Anruf über Fernsehtelefon beantwortet hatte.

„Sektor sieben, zehnte Ebene", sagte Storm. „Die ist gerade wieder geöffnet worden. Ich werde mir die Lage einmal ansehen, und dabei können wir gleich bei Dr. Matouf vorbeischauen. Hoffentlich ist er noch am Leben."

Jothen folgte Storm durch ein Gewirr von Hallen und Zimmern, die direkt unter dem Flugplatz lagen. Hier bereitete ein Trupp Tritonen Hotelgäste auf den Ausstieg durch die Schleuse vor. Stimmengewirr erfüllte die Luft. Die Tritonen verpaßten den Gästen Mini-Atemgeräte, wiederholten noch einmal alle Instruktionen, beschwichtigten die Verängstigten. Aus diesem Brennpunkt der Aktivität brachte ein automatischer Lift Jothen und Storm in die zehnte Ebene – ein Sturz von sechshundert Metern.

Die Korridore in Sektor sieben waren naß und rochen durchdringend nach Moder. Säuberungsmannschaften räumten Fische, Krabben, Streifen von Seetang, Quallen, Sand und anderes Seegut fort. Viele Räume standen leer, die Türen waren sperrangelweit geöffnet; die Bewohner hatte man in höher gelegene Räume umquartiert.

Jothen machte einen großen Schritt um einen Polypen, der sich auf der Erde wand, als Storm vor einer geschlossenen Tür mit der Nummer 10-7-5-8-6-97 stehenblieb.

„Da sind wir", sagte Storm. „Dies ist die Tür." Er drückte die Klinke herunter, aber die Tür rührte sich nicht. „Ich werde leider seine Privatsphäre verletzen und die Tür gewaltsam öffnen müssen. Vielleicht ist er nicht mehr am Leben. Eine undichte Schweißnaht, ein geborstenes Rohr hätten genügt, und schon wäre die See in sein Zimmer eingedrungen."

Das heiterte Jothen nicht gerade auf. Ohne zu zögern, öffnete Storm die wasserdicht verschlossene Tür, zog sie auf: dahinter lag ein hell erleuchteter, unglaublich unordentlicher Raum. Ein dunkelhäutiger, untersetzter Mann blickte von dem Papierstreifen auf, den ein Infraspektrofotometer, das am eingebauten Arbeitstisch festgeschraubt war, ausspie. Auf seinem Gesicht mischten sich Ärger und Erstaunen.

„Dringen Sie immer unaufgefordert in die Zimmer fremder Leute ein?" fragte er.

„Keineswegs", sagte Storm. „Sind Sie Dr. Matouf?"

„Natürlich bin ich Dr. Matouf. Wer sind Sie denn?"

„Mein Name ist Storm. Ich überwache die Rettungsarbeiten am Barrier-Hotel, die unter Leitung von Dr. Sumter, Unterwasserprodukte, vorgenommen werden. Stundenlang erhielten wir keine Antwort von Ihnen, obgleich wir wiederholt angerufen haben. Man vermutete bereits, Sie seien tot."

„Sie erhielten keine Antwort, weil ich die Leitung unterbrochen habe. Irgendein Kerl hat fortwährend angerufen und gesagt, das Hotel sinke. Schließlich kann es ja nicht sinken, weil es bereits auf dem Meeresboden liegt."

„Es hat sich losgerissen und ist dann gesunken", erklärte Storm geduldig. „Es ist ein paarmal böse hin und her geschlingert. Haben Sie das nicht bemerkt?"

„Es gab ein Erdbeben. Das habe ich gemerkt. Das ist in diesem Teil der Welt nichts Ungewöhnliches. Das Infraspektrofotometer ist fest montiert und wurde nicht beschädigt; ich sah also keinen Grund zur Beängstigung."

„Wenn Sie daran zweifeln, daß das Hotel gesunken ist, dann schauen Sie doch auf den Gang", schlug Jothen vor. „Da liegt direkt vor Ihrer Tür ein Polyp mit Armen, die knapp einen halben Meter lang sind."

Die einzige Antwort des Doktors war ein verächtlicher, ungläubiger Blick.

Storm hielt einen Plastikwürfel hoch, in dem sich das Tier befand. „Einige dieser Tiere gelangten in die Computer und verursachten Kurzschlüsse. Dadurch kam die Sache ins Rollen. Kennen Sie diese Kreaturen?"

„Und ob ich die kenne. Das ist ein Silberfischchen *Lepsima saccharina*, eine der verbreitetsten Arten der *Thysanura*. Ich habe zwei Kulturen dieser Spezies und einige andere Exemplare hier. Ich studiere die Blutproteine der gesamten Gattung."

Weitere Fragen ergaben, daß ein nordamerikanischer Mitarbeiter an Dr. Matouf drei Kulturen der *saccharina* geschickt hatte; während der Abwesenheit Dr. Matoufs hatte sein Vertreter den Inhalt eines Brutglases verschüttet. Seither bevölkerten eine Unmenge Silberfischchen Dr. Matoufs Zimmer.

Als sie Dr. Matouf verließen, bemerkten sie, daß der Polyp seine Lage verändert hatte und jetzt direkt im Eingang lag. Storm bückte sich, packte die Spitze eines Fangarmes, betrachtete die sich windende Masse nachdenklich und schleuderte das Tier in den Korridor. Jothen warf noch einen Blick auf Dr. Matouf. Er saß völlig unbeweglich mit weit aufgerissenen Augen und hochgezogenen Brauen auf seinem Stuhl.

Weiter hinten im siebten Sektor entdeckten sie, daß man in einer Flucht aneinandergrenzender Räume ein Notkrankenhaus eingerichtet hatte. Zu Jothens Überraschung arbeiteten dort nur Tritonen. Er hatte nicht gedacht, daß die Tritonen eigene Ärzte und Chirurgen haben könnten. Verletzte warteten in einer Schlange auf Behandlung, eine andere verließ die Räume und wurde ins Hotelkrankenhaus transportiert.

„Hat das Krankenhaus denn für alle Platz?“ fragte Jothen.

„Nein – es ist bereits überfüllt. Leichtverletzte werden wie alle anderen durch die Schleusen evakuiert. Glücklicherweise sind das die meisten. Die Fälle, die aus Sicherheitsgründen nicht durch die Schleusen ausquartiert werden können, bleiben hier. Sie müssen so lange warten, bis unsere Verbindung mit dem Frachter hergestellt ist. Dann können sie an Bord des Schiffes gebracht werden.“

„Und was geschieht mit den Toten?“

„Die Toten können warten“, sagte Storm und zuckte die Schultern. „Sie liegen tiefgekühlt im Leichenhaus.“

Als Storm und Jothen wieder Ebene zehn erreichten, hatte der Computer zwei weitere Nachrichten entgegengenommen. Eine davon gab Aufschluß über den Verlauf der Rettungsarbeiten: „105 Schleusen arbeiten nunmehr. Die Evakuierungsgeschwindigkeit beträgt 630 pro Stunde, 15 120 pro Tag. Mit der maximalen Anzahl von 500 Schleusen wird sich die Rate auf 60 000 pro Tag erhöhen. Durch die Verbindung mit dem Frachter werden wir zusätzlich 3000 Menschen pro Tag abtransportieren können.“

Storm rieb sich nachdenklich das Kinn. „Das ist noch nicht genug. Bei dieser Geschwindigkeit dauert es etwa vier Wochen, bis auch der Letzte draußen ist. Wir brauchen mehr Verbindungen zu Frachtschiffen.“

Die zweite Meldung kam von der Abwasserinstallation: „Wann wird es möglich sein, Lasten nach draußen zu befördern? Wir lagern komprimierte Blöcke verarbeiteter fester Abwässer in den leeren Räumen und Korridoren direkt über uns. Das Lagerproblem ist noch nicht kritisch, wir schlagen jedoch aus ästhetischen Gründen eine baldige Überführung an die Festland-Düngerfabrik vor.“

„Was haben Sie unter normalen Umständen mit dem Festkörperabfall gemacht?“ erkundigte sich Jothen.

„Jeden Tag kam ein Spezialfrachter und holte ihn ab.“

„Gibt es denn keine Vorrichtung, mit der man Abwässer in einem Notfall ins Meer pumpen könnte?"

„Nein. Die Konstrukteure des Barrier-Hotels haben diesen Notfall nicht vorausgesehen, und auch nicht, daß das Hotel jemals seine Vorräte würde rationalisieren müssen . . . Apropos Essen, Sie müssen am Verhungern sein. Ich kann Ihnen zwei Möglichkeiten anbieten – entweder wir essen hier im Hotel, in diesem Fall haben Sie zwar die Auswahl, erhalten jedoch nur geringe Mengen, oder ich bringe Sie nach Hause, wo Sie sich aus dem Selbstbedienungsautomaten versorgen können und beides haben: Auswahl und Quantität."

„Ich warte lieber noch ein bißchen und habe dann größere Mengen und die Auswahl", entschied Jothen.

DEN KURZEN Weg zum Seepferdchen-Riff legte er auf einem Luftkissenfahrzeug zurück, das von den Lastkähnen zur Eidechseninsel fuhr. Die Dunkelheit hatte sich herabgesenkt, der Himmel war klar, und der Vollmond schien gleißend auf das Meer. Das äußere Riff glich einer dunklen, unregelmäßigen Mauer, die quer über ihrem Kurs lag. Aus Nordosten rollten endlose Wogen heran. Die Brecher trafen in schrägem Winkel auf das Riff, geisterhaft weiße Gischtgeysire sprühten auf und wanderten von Norden nach Süden das Riff entlang. Zur See hin, unterhalb des Horizontes, flammten auf dem Fischadler-Riff die Raketenstarts wie Blitze auf. Im Westen lag die Eidechseninsel, das Industriezentrum der Tritonen; seine Lichter loderten hinter der Barriere am Horizont der Lagune.

Das Fahrzeug setzte Jothen am Seepferdchen-Riff ab und schäumte über das mondlichtgebadete Wasser davon. Das Seepferdchen-Riff lag in stiller Klarheit im Mondlicht. Die unaufhörlichen Fontänen der Brandung, die an den Wällen der Barriere entlangliefen, betonten diese Stille, ohne sie zu zerstören. Jothen hatte noch niemals soviel leuchtende See gesehen, einen so riesigen Himmelsbogen, so unendlich viele Sterne, einen so strahlenden Mond.

Etwa hundert Meter weiter fand er Storms Haus am inneren Strand der Insel.

Man hätte es für einen abgerundeten Korallenhügel halten können, wenn das erleuchtete ovale Fenster nicht gewesen wäre und auf der Spitze ein rotierendes Signalfeuer. Muscheln knirschten unter seinen Schritten, als er über den funkelnden Korallensand ging. Er vernahm Gelächter.

Als er näher kam, schritt er über einen dichten Moosteppich, der einen breiten Streifen Sand bedeckte und an den Wänden des Hauses emporkletterte. Er wunderte sich, daß die Pflanze in dieser ungünstigen Umgebung von Sand und salziger Luft gedeihen konnte. Vielleicht war auch dies eine tektogenetische Variante. Er bog um eine moosbedeckte Ecke des Hauses und entdeckte Kim und ein Tritonmädchen; sie saßen auf einer flachen Korallenhalbinsel, die sich wie eine Mole in die Lagune erstreckte. Im Wasser hob und senkte sich der Kopf eines Delphins, der Quietsch- und Zirplaute ausstieß.

„Hallo!" rief Jothen.

„Da bist du ja endlich!" sagte Kim. „Jothen, das ist Storms Tochter Ruvani. Ruvani, das ist Jothen."

Der Delphin pfiff durchdringend.

„Du hast jemanden vergessen", sagte Ruvani. „Jothen, darf ich Ihnen Molo vorstellen?"

„Angenehm", sagte Jothen. „Damit wären also die Formalitäten erledigt. Freut mich, daß du nicht die ganze Zeit allein gewesen bist, Kim."

„Ich bin erst seit kurzem hier", sagte Ruvani, „aber Kim ist trotzdem nicht allein gewesen."

„Als ich ankam, war Molo hier, und den ganzen Nachmittag über kamen Besucher", erklärte Kim. „Von allen näher gelegenen Teilen des Riffs waren Tritonen hier – hauptsächlich Kinder – und viele Delphine. Alle wußten, daß wir kommen."

„Ich habe zwei Tage Urlaub", sagte Ruvani. „Wir werden zwischen den näher gelegenen Riffen ein wenig tauchen, wenn es euch Spaß macht. Ich kümmere mich um die Ausrüstung. Ihr könnt doch hoffentlich schwimmen?"

„Ich habe noch nie ein Atemgerät benutzt", sagte Kim, „aber ich verpasse keine Gelegenheit, in den Seen des Biologischen Reservates zu schwimmen."

„Ich denke, ich kann mich qualifizieren", erklärte Jothen. „Ich habe bereits Atemgeräte benutzt, als ich Dämme und Reservoire inspizierte."

„Dann fangen wir morgen an", sagte Ruvani. „Direkt in der

Kormoran-Passage liegt ein altes Wrack, das wir besuchen können. Vielleicht findet ihr auf dem Grund ein paar Andenken."

„Fein", meinte Jothen. „Aber seitdem wir auf dem Fischadler-Riff gelandet sind, habe ich nichts gegessen. Könnten wir vielleicht zuerst etwas zu uns nehmen?"

DAS MEER glänzte in der Morgensonne, als Kim, Ruvani und Jothen an einem Strand aus Korallensand und Kieseln im Wasser standen. Jeder hatte einen Beutel am Gürtel und eine flache Metallstange, die an einem Ende gebogen war, zum Graben und Sondieren. Kim und Jothen trugen Tauchermasken, auf dem Rücken das Atemgerät. Das Gerät bestand aus künstlichen Kiemen, der Kiemenpumpe, der Antriebspumpe und den notwendigen Batterien. Die Zwillingsdüsen, die zu beiden Seiten des Gürtels montiert waren, konnten sich in drei Ebenen um 180 Grad drehen. An der Vorderseite des Gürtels war eine Kontrollbox angebracht, die Kiemenfluß, Geschwindigkeit und Düsenrichtung regulierte.

„Wenn wir ins Wasser gehen", erklärte Ruvani, „kreuzen wir zuerst eine Weile direkt unter der Oberfläche, bis ihr das Gerät unter Kontrolle habt. Dann steigen wir tiefer. Achtet auf den Tiefenmesser an eurem Handgelenk. Taucht keinesfalls tiefer als zehn Meter. Vielleicht steigen wir morgen weiter hinunter. Vor allem aber müssen wir uns dicht beieinanderhalten. Es gibt eine Menge Riffbewohner mit giftigen Stacheln, scharfen Zähnen, Nesselhaaren, und einige von ihnen sind von ihrer Umgebung so gut wie überhaupt nicht zu unterscheiden. Diejenigen, die man nicht berühren darf, zeige ich an, indem ich die Daumen nach unten richte. Wenn ich Daumen und Zeigefinger wie ein zubeißendes Maul öffne und schließe, dann bedeutet das, daß sich ein Barracuda in der Nähe befindet. Ein großes Maul, mit beiden Händen geformt, bedeutet Hai. Wenn wir das Wrack erreichen, bleibt draußen. Dort wohnen etliche Muränen, und die haben verdammt scharfe Zähne. Wenn ihr euch miteinander unterhalten wollt, braucht ihr nur die Masken aneinanderzubringen."

„Gibt es ein Signal für acht- oder zehnarmige Polypen?" fragte Kim eifrig.

„Ja. Ich halte entweder acht oder zehn Finger hoch, aber um Polypen brauchen wir uns weiter nicht zu kümmern. Sie sind recht friedlich, und in der Nähe des Riffs leben nur kleinere Arten. Die großen sind weit draußen und unten im dunklen Wasser. Können wir jetzt los?"

Jothen empfand kein Gefühl der Nässe, als er untergetaucht war. Er glitt durch eine pastellgrüne Atmosphäre, die von dem Spiel grünlicher Sonnenstrahlen erfüllt war. In der Ferne wurde die grüne Atmosphäre zu bläulichgrünem Nebel. Zirpend entwich sein Atem durch das Luftventil. Er schaute sich um, und es war ihm, als schwämme er über einen Garten, in dem die Blumen eines anderen Planeten wuchsen. Es gab fächerförmige Gewächse, verschiedene Kuppeln aus Korallen, Schwämme, die wie Tassen und Vasen geformt waren, gekräuselte Algenwiesen und überall riesige Mengen von Fischen, die so farbenprächtig waren wie Schmetterlinge und Kolibris.

Kim hielt auf ihn zu, berührte seinen Arm und zeigte über die Schulter. Er schaute sich um und sah, daß sie eine lange Prozession von Fischen, die in allen Farben glühten, anführten. Etwas weiter unten schlossen sich Molo und drei andere Delphine dem Konvoi an.

Der Boden senkte sich allmählich und fiel dann steil ins dunkle Wasser ab. Direkt oberhalb des Randes lag eine breite Bank, auf der ein mächtiger Wald aus Korallenzweigen stand.

Ruvani gab Jothen und Kim ein Zeichen, die Düsen abzustellen und hinunterzuschwimmen. Ein paar Schwimmzüge brachten sie in den Korallenhain, wo sie eine schmale Straße entdeckten, die unter den überhängenden steinernen Zweigen hindurchführte. Langsam schwammen sie in diesen Korridor, die neugierigen Fische wimmelten um sie herum. Die Delphine blieben zurück und kreisten im offenen Wasser.

Nach ein paar Biegungen war die Straße zu Ende, der Rumpf des Wracks blockierte sie – eine schräg aufsteigende Wand mit einem Bullauge, verkrustet von Muscheln und anderem Seegetier. Ruvani untersuchte den sandigen Boden und förderte ein kleines, längliches Kalkstück ans Licht. Sie schlug einen Teil der Kruste ab, und das Stück erwies sich als eine geschwärzte Tafelgabel.

Kim und Jothen begannen ebenfalls im Sand zu suchen; hin und wieder wedelten sie mit den Armen, um die Fische zu verscheuchen, die sich um sie drängten. Kim hatte gerade einen rechteckigen kalkverkrusteten Gegenstand entdeckt, als die Fische mit einem Schlag in die Korallengrotte stoben und verschwanden. Dann hörten sie die Delphine, die erregte Klicklaute ausstießen.

Kim berührte mit ihrer Maske Jothens Gesichtsschutz und fragte: „Was ist geschehen?"

Jothen deutete auf Ruvani, die mit einer Hand aufwärts zeigte und mit der anderen das Signal für Barracuda gab. Er blickte durch die Lücken in den gezackten Korallenzweigen und sah einen langen, schlanken Fischleib über sich hinweggleiten. Es folgte ein zweiter, ein dritter. Dann schwammen mehrere Fische in enger Formation vorüber. Sie maßen ein Meter fünfzig bis ein Meter achtzig.

Nach einer Weile schwiegen die Delphine. Die Fischgesellschaft kehrte vollzählig zurück. Ruvani führte sie vorsichtig durch den Korallengang zurück.

Dann entdeckte Jothen in der blauen Tiefe ein undeutliches Wogen und Schimmern. Die Fischeskorte verschwand erneut. Die Delphine zogen sich ein wenig zurück und warteten aufmerksam. Die schimmernde Bewegung in der Tiefe stieg wirbelnd nach oben und entpuppte sich als eine ganze Schule von Barracudas. Jothen schätzte ihre Anzahl auf etwa fünfhundert. Ruvani behauptete später, es seien nicht mehr als fünfzig gewesen, Kim jedoch erklärte steif und fest, sie habe tausend Stück gesehen.

Die Barracudas bildeten auf der gleichen Ebene, auf der die drei Zuschauer am Eingang der Korallenarkade schwebten, eine feste Formation. Dann begann eine Vorführung von Präzisionsschwimmen im Verband. Die Barracudas patrouillierten vor und zurück, zurück und vor, ohne den Abstand zueinander zu ändern. Jedesmal glitten sie ein bißchen dichter an den drei Zuschauern vorüber. Jothen hatte den Eindruck, als sei das Manöver die sadistische Verlängerung eines entsetzlichen Endes.

Dann bemerkte er, daß Ruvani sie verlassen hatte und direkt auf die Barracudas zuschwamm.

Mit einer schnellen Bewegung griff Ruvani in die Gürteltasche und zog eine kurze Waffe heraus. Sie richtete sie auf die Barracudas; ein Strahl weißer Flüssigkeit spritzte heraus, wurde zu einer milchigen Wolke und hüllte einen Teil der Barracudaphalanx ein. Diejenigen, die der Giftstoff berührt hatte, begannen zu zittern und zu zucken und trieben schließlich zur Oberfläche, mit den Bäuchen nach oben. Die übrigen Barracudas stoben auseinander und flohen in alle Richtungen.

Nach dieser feindlichen Begegnung waren Kim und Jothen der Meinung, daß sie für den ersten Tag genug erlebt hatten, und Ruvani brachte sie auf dem schnellsten Weg zum Haus auf dem Seepferdchen-Riff.

Dort untersuchten sie den viereckigen Gegenstand, den Kim gefunden hatte. Nachdem sie die Kalksteinkruste abgekratzt hatten, lag ein kleines quadratisches Stück Glas vor ihnen. Von einer flachen, runden Vertiefung in der Mitte liefen vier Kanäle zu den Ecken des Vierecks. Da keiner von ihnen die geringste Ahnung hatte, wozu der Gegenstand benutzt worden sein konnte, rief Kim den Bibliothekscomputer im Historischen Museum Canberra an und bat um Identifizierung. Der Gegenstand wurde dem Computer aus verschiedenen Winkeln gezeigt. Der Computer berichtete dann, das Kunstwerk sei ein Aschenbecher aus dem zwanzigsten oder einundzwanzigsten Jahrhundert. Darauf folgte eine zusammenfassende Abhandlung über das alte Ritual des Rauchens und die Bestimmung des Aschenbechers.

„Stellt euch das vor! Ein achthundert Jahre alter Aschenbecher!" rief Kim aufgeregt.

„Vielleicht finden wir morgen etwas noch Besseres", sagte Ruvani. „Wir gehen nicht wieder an die gleiche Stelle. Wir erforschen die innere Seite des Bandriffs. Aber übermorgen muß ich wieder an die Arbeit, und ihr werdet die meiste Zeit auf euch selbst angewiesen sein. Wahrscheinlich jedoch kommen Besucher, und sie werden glücklich sein, wenn sie euch herumführen können."

„Vermutlich Tritonkinder", sagte Kim. „Gestern habe ich mich mit Dutzenden von ihnen unterhalten. Die meisten wollten wissen, wie es ist, wenn man unter den wilden Tieren des Festlandes in einem Biologischen Reservat lebt. Da fällt mir ein – ist es nicht gefährlich für die Kinder, wenn sie ganz allein auf dem Riff herumtollen?"

„Sie spielen immer in Schwärmen, genau wie die Fische", erwiderte Ruvani. „Außerdem hat jedes Kind eine Giftpistole und einen elektrischen Haistock. Die Familiendelphine begleiten sie überallhin und scheuchen sie nach Hause, wenn sie sich in gefährliche Abenteuer einlassen wollen."

Während der restlichen Ferientage waren Kim und Jothen zumeist die einzigen Bewohner des Seepferdchen-Riffs. Wie Ruvani und Kim vorausgesagt hatten, bekamen sie Besuch. Jeden Tag kamen Tritonkinder und hin und wieder ein Erwachsener. Auch Storm besuchte sie zweimal kurz. Einmal sahen sie Ruvanis Mutter; sie überwachte auf dem Festland die Zusammenführung der auseinandergerissenen Familien im Auffanglager für die Evakuierten des Barrier-Hotels. Ruvani kam und ging unregelmäßig; sie teilte ihre Zeit in das Studium der Delphinpathologie und die Tätigkeit als Hilfskraft in einer Delphinklinik.

Als sie eines Abends überlegten, welches Essen sie aus der Selbstbedienung wählen sollten, fragte Kim plötzlich: „Jo, wie lange sind wir jetzt hier?"

„Etwa zehn Tage, schätze ich", sagte Jothen nach kurzem Überlegen.

„Und wie oft haben wir die Nachrichten gehört?"

„Du liebe Güte! Kein einziges Mal! Wir könnten auch auf dem Pluto leben. Es ist Zeit, daß wir den Kontakt mit der Welt wiederaufnehmen. Schalte das Fernsehen ein."

Kim drehte den Knopf, ein Gesicht erschien auf dem Bildschirm.

„Welche Überraschung!" sagte Kim. „Ein Triton als Nachrichtensprecher."

„Erkennst du ihn nicht? Das ist Storm."

Sie hatten sich mitten in einem Satz eingeschaltet: „. . . mit einer Geschwindigkeit von 85 000 pro Tag. Die letzte Aufstellung zeigt, daß wir bisher 575 000 Menschen oder mehr als fünfundzwanzig Prozent der gesamten Hotelbewohner evakuiert haben. Bei der gegenwärtigen Rate würden wir siebzehn Tage brauchen, um die Operation abzuschließen. Die Geschwindigkeit wird sich jedoch von Tag zu Tag steigern, und wir schätzen, daß lediglich noch zwölf Tage für die vollständige Evakuierung nötig sein werden.

Die Reparaturen am Rumpf sind nunmehr abgeschlossen und alle gefluteten Sektoren wieder zugänglich. Alle Verletzten sind aufs Festland transportiert worden. Die feste Nahrung wird noch rationalisiert, das Projekt Schnellfluß jedoch hat die Situation gemildert.

Kommen wir jetzt zu einer Frage der Zukunft: Was soll mit dem Barrier-Hotel geschehen? Man könnte es wieder flottmachen, es würde jedoch schwierig sein, es in seine frühere Position zurückzubringen. Die Behörde für Unterwasserprodukte hat verlauten lassen – und Transcorp hat zugestimmt –, daß es nicht ratsam sei, ein neues Barrier-Hotel zu bauen, das dem alten ähnlich wäre. Nur wenige Menschen würden sich, im Hinblick auf die Geschehnisse, in einem neuen Hotel, das im Meeresboden verankert ist, wohl fühlen. Das neue Barrier-Hotel wird linsenförmig sein und sich zum Teil über, zum Teil unter dem Wasser befinden; zylindrische Säulen, die den Grundschlamm durchdringen und im Felsen verankert sind, werden es stützen. Bei der Konstruktion der Säulen werden Arbeiten in einer Tiefe von mehr als fünfhundert Metern nötig sein, aber das ist keine unüberwindliche Schwierigkeit, weil wir die Tiefsee-Safari-Technik anwenden wollen.

Ein großer Teil der Ausrüstung des alten Hotels könnte in das neue transportiert werden, aber darüber wird noch . . ."

Hier wurden sie durch das Läuten des Telefons unterbrochen.

Kim meldete sich. „Hier spricht Kim Wernicke. Bitte melden Sie sich."

„Hier ist Biond. Könnte ich bitte mit Jothen sprechen?"

„Sofort."

„Hallo, Biond", sagte Jothen. „Wo brennt's?"

„Hallo, Jo." Bionds Stimme klang beunruhigt, ja beinahe verzweifelt. „Ich bin seit Tagen auf der Suche nach dir. Tut mir leid, daß ich dein Idyll stören muß, aber – tja, ich fürchte, ich muß dich nach Hause zurückbeordern."

„Was ist denn los?"

„Was los ist?" sagte Biond mit einem freudlosen Auflachen. „Was soll schon los sein, wenn ich dich brauche? Eine Katastrophe steht bevor, was sonst?"

„Hör mal zu", sagte Jothen. „Beruhige dich einen Augenblick, Biond. Wenn du das Sinken des Barrier-Hotels meinst, das haben wir bereits hinter uns. Ich bin die ganze Zeit hier gewesen."

„Nein, das meine ich nicht", sagte Biond. „Hat jemand das Barrier-Hotel versenkt? O ja, ich sehe den Bericht gerade. Nein, Jothen, ich meine eine große Katastrophe. Komm so schnell wie möglich zurück."

Die Verbindung wurde unterbrochen. Kim und Jothen sahen einander an. Es gab nichts zu sagen.

Zweites Buch

6

Im Jahre 2794 war Dorthy Sumter seit fast drei Jahren Vorsitzende der Behörde für Unterwasserprodukte, und dennoch war sie mehr denn je davon überzeugt, daß die Zentralbehörde sie entweder vernachlässigte oder geradezu absichtlich links liegenließ.

Was immer auch der Grund sein mochte, ihre Versuche, die Obersten der Zentralbehörde per Fernsehtelefon zu erreichen, wurden durch die Büro-Computer vereitelt, die ihr mit nichtssagender Höflichkeit mitteilten, daß die betreffende Person nicht anwesend sei, daß man jedoch für einen späteren Zeitpunkt ein Gespräch arrangieren könne. Die Zeit für eines dieser Gespräche stand nunmehr unmittelbar bevor, und sie erwartete es entschlossen in ihrem Büro im regionalen Hauptquartier der BFU.

Das Büro lag auf dem Großen Barrier-Riff im Industriekomplex der Eidechseninsel. Es war ein runder Raum in der Spitze eines Turmes, umgeben von einer zylindrischen Kunststoffwand. Aus einem Panoramafenster bot sich ein herrlicher Ausblick auf einen Teil der australischen Küste und das Riff, dessen Labyrinth von Sandbänken und kleineren Riffen in der Ebbe glitzerte.

Links und rechts von Dorthy saßen Storm und Tioru. Beide waren einen Kopf größer als Dorthy; ihre Größe und ihr dunkler Teint standen in starkem Kontrast zu Dorthys schlanker Blondheit. Sie gehörte zu dem Typ, der nur schwer braun wird; die Sonne hatte ihr lediglich eine leichte goldene Bräune verliehen und zahllose Sommersprossen zutage gebracht. Ihr Haar war zu beiden Seiten in schweren Rollen hochfrisiert, daneben sahen die beiden Tritonen noch kahler aus als sonst. Sie schauten einander jedoch nicht an, sondern starrten auf die Uhr.

„In ein paar Minuten müßten wir von Chen U hören", sagte Tioru.

„Oder von seinem Computer", sagte Dorthy grimmig.

Er berührte sie flüchtig, wie um sie aufzumuntern. Es verstieß mindestens gegen die Büroetikette, aber Dorthy kümmerte sich nicht mehr darum. Während der Rettungsarbeiten am Barrier-Hotel hatte sich aus ihrem formellen Verhältnis – Vorgesetzte und

Stellvertreter – eine Beziehung entwickelt. Anfänglich hatte sich Dorthy dagegen aufgelehnt; sie wußte, daß es nicht aufhören würde – und was noch schlimmer war, daß sie auch gar nicht wollte, daß es aufhörte.

Die Vernunft sprach ganz und gar dagegen. Selbstverständlich hatte es bereits Verbindungen zwischen Tritonen und Festlandbewohnern gegeben; und ebenso selbstverständlich waren sie meistens unglücklich verlaufen. Viele Festländer fürchteten und verachteten noch immer die Tritonen und ihre Mischlinge. Als sie die Bewegung des Sekundenzeigers beobachtete, empfand sie Tiorus Anwesenheit und seine Berührung als beruhigend und beunruhigend zugleich, und ihre Gedanken waren ein einziges chaotisches Durcheinander.

Kann ich mit Tioru zusammenleben? So viele Gründe sprechen dagegen . . . Ich kenne sie alle . . . Wir kommen aus verschiedenen Welten . . . Aber wie kann ich es ihm sagen . . ., und spielt das alles wirklich eine Rolle? Ich muß mich für einen Augenblick auf etwas anderes konzentrieren . . . Warum ist die BFU nicht von Bionds Katastrophe benachrichtigt worden? Alle anderen Abteilungen erhielten Bescheid . . . Was war das mit der neuen Schleimkultur? Beim Wrack-Riff die Spezies C-7. Angeblich haben sich Teile gelöst und sind fortgeschwommen. Was ist mit den übrigen Kulturen?

Der Sekundenzeiger wies direkt nach oben, der Bildschirm glühte bläulichsilbern, plötzlich erklang elektronisches Gezwitscher. Auf einmal sah sie Chen Us feinmodellierte mongolische Züge vor sich.

„Es tut mir leid, daß ich nicht früher mit Ihnen sprechen konnte", sagte er ernst. „Ihre Nachricht über die Tiefsee-Safari interessiert mich sehr. Ich zögere jedoch, Dorthy, dem Experiment zuzustimmen, das Sie vorschlagen. Das Risiko ist zu groß."

„Das Meer ist immer riskant."

„Das stimmt. Aber als Vorsitzender der Welternährungsbehörde habe ich an mehr zu denken, und ich muß vorsichtig sein. Sie selbst zum Beispiel sind wertvoll, und wir wollen Sie behalten. Sonst hätten wir Sie niemals in die Zentralbehörde berufen."

Dorthy starrte Chen Us ausdrucksloses Gesicht mit aufsteigendem Ärger an, es gelang ihr jedoch, die Enttäuschung hinunterzuschlucken.

„Freut mich, daß ich so geschätzt werde“, sagte sie. „Aber ich bin nicht unsterblich. Früher oder später muß ich ersetzt werden, und selbst jetzt wären Storm und Tioru schon dazu in der Lage. Eine Bedrohung meiner Sicherheit ist also nicht kritisch.“

„Trotzdem . . .“

„Überdies sind wir davon überzeugt, daß das Risiko außerordentlich gering ist. Wir haben die Prozedur im Drucktank wieder und wieder überprüft; wir haben dafür Schimpansen benutzt, die wir an das Atmen durch Kiemengeräte gewöhnt hatten. Sie haben es wunderbar überstanden.“

„Was Schimpansen betrifft, so habe ich keine Bedenken“, sagte Chen U. „Aber ein menschliches Wesen, das lediglich mit einem Atemgerät tausendfünfhundert Meter hinabtaucht . . . Ich weiß, die Kiemenvorrichtung gleicht den Druck in Ihren Körperzellen dem Wasserdruck an, gegen Oxygen-Nitrogen-Vergiftung erhalten Sie eine Enzyminjektion, die Tritonen werden Sie bewachen, und es steht eine Dekompressionskammer bereit – Sie sehen, daß ich Ihren Bericht wirklich gelesen habe. Aber eine Frage bleibt unbeantwortet: Warum müssen gerade Sie es sein, Dorthy?“

„Weil ich keinen Menschen vom Festland bitten möchte, es vor mir zu tun, das ist alles. Außerdem kann ich sehr gut fünfzehnhundert Meter tief tauchen und dort unten eine ganze Weile bleiben. Meine Nützlichkeit für die BFU wird sich enorm steigern, von dem Nutzen für all die anderen Festlandbewohner, die unter Wasser arbeiten, ganz zu schweigen. ‚Projekt 1500‘ ist wahrscheinlich nur der Anfang!“

Chen U schaute die beiden Tritonen an. „Glauben Sie, daß es sicher ist?“

„Ja“, sagte Tioru. „Ich hatte zuerst einige Zweifel, aber wir haben alles gründlich durchdacht. Es ist sicher genug.“

Storm nickte. Chen U seufzte und spielte mit seinen Fingerspitzen. Wahrscheinlich hatte er Gerüchte über Tioru und Dorthy vernommen. Es konnte kein Geheimnis bleiben. Und sie wußte, daß für ihn die Tritonen den Menschen gleichwertig waren. „Sie machen es mir schwer, eine negative Antwort zu geben“, sagte Chen U schließlich. „Aber ich muß mit den übrigen Mitgliedern der Zentralbehörde sprechen. Inzwischen, Dorthy, bitte ich Sie, unternehmen Sie keine derartigen Tauchversuche mehr – auch nicht im Versuchstank.“

Sein Gesicht verschwand vom Bildschirm, der einen Augenblick aufglühte und dann dunkel wurde.

„Verdammt", sagte Dorthy. „Verzögerungen, Befürchtungen, Hindernisse! Wie lange sollen wir denn noch warten?"

DAS BARRIER-HOTEL blieb auch in gesunkenem Zustand Eigentum der Transportbehörde, es war für sie jedoch so gut wie wertlos, und Dorthy und die BFU hatten einen Plan. Dorthy hatte es aufgeschoben, sich mit Transcorp in Verbindung zu setzen, weil sie sich mit Marg't Splain, der Vorsitzenden dieser Behörde, würde unterhalten müssen, vor der sie eine gewisse Scheu empfand. Sie hielt Marg't für eine kühle, reservierte Frau und hatte an ihr eine Herablassung wahrgenommen – in ihrem Fall mit Verachtung gemischt –, wie sie sie stets im Verhalten der Zentralbehörde im Umgang mit der BFU argwöhnte.

Und jetzt war Marg't auf die BFU möglicherweise neidisch, weil die Tritonen und die BFU und nicht Transcorp die Rettung der zwei Millionen Gäste samt Hotelpersonal bewerkstelligt hatten.

Andererseits würde Marg't konstruktive Vorschläge hinsichtlich der Verwendung des Hotels begrüßen – und es konnte einen oder auch zwei Monate dauern, bevor über „Projekt 1500" ein Beschluß gefaßt wurde. Schlimmstenfalls konnte Marg't lediglich versuchen, die Sache hinauszuzögern. Dorthy stellte die Verbindung her.

Die Insignien der Zentralbehörde verschwanden, statt dessen erschien das statuenhaft regungslose Gesicht Marg't Splains, gekrönt von einer turmhohen Frisur. Dorthy unterdrückte einen winzigen Anflug von Panik, straffte das Kinn und sagte: „Storm kennen Sie bereits. Dies ist Tioru, mein zweiter Stellvertreter."

„Angenehm", erwiderte Marg't. Als sie Tioru anblickte, schien sich ein Mundwinkel leicht zu heben, aber sie sagte lediglich: „Kann ich etwas für Sie tun?"

„Ja. Ich möchte gern, daß das Barrier-Hotel Eigentum der BFU wird."

„Das ließe sich machen. Wir haben beschlossen, die Einrichtung zu retten und den Rumpf abwracken zu lassen. Ihre Leute sollten die Arbeit erledigen. Meinen Sie, daß Sie die Sache hinkriegen?"

„Gewiß", sagte Dorthy ein wenig scharf. „Aber das ist nicht der

Grund. Wir können das Wrack verwenden, so, wie es ist, ohne Veränderung."

„Als Hotel? Aber ich bitte Sie."

„Nein, natürlich nicht. Wir würden unser Pazifik-Hauptquartier darin unterbringen, würden es als Versuchsanstalt für die Trennung von Aminosäuren aus unseren Schleimkulturen auf dem Meeresgrund benutzen und als ozeanographische Forschungsstation. Wir würden den Rumpf mit Vitrolithsäulen, die den Bodenschlamm durchdringen, im Felsen verankern."

„Ist das denn so eilig?"

„Wenn nicht jetzt, dann später. Wir vergrößern uns rapide."

Marg't schwieg einen Augenblick. Dann sagte sie: „Ich kann Ihnen jetzt keine verbindliche Antwort geben. Biond Smith von der Katastrophenbehörde braucht das Wrack möglicherweise als Unterkunft für Evakuierte aus der Aufprallzone des Asteroiden."

„Das würde bedeuten, daß man es vollständig reparieren und auspumpen muß. Soviel Zeit bleibt gar nicht."

„Hm. Sie haben vermutlich recht. Nun, ich gebe Ihnen Nachricht, wie die Entscheidung ausfällt."

„Wann wird das sein?"

„Nicht bevor die Geschichte mit dem Asteroiden vorüber ist. Wir sind zu sehr damit beschäftigt, die Gefahrenzone zu räumen – oder eine Räumung vorzubereiten –, und können im Augenblick an nichts anderes denken. Tut mir leid."

Der Bildschirm wurde dunkel. Dorthy sagte grimmig: „Verhindert durch einen Asteroiden! Wenn das so weitergeht, glaube ich noch an Astrologie."

„Das ist nicht unser einziges Problem mit dem Barrier-Hotel", sagte Storm. „Wie gewöhnlich kommt alles auf einmal."

„Zum Beispiel?" fragte Tioru.

„Da sind etwa dreitausendfünfhundert Leute, die beschlossen haben, im Hotel zu bleiben."

„Warum, um alles in der Welt?"

„Sie stammen aus dem Einschlaggebiet des Asteroiden", sagte Dorthy. „Sie sind der Meinung, daß sie lieber bleiben sollten, wo sie sind, als nach Hause zu fahren und dann in eine Katastrophenstadt evakuiert zu werden. Transcorp und die Katastrophenbehörde sind genausowenig glücklich darüber wie wir. Wenn der Asteroid aufprallt, gibt es möglicherweise eine Unterwasserschockwelle, die den Rumpf des Hotels zerstören könnte. Aber die Leute haben eine Konferenz einberufen und beschlossen, das Risiko auf sich zu nehmen. Lediglich siebzehn von ihnen bekamen es mit der Angst und reisten ab."

„Sie machen einen regelrechten Karneval daraus", fügte Storm hinzu. „In einer Tiefe von zwölfhundert Metern kann man so laut sein, wie man will. Wir müssen sie ernähren und unterhalten und dafür sorgen, daß sie unseren Leuten, die noch immer mit Säuberungs- und Reparaturarbeiten beschäftigt sind, nicht in die Quere kommen. Und natürlich ist die Situation unhaltbar."

„Inwiefern?" erkundigte sich Dorthy, die nur mit halbem Ohr zugehört hatte.

„Sie kriegen Kinder." Sie fühlte einen starken innerlichen Schock. „Seitdem wir alle Leute, die es wollten, gerettet haben, wurden elf Kinder geboren. Wenn die Leute das Hotel verlassen, sind es mehr, als gekommen sind."

Als Dorthy sich wieder unter Kontrolle hatte, war Storm verschwunden.

Sie erhob sich von der Konsole und ging langsam zum seewärts gerichteten Teil der durchsichtigen Wand hinüber. Die Flut kam zurück, und in alle Lagunen und Kanäle zwischen den Graten, Felsen und Koralleninselgruppen des Riffs ergossen sich weißgekrönte Wogen und hüpfende Gischtspritzer. Weit hinter diesen schäumenden, quirlenden Wassern konnte sie die Gestalten einiger Tritonkinder erkennen, die eine Sandbank entlangliefen, in die Wogen tauchten und auf einem kleinen Strand am Fuß eines gezackten Felsengipfels wieder auftauchten, den die Wellen zu einem natürlichen Bogen geformt hatten. Nachdenklich betrachtete sie die Kinder.

Tioru trat hinter sie und legte ihr sanft den Arm um die Schultern. „Worüber denkst du nach?" fragte er.

„Über uns."

„Über Kinder?"

„Ja."

Es lag etwas in ihrer Stimme, das fast wie Schluchzen klang. Dann brach es aus ihr hervor: „O Tioru! Warum sollten wir heiraten, wenn wir keine Kinder haben können? Ich denke nach und mache mir Sorgen und kann mich nicht entscheiden!"

„Aber wir können doch Kinder haben. Es hat bereits Heiraten

zwischen Tritonen und Festlandbewohnern gegeben, und die meisten Paare hatten Kinder."

„Das meine ich nicht. Ich meine – wir wissen nicht, wie sie sein werden."

„Das kann man sich in etwa ausmalen. Ich habe mich erkundigt. Seitdem es Tritonen gibt, wurden etwas mehr als zweitausend Kinder aus Mischehen geboren. Drei davon waren Mißgeburten, die nicht lange lebten, zehn wurden tot geboren. Die übrigen waren entweder normale Festlandbewohner, Tritonen oder Mischlinge. Hauptsächlich Mischlinge."

„Mischlinge! Ja. Vor denen habe ich ebensoviel Angst wie vor den Mißgeburten. Sie stehen dazwischen – zwischen zwei Welten – und gehören zu keiner. Sie leben in einer dritten Welt."

„Das stimmt nur zur Hälfte. Die Festlandbewohner dulden die Mischlinge nicht gern, aber gegen die Tritonen kannst du diesen Vorwurf nicht erheben. Viele Festländer halten uns für anormal, daher können wir Mitleid empfinden mit den Mischlingen. Du müßtest einige kennen. Hier auf dem Riff leben ein paar."

„Das stimmt."

„Sehen sie so aus, reden oder handeln sie, als ob sie unglücklich wären?"

„Nicht mehr als jeder andere gelegentlich – vermute ich."

„Wo liegt also das Problem?"

„Du treibst mich mit deiner Logik in die Enge, aber ich weiß nicht! Wie ist es denn in Wirklichkeit, wenn man ein Mischling ist? Was denken sie, was fühlen sie?"

„Ich kenne einige Mischlinge so gut, daß ich sie fragen konnte, wie ihnen zumute ist", sagte Tioru. „Alle behaupteten, sie würden lieber zur Hälfte Triton sein und auf dem Riff leben als auf dem Festland, wenn sie die Wahl hätten. Ich bezweifle, daß es irgend etwas gibt, was sie davon überzeugen könnte, in einer Stadt auf dem Festland zu leben. Du bist in Groß-London aufgewachsen. Du weißt, wie das ist."

Dorthy schauderte. „Die Stadt erstreckt sich über halb England und hat sich auf Säulen und Bögen bis ins Meer ausgebreitet. Es ist ein Riff voller Menschen. Die meisten sind so seßhaft wie Korallenpolypen. Die meisten haben nichts zu tun und sind damit auch noch zufrieden. Jedermann sitzt in seiner Wohnung herum und sieht fern, unterhält sich per Fernsehtelefon mit Freunden, man geht miteinander ins Bett, ißt aus den Selbstbedienungsautomaten der Nahrungsmittelbehörde und erledigt die vorgeschriebenen täglichen Übungen. Wenn sie sich einbilden, Intellektuelle zu sein, schauen sie sich auf Bibtek-Zentral dreidimensionale Romane an. Wenn sie sich aus der Wohnung in die unmittelbare Umgebung hinauswagen, um Freunde zu besuchen, dann ist das ein großes Abenteuer. Sie brauchen eine Woche, um Vorbereitungen zu treffen und so viel Mut zu sammeln, daß sie das Vorhaben auch durchführen können. Die lokalen Sitten variieren von Stadt zu Stadt, aber das Grundmuster ist überall dasselbe. Der Mensch geht langsam an Trockenfäule ein."

„Dann sind sie aber noch im Sterben erstaunlich produktiv", sagte Tioru. „Und wer eine Arbeit hat, geht nicht an Trockenfäule ein. Du nicht. Und die Tritonen nicht."

„Das muß ich allerdings zugeben. Die Tritonen sind die einzigen, die wissen, was es heißt, frei und glücklich zu leben. Sie sind ins Meer geflohen, und das gehört ihnen allein – abgesehen von Festländern wie ich, die für BFU arbeiten."

Tioru sah Dorthy fragend an. „Du wurdest nur zufällig als Festlandbewohner geboren", sagte er. „Du bist schon so lange mit den Tritonen zusammen und lebst so lange am und im Meer, daß du selbst eine Art Mischling geworden bist. Warum solltest du also davor zurückscheuen, selbst Mutter eines Mischlings zu werden?"

„Weil ich trotz allem, was du gesagt hast, und trotz allem, was ich mir selbst sage, nicht sicher bin. Wie kann ich wissen, daß unsere Kinder wirklich normal und glücklich sein werden? Vielleicht werden sie von allen möglichen dunklen, unaussprechlichen Ängsten und Sorgen gequält? Wie können wir das wissen? Und welches Recht haben wir, sie lebenslänglich dazu zu verurteilen, in einer Welt wie der unseren zu leben?"

„Hattest du insgeheim Angst, als du ein Kind warst?"

„Ja."

„Warum hast du mit niemandem darüber gesprochen?"

„Das konnte ich nicht. Meine Ängste waren zu unbestimmt, und ich fürchtete mich davor, ausgelacht zu werden. Zum Beispiel fürchtete ich . . ., also, wo soll ich anfangen? Nun, wir lebten tief drinnen in Groß-London, nicht etwa in einer Wohnung an der Außenseite. Ich war schon sechs Jahre alt und hatte noch niemals den Himmel, den Sonnenauf- oder -untergang gesehen. Ich war niemals weiter von zu Hause fortgekommen als bis in die Distriktschule drei Korridore weiter. Dann kam eines Tages meine ganze Klasse in eine Kinderherberge auf dem Dach, wo wir die Außenwelt sahen. Ich sah den Tageshimmel, Wolken, den Wald, sah die Sonne auf- und untergehen, erlebte den Nachthimmel, die Sterne, den Mond, die Milchstraße. Während wir dort oben waren, gab es ein Gewitter. Ich kannte das alles schon aus dem Fernsehen, hatte aber immer gedacht, das sei nur eine Art Theater. Ich konnte es kaum fassen. Ich dachte nur immerzu, dies ist die Wirklichkeit! Dann mußten wir wieder hinein nach Groß-London, und mir war, als müßte ich sterben.

Von dieser Zeit an hatte ich Angst, ich würde niemals wieder die Außenwelt erblicken.

Ich war etwa fünfzehn Jahre alt, als ich zu einer Bio-Schule im Cornwall-Distrikt von Groß-London geschickt wurde, im Gebiet von Lands End. Auf dem Dach befand sich eine Promenade, die kilometerweit auf der Stadtmauer entlangführte; dort stachen die Wälle wie der Bug eines Schiffes in die See hinaus. Ich ging so oft wie möglich dorthin und sah den Atlantik im Nebel und Sonnenschein, bei Sturm und bei Windstille, im Sommer und im Winter. Als ich das Meer zum erstenmal erblickte, wußte ich, daß ich dort zu Hause war.

Aber wenn wir Kinder haben, was sollen sie mit ihrer Angst und ihren Sorgen anfangen? Sie sind Mischlinge. Wohin sollen sie gehen? Was sollen sie tun?"

Tioru wandte Dorthy das Gesicht zu, faßte sie unters Kinn und hob es hoch, so daß sie ihm direkt in die Augen schaute. Dann sagte er: „Sie können eine Brücke schlagen."

Auf dem Bildschirm tauchten erneut die Insignien der Zentralbehörde auf. Aber diesmal wirbelten die scharlachroten Linien mit betäubender Geschwindigkeit durcheinander, die Mittelscheibe blinkte schnell, und es klingelte dröhnend. Das Klingeln hörte auf, und eine tiefe synthetische Stimme erschallte von der Konsole.

Die Stimme sagte: „Hier spricht der Welt-Kommunikations-Koordinations-Computer der Zentralbehörde über das Begrenzte Strahlensatellitennetz. Äußerste und absolute Dringlichkeit, an Dorthy Sumter, Vorsitzende der Behörde für Unterwasserprodukte. Wir sind informiert worden, daß der Asteroid Flavia sich auf direktem Kurs zur Erde befindet. Versuche, Flavias Bahn zu verändern, haben zu einer leichten Abweichung geführt, die jedoch nicht ausreicht, um eine Kollision zu vermeiden. Versuche, den Asteroiden zu zertrümmern, sind nur teilweise erfolgreich verlaufen. Finden Sie sich zu einer Konferenz der Zentralbehörde ein, achtundvierzig Stunden nach Datum und Uhrzeit, die auf der gedruckten Bestätigung erscheinen, die Ihnen durch Bildfunk übertragen wird. Die Konferenz wird beschließen, welche Maßnahmen zu treffen sind, um uns auf die Kollision vorzubereiten und mit den Katastrophenzuständen fertig zu werden, die hinterher bestehen werden. Wir haben für die Vorbereitungen drei Wochen Zeit. Ich wiederhole – drei Wochen. Ende der Durchsage. Bitte bestätigen Sie den Empfang der Nachricht."

„Nachricht erhalten und aufgenommen", sagte die Stimme des Computers in Dorthys Büro, und der Bildschirm wurde dunkel.

„Allerherzlichsten Dank, Zentralbehörde!" rief Dorthy. „Nachdem alle bis auf die BFU offiziell unterrichtet worden sind, nachdem wir das Große Barrier-Riff und all die anderen Tritonkolonien auf der Erde benachrichtigt haben, erhalten wir die offizielle Nachricht, daß sich eine Katastrophe zusammenbraut!"

„Achtundvierzig Stunden. Das ist ziemlich kurz!" stellte Tioru fest.

„Trotz der kurzen Frist gibt es zwei Dinge, um die ich mich zuerst kümmern werde", sagte Dorthy. „Erstens: Ich fliege zum Wrack-Riff und sehe nach, was es mit der neuen Schleimkultur auf sich hat. Zweitens: Bei der gleichen Gelegenheit werde ich ‚Projekt 1500' weiterführen und versuchen, die ganze Strecke auf einmal zu tauchen."

„Aber du solltest es doch schrittweise tun, und außerdem hat Chen U gesagt . . ."

„Er hat gesagt, keine Tests im Tank mehr. Sehr gut, ich werde nicht in den Tank steigen und statt dessen den Pazifischen Ozean benutzen."

„Das ist Wortklauberei."

„Dann ist es eben Wortklauberei. Aber falls ich zu dieser dringenden Konferenz erscheinen werde, will ich sie mit vollendeten Tatsachen konfrontieren."

DAS WRACK-RIFF ist ein einsamer kleiner Vorposten des Großen Barrier-Riffs und liegt etwa 270 Kilometer östlich der südlichsten Ausdehnung. Es ist die Spitze eines jäh abfallenden unterseeischen

Berggipfels, ein kleines, versunkenes Plateau von elliptischer Form mit einer winzigen Insel an jedem Ende – sozusagen die Brennpunkte der Ellipse. Auf dem am weitesten östlich gelegenen Eiland, der Vogelinsel, hatte man etliche niedrige, überdachte, hurrikansichere Gebäude durch verstärkte Vitrolithsäulen tief in den Korallen verankert. Sie bildeten Docks, Unterkünfte und Laboratorien für die Angestellten der Unterwasserbehörde, die an der Schleimkultur eineinhalb Kilometer vom Ufer entfernt in dreihundert Meter Tiefe arbeiteten.

Das Fahrzeug, das Dorthy, Tioru und eine Tritonenmannschaft beförderte, war nicht für große Geschwindigkeiten konstruiert. Eigentlich war es mehr ein Unterwasserfahrzeug von zwölf Quadratmetern Fläche mit Selbstantrieb. Mittschiffs befand sich eine kugelförmige Dekompressionskammer aus Stahl. Unter Wasser konnte das Fahrzeug sinken, steigen oder in fast gleichbleibender Tiefe schweben. Es war von dem Atoll um die Vogelinsel aufgetaucht und bahnte sich seinen Weg zum Rand des versunkenen Plateaus, wo der Boden steil abfiel.

„Wir haben die Neugier eines Delphinpärchens erregt", sagte Tioru. „Da drüben an Steuerbord. Sie scheinen um die Wette auf uns zuzuschwimmen."

„Ich glaube, sie begleiten jemanden", sagte Dorthy. „Was auch immer es sein mag, zwischen den Delphinen steigen Blasen auf. Ich kenne nichts, was sich, den Blasen nach zu urteilen, so schnell bewegt – außer einem Wasserscooter."

Dorthys Vermutung erwies sich schon bald als richtig. Das Fahrzeug tauchte an die Oberfläche und hielt auf das Boot zu; es glitt über die bewegten Wellen. Zwei Personen lagen flach auf dem Deck hinter der durchsichtigen Leitfläche. Das kleine Fahrzeug verringerte die Geschwindigkeit und verschwand aus dem Blickfeld, als es längsseits an das Boot heranglitt.

Eine jugendliche Stimme rief: „Wir möchten mit Ihnen sprechen. Dürfen wir an Bord kommen?"

Dorthy und Tioru wechselten einen fragenden Blick, und Dorthy sagte: „Kommt an Bord, herzlich willkommen."

Stimmengemurmel vermischte sich mit dem Rasseln eines Vertäuungsringes, ein junger Bursche krabbelte an Deck des Bootes, langte hinunter und zog ein Tritonmädchen herauf. Beide hatten einen rotbronzenen Teint, und der Junge war offensichtlich ein Mischling. Er hatte sowohl Ohren als auch Antennen, dünne, gerade Tentakel, die etwa sechzig Zentimeter lang waren und sich ständig in Bewegung befanden. Sein Schädel war glatt und glänzte, Haare und Warzen fehlten völlig.

Das Tritonmädchen schien wie alle ihre Geschlechtsgenossinnen Haare zu haben, aber der Schein trog. In Wirklichkeit war es eine Masse empfindungsfähiger Fasern, die in halb selbständigem Leben herumwogten und sich bewegten. Auf jeder Faser saß ein helles, rundes Organ, das bei Tageslicht einer Perle ähnelte.

Beide trugen Arbeitskleidung – wie Dorthy und ihre Begleiter – aus festem, fluoreszierendem orangegelbem Kunststoff als Schutz gegen die scharfen Korallenriffe und die Stacheln und Nesselhaare der Riffbewohner. Die Tritonen trugen Schienbeinschützer, kurze Stiefel und ärmellose, beinlose Schwimmanzüge. Dorthy war mit einem isolierten Schutzanzug bekleidet, weil sie nicht die Immunität der Tritonen gegenüber dem kalten Wasser besaß. Niemand trug Schwimmflossen, weil man nicht vorhatte, Erkundungsausflüge vom Schleppfahrzeug aus zu unternehmen.

„Wer seid ihr? Seid ihr nicht ein bißchen weit fort von zu Hause?" fragte Dorthy.

„Ich bin Mokimoki", antwortete der Junge, „aber es wäre mir lieber, wenn Sie mich Squid, den Kalmar, nennen. Das klingt anders als Mokimoki. Und paßt auch besser. Wegen meiner Antennen. Alle Leute meinen, sie sähen aus wie Polypenfänge. Das ist Limpet, die Napfschnecke."

Er deutete auf das Mädchen.

„In Wirklichkeit heiße ich Numu", sagte das Mädchen. „Aber Squid nennt mich Limpet." Mit einem Anflug von Stolz fügte sie dann hinzu: „Squid hat längere Antennen als sonst irgendwer auf dem Großen Barrier-Riff. Sie sind Dorthy Sumter, nicht wahr? Und Sie sind Tioru?"

„Ja", entgegnete Dorthy. „Worüber wollt ihr mit uns reden?"

„Wir möchten wissen, ob Sie Tioru heiraten werden", sagte Limpet eifrig.

Einen Augenblick erstarrte Dorthy, dann warf sie Tioru einen Blick zu. Der Triton rieb sich das Kinn und schüttelte verwirrt den Kopf.

Dorthy machte eine hilflose Geste. „Das hat sich noch nicht entschieden."

„Dann sollten Sie sich aber entscheiden", sagte Limpet ruhig. „Wirklich. Ich mache mir Sorgen."

„Ach, reden wir doch von etwas anderem!" meinte Squid. „Ich bin nicht deswegen gekommen."

Dorthy ahnte, was kommen würde. Sie holte tief Luft und sagte schwach: „Und was wolltest du fragen?"

„Ich möchte gern für die BFU arbeiten. Geht das?"

„Was möchtest du denn tun?"

„Ich könnte den Meeresboden erforschen und eine große Tiefsee-Safari leiten."

„Und was willst du suchen?"

„Prähistorische Tritonen."

„Prähistorische Tritonen?"

„Ja", sagte Squid. „Ich glaube, daß es vor Millionen von Jahren eine andere Rasse von Festlandbewohnern gab, und die waren ebenso zivilisiert wie die heutige, und sie erfanden Tritonen. Dann gab es einen großen Krieg, alle Festlandbewohner bis auf einen Mann und eine Frau wurden getötet, und alle Tritonen zogen sich auf den Grund des Ozeans zurück, um der Radioaktivität zu entkommen. Dort leben sie heute noch. Ich würde also gern hinuntersteigen und nachsehen, ob sie wirklich dort sind."

„Aha!" sagte Dorthy. Sie schwieg, sammelte ihre Gedanken und fuhr dann fort: „Ich hätte nie gedacht, daß nur zwei Menschen soviel Ungestüm und Phantasie entwickeln können. Ganz bestimmt läßt sich da etwas machen. Zuerst aber frag einmal deine Eltern, ob sie damit einverstanden sind, daß du für die BFU arbeitest. Dann gehst du in Storms Büro auf der Eidechseninsel. Jeder kann dir sagen, wo das ist. Irgend jemand wird mit dir sprechen. Ich werde das Büro benachrichtigen."

Squid und Limpet stießen gleichzeitig ein ohrenbetäubendes Gebrüll aus und sprangen über Bord. Squids Gesicht erschien noch einmal kurz. „Vielen Dank!" sagte er und verschwand. Limpet rief: „Schnell, beeil dich, wir wollen es den anderen erzählen!"

Dann entfernte sich der Wasserflitzer, begleitet von den beiden Delphinen, und ließ einen breiten V-förmigen Schaumstreifen hinter sich. Das Fahrzeug sank tiefer und tiefer, bis Scooter und Delphine in einem Schaumwirbel verschwanden.

Einige Zeit lang herrschte auf dem Boot ein Schweigen, das nur vom ständigen Dröhnen der Motoren erfüllt war. Dann sagte Dorthy: „Nach diesem erschütternden Erlebnis gehe ich ohne Zittern und Zagen an ‚Projekt 1500'. Fangen wir an."

Aber sie dachte: Wie wäre mir zumute, wenn Squid mein Sohn wäre? Er ist entsetzlich taktlos und Limpet ebenfalls. Ich nehme an, das wird sich im Lauf der Zeit verlieren. Dennoch, er ist ein attraktives Kind und weder schüchtern noch neurotisch. Ich frage mich, ob er wohl jemals das Große Barrier-Riff verlassen hat und einem normalen Festländer begegnet ist? Wohl kaum. Er scheint nicht die geringste Scheu vor mir zu haben.

Der Rudergast drehte das Fahrzeug so, daß es mit der Spitze in die Strömung zeigte, und glich dann die Geschwindigkeit derart an, daß die Drift aufgefangen wurde.

„Wo sind wir jetzt?" fragte Dorthy.

„Etwa hundert Meter vor dem Steilabsturz am Rand des Riffs", antwortete der Rudergast. „Das Zentrum der Schleimkultur müßte jetzt direkt unter uns liegen. Der Aquaphonist unten sagt, sein Unterwasserortungsgerät zeigt an, daß wir uns beinahe vertikal darüber befinden."

„Ich spüre die Nebenwirkungen des Entgiftungsstoßes", sagte Dorthy. „Das Sonnenlicht ist unnatürlich grell – ein weißes Gleißen. Das Boot sieht aus, als sei es mit Schnee bedeckt. Helft mir bitte beim Anlegen des Gerätes."

Die Ausrüstung für das Tiefseetauchen war umfangreicher als das normale Tauchgerät. Die Atmungsvorrichtung ragte gleich halbrunden Flügeln von ihrem Rücken weg. Man setzte ihr einen kugelförmigen Helm auf und verband ihn mit dem Atemgerät. In den Helm eingearbeitet war die Gesichtsmaske, die eng am Kinn anlag und ein eingebautes Nasenstück enthielt, in dem sich die Inhalationsschläuche befanden, die in die Nasenlöcher führten. Telemetrische Sensoren wurden befestigt, durch die das Medizinerteam der Tritonen auf der Vogelinsel in der Lage sein würde, Dorthys physischen Zustand während des Tauchens zu überwachen.

„Tauchen!" sagte sie.

Langsam, mit einem sanften, brummelnden Laut entwich die Luft aus den Flotationstanks. Dorthy hielt sich am Geländer fest, als das Deck unter ihren Füßen sank. Wasser ergoß sich über die Planken, stieg ihr zu den Knien, an die Hüfte, an den Hals, schlug über ihrem Kopf zusammen. Jetzt schwebte sie in einer grünlich leuchtenden Welt, fest an das Geländer geklammert.

Rings um das Fahrzeug stieg ein gurgelnder Vorhang aus Blasen wie pulsierendes Quecksilber auf und verschwand. Das Fahrzeug war jetzt ein wenig schwerer als Wasser und sank allmählich in die Tiefe. Durch die leichte Trübung des Wassers war der Steilabbruch des Riffs, eine dunkelgrün schattierte Mauer, nur undeutlich sichtbar. Ein Schwarm kleiner Fische flitzte als eine Wolke rubinroter Flitterflocken über den Bug. Bebende Wellenschattenlinien glitten über das Deck. Das grüne Leuchten wurde matter und matter, wurde bläulich. Unbeleuchtet setzte das Boot seinen Abstieg fort, hielt die Entfernung vom Riff allein durch das Sonar.

Über den Aquaphonsender hinter den Ohren hörte Dorthy ein Durcheinander von Pfeifen, Zirpen und Fiepen. Dies war die Seestimme des Rudergängers; sie entsprang den elektrischen Impulsen der Nerven und Muskeln des Stimmapparates, die sich bei den Bewegungen der stummen Sprache bewegten und von Sensoren aufgefangen wurden, die an Kehle und Hals befestigt waren. Mit einiger Übung konnte man diese Geräusche wie eine normale Sprache verstehen. Im Laufe der Jahrhunderte hatte sich dieses Kommunikationsmittel zu einer Sprache von beachtlicher Vielseitigkeit entwickelt. Sie war nötig, weil die Stimmorgane eines getauchten Tritonen voller Wasser sind und aus diesem Grunde nicht so funktionieren können, wie es an der Luft der Fall ist. Der Rudergänger meldete eine Tiefe: „Sechzig Meter."

„Anhalten!" befahl Dorthy, und das Aquaphon an ihrer Kehle übertrug ihre Stimme auf Kontaktempfänger, die an den Antennen des Rudergängers befestigt waren.

Die Schrauben quirlten, und das Fahrzeug hing in der Schwebe.

Eine andere Stimme – diesmal eine normale – erklang im Sender hinter Dorthys Ohren: „Hier spricht die Vogelinsel. Wie fühlen Sie sich? Ihr Blutdruck ist ein bißchen gestiegen."

„Das ist die Aufregung", sagte Dorthy. „Ich frage mich, wie das in größerer Tiefe werden soll. Keine Nervosität, falls Sie das denken."

Nach einer fünfminütigen Pause setzten sie den Abstieg fort. Nach sechzig Metern kam wieder eine Pause von fünf Minuten. Dann ging es weitere sechzig Meter hinunter.

In einer Tiefe von zweihundertvierzig Metern sanken sie durch ein unbeschreiblich wundervolles dunkelblaues Zwielicht. Dorthy hatte es bereits von einer Taucherglocke aus erlebt, das war jedoch etwas anderes gewesen. Sie spürte, daß ihre Augen, ihr ganzes

Gehirn von diesem überwältigenden Blau gesättigt wurden, das niemals aufhören konnte. Tioru und seine Kameraden waren surrealistische, gesichtslose, gliederlose Gestalten vor blauem Hintergrund, die unsichtbaren Köpfe krönten leuchtende Silberwarzen, und die Schwimmanzüge, Stiefel und Schienbeinschützer waren orangegelb leuchtende Umrisse.

Eine riesige, grünlich glimmende Gestalt trieb in Dorthys Gesichtsfeld.

„Tioru!" schrie sie. „Schau mal! Direkt vor uns! Der Urahn aller Kraken!"

„Ich sehe keinen Polypen", sagte Tioru. „Ich hoffe, du beginnst nicht zu halluzinieren."

„Du schaust nicht in die richtige Richtung! Direkt vor uns!" Sie streckte den Finger aus, vergaß, daß Tioru in diesem dunkelblauen Reich ihren Finger nicht erkennen konnte. Dann zog sie die Hand mit einem entsetzten Schrei zurück. Sie hatte den Kraken berührt. Es war ein winziges Ding, das in weniger als Armeslänge an ihr vorübergetrieben war. Durch die Berührung alarmiert, flitzte der kleine Polyp fort ins alles umschließende Blau.

„Da, ich habe es gesehen", sagte Tioru. „Es ist dicht an mir vorbei. Ich habe nach etwas Großem Ausschau gehalten."

„Woher weißt du, daß es nicht groß war?"

„Ich habe die Gattung erkannt. Wenn das nicht der Fall gewesen wäre, hätte ich mich vielleicht auch täuschen lassen."

Einen Augenblick empfand Dorthy Scham. Sie fragte sich, was er wohl dachte.

Im Wasser unter dem Fahrzeug glühte schwaches Licht auf und enthüllte die zerklüftete, fast vertikale Oberfläche der Unterstruktur des Wrack-Riffs.

„Sie haben das Flutlicht im Anbaugebiet eingeschaltet", sagte der Rudergänger. „In etwa vier Minuten sind wir unten auf dem Schelf, dreihundertdrei Meter tief . . . Aus dem Gebäude ruft uns jemand. Klingt aufgeregt . . . Was ist los? Sie haben, was? . . . Er sagt, daß sie einen Teil des Anbaugebiets verloren haben!"

„Wie kann man denn einen Teil einer Schleimkultur von vier Morgen verlieren?" fragte Dorthy.

Sie ließ den Griff los und schwamm hinter der Barke am telemetrischen Kabel entlang. Sie schaute hinunter und sah die Schleimkultur – der Schelf bildete eine natürliche Terrasse auf einer Seite des Wrack-Riff-Gebirges und war von Scheinwerfern taghell erleuchtet. Die Kultur selbst war ein dunkelgrau schimmernder Teppich, in dessen Mittelpunkt auf einer Erhöhung eine Kuppel stand (in Wirklichkeit war es eine Kugel auf vier Säulen). Zwei Tritonen schwammen hastig auf die Kuppel zu; einer von ihnen schaute zum Fahrzeug hinauf. Dorthy konnte erkennen, daß etwas nicht stimmte; das Anbaugebiet sah kleiner aus, als sie es in Erinnerung hatte.

Der aufwärts schwimmende Triton erblickte Dorthy und steuerte auf sie zu; als er in ihrer Nähe war, hielt er sich auf gleicher Ebene. Er trug einen Seestimmen-Kommunikator – was für die Tritonen bei Unterwasserarbeiten selbstverständlich war. Als er näher kam, sich gegen das diffuse Licht des Scheinwerfers abzeichnete, erkannte Dorthy seinen Schwimmstil und erinnerte sich an seinen Namen.

„Was soll das bedeuten: Ihr habt einen Teil der Kultur verloren, Neratino?" fragte sie.

„Es stimmt", sagte der Triton. „An den Ecken sind einige kleine Stücke abgebröckelt und davongekrochen. Vor einigen Minuten jedoch hat sich ein riesiges Stück – etwa zwölftausend Quadratmeter groß, ungefähr ein Viertel des gesamten Gebietes – gelöst, sich erhoben und ist davongeschwommen. Es trieb ab wie ein fliegender Teppich. Wir versuchten es zu halten, blieben jedoch mit Schleimklumpen in den Händen zurück."

„Was habt ihr dagegen unternommen?"

„Die meisten der kleinen Stücke, die davongekrochen sind, konnten wir einfangen und haben sie an das Laboratorium auf der Vogelinsel geschickt. Einige davon gingen auch an die Eidechseninsel und das Tektogenetische Labor, wo man eine Genanalyse vornimmt, um festzustellen, was schiefgelaufen ist. Einige Spezies halten wir hier unten in Aquarien und füttern sie. Sie jagen keine Nahrung. Sie stoßen einfach mit ihr zusammen. Wenn sie einen Fisch berühren, kleben sie an ihm wie Leim und umschließen ihn. Der Schleim zieht sich für eine Weile wie ein Ball zusammen. Wenn er weiterkriecht, bleiben nur Gräten übrig, und der Schleimklumpen ist ein wenig größer. Sie schlucken Krabben, Muscheln, Seeanemonen, Quallen – alles mögliche. Einer der Leute aus dem Labor sagte, wir hätten es mit einem ‚Frankenschleim' zu tun."

„Sieht ganz so aus", sagte Dorthy. „Wir müssen die gesamte

Kultur vernichten. Die See ist ohnehin schon voller Gefahren. Es fehlte gerade noch, daß wir noch eine hinzufügen."

„Gut", sagte Neratino. „Schleimkultur Rasse C-7 wird getötet."

„Aber hebt die Exemplare auf, die ihr habt", sagte Dorthy. „Und nehmt von dem, was noch übrig ist, weitere – sagen wir hundert Pfund. Vielleicht erhalten wir einen Hinweis, der wertvoll ist. Wir müssen das Stück, das fortgeschwommen ist, einholen. Gebt eine allgemeine Warnung durch. Kennt ihr ein gutes Schleimvernichtungsmittel?"

„Ja. Kupferoxyquinolat ist tödlich für ihn. Wir haben ein bißchen davon in der Kuppel. Sie sollten einige Ihrer Düsenpistolen damit laden, falls Sie dem Schleim unterwegs begegnen."

„Wie kommt man dicht genug heran, um schießen zu können?"

„Der Schleim bewegt sich nur langsam. Das Boot kann ihn überholen. Er wird nicht angreifen. Sie müssen über ihm sein und ein Stückchen Haifischfleisch herablassen. Wir haben welches für die Tiere im Aquarium. Wenn der Schleim einen Ball um das Fleisch bildet und zu sinken beginnt, müssen Sie schießen."

Das Fahrzeug blieb in der Nähe der Kuppel, bis die Mannschaft das versprochene Haifischfleisch und das Kupferoxyquinolat erhalten hatte. Dann glitt es über die Schleimkultur hinweg an den Rand des Schelfs und setzte den Abstieg fort, parallel zum Abhang des Wrack-Riff-Gebirges, jedoch in sicherer Entfernung. Die Scheinwerfer des Bootes wurden eingeschaltet, und Dorthy schaute zu, wie die Klippen und Rinnen aus der Schwärze unter ihnen aufstiegen und im Schwarz über ihnen verschwanden, wie vorübergehend eine spärliche Anzahl dunkelroter und brauner Seegewächse, kleine davoneilende Krabben und dunkelfarbige Fische beleuchtet wurden.

Sechzig Meter Abstieg, Pause. Weitere sechzig Meter hinunter, erneut eine Pause, und so ging es weiter.

Irgendwo zwischen dreihundert und sechshundert Meter Tiefe tauchte ein weiterer breiter Schelf auf. „Bleiben wir eine Weile hier. Löschen Sie die Lichter, und stoppen Sie die Motoren. Ich möchte mich umschauen und lauschen", sagte Dorthy.

Die Dunkelheit traf sie beinahe wie ein physischer Anprall. Nachdem sich ihre Augen an die Dunkelheit gewöhnt hatten, sah sie, daß sich das Blau in Violett verwandelt hatte, aber es war ein so intensives Violett, daß es wie Schwarz wirkte. Oder war das

Violett überhaupt eine Illusion? Wirkte sich der Tiefendruck auf ihre Wahrnehmungsfähigkeit aus? Die leuchtenden Körper der schwimmenden Geschöpfe glichen dahingleitenden Sternen an einem schwarzvioletten Himmel.

Eine Zeitlang hörte sie nichts außer hin und wieder einem Klicken oder Schnappen – das waren wohl Krabben oder Garnelen. Dann vernahm sie einen neuen Ton. Es klang wie die ersterbenden Vibrationen von einer großen Glocke, glich einem tiefen Summen, das in regelmäßigem Rhythmus langsam anschwoll, erstarb, wieder anschwoll.

Die Stimme des telemetrischen Überwachers erklang: „Hier ist die Vogelinsel. Beunruhigt Sie etwas? Ihr Blutdruck und Ihre Atmung weisen darauf hin."

„Das hängt wahrscheinlich mit einem Ton zusammen, den ich höre. Ein leiser Glockenton. Hören Sie ihn auch?"

„Nein. Wir sind nicht an Ihr Hydrophon angeschlossen."

„Ich höre ihn", sagte Tioru, „kann jedoch nicht sagen, was es ist. Es ist ein kleines Geheimnis, und man hat schon alle möglichen Spekulationen angestellt. Eine davon besagt, es handele sich um einen verstärkten Erdlaut. Die Erde bewegt sich und vibriert innerlich unaufhörlich. Augenblicklich befinden wir uns direkt an der Grenzoberfläche zweier salzhaltiger Schichten, möglicherweise bilden sie einen riesigen Resonanzkörper. Warum bist du beunruhigt, Dorthy?"

„Ich – es erinnert mich an Big Ben."

„Big Ben? Was ist das?"

„Eine riesige alte Glocke in Groß-London. Sie muß an die tausend Jahre alt sein. Sie gibt die Stunden an, und ihr Klang ist in ganz Groß-London zu hören. Alle Leute haben fast religiöse Gefühle für die Glocke. Als ich ein kleines Mädchen war, dachte ich, Big Ben sei ein Riese mit Zauberkräften, der die Glocke geschaffen hätte, und er lauere in einer Zauberhöhle unter der Stadt."

„Na, hier unten wirst du Big Ben kaum treffen."

„Das bezweifle ich beinahe. Allmählich habe ich ein unheimliches Gefühl und bin auf alles gefaßt."

„Diese völlige Finsternis läßt manchmal merkwürdige Einbildungen aufkommen, selbst bei Tritonen. Wir schalten lieber die Scheinwerfer wieder ein."

Das Boot sank weiterhin. In tausend Meter Tiefe löste sich ein kleiner grauweißer Gegenstand aus der oberen Dunkelheit, trieb kreuz und quer durch das Licht der Scheinwerfer und wurde von der unteren Dunkelheit geschluckt. Dann huschten noch zwei weitere Objekte vorüber und verschwanden. Irgend etwas streifte Dorthys Wange und fiel mit scharfem Klicken auf das metallene Deck des Schiffes. Sie schwamm darauf zu und hob es auf. Es war ein Haifischzahn. Seine Größe deutete darauf hin, daß er einem recht großen Hai gehört hatte. Dann prasselte ein wahrer Hagel auf das Boot nieder, und erstaunte Ausrufe der Mannschaft erklangen.

Jemand rief: „Es regnet Haifischzähne!"

Dann folgte ein Schauer kleiner Fischgräten.

Eine entsetzliche Ahnung stieg in Dorthy auf. Sie blickte hinauf und sah, daß etwa neun Meter über ihnen ein runder, sanft wogender Baldachin aus dunkelgrauem Material schwebte. In der Mitte hing er durch. Im Augenblick mochte der Durchmesser etwa zweimal so groß sein wie das Boot; die Masse breitete sich jedoch horizontal nach allen Seiten hin aus.

„Direkt über unseren Köpfen schwebt unser fliegender Teppich!" rief sie laut, und Abscheu schwang in ihrer Stimme mit. „Er hat anscheinend gerade einen Haifisch verdaut. Und einen Schwarm Fische. Jetzt breitet er sich wieder aus."

Der Rudergänger meldete aufgeregt: „Er folgt uns mit der gleichen Geschwindigkeit, mit der wir sinken. Er hält gleichbleibenden Abstand. Neratino hat gesagt, das Zeug jagt keine Nahrung."

„Ich glaube nicht, daß er uns folgt", sagte Tioru. „Wahrscheinlich wird er durch die Turbulenz des Sogs heruntergezogen. Wir sollten also lieber versuchen hochzukommen. Wenn er sich an unsere Fersen heftet, könnten wir leicht sein zweiter Gang werden."

Als das Manöver vollendet war, hatte sich der Schleimteppich zu einer Scheibe von fast neunzig Meter Durchmesser ausgedehnt und trieb träge ziellos dahin. Das Boot senkte sich vorsichtig bis auf etwa zwölf Meter über die Scheibe, dann ließ man das Haifischfleisch an einer Leine hinunter. Bei der Berührung klebte sich die Schleimscheibe an das Fleischstück, die Kräuselbewegung hörte auf, der Schleim begann nach innen zu strömen, auf das Fleisch zu, umschloß es und konzentrierte sich schließlich zu einer fast runden Masse von einem Durchmesser von etwa sechs Metern. Langsam begann die Masse zu sinken, bewegt durch sehr langsame innere Zuckungen und Konvulsionen, so daß die Oberfläche hin und her wogte. Die Mannschaft eröffnete das Feuer aus einer Entfernung von drei Metern. Aus den Pistolen schnellten lange, bleistiftdünne Hülsen mit einer blaugrünen Flüssigkeit. Die Patronen wurden unter derart hohem Druck abgeschossen, daß sie das Wasser fast ohne Diffusion durcheilten und in die Schleimkugel eindrangen.

Die Kugel wand sich. Kurze Pseudopodien, dick wie ein menschlicher Torso, wurden ausgestoßen und schnellten zurück. Risse öffneten und schlossen sich wie keuchende Münder, entließen Gasblasen. Bleiche weiße Flecken erschienen, breiteten sich aus und verschmolzen miteinander, bis sie eine einzige grünlichweiße, fischbauchähnliche Fläche bildeten. Dann begann die Auflösung. Bänder und zerfetzte weiße Streifen trennten sich von der sinkenden Masse und lösten sich wiederum in weiße Stränge auf. Das teilweise verdaute Stück Haifischfleisch fiel in die untere Dunkelheit. Bald blieb nur noch ein Gewirr weißer Fetzen übrig, die sich schließlich auflösten und verschwanden.

Dorthy bedeckte vor Schauder die Gesichtsmaske mit den Händen; sie war mit dem Boot nur durch das telemetrische Kabel verbunden. Noch immer konnte sie den Todeskampf des Schleimballs beobachten, es sah aus wie das Sterben eines Gehirns.

„Fühlen Sie sich wohl?“ erkundigte sich der Inspektor von der Vogelinsel besorgt. „Wollen Sie den Tauchversuch beenden? Was ist los?“

„Ich bin gleich wieder in Ordnung“, sagte Dorthy und beschrieb die Vernichtung der abgetriebenen Kultur.

Das Boot setzte den methodischen Abstieg fort: 1140 Meter; 1200; 1260; 1290 . . .

„1500!“ schrie der Rudergänger. „Wir haben's geschafft!“

„Zeigt das Sonar eine ebene Stelle an, wo wir aufsetzen können, die nicht so tief unten liegt?“ fragte Dorthy.

„In etwa 1590 Metern scheint ein Riff zu sein“, antwortete der Rudergänger. „Ich weiß nicht, wie groß es ist.“

„Steigen wir hinab und schauen es uns an. Das wird dann etwas mehr als 1600 Meter sein. Ich möchte das Boot verlassen und 1600 Meter tief auf dem Meeresboden stehen.“

Die Worte klangen in ihr wider: „1600 Meter. 1600 Meter tief. 1600 Meter. 1600 Meter tief."

Das Riff, von dem der Rudergänger gesprochen hatte, erwies sich als dreieckiger Vorsprung an einer Flanke des Wrack-Riff-Gebirges. Dorthy sah es liegen, in Scheinwerferlicht gebadet.

Das Boot trieb auf den Vorsprung zu, es gab einen leichten Stoß, dann hatte es aufgesetzt. Dorthy schwamm mit ausgestreckten Händen hinunter. Als sie die Oberfläche des Vorsprungs berührte, stellte sie fest, daß sie mit kompaktem Schlamm bedeckt war. Sie zog die Hände zurück und betrachtete die beiden Abdrücke, die sie hinterlassen hatte; dann veränderte sie ihre Stellung und fügte zwei Fußabdrücke hinzu. Sie schwebte über den Abdrücken und starrte sie an. Tioru schwamm heran und hielt sich neben ihr.

„In all den Milliarden Jahren, seitdem die Meere bestehen", sagte Dorthy leise, „hat niemals eine menschliche Hand oder ein menschlicher Fuß in dieser Tiefe im Schlamm Abdrücke hinterlassen. Dies ist überhaupt nicht zu vergleichen mit dem Hinabtauchen in einer Taucherkugel. In einem Bathyskaph ist man losgelöster Beobachter in einer eigenen kleinen Welt. Hier bin ich schutzlos, nackt – der Schutzanzug zählt nicht –, Tonnen und aber Tonnen Tiefendruck lasten auf mir. Aber ich spüre es nicht. Es ist, als wäre ich ein Phantom. Es ist beängstigend. Das hatte ich nicht erwartet."

„Merkwürdig", sagte Tioru. „Für mich ist die Tiefe ein Ort des Friedens, der gelassenen Heiterkeit, der Schönheit. Ein Ort zum Meditieren."

Noch ein Unterschied. Wie viele Unterschiede mag es wohl geben? dachte sie. Es ist beinahe so, als gehörten wir tatsächlich unterschiedlichen Rassen an. „Löscht die Lichter noch einmal", bat sie. „Ich möchte alles so sehen, wie die Fische es sehen."

Wiederum traf sie die Dunkelheit wie ein körperlicher Schlag; dann erschien nach und nach die schwarzviolette Struktur. Sie vermochte zu erkennen, daß die Schlammschicht auf dem Vorsprung und die Oberfläche des Riffs, aus dem er herausragte, mit einem pastellblau schimmernden Bakterienfilm bedeckt waren. Als sie besser unterscheiden konnte, wurde er zu einem düsteren Teppich aus vielen verschiedenen Nuancen – indigo, saphir, violett, aquamarin. Ein Schwarm gelbgrün schimmernder Punkte trieb wie ein Schwarm träger Leuchtkäfer vorüber. Sie hatte dieses Bakterienglühen bereits gesehen, als sie mit dem Bathyskaph getaucht war, und damals die zarten Farben bewundert. Aber jetzt konnte sie keine Schönheit entdecken. Es war fremd, geisterhaft.

Ein winziger, verrückter Kobold flüsterte in ihrem Gehirn: Du wirst zerrissen. Du wirst durchdrehen.

Nein, sagte sie zu sich selbst, nein. Ich muß es besiegen. Ich fürchte mich, weil es ein völlig neues Erlebnis ist. Ich werde es schaffen. Mach, daß du fortkommst.

Aber der Kobold dachte nicht daran. Panik saß ihr in der Magengrube, stieg ihr in die Kehle.

Sie hörte ein Geräusch, das Geräusch ungeheurer Schritte in der Ferne . . ., trapp . . ., trapp . . ., trapp . . ., trapp . . .

„Tioru!“ schrie sie, und ihre Stimme klang hoch und dünn, völlig fremd. „Hörst du es? Irgend etwas geht da! Irgend jemand schreitet auf dem Meeresgrund entlang! Hör, hör!“

„Ich höre etwas“, sagte er mit kontrollierter Freundlichkeit. „Den Klang meines eigenen Pulses. Und du hörst deinen Herzschlag. Es gibt keinen anderen Laut, der dich ablenken könnte – deshalb bemerkst du den Ton.“

„Das kann es nicht sein! Es ist zu laut! Es ist etwas Riesiges – es kommt auf uns zu!“

Entsetzt merkte sie, daß sie unter ihrer Gesichtsmaske schrie. Aber sie konnte nicht aufhören.

Trapp-trapp . . ., trapp-trapp . . ., die Schritte wurden jetzt schneller. In einem Wirbel von Entsetzen versuchte sie, sich an etwas zu erinnern, an etwas, das mit einer Glocke und einem bösen Riesen zusammenhing. Sie war in der Falle. Über ihrem Kopf waren eineinhalbtausend Meter Wasser, Millionen Tonnen, eine ganze Welt der Dunkelheit, die sich auf sie herabsenkte, um sie zusammenzupressen, zu zerquetschen.

Die andere Stimme schrie noch immer: Wir werden niemals an die Oberfläche zurückkehren! Wir werden hier unten sterben! Wir werden niemals den Himmel wiedersehen! Niemals . . .

Sie hörte Tioru sagen: „Licht! Helft mir!“ Und dann hörte sie nichts mehr.

Dorthy lag auf dem Rücken, die Augen geschlossen. Es kümmerte sie nicht weiter, wo sie sich befand. Sie merkte, daß sie auf einer gepolsterten Oberfläche lag; irgendwo tuckerte ein Motor, zwei Stimmen unterhielten sich leise. Die Tauchausrüstung hatte man entfernt, aber sie spürte, daß die telemetrischen Sensoren noch immer an ihr befestigt waren. Jemand umklammerte fest ihre linke Hand.

Sie öffnete die Augen und erblickte eine seegrüne, gewölbte Decke, in deren Scheitelpunkt eine leuchtende Scheibe war. Erst dann wurde ihr bewußt, daß sie sich in der Dekompressionskammer des Bootes befand.

Tiorus Gesicht beugte sich über sie, voller Zärtlichkeit und Besorgnis.

„Was ist los? Warum bin ich hier?"

„Wir hielten es für richtiger, dich hier drinnen wiederzubeleben. Wir steigen auf. Noch hundertfünfzig Meter etwa, und wir sind wieder an der Oberfläche."

Zu ihrer Überraschung begann sie zu weinen.

„Schau mich an, Tioru!" schluchzte sie. „Ich bin ein hoffnungsloser Fall! Ich tauge nichts! Ich kann nicht einmal meine Gefühle kontrollieren. Ich wollte soviel tun – für uns, für alle –, und nun habe ich es verdorben!"

„Nein, mein Liebes. Du hattest dir vorgenommen, 1500 Meter zu tauchen, und du hast es auch getan. Soweit wir sehen, hast du es geschafft; bis auf eine kleine Anfälligkeit für Panik bist du geeignet. Dein einziger Fehler war, daß du dir zuviel auf einmal vorgenommen hast. Natürlich hat dich das überwältigt. Später werden wir von neuem beginnen, und zwar so, wie wir es zuerst vorhatten, Schritt für Schritt."

„Nein! Es wird nicht klappen! Nichts wird klappen! O Tioru, verstehst du es denn nicht? Überhaupt nichts?"

Er wartete schweigend.

Nach einer Weile sagte sie ruhiger: „Ich muß zur Zentralbehörde und Bericht erstatten. Und ich – ich werde nicht wieder zurückkommen. Ich bin erledigt. Alles ist aus."

„Nein, das stimmt nicht", sagte Tioru. „Ich begleite dich."

„Nein, nein!"

„Warum nicht? Ich bin dein Stellvertreter – und ich liebe dich." Jetzt war es heraus. Seufzend fügte sich Dorthy.

7

BIOND SMITH war nervös und zerstreut, und das war kein Wunder. Als er schließlich mit der Geschichte herausrückte, bekam Jothen allmählich den Eindruck, als halte Biond tatsächlich eine Bombe in den Händen.

„Allerdings eine Planetenbombe", meinte Biond. „Das wird eine schlimme Geschichte, Jothen. Ich kann dir versichern, daß ich dich nicht umsonst aus dem Urlaub zurückgeholt habe. Verdammt noch mal, ich sollte dir lieber erzählen, wovon ich spreche."

„Das wäre vielleicht nicht schlecht", sagte Jothen.

„Folgendes: Wir werden mit einem Meteor zusammenstoßen. Mit einem Unding von Meteor – effektiver Durchmesser etwa eineinhalb Kilometer."

„Ist das viel?"

„Mein Gott, Jothen! Seitdem der Kleine Mond vor fast siebentausend Jahren in Nord-Argentinien niedergegangen ist, gab es nichts Ähnliches. Wir haben wirklich Glück gehabt, daß wir so lange keinen richtigen Aufprall erlebt haben. Der Meteor wird in das Gebiet der Hudson Bay fallen, und danach wird im Nordwesten nichts mehr stehen. Nichts!"

„Wegen einer Feuerkugel von eineinhalb Kilometer Durchmesser? Biond, ich habe auf dem Gebiet keinerlei Erfahrung. Was wissen wir darüber?"

Biond ergriff einen Stift und spielte nervös damit. „Eine vernünftige Frage. Das Biest heißt Flavia und wurde nach der Frau des Astronomen benannt, der den Meteor entdeckte. Es ist kein gewöhnlicher Stein, sondern ein Asteroid – einer dieser kleinen ziellosen Körper wie Eros, der damals die Leute zu Tode erschreckt hat, als er sich der Erde bis auf einige Millionen Kilometer näherte und dann verschwand, bevor jemand seine Bahn hätte berechnen können. Es ist ein Tetraeder aus Granit, die kurze Achse beträgt etwa dreizehn Kilometer Durchmesser, die andere etwa neunzehn Kilometer. Wir vermuten, daß er ein Krustenfragment eines der asteroiden Protoplaneten gewesen ist – vielleicht desjenigen, dessen Mond vermutlich Ceres war."

Biond warf den Stift auf den Tisch und starrte Jothen herausfordernd an. „Aber dieser ganze Kram nützt uns überhaupt nichts. Wenn wir gar nichts wüßten, wären wir ebensogut dran."

„Da bin ich nicht so sicher", sagte Jothen mit vorsichtiger Ruhe. „Du sagtest eben, er habe eineinhalb Kilometer Durchmesser, und kurz darauf, es seien dreizehn Kilometer auf der kürzeren Achse. Was stimmt nun? Willst du versuchen, ihn zu zerstören, Biond?"

„Das weiß der Himmel", sagte Biond. „Wir haben daran gedacht, ihn zu bombardieren, aber als wir uns ausmalten, was passieren könnte, wenn uns eine radioaktive Wolke von fünfhundert Kilometer Durchmesser trifft, haben wir den Gedanken fallenlassen. Nun bohren unsere Männer Löcher in den Fels und legen Sprengladungen – drei Leute wurden bereits dabei getötet –, und wir hoffen, den Asteroiden dadurch aufsplittern zu können. Weiter, denke ich, können wir an einer Seite Laserstrahlen verwenden, um einen Teil abzuschmelzen.

Aber wenn er aufprallt, Jothen, wenn er aufprallt, dann wird er trotzdem etwa eineinhalb Kilometer Durchmesser haben. Und weißt du, was das bedeutet, Jothen? Weißt du, was aus unseren langjährigen Bemühungen wird, alle Völker zu versöhnen und zu versorgen? Alles ist für die Katz, Jothen, alles!"

„Es wird schlimm, daran zweifle ich nicht. Aber warum so schlimm?"

„Ich muß übertreiben", gab Biond zu, „sonst kann ich nicht hoffen, eine positive Überraschung zu erleben. An sich werden wohl nur Zentralkanada und das Gebiet der Großen Seen direkt unter dem Aufprall leiden. Das bedeutet jedoch die Zerstörung von etwa fünfzig mittelgroßen und vielleicht zehn großen Städten. Ich habe wenig Hoffnung, daß wir zum Beispiel den Komplex der Zwillingsstädte retten können. Obgleich wahrscheinlich ein Großteil stehenbleibt, werden die Kommunikationsmittel und Versorgungslinien für lange Zeit unterbrochen sein. Der rein äußerliche Schaden ist nur der Anfang der Geschichte. Aus diesem Grunde brauche ich deine Stadt auf der Stelle, desgleichen alle anderen Bereitschaftsstädte im Mittleren Westen."

„Offensichtlich", sagte Jothen. „Du mußt die Zwillingsstädte und so weiter evakuieren."

„O ja, aber das ist nur der Anfang. Wir müssen außerdem Chicago räumen."

„Unmöglich!"

„Genau das befürchte ich", sagte Biond, „aber es muß sein. In welchem Zustand ist deine Stadt?"

„Sie steht bereit." Dann fiel Jothen etwas ein. „Nein, einen Augenblick. Die Jones-Familie tagt ja – oder sollte es wenigstens, wenn während der Zeit, die ich im Pazifik verbrachte, nichts dazwischengekommen ist."

„Ich erinnere mich, daß du gesagt hast, das sei eine ziemlich kleine Familie", sagte Biond. „Das ist ein Vorteil."

„Ja, ich denke, ich kann sie in weniger als drei Wochen fortschaffen."

„In einer Woche", sagte Biond.

„Biond, das ist unmöglich. Gewiß, es ist eine kleine Familie – aber etwa eine Million müssen nach Gitler gekommen sein."

„Schaff sie fort", sagte Biond unbeugsam. „In einer Woche. In drei Wochen werde ich bereits Flüchtlinge aus Chicago dort einquartieren. Machen wir uns an die Arbeit, Jothen. Unsere Freundin Flavia ist unterwegs – und sie wird nicht warten!"

EIN STROM von Menschen ergoß sich über den Goring Boulevard. Auf den Köpfen trugen die Leute komische Hüte. Von einem mit Kunstglas verkleideten Ausblick direkt unter dem Dach der Stadt versuchte Jothen, sich auf seine Durchflußmesser zu konzentrieren – vergeblich; er hatte noch nie in seinem Leben so viele Menschen auf einmal gesehen und wußte nicht, ob ihn der Anblick faszinierte oder ängstigte.

Die Jones-Tagung rollte wie eine Lawine an ihm vorüber. Pausbäckige Knaben zupften Kitharas mit zwei Saiten, alte Männer sausten mit automatischen Krücken durch die Luft, fette Weiber paradierten auf und ab, unterhielten sich kreischend mit Tierpuppen, die Babyköpfe trugen, und zuckenden grotesken Familientotems aller Art. Man sang alte Kunstlieder in längst vergessenen Tonarten oder klammerte sich an grell geschmückte Festwagen mit Aufschriften wie AUF, IHR JONES! oder: MCDOBIE-CLAN ÜBER ALLES! Ihnen folgten komplizierte selbstfliegende Drachen und Wimpel mit aufgedruckten Symbolen.

„Komisch, was?" sagte Alva McGee hinter Jothens Rücken.

„Sie machen mir angst, Alva. Wie sollen wir sie bloß loswerden? Ich habe gerade etwas Ähnliches mitgemacht, als das

Barrier-Hotel kenterte, aber die Hotelgäste waren wenigstens normal. Was sollen wir mit all diesen Verrückten anfangen?"

McGee sah Jothen merkwürdig an, sagte jedoch nichts; Jothen bemerkte plötzlich, daß McGee für ihn ein ebenso großes Rätsel war wie die Jones-Versammlung. Der Mann war ihm als „administrativer Assistent" für die Dauer der Evakuierung der Jones-Familie zugeteilt worden; eine nicht gerade angenehme Überraschung, besonders nachdem Jothen entdecken mußte, daß McGees Qualifikationen für die Arbeit zwar den Titel Bürgermeister, jedoch kein Spezialwissen über das Wasserversorgungssystem oder die Struktur Gitlers überhaupt einschlossen. Anscheinend war es Biond Smith in letzter Minute eingefallen, McGee herzuschicken, weil die technische Mannschaft der Reservestadt möglicherweise Hilfe bei dem Papierkrieg benötigte. Selbst der Titel war erstaunlich; keine Stadt besaß einen Bürgermeister oder war in den letzten Jahrhunderten selbständig gewesen.

Wie auch immer die Antwort auf dieses Rätsel lauten mochte, Jothen erwartete von McGee nicht viel Hilfe, und da er technisch kaum Bescheid wußte, mußte ihn Jothen neben den übrigen Belastungen auch noch in seine Pflichten einweisen. Es wäre beinahe besser gewesen, wenn man ihm einen Tritonen zugeteilt hätte.

„Sie sind gar nicht so verrückt", sagte McGee jetzt ruhig. „Sie machen Lärm, aber warum auch nicht? Sie unterhalten sich. Diese Familientreffen sind eine einmalige Gelegenheit in ihrem Leben, einmal über die Stränge zu schlagen und sich beinahe so asozial zu verhalten, wie man es damals im Zeitalter der Verschwendung jeden Tag tun konnte."

Innerlich stöhnte Jothen. McGees historische Anwandlungen gingen ihm bereits auf die Nerven.

„Es wundert mich, daß die Zentralbehörde sie überhaupt gestattet – die Tagungen meine ich."

„Therapie, mein Lieber – Therapie. Überdies ist das eine einmalige Gelegenheit für Transcorp, Ferienreisende in Millionenpaketen zu verfrachten statt einzeln. Alles völlig rational."

Jothen zeigte auf die Puppen und Banner. „Das da soll vernünftig sein?"

„Nein, aber es ist praktisch", sagte McGee. „Wenn man weiß, worum es geht. Das sind alles Bruchstücke quasireligiöser Traditionen – eine Art jungianisch-gravesianisches Substrat, dekoriert mit der vagen Erinnerung an unbedeutendere Kulte. Sie umfassen alle möglichen Glaubensrichtungen, die nicht unbedingt deutlich zu erkennen sind – Wiedergeburt, Rassenerinnerung, Ahnenverehrung, Telepathie, historischer Fatalismus, traditioneller Supernaturalismus, Monismus . . ."

„Himmel!" stöhnte Jothen verzweifelt und übersah dabei, daß er ebenfalls ein Totem anrief.

„Aber davon wissen die Jones nichts. Ein Glück für uns. Für den schlimmsten Fall versetzt uns das in die Lage, die Leute zu manipulieren."

„Gut. Manipulieren Sie sie, Alva. Ich muß mich um das Wasser kümmern, um die Nahrung, die Energieversorgung, und dann muß ich den Technikern dabei helfen, Gitler auf die neuen Bewohner vorzubereiten. Inzwischen möchte ich, daß die Jones-Familie verschwindet. Benutzen Sie alle Ihnen angemessen erscheinenden Transportmittel – wahrscheinlich ist die Untergrundbahn am besten, aber wenden Sie sich deswegen an Transcorp. Wenn Sie irgendwelche Hilfe brauchen, setzen Sie sich mit mir in Verbindung, ich bin unterwegs. Alles klar?"

„Wie Sie befehlen, Effendi", sagte McGee mit einer übertriebenen Verbeugung und schickte sich an zu gehen. Dann fiel ihm etwas ein, und er sagte: „Jothen – haben Sie jemals etwas von einem Jünger gehört?"

„Nein. Was ist das? Noch ein Totem der Jones-Clique?"

„Nicht ganz. Bis später. Ich rufe Sie nur an, wenn es unbedingt nötig ist."

Er schlüpfte aus der Tür. Unten wälzte sich noch immer der Sturzbach von Menschen lärmend durch die Straßen. Jothen war erleichtert, daß er von beidem fortkam.

Trotzdem hatte McGee möglicherweise seine guten Seiten. Um ihm gerecht zu werden: Jothens Befürchtungen waren bereits ein wenig besänftigt worden, als McGee den geplagten Ingenieur daran erinnert hatte, daß ein beachtlicher Teil der Jones-Familie – etwa fünfundzwanzig Prozent – wahrscheinlich gar nicht nach Hause geschickt zu werden brauchte. Da es sich um Mitglieder eines vorwiegend nordamerikanischen Clans handelte, wohnten viele Menschen in den Gebieten, die wahrscheinlich durch den Asteroiden Flavia betroffen werden würden; es wäre also sinnlos gewesen, sie dorthin zu schicken, weil ein Teil von ihnen sofort wieder nach Gitler zurücktransportiert werden müßte. Man brauchte lediglich ein bißchen Papier und einen Computer, um diese Gruppe herauszufinden, und das war genau die Arbeit, für die McGee geeignet war. Der Gedanke war Jothen einfach nicht gekommen.

Ein gewisser Fongaváro Jones jedoch hatte die gleiche Idee.

TATSÄCHLICH war der Gedanke der Hauptgrund dafür, daß Fongaváro sich im Augenblick in einem der tiefsten Tunnel Gitlers verbarg und sich wie ein Gehetzter fühlte. Noch wurde er eigentlich nicht gejagt, aber es würde nicht mehr lange dauern. Er pirschte sich an eine Raststelle heran, nur um zu üben, denn er erwartete eigentlich nicht, daß schon jemand dort war.

Bei der UNOC wurde Fongaváro als Spezialist für Kommunikationssysteme geführt, und daher war er wie Jothen einer der glücklichsten aller Bürger, nämlich ein Mann mit einem Arbeitsplatz. Hier jedoch endete die Ähnlichkeit. Dieser kräftige, muskulöse Mann mit langen Armen und großen Händen sah mehr wie ein Orang-Utan aus. In seiner Heimatstadt Tananarive auf Madagaskar erregte er vermutlich kein Aufsehen, in diesen düsteren leeren Korridoren jedoch war er eine auffällige, vielleicht sogar furchterregende Gestalt.

Und dessen war er sich durchaus bewußt. Noch mehr – er baute darauf.

Wenn die normalen Mitglieder der Jones-Familie auch so verrückt sein mochten, wie Jothen annahm, dann war Fongaváro auch hier ein Spezialist. Einen großen Teil seines Lebens hatte er in den Labyrinthen der Tunnel verbracht, zwischen den Mauern und unter der Erde Tananarives, und er war dafür bestens geeignet; in einem früheren Zeitalter wäre er vielleicht Höhlenforscher geworden. Er hielt sich ausgesprochen gern in einer Höhle auf, er war im Laufe der Zeit zu einem Maulwurf geworden.

Und dann war die Reise zur Tagung der Jones-Familie gekommen; sein erstes Erlebnis außerhalb der Heimatstadt: zum erstenmal hatte er die blaue Weite des Himmels erblickt, zum erstenmal flog er mit einer Düsenmaschine ins Nichts, hatte seine erste direkte Berührung mit der grenzenlosen Ausdehnung des Meeres und des Weltwaldes.

Den ganzen Flug über war er gefallen. Er fiel hilflos aus seinem

Sessel, von Brechreiz erfüllt, bemühte sich, nicht aus dem Fenster zu blicken, fühlte sich in seinen Gurten gefangen und eingeschnürt, kämpfte gegen die Tabletten und Injektionen, die man ihm zu verabreichen versuchte – und vor allem war er wütend auf seinen eigenen Körper gewesen, auf seine Unkenntnis, seine Leichtgläubigkeit; seine eigene Männlichkeit hatte ihn verraten.

Es war entsetzlich gewesen – was jedoch noch schlimmer war, es war demütigend . . ., ganz und gar demütigend. Er hatte nicht vor, dasselbe noch einmal durchzumachen.

Der vorzeitige Abruf der Jones-Familie hatte ihn zwar ein wenig verwirrt, jedoch nicht weiter aus der Fassung gebracht. Sein Plan stand fest, sobald er herausgefunden hatte, daß es in Gitler keine Arbeit für ihn gab. Es war so einfach, sich in den Tunneln von Gitler zu verstecken, in einem Sektor, in dem weder die Jones noch sonstjemand gewohnt hatten. Das System stimmte mit dem in Tananarive zwar nicht völlig überein, die Ähnlichkeit genügte jedoch für seine Zwecke.

Die Raststellen waren hier ebenso wie zu Hause an strategischen Punkten des Netzwerkes angelegt und für die Techniker bestimmt, die auf Inspektionstour waren. Abgesehen davon, daß die Gebäude keine Fenster hatten, unterschieden sie sich nur wenig vom durchschnittlichen Apartment: Es waren acht Zimmer mit vollständiger Einrichtung, einschließlich automatischer Nahrungsversorgung, so daß die Ingenieure tagelang unterwegs sein konnten, ohne in ihre eigenen Unterkünfte unter dem Flughafen zurückkehren zu müssen. In einer größtenteils leeren Reservestadt brauchte man die Raststellen nicht abzuschließen.

Solange Fongaváro den Technikern von Gitler nicht über den Weg lief, hatte er es geschafft. Er konnte im Untergrund leben.

Über die zweite Ankündigung jedoch – daß Gitler in Kürze von einer größeren Horde, diesmal von Flüchtlingen, bevölkert werden sollte – war er weniger erfreut. Wie überall üblich, würden nun Tag für Tag, Nacht für Nacht Zwei- und Dreimannteams durch den Tunnel kommen, um die Einrichtungen zu überprüfen, und man würde die Raststellen benutzen. Von nun an, das wußte Fongaváro, würde es schwierig werden, unentdeckt zu bleiben.

Trotzdem hatte er sich in den Kopf gesetzt, niemals nach Tananarive zurückzukehren, auch wenn Jothen Kent, die UNOC und die Weiße-Mutter-Jones selbst es verlangten.

Die nächste Raststelle lag vor ihm am Ende des Ganges. Die geschlossene Tür sah so gemütlich aus wie der Eingang zu einer Höhle. Er hielt inne und lauschte. Nein, es war niemand drinnen – das bewiesen die kleinen grünen Leuchtsignale –, aber er hatte etwas gehört.

Da war es wieder. Schritte – die Schritte eines einzelnen Menschen.

Irgend jemand folgte ihm. Die Schritte klangen fest, gemächlich und überhaupt nicht heimlich. Fongaváro war sicher, daß man sich nicht an ihn heranschleichen wollte. Vermutlich war es nur ein Ingenieur. Aber von hier an bildete der Gang eine Sackgasse.

Gut, dann sollte er eben kommen. Fongaváro glitt lautlos durch die Tür der Raststelle, die sich geräuschlos hinter ihm schloß. Das Licht war natürlich auf Gelb gesprungen, aber das ließ sich nicht vermeiden – und überdies freute sich der Neuankömmling gewiß über Gesellschaft. Er würde es darauf ankommen lassen.

8

NICHT viel mehr als fünf Millionen Kilometer weit entfernt fraß sich Biond Smith' Zerstörungsmannschaft in klobigen Raumanzügen mit Prolapsbohrern in die wichtigen Teile des Asteroiden hinein. Es blieben ihnen weniger als zwei Wochen, um Flavia zu zerstören, bevor die Laserstrahlen sich auf die restliche Masse richten und sie in eine unsymmetrische kleine Sonne verwandeln würden; bisher jedoch hatten sie, selbst mit dem Verlust von drei Menschenleben, nicht mehr geschafft, als den Umriß ein wenig zu verändern.

Ein Alarmsignal erklang in ihren Helmen, und sie hörten auf zu bohren. Es war Zeit für eine weitere Explosion auf der erdwärts gerichteten Seite des Planetoiden. Es ließ sich nicht vermeiden, daß einige der abgesplitterten Teile die Erde ein Gutteil schneller als Flavia selbst erreichen würden, aber das mußte man in Kauf nehmen, weil dadurch die Hauptmasse leichter und langsamer wurde.

Tief im Felsen erklang ein dumpfes Knirschen, ein geräuschloser gelber Blitz leuchtete auf, langsam breitete sich eine Staubwolke im ewigen Sonnenlicht aus. Die Männer kehrten an ihre Arbeit zurück. Flavia erschien ihnen nicht einen Zentimeter kleiner als zuvor.

9

TIORUS Entschluß war nicht annähernd der Gefühlsausbruch beschieden, den er erwartet hatte. Dorthy sagte nach langem Schweigen lediglich: „Wenn du mitkommst, wo willst du dann wohnen?"

„Natürlich für eine Weile auf dem Festland. In einer Stadt."

„Nicht am Meer? Das hältst du nicht durch!"

„Wie kann man das wissen?" fragte er. „Ich kann erst sicher sein, wenn ich es probiert habe. Ich weiß, wie die Tritonen leben. Ich denke, ich sollte auch aus erster Hand erfahren, wie es auf dem Festland ist."

„Und wozu soll das gut sein? Die gleiche alte Meinungsverschiedenheit zwischen uns würde bestehen bleiben."

„Falls es eine Lösung gibt, dann finden wir sie jedenfalls nicht, wenn die halbe Erde zwischen uns liegt."

„Das stimmt", sagte sie zögernd. „Wo willst du also wohnen?"

„Vermutlich in Philadelphia. Mit dem Düsenflugzeug sind es von dort aus nur fünfzehn Minuten bis zur Zentralbehörde."

„Philadelphia! Das ist genauso ein Menschenriff wie London! Mehr als eine halbe Milliarde Einwohner. Du wirst ersticken!"

„Vielleicht auch nicht. Ich werde ein Apartment an der Außenseite verlangen. Und ein Schwimmbad."

„Keine Aussicht, mein Lieber. Laß dir eine Wohnung reservieren und nimm, was dir angeboten wird. Du hast Glück, wenn überhaupt etwas frei ist. Daß du eine Arbeit hast, mag vielleicht helfen – aber verlaß dich nicht darauf."

„Wie du meinst. Du bist ja der Festlandbewohner."

Dorthy zuckte leicht zusammen, sie sagte jedoch lediglich: „Ich werde dich in die Stadt begleiten . . . und dich herumführen, bis du dich eingelebt hast."

Im Düsenflugzeug saß Tioru neben Dorthy, aber das tiefe, sich automatisch anpassende Polster war für ihn nicht bequem. Seine Muskeln waren angespannt, und zwischen den Schulterblättern spürte er anhaltenden Schmerz. Die Leere unter dem Flugzeug wurde ihm deutlich bewußt, er spürte sie förmlich. Jeder Nerv und jeder Muskel seines Körpers war dem allumfassenden statischen

Auftrieb des Wassers angepaßt. Er war nicht für die Luft geschaffen.

Über Hawaii wagte er einen schnellen Blick nach unten; er sah ein geriffeltes weißes Vlies aus Stratuswolken über blauem Abgrund schweben. Ihm wurde schwindlig.

Er lehnte sich in die Polster zurück, aber das half auch nicht viel. Die Luft im Flugzeug roch nach scharfem medizinischem Deodorant und hinterließ in seinem Mund und den Kiemenkammern einen bitteren Rückstand. Er hatte das merkwürdige Gefühl, hier oben in der Stratosphäre bei lebendigem Leibe begraben zu sein.

Dorthys Hand berührte ihn. Es schien nicht viel zu nützen.

„Geht es dir gut?"

„Ich denke schon."

„Wir nähern uns Philadelphia", sagte sie. „Du kannst erst einen Teil der Stadt sehen. Der Rest befindet sich unter einer Wolkendecke."

Tioru wagte erneut einen schnellen Blick hinunter. Der sichtbare Teil der Stadt ragte aus dem grünen Meer des Weltwaldes. An einigen Punkten erhoben sich die bewaldeten Terrassen zu pyramidenförmig abgestuften Tafelländern, auf deren Spitze jeweils ein Flugplatz angelegt war. Ein Teil der äußeren Stadtmauer bildete an einer Seite eines riesigen, länglichen, gewundenen Wasserbeckens einen Damm.

„Ein See! Dort kann ich schwimmen!" rief Tioru.

„Sei nicht zu optimistisch", sagte Dorthy. „Das ist das Reservoir. Die Stadtväter könnten es möglicherweise für unhygienisch halten, wenn man darin herumschwimmt. Ich kann nirgends einen Strand entdecken."

Nachdem sie auf einem der Flugplätze der Stadt gelandet waren, brachte ein Transportband Dorthy und Tioru vom Flugzeug zu einem Lift mit merkwürdig geformten Sitzen. Tioru war froh, dem Flugzeug entkommen zu sein, aber seine Muskeln waren noch immer steif, und sein Nacken schmerzte. Aus einem Gitter in der Decke des Aufzuges erklang eine Stimme: „Dies ist ein Höchstgeschwindigkeitslift. Er setzt sich erst in Bewegung, wenn alle Passagiere Platz genommen haben."

Sobald Tioru saß, umfing ihn der Sessel sanft, aber fest; sein Kopf wurde gegen eine Stütze gepreßt, er konnte Arme und Beine nicht mehr rühren. Der Lift schien frei zu fallen. Es war Tioru, als befänden sich seine Eingeweide etliche Stockwerke über ihm. Die übrigen Passagiere schwatzten ungerührt weiter. Der Fall war zu Ende, die Türen öffneten sich, und die Stimme sagte: „Städtische Versorgungsbetriebe."

Nachdem sie den Fahrstuhl verlassen hatten, geleiteten sie Computerstimmen, Leuchtsignale, Leuchtpfeile und Laufbänder an ihr Ziel – die Wohnungszuteilungsbehörde, die in einer Reihe von parallellaufenden Korridoren untergebracht war, in denen sich jeweils zweigleisige Laufbänder zwischen zwei Reihen schalldichter Kabinen mit durchsichtigen Gleittüren befanden.

Sie erreichten eine leere Kabine.

Dorthy wandte sich an Tioru: „Du gehst hinein. Dann wird eine Sitzgelegenheit aus der Wand kommen. Setz dich und leg dein Kinn auf die Kinnstütze, die du direkt vor dir sehen wirst. Dann warte ab."

Tioru trat ein, setzte sich und legte sein Kinn auf die Kinnstütze. Er starrte direkt in ein Paar dunkler runder Objektive, die ausdruckslosen Augen glichen und zu einem rechteckigen Kasten an der Wand gehörten.

„Bitte stecken Sie den Behälter mit Ihren Personalien in den Schlitz, den das Blinklicht anzeigt", sagte die unpersönliche Stimme des Computers. Zwei Leuchtpunkte blinkten kurz auf.

Tioru führte den Behälter ein – ein viereckiges, flaches Etui in der Größe eines Handtellers; das Tonband mit seinen Personalien wurde automatisch abgespielt. Die dunklen Objektive wurden heller, richteten sich direkt auf seine Augen, tasteten das Muster der Netzhautkapillaren ab und erloschen wieder.

„Ihre Personalien stimmen mit der Information auf dem Reservierungsantrag überein", sagte der Computer. „Das Schloß Ihrer Wohnung ist nun so eingestellt, daß es sich öffnet, wenn Sie das Etui mit den Personalien in das Schloß einführen. Hier ist die Beschreibung, wie Sie Ihre Wohnung erreichen."

Eine Kunststoffkarte glitt in eine Schale unterhalb des Kastens an der Wand.

„Jede Information oder jede Dienstleistung, die Sie wünschen, wird erledigt, wenn Sie den Mieterdienst anrufen", sagte der Computer. „Ihr Wohnungsausweis und das Gepäck sind bereits an Ihre Wohnung geliefert worden. Das ist alles."

Lautlos glitt die Tür beiseite. Tioru nahm die Karte mit den

Anweisungen und las: „Gehen Sie ins Foyer der Wohnungsbehörde. Nehmen Sie den Expreßlift Nummer 17 zur Untergrundbahnstation auf Ebene 133. U-Bahn B 14 zum Korridor Station 29. Besteigen Sie das Laufband nach Osten zu Ihrer Wohnung Nummer 203."

Tioru verließ die Kabine.

„Wenn ich meine Wohnung gefunden habe", fragte er, „wie komme ich dann wieder raus und finde mich in diesem Labyrinth zurecht, falls ich irgendwo anders hingehen möchte?"

„Rufe den Mieterdienst an und frage", sagte Dorthy.

Im Lift und in der Untergrundbahn saßen sie wiederum unbeweglich in bequemen Sesseln.

Als sie auf dem nach Osten führenden Laufband in Korridor 29 standen, kam ihnen ein Menschenstrom auf dem in die entgegengesetzte Richtung laufenden Band entgegen. Die Leute starrten Tioru mit unverhohlener Neugier an, einige schienen sogar ein wenig ängstlich zu sein. Eine durchsichtige Wand, in die ein Muster blühender Kletterpflanzen eingelegt war, trennte die beiden Laufbänder. Tioru spürte immer stärker einen Duft in der Luft, der ihm bereits aufgefallen war, als sie den Flugplatz verließen und nach Philadelphia hineinkamen. Es war der Geruch der Menschen. Er war weder widerlich noch ekelerregend, lediglich unangenehm – ein feuchter, stickiger, öliger Geruch, dazu ein Hauch von antiseptischen Mitteln. Im Freien, wenn nur wenige Menschen in der Nähe waren, schien es erträglich. Hier aber konzentrierte sich der Geruch. Er wirkte auf Tioru so bedrückend, als seien die Millionen Menschen über, unter und um ihn in greifbarer Nähe.

Als sie die Tür zu Apartment 203 öffneten, standen sie einem Panoramafenster gegenüber, das sich an der gegenüberliegenden Seite des Wohnzimmers befand und einen weiten Blick auf das Blattwerk eines Waldes aus gigantischen tektogenetischen Pappeln bot. Die Blätter bewegten sich in einer leichten Brise. Das Fenster lag etwa eineinhalb Meter über der Erde, das heißt über dem Erdboden auf dem Dach des nächstniedrigen Absatzes der Struktur der Stadt.

„Ein Außenapartment!" sagte Dorthy. „Du Glückspilz!"

Aus einem Lautsprecher an der Decke erklang die Stimme des Apartmentcomputers: „Willkommen in Apartment 203. Ist alles in Ordnung? Haben Sie einen Wunsch?"

„Nein", sagte Tioru und ging zum Fenster. Sein Rücken schmerzte, und er hätte dringend schwimmen müssen. Allmählich hatte er das Gefühl auszutrocknen.

Dann erblickte er zwischen den hin und her schwingenden Pappelblättern einen Wasserlauf. Plötzlich fühlte er sich besser.

„Wasser! Da unten fließt ein Strom! Können wir das Fenster öffnen und für eine Minute hinausgehen?"

„Nein. Das ist kein Fluß, sondern ein Regenwasserkanal", sagte Dorthy nachsichtig. „Direkt vor unserer Ankunft muß es geregnet haben."

„Oh! Meinst du nicht, daß ein Schwimmbad in der Nähe ist."

„Das ist unwahrscheinlich. Vielleicht eine Dusche."

Die Vermutung erwies sich als richtig; es gab nur ein kleines, fensterloses Schlafzimmer und eine Dusche in Schrankgröße. Tioru sagte nichts, aber innerlich erblaßte er. Er hatte im Barrier-Hotel einmal eine Dusche probiert. Die nadelscharfen Wasserstrahlen waren in seine Kiemen eingedrungen, der Schaum hatte stark nach Waschmitteln gerochen, und das Antiseptikum im Spülwasser hatte ihn beinahe erstickt. Auch das Bett sah nicht gerade einladend aus; sein Leben lang hatte er schwimmend geschlafen, und der flache weiße Gegenstand vor ihm ließ Muskeln, von denen er nicht einmal gewußt hatte, daß er sie besaß, im voraus schmerzen.

Dorthy beobachtete ihn mit einer Mischung aus Nachsicht und Unruhe. Er versuchte zu lächeln. Er liebte sie, aber . . ., aber dies war ein trauriger Ort für Flitterwochen. Er sagte vorsichtig: „Ob ich diese Wohnung wohl gegen eine mit Schwimmbad eintauschen kann – oder könnte man eines einbauen?"

„Vielleicht, weil du ja eine Beschäftigung hast", sagte sie, nicht gerade überzeugt. „Ich werde mich erkundigen . . . Frage an Computer: Gibt es in der Stadt Wohnungen mit Schwimmbad?"

Der Computer antwortete prompt: „Ich habe keine Informationen hinsichtlich Schwimmbädern oder der Einrichtung anderer Wohnungen. Falls Sie weitere Informationen wünschen, wenden Sie sich bitte an den Mieterdienst."

Dorthy murmelte leise etwas Unfreundliches und reichte Tioru den Hörer des Fernsehtelefons. Auch ihm antwortete der Computer, jedoch höflicher, weil Tiorus Stimme vom Wohnungsbüro aufgenommen und registriert worden war. Er sagte vorsichtig: „Diese

Wohnung hat kein Schwimmbad. Kann ich sie gegen eine andere tauschen oder ein Bad einbauen lassen?"

„Nein, Sir", sagte der Computer.

„Warum nicht?"

„Seit Generationen sind Schwimmbäder veraltet. Sie verschwenden nur Wasser und Platz und sind überdies seit dem Inkrafttreten der überarbeiteten Bauvorschriften verboten. Ihre Dusche wird vom Apartment-Computer kontrolliert, der vom Hauptcomputer der Stadt die Anweisung hat, Sie täglich mit einer bestimmten Wassermenge zu beliefern. Sie können Anzahl und Länge der einzelnen Duschbäder nach Ihren eigenen Wünschen mit den manuellen Hähnen regulieren. Wenn Sie weniger als die Ihnen zustehende Menge verbrauchen, dann kann die nicht verwendete Ration nicht auf einen anderen Tag übertragen werden."

„Wer leitet den Mieterdienst?"

„Thaniel Brewster."

„Kann ich bitte Thaniel Brewster sprechen?"

„Warum wollen Sie mit ihm sprechen?"

„Ich möchte ihn wegen eines Schwimmbades fragen."

„Weiter nichts?"

„Nein."

„Dann können Sie ihn nicht sprechen. Ich habe Ihre Fragen bereits beantwortet. Ich habe die strikte Anweisung, keine Anfrage an Brewster weiterzuleiten, die ich selbst beantworten kann. Das ist alles."

Es gab ein „Ping", als der Computer die Verbindung abbrach.

„Es scheint, als könnten wir Brewsters elektronischen Vorhang nicht durchbrechen", sagte Tioru.

„Vielleicht doch", meinte Dorthy. „Gibt es hier Schreibmaterial?"

Als sie das Apartment durchsuchten, fanden sie zwei Blatt Zeichenpapier und einen Zeichenstift.

„Jetzt werde ich an Thaniel Brewster schreiben", sagte Dorthy, „mit meinem offiziellen Titel unterzeichnen und ihm die Nachricht als Päckchen zuschicken."

„Und wozu ist das gut?" fragte Tioru erstaunt.

„Ich weiß nicht genau", antwortete Dorthy. „Aber ich glaube, er wird uns persönlich anrufen."

Nachdem sie die an Thaniel Brewster adressierte Nachricht in einen Zylinder getan hatte und per Rohrpost für Pakete an den Mieterdienst abgeschickt hatte, sagte Dorthy: „Schauen wir mal nach, was uns der Essensautomat zu bieten hat, und warten wir ab."

Etwa eine Stunde später, als sie Kaffina schlürften, klingelte das Fernsehtelefon, der Bildschirm leuchtete auf, und das Gesicht eines Mannes erschien – hager und tief zerfurcht, das borstige Haar kurz geschnitten. Er war offensichtlich aufgeregt. Er schaute Dorthy an und sagte: „Ich bin Brewster. Sie sind vermutlich Dorthy Sumter. Warum haben Sie mir diesen verdammten handschriftlichen Brief geschickt?"

„Weil wir Sie anders nicht erreichen konnten."

„Nun, Sie haben's geschafft. Und außerdem haben Sie mein ganzes Büro durcheinandergebracht. Ist Ihnen eigentlich klar, daß wir keine Möglichkeit haben, eine derartige Mitteilung abzuheften, ohne zu ungewöhnlichen Maßnahmen schreiten zu müssen? Unsere Arbeit ist ausschließlich auf Tonbänder und die universale phonetische Druckschrift auf Standard-Nachrichtenband abgestimmt. Ich arbeite hier seit siebenunddreißig Jahren, und nicht ein Mensch in diesem Büro, ich eingeschlossen, hat jemals einen handschriftlichen Brief zu Gesicht bekommen. Nur zwei Leute meines Stabes können Schrift lesen. Sind Sie ein Altertumsforscher? Was soll dieser Unsinn von einem Schwimmbad?"

„Das ist für mich", sagte Tioru. „Wie Sie sehen, bin ich ein Triton."

„Ich sehe gar nichts. Tritonen haben Schuppen und Flossen, oder etwa nicht?"

Dorthy antwortete: „Ich habe mit der Behörde für Unterwasserprodukte zu tun und arbeite seit vielen Jahren mit den Tritonen zusammen. Ich kann Ihnen versichern, daß sie weder Schuppen noch Flossen haben. Tioru ist ein Triton. Haben Sie jemals einen Festlandbewohner mit Antennen gesehen?"

„Nein. Dann habe ich mich also geirrt. Tut mir leid mit dem Schwimmbad, aber das ist völlig unmöglich. Zunächst einmal ist es illegal, und wenn wir mit Ausnahmen beginnen, haben wir zum Schluß endlos viele Wohnungen umzugestalten."

„Gut", sagte Tioru, „könnte ich dann vielleicht die Erlaubnis bekommen, täglich ein oder zwei Stunden in Ihrem Reservoir zu schwimmen?"

Brewster sah schockiert aus. „Schwimmen, im Reservoir? Dagegen existiert eine Verfügung!"

„Ich fragte nicht, weil mir Schwimmen Spaß macht. Für mich ist periodisches Untertauchen eine physiologische Notwendigkeit. Wenn ich zu lange aussetzen muß, dann könnte das ernste Folgen haben."

Tioru konnte förmlich sehen, wie es in Brewster arbeitete. Schließlich sagte er: „Ich will sehen, was sich machen läßt. Ich gebe Ihnen wieder Nachricht."

Nachdem Brewster aufgelegt hatte, sagte Tioru: „Wenigstens ein Hoffnungsschimmer. Dorthy, dieser Brief war eine fabelhafte Idee. Vielleicht kann ich morgen schon wieder schwimmen. Inzwischen werde ich mich wohl oder übel mit einer Dusche zufriedengeben müssen."

Dann hielt er inne, schnüffelte einige Male und sagte: „Die Luft verändert sich. Da ist ein fremder Duft."

„Ich rieche nichts", sagte Dorthy. „Wie riecht es denn?"

„Wie der Wind, der nach dem Regen über das Land weht. Ein Geruch nach nasser Erde."

Er ging durch den Raum, schnüffelte und blieb vor der Tür zum Schlafzimmer stehen.

„Es kommt von hier", sagte er und ging durch die Tür. Dorthy folgte ihm.

„Jetzt rieche ich es auch", sagte sie. „Wenn wir uns nicht in einer abgeschlossenen Wohnung befänden, würde ich schwören, daß es von draußen, vom Wald hereinkommt."

Tioru schritt durch das Schlafzimmer, blieb an der Tür zum Duschbad stehen und rief: „Hier ist der Geruch am stärksten."

Dorthy kam herein und stellte sich neben ihn. Tioru schob die grüne Glaswand zurück, die als Tür zum Duschbad diente.

„Siehst du, die Rückwand!" sagte Tioru.

Das Metallpaneel, das die Rückwand der Dusche bildete, war ebenfalls eine Schiebetür und stand ein paar Zentimeter breit offen. Aus dem dahinterliegenden Raum kam ein Lichtschein.

„Ich weiß, was das zu bedeuten hat", sagte Dorthy. „Die Wohnungen in Groß-London sind nach dem gleichen Prinzip konstruiert. Das ist der Notausgang. An sich soll er sich nur auf Befehl des Computers öffnen."

Das Paneel ließ sich leicht bewegen. Sie traten durch die Öffnung und fanden einen Werkraum vor, in dem das Deckenlicht brannte. Von oben kam eine schmale Rolltreppe, eine andere führte ins tiefer gelegene Stockwerk. Beide standen still. Bis auf ein gedämpftes Geräusch, das von einem schwachen feuchten Luftzug hereingetragen wurde, war es still.

„Was ist das?" fragte Tioru. „Das klingt wie die Brandung."

„Oder wie Wind in den Bäumen", sagte Dorthy. „Übrigens, da drüben dürfte die Erklärung zu finden sein, warum das Paneel offenstand."

Sie deutete auf den Boden. In der Nähe der Wand stand ein geöffneter Werkzeugkasten, daneben verstreut lagen Werkzeuge eines Elektrikers. In der Wand war eine quadratische Öffnung, dahinter befand sich eine versenkte Nische mit einem Gewirr elektrischer Leitungen. Etliche Kabel hatte man herausgenommen, wie die Löcher verrieten.

„Normalerweise arbeiten diese Techniker in Teams", sagte Dorthy. „Sie müssen sich hier irgendwo in der Nähe aufhalten."

„Dann machen wir doch lieber, daß wir weiterkommen, bevor sie zurückkehren. Sie werden uns vermutlich wieder zurückschicken", sagte Tioru. „Wir können die Rolltreppe zur nächsten Etage hinuntergehen. Die Luft muß durch eine offenstehende Tür da unten kommen."

„Wahrscheinlich. Aber was soll's?"

„Ich möchte sehen, ob ich den Fluß finde, den wir vom Fenster aus erblickten. Vielleicht ist er tief genug, daß ich darin schwimmen kann."

Tatsächlich befand sich am Fuß der Rolltreppe eine offene Schiebetür. Draußen lag grüner Schatten unter den riesigen Pappeln. Hier unten klang der Wind in den Blättern.

Es gab kein Unterholz. Der Waldboden war mit einer so dichten kurzen Grasnarbe bedeckt, daß sie wie Moos aussah. Es war feucht, und hin und wieder fielen Tropfen von den Bäumen. Dorthy und Tioru schritten kräftig aus. Ihre Füße versanken in dem tiefen Teppich. Die Luft war warm.

Unvermittelt hörte der Wind auf, das Rauschen der Blätter verklang. Ein träges Pet–pet–pet begleitete die Wassertropfen.

Die Stille war unerträglich. Es kam Tioru so vor, als sei er in eine Zeit versetzt, in der es keine Menschen und nicht einmal die Ahnen der Menschen gab. Die Bäume waren überwältigend; es schien beinahe unmöglich, daß Pflanzen so groß werden konnten. Sie schienen Wache zu stehen.

Dennoch war es besser als drinnen. Dort war die Luft schwer vom Geruch der Menschen. Hier draußen sah man wenigstens hin und wieder ein Stückchen Himmel. Dennoch war der Wald alles andere als natürlich. Die Bäume wuchsen in Reihen, dazwischen befanden sich Schneisen, so regelmäßig wie die Anordnung der Atome in Kristallen. Und alles war völlig still: keine Vögel, keine Insekten, keine Tiere. Sie alle befanden sich in den Biologischen Reservaten.

Nein, ganz still war es nicht. Tioru blieb stehen. „Ich höre Wasser plätschern – irgendwo direkt vor uns."

Nach ein paar Schritten standen sie an einer halbkreisförmigen Schleuse, die etwa eineinhalb Meter breit und mit Vitrolith eingefaßt war. Das Wasser war weniger als dreißig Zentimeter tief.

„Darin kann ich nicht schwimmen", sagte Tioru enttäuscht. „Aber ich kann mich wenigstens befeuchten."

Er glitt hinunter und kniete im Wasser. Es war ziemlich warm. Er formte mit den Händen einen Becher, füllte sie mit Wasser, inhalierte und ließ es durch die Kiemenöffnungen wieder ausströmen. Dorthy kniete am Ufer und beobachtete ihn lachend.

„Bist du jemals in einem Biologischen Reservat gewesen?" fragte sie. „Du siehst aus wie ein Vogel, der in einer Pfütze badet."

„Dann bin ich der einzige Vogel der Welt, der Kiemen hat." Er kletterte aus der Schleuse. „Selbst das frische Wasser schmeckt schal. Aber es ist besser als mit Detergent durchsetztes."

Er machte einen Schritt vorwärts. Im gleichen Augenblick war es, als hätte ihn ein Vorschlaghammer in die rechte Wade getroffen. Er stürzte wie ein Stein zu Boden, umklammerte sein Bein.

„Tioru! Was ist los? Was ist geschehen?"

„Ein Krampf", stieß er zwischen den Zähnen hervor. „Ich bin diese Lauferei nicht gewöhnt."

„Auch Festlandbewohner können einen Krampf bekommen", sagte Dorthy und kniete neben ihm nieder. „Dreh dich um. Ich massiere dein Bein."

„Das ist ein schönes Fiasko", sagte er wütend. Aber er spürte, wie sich der verknotete Muskel unter ihren Händen löste. „Danke."

„Besser so? Gut. Meinst du, daß wir die Tür, durch die wir ins

Freie gelangten, wiederfinden werden? Wohin ich auch schaue, ich sehe nur Bäume. Offen gestanden – ich habe mich verlaufen."

Tioru stützte sich auf die Ellbogen und schaute sie über die Schulter hinweg an. Er hatte sich nicht vorstellen können, daß sich ein Festlandbewohner in seiner vertrauten Umgebung verlaufen konnte.

„Laß mich nachdenken", sagte er. „Als wir den Fluß durch das Fenster sahen, schien er direkt vor uns zu liegen, nicht sehr weit entfernt. Wenn wir bei der Schleuse also neunzig Grad . . ."

„In welcher Richtung? Außerdem ist es möglich, daß dies nicht derselbe Fluß ist. Eigentlich haben wir nur ein Schimmern durch die Blätter gesehen."

„Das stimmt leider", sagte Tioru düster. „Trotzdem sollten wir uns auf den Weg machen – die Sonne geht unter."

„Geht's wieder?"

„Es ist schon viel besser. Wir können ja zuerst noch langsam gehen."

Es stellte sich heraus, daß er sich auf Dorthy stützen mußte und nur langsam humpeln konnte, er kam nur wenige Zentimeter auf einmal voran. Es war demütigend.

Mit beinahe tropischer Plötzlichkeit brach die Dunkelheit herein. Sie tasteten sich vorsichtig voran. Tioru strauchelte über eine Unebenheit, und der Muskel verkrampfte sich aufs neue. Diesmal jedoch gelang es ihm, geschickter zu fallen.

„Ein Triton hat nichts an Land zu suchen", murmelte er.

„Es wird schon gehen. Du hast dir nur zuviel auf einmal zugemutet."

Eine leichte Brise begann die Blätter zu bewegen, und fahles Mondlicht fiel auf den Waldboden. Die Baumstämme wurden verschwommen sichtbar. Dann schimmerten unregelmäßige Lichter durch die bewegten Blätter.

„Erleuchtete Fenster!" sagte Tioru. „Jetzt haben wir wenigstens einen Anhaltspunkt."

Als sie an der Mauer entlanggingen, fanden sie zwar viele Türen, alle jedoch waren verschlossen und rührten sich nicht. Der Schein der vielen Fenster über ihnen wurde durch die niedrigeren Bäume gefiltert und lieferte eine Art notdürftige Beleuchtung. Die Fenstersimse der untersten Stockwerke befanden sich etwa ein

Meter achtzig über der Erde. Dorthy war nicht groß genug, um hineinschauen zu können, selbst wenn sie auf Zehenspitzen balancierte. Wenn Tioru normal stand, befanden sich die Simse gerade in seiner Augenhöhe. Er unternahm keinen Versuch, sich auf Zehenspitzen zu stellen, weil er einen neuen Krampf befürchtete. Er klopfte an verschiedene Fenster, versuchte jedoch erfolglos, die Aufmerksamkeit der Bewohner auf sich zu lenken. Alle saßen mit dem Rücken zum Fenster und sahen fern.

„Das ist doch zu dumm", sagte Tioru. „An Doppelfenster zu klopfen, während im Fernsehen ein dreidimensionales Drama läuft. Alle schauen zu. Sie können mich nicht hören."

„Kannst du sehen, was es gibt?"

„Mehr oder weniger schon. Scheint eine historische Kriegsgeschichte zu sein. Blaue Feuerblitze, purpurner Rauch, eine riesige, schwerfällige Maschine rumpelt umher und reißt Gebäude nieder."

Sie gingen zu einem anderen Fenster.

„Vielleicht habe ich hier Glück", sagte Tioru. „Alle haben uns den Rücken zugewandt bis auf ein Mädchen. Sie sitzt auf dem Boden, seitlich vom Fenster. Vielleicht dreht sie sich einen Augenblick lang um, wenn wir warten."

Sie warteten.

„Jetzt steht das Mädchen auf", sagte Tioru. „Sie kommt auf uns zu, spricht über die Schulter. Da! Sie wendet uns eben das Gesicht zu!"

Tioru erhob die Hände über den Kopf und winkte. Das Mädchen erblickte ihn – um genau zu sein, sie sah zwei Augen, die über das Fenstersims schauten, seine phosphoreszierende Schädelkuppel, ein Paar farnähnliche Antennen, zwei wild wedelnde Arme. Ihre Hände flogen an den Mund, der sich zu einem unhörbaren Schrei öffnete. Die Gruppe vor dem Bildschirm wandte sich mit weit aufgerissenen Augen zu ihr um. Das Mädchen sprang ans Fenster, die Scheiben wurden rauchblau und dann schwarz.

„Ich habe sie erschreckt", sagte Tioru. „Ich hätte daran denken sollen . . ."

„Macht nichts. Sie wird es melden", sagte Dorthy. „Jetzt brauchen wir nur noch auf eine Suchmannschaft zu warten."

Mit dem Rücken zur Wand setzten sie sich auf den nassen Rasen; die Mauer war noch immer ein wenig warm vom Sonnenlicht. Die Luft kühlte sich ab. Dorthy fröstelte, und Tioru legte seinen Arm um sie.

Sie warteten und warteten. Und schliefen schließlich ein.

Tioru erwachte, als ein heller Lichtschein auf sein Gesicht fiel. Hinter dem Licht sagte eine barsche Stimme. „Was tun Sie hier draußen? Mietern ist das Betreten des Waldes nicht gestattet."

Dorthy sagte schläfrig: „Bringt mich hinein. Ich friere."

Man brachte sie zurück, ohne weitere Ermahnung. Als die Aufseher fort waren, schritt Dorthy nervös im Wohnzimmer auf und ab.

„Zuerst einmal möchte ich heißen Kaffina", sagte sie. „Ich zittere noch immer. Wir sollten auch etwas essen. Und dann nehme ich das nächste Flugzeug zur Zentralbehörde."

„Mitten in der Nacht? Muß das denn sein?"

„Das hat mit ‚müssen' nichts zu tun. Ich habe eine Heidenangst. Ich weiß nicht genau, wann die Konferenz einberufen wird, aber ich möchte dasein, wenn es soweit ist. Ich bin sicher, daß es schrecklich wird für mich, und je eher ich es hinter mich bringe, desto besser."

Am folgenden Morgen erhielt Tioru per Bildfunk die Erlaubnis, eine Stunde täglich im Reservoir zu schwimmen. An die Erlaubnis war jedoch eine Bedingung geknüpft: eine Eskorte von sechs uniformierten Leibwachen würde ihn zum See begleiten und wieder zurückbringen. Der Grund dafür war nicht, ihn vor möglicher physischer Gewalt zu schützen, so hieß es; er würde ein Gegenstand großer Neugier sein, und da er nur vorübergehend in der Stadt anwesend sei, würden sich die Einwohner wahrscheinlich über die üblichen Etikettevorschriften hinsichtlich des Eindringens in die Privatsphäre hinwegsetzen. Er konnte leicht Mittelpunkt einer Menschenmenge werden, die ihn mit peinlichen persönlichen Fragen belästigen könnte.

Die Ankunft seiner Eskorte von sechs Bezirksgardisten wurde durch den Apartmentcomputer angekündigt, der mit einem Elektronenauge auf dem Flur in Verbindung stand. Nachdem Tiorus Zustimmung eingeholt worden war, öffnete sich die Tür. Die Wachen trugen Barett, Tunika, pludrige Kniehosen und halblange Stiefel aus einem silbernen Material, das wie Metall blitzte und blinkte. Einen Augenblick lang dachte Tioru, sie trügen eine

Rüstung. Sie bildeten zwei dreieckige Formationen zu je drei Personen – ein Keil vor Tioru, einer hinter ihm. Als sie auf dem Laufband durch den Gang fuhren, fühlte sich Tioru unbehaglich und unsicher.

Das ist albern, dachte er, ich komme mir vor wie im Zirkus.

Vor ihnen fuhren Menschen auf dem Band, und sie gafften ihn mit verdrehten Hälsen an. Andere drehten sich um und fuhren rückwärts, starrten ihn ganz unverhohlen an. Hinter sich hörte Tioru ein anschwellendes Stimmengemurmel, und er warf einen Blick über die Schulter. Hinter ihm hatte sich ein Gefolge von etwa hundert Leuten angesammelt, und die Menge wuchs fortwährend durch weitere Neugierige, die aus den Apartments herausquollen.

Er fing Gesprächsfetzen auf: „Er sieht gar nicht wie ein Triton aus . . . Was hast du denn erwartet? Hast du es im Fernsehen gesehen? . . . Was für Dinger hat er denn da auf dem Kopf? . . . Ich wußte gar nicht, daß sie auch außerhalb des Wassers leben können . . . Spricht er nun unsere Sprache, oder quietscht er wie ein Delphin? . . . Sie essen Algen, nicht wahr?"

Die durchsichtige Trennwand bewahrte ihn davor, auch noch zu hören, was die Menschen auf dem gegenüberliegenden Laufband von sich gaben, aber er sah, wie sich ihre Lippen bewegten und daß sich ihre Köpfe in seine Richtung drehten, als sie an ihm vorüberfuhren. Wo sich Korridore kreuzten und die Laufbänder endeten, damit man von einem Band auf das andere umsteigen konnte, warteten an den Haltestellen bereits kleine Menschenmengen.

„Woher wissen sie denn, daß wir kommen?" fragte Tioru einen seiner Begleiter.

Der Mann zuckte die Schultern. „Freunde am anderen Ende des Ganges haben telefoniert und Bescheid gesagt", sagte er. „Sie würden sich wundern, wenn Sie wüßten, wie schnell sich so etwas verbreitet. Nach Fernsehen ist Telefonieren vermutlich der beliebteste Zeitvertreib der Leute."

Sie erreichten ein Foyer mit Lifts. Vor den geöffneten Türen eines Aufzugs warteten zwei weitere Wachen. Sie traten beiseite, bis Tioru und seine Eskorte den Lift betreten hatten, und schlossen sich ihnen dann an.

Jetzt sind es acht Wachen, dachte Tioru. In der Erlaubnis stand etwas von sechs. Na gut . . .

Nach einem langen Fall – zu lang für Tioru – öffneten sich die Türen, und davor standen noch zwei Wachen.

„Zehn!" rief Tioru unwillkürlich aus.

„Sagten Sie etwas?" erkundigte sich einer der Leute.

„Nein, nein", sagte Tioru, „schon gut."

Aber es ließ ihm keine Ruhe. Was geht hier vor, dachte er. Wenn sich noch mehr Wachen einfinden, wird es eine richtige Parade.

Vom Fahrstuhl traten sie in eine Arkade mit einem erleuchteten Deckengewölbe, die sechzig Meter breit und hoch war. Hier befanden sich das Distriktzentrum für die Verteilung von Waren, das Bezirksmedizinzentrum, das Krematorium, die Klimaanlage, das Hauptquartier der Wache, etliche Kosmetiksalons, Wahrsageroboter und elektronische Spiele. Die Laufbänder waren sechs Meter breit und voller Menschen. Zwischen den Bändern lag ein breiter Rasenstreifen. In regelmäßigen Abständen waren darauf riesige blaue Keramikschalen mit Blumen aufgestellt, aus deren Mitte Gittersäulen aus schwarzem Metall aufragten, die an der Spitze Y-förmig gegabelt waren. Riesige Philodendronstauden mit Blättern in der Größe eines Elefantenohres kletterten an den Säulen empor. Aber unter all diesem Grün befand sich nicht eine einzige lebende Pflanze. Alles war aus Kunststoff.

Der ölige, schwach parfümierte Geruch der Menschen erschwerte Tioru das Atmen; er lastete wie der Druck einer Gummibandage auf seiner Brust. Er war dankbar, als sie die Arkade verließen und an die frische Luft kamen; sie betraten eine Promenade auf der äußeren Stadtmauer, die zugleich der Damm des Reservoirs war. In regelmäßigen Abständen erhoben sich große lohfarbene Löwengestalten aus Vitrolith steif und aufrecht entlang der Promenadenbrüstung. Ein Hubschrauber wartete mit träge laufendem Propeller. Eine Menge Neugieriger hatte sich versammelt.

„Wir werden Sie ein Stück übers Reservoir fliegen und Sie dann absetzen", sagte der Kapitän der Wache. „An diesem Ende ist es gefährlich, weil da die Zufuhr zum hydroelektrischen Kraftwerk liegt. Der Hubschrauber kreist in Ihrer Nähe, bis die Stunde vorüber ist. Wenn Sie schon früher wieder aufgenommen werden möchten, kommen Sie einfach an die Oberfläche und winken Sie. Der Kopilot hält mit dem Fernglas nach Ihnen Ausschau!"

Als der Hubschrauber mehrere Kilometer geflogen war, brachte ihn der Pilot bis auf wenige Schritt über die Wasseroberfläche, dicht am Ufer. Tioru streifte ein Stirnband mit Scheinwerfer über, tauchte unter und inhalierte tief. Jetzt war er wieder in seinem Element. Das Wasser schmeckte schal wie das Wasser in der Regenschleuse, hatte jedoch zusätzlich einen bitteren Geschmack.

Er war neugierig, welche Art von Leben er auf seiner Expeditionstour entdecken würde. Die Mauer des Reservoirs war aus glattem grauem Material; er vermutete, daß es Vitrolith war. Nichts wuchs darauf; nicht einmal ein grüner Algenfleck. Er fand einige Stellen, die sich schleimig anfühlten wie ein Bakterienfilm.

Er folgte der Mauer, bis er den Grund erreichte. Schätzungsweise befand er sich etwa sechzig Meter unter der Oberfläche. Eine graue Schlammschicht, die kein Zeichen von Leben aufwies, bedeckte den Boden – es gab keine Höhlen, keine Wurmspuren, keine Algen.

Hier unten war es trübe und grün, aber seine Kopflampe gestattete ihm, etwa sechs Meter weit zu sehen. Es fiel ihm ein, daß er keine Fische gesehen hatte. Wo waren sie? Er schwamm auf und nieder, hin und zurück. Nirgendwo war ein Fisch zu erblicken.

Daß Fische fehlten, deutete nicht unbedingt darauf hin, daß der Weltstaat grundsätzlich etwas gegen Frischwasserfische einzuwenden hatte. Die Situation hatte sich unvermeidlich daraus ergeben, daß die Weltregierung alles wilde Leben der Erde in Biologische Reservate verbannt und statt dessen die höchst künstliche Ökologie des Weltwaldes geschaffen hatte, in der jegliche Fauna außer den Bodenorganismen fehlte.

Wenn es in diesem Wasser irgend etwas Lebendiges geben sollte, dachte Tioru, dann muß es mikroskopisches Leben sein. Dieser Ort ist steril. Es ist ein Ort des Todes.

Er wriggte am Boden entlang, das Licht schien auf die glatte Schlammschicht, und hin und wieder glitt der Strahl aufwärts. Er vermißte die wimmelnde Vitalität der Riffe. Dann nahm er plötzlich über sich eine Bewegung wahr.

Als er näher kam, schien es ein Klumpen dunkelfarbener Algen zu sein, der sanft hin und her schwankte. Er war an einem länglichen dunklen Objekt befestigt, das auf dem Grunde lag.

Er wollte gerade näher schwimmen, da schrak er zurück. Im Wasser spürte er einen neuen Geschmack. Er war ihm nicht unbekannt; er hatte ihn schon erlebt, wenn er Haifische getötet oder sich an einem scharfen Korallenriff geschnitten hatte. Es war der Geschmack von Blut.

Schaudernd schwamm er auf den dunklen Gegenstand zu, richtete sein Licht auf ihn. Jetzt konnte er sehen, was es war – der Körper einer jungen Frau in der grünen Uniform der Forstaufseher.

Ihre Füße waren gefesselt und an einen dunklen Würfel gebunden. Das Vorderteil ihrer Uniform bedeckte ein einziger großer dunkler Fleck, und das Gewebe über ihrer Brust war aufgeschlitzt. Ihr Gesicht war bleich und ruhig, von marmorner Starre; die Augen waren geöffnet, und das dunkle Haar trieb im Wasser wie schwarzer Tang.

Tioru stieß sich vom Grund ab, schwamm nach oben und tauchte auf. Er schaute empor, entdeckte den kreisenden Hubschrauber und winkte, bis er ein Signal erhielt. Der Hubschrauber kam auf ihn zu.

Während er noch an Bord kletterte, sagte er: „Markieren Sie diese Stelle! Da unten liegt eine tote Frau mit einem Gewicht an den Füßen."

TIORU starrte düster auf den 3-D-Schirm in seiner Wohnung, ohne das Nachrichtenprogramm, das gerade lief, wahrzunehmen. Das Erlebnis im Reservoir hatte ihn nachhaltig aufgewühlt, und er konnte sich auf nichts anderes konzentrieren. Man hatte ihn wegen der Toten eingehend verhört. Eine Schwadron der Bezirksgarde war mit Tauchgeräten ausgerüstet auf die Suche geschickt worden, und er selbst und die Hubschrauberpiloten erhielten Befehl, mit niemandem über die Entdeckung zu sprechen, bis der Mörder verhaftet war.

Die Worte des Nachrichtensprechers zogen nun doch seine Aufmerksamkeit auf sich: „. . . geschätzte Besucher vom Großen Barrier-Riff."

Damit müssen Dorthy und ich gemeint sein! dachte Tioru und beugte sich aufmerksam vor; in diesem Augenblick wechselte das Bild. Er erblickte die Promenade und die Brüstung mit den Vitrolithlöwen, die über das Reservoir schauten. Er sah sich selbst mit seiner Eskorte aus der Arkade treten und auf den Hubschrauber zumarschieren. Er ging mit den Wachen im Gleichschritt; das war ihm gar nicht aufgefallen. Er sah, wie er in den Hubschrauber kletterte und abflog.

Der Kommentator erklärte, daß Tioru die Erlaubnis erhalten hatte, „aus gesundheitlichen Gründen" im Reservoir zu schwimmen. Klick! Wieder wechselte die Szenerie, der zurückkehrende Hubschrauber erschien im Bild, dann kletterte Tioru heraus und betrat mit den beiden Piloten wieder die Arkade. Alle drei umgab eine verstärkte Leibwache.

Der Nachrichtensprecher wandte sich anderen Dingen zu. Die Leiche im Reservoir wurde nicht erwähnt. Offensichtlich dauerte die Jagd nach dem Mörder noch an.

Tioru schaltete das Gerät ab und erhob sich. „Es hat keinen Sinn, die ganze Nacht aufzubleiben", sagte er laut zu sich selbst. Das machte seine Einsamkeit ein wenig erträglicher.

Tioru bereitete sich auf eine Dusche vor, indem er so viel Wasser aus der Trinkwasserfontäne im Bad inhalierte, daß seine Kiemenhöhlen gefüllt waren. Dann betrat er den Duschraum, stellte die Reinigungsdusche an und ließ Wasser aus seinen Kiemenschlitzen ausströmen, während das Wasser auf ihn herunterprasselte. Dadurch vermied er, daß die mit Reinigungsmittel durchsetzten Wasserstrahlen in die Öffnungen eindrangen. Das gleiche wiederholte er während des antiseptischen Schauers und wartete dann die warme Trockenluft ab. Dann verließ er das Duschbad, streckte sich auf dem Bett aus und sagte: „Licht aus!"

Auf der Stelle versank das Apartment in völliger Dunkelheit.

„Korrektur!" sagte Tioru hastig. „Zwei Prozent der Gesamtmenge einstellen."

Ein Lichtschimmer erfüllte die Wohnung, und Tioru schloß die Augen.

Aber der Schlaf ließ auf sich warten. Unaufhörlich sah er die Tote im düsteren Grün des Reservoirs vor sich.

Als er schließlich einschlief, suchte ihn ein Alptraum heim. Er schwamm durch ein unendlich grünes Zwielichtwasser, ohne Anfang, ohne Ende, und ein körperloses, ausdrucksloses weißes Gesicht, dem schwarzes Haar wie ein Kometschweif folgte, hetzte ihn. Dann jagten ihn zwei Gesichter, drei, vier, fünf, zehn, hundert, ein ganzer Schwarm weißgesichtiger Furien. Er hatte eine Art Pistole in der Hand, die er auf die Gesichter abfeuerte. Sie entlud sich mit einem merkwürdigen Geräusch, als würde Metall auf Metall geschlagen. Er erwachte, richtete sich entsetzt auf; er schwitzte, sein Herz schlug heftig. Er hatte das seltsame Gefühl, den Lärm tatsächlich in seiner Wohnung gehört zu haben. War etwas heruntergefallen? Oder zerbrochen? Es schien unwahrscheinlich.

Er sagte: „Licht an."

Es wurde hell, und er schritt durch die Wohnung, um die Ursache des Lärms zu finden. Dann fiel ihm ein, daß der Computer das Geräusch festgehalten haben mußte, falls es tatsächlich zu hören gewesen war.

„Frage an den Computer: War da eben ein lautes Geräusch?"

„Ja."

„Woher kam es?"

„Im Korridor trat ein Mann vom Laufband, schlug mit einer Metallstange gegen die Tür und fuhr weiter."

„Waren noch andere Leute draußen?"

„Ja."

„Haben sie nicht versucht, ihn zurückzuhalten?"

„Nein."

„Das ist doch Unsinn!" sagte Tioru. Der Computer gab keinen weiteren Kommentar.

Er legte sich wieder nieder, ließ das Licht löschen und versuchte einzuschlafen. Aber jetzt war er hellwach, seine Gedanken kreisten unermüdlich um den rätselhaften Schlag gegen seine Tür.

Dann läutete das Fernsehtelefon. Tioru stöhnte, ließ das Licht einschalten und ging ins Wohnzimmer. Als er das Gerät einschaltete, sah er vor sich das wütende Gesicht eines jungen Mädchens.

Sie rief mit schriller Stimme: „Ich kenne dich, du Fenstergucker! Du bist Tioru, der Triton! Du Voyeur! Du Schnüffler! Schnüffler!"

„Einen Augenblick!" rief Tioru, als der Bildschirm dunkel wurde. Er hatte das Gesicht erkannt. Es war das Mädchen, das er erschreckt hatte, als er an ihrem Fenster aufgetaucht war. Wie hatte sie ihn aufstöbern können? Die Sendung im Fernsehen! Dadurch hatte sie ihn identifiziert.

Dutzende von Leuten müssen gesehen haben, wie ich das Apartment 203 verließ, dachte Tioru. Bei sechs Leibwächtern konnten sie mich ja überhaupt nicht übersehen. Und dann haben die Fernsehtelefone auf dem gesamten Korridor 29 geklingelt. Innerhalb von Minuten müßten die meisten Leute im Korridor von dem merkwürdigen Fremden in Apartment 203 gewußt haben. Und dann hat es sich in alle Richtungen verbreitet.

Er seufzte, kehrte ins Bett zurück und ließ die Lichter löschen. Er hatte sich kaum zurechtgelegt, als das Fernsehtelefon erneut klingelte. Müde erhob er sich, ließ das Licht einschalten und ging an den Apparat, während er murmelte: „Jetzt reicht's aber."

Diesmal war es ein bärtiger Mann, der lediglich „Voyeur!" rief und wieder verschwand. Gleichzeitig schlug ein Gegenstand zweimal gegen seine Tür.

Tioru schaltete das Fernsehtelefon auf die automatische Annahme um; dann rief er den Mieterdienst an und berichtete, was geschehen war. Zu seiner Überraschung meldete sich ein Mensch und kein Computer.

„Wir haben erwartet, von Ihnen zu hören", sagte der Mann. „Wir wissen Bescheid, und es tut uns leid, daß man Sie belästigt. Wir haben einige hundert Beschwerden wegen des Fensterguckers erhalten. Wir hatten gehofft, daß niemand Ihre Telefonnummer herausbekommt. Ich lasse Ihrem Anschluß einen Abschirm- und Nachforschungscomputer vorschalten, dann werden Sie keine belästigenden Anrufe mehr erhalten. Die Bezirksgarde wird zwei Männer vor Ihrer Tür postieren."

Danach wurde Tioru nicht mehr gestört, aber er erwachte einmal während der Nacht und glaubte, den entfernten, hohlen Ton vieler schreiender Stimmen durch den Ventilator im Schlafzimmer gehört zu haben.

Als seine Leibwache am nächsten Tag erschien, war der Korridor 29 einsam und verlassen. Alle Bewohner des Ganges hatten den Befehl erhalten, in ihren Wohnungen zu bleiben und die Türen geschlossen zu halten. Auch an den Kreuzungspunkten und in der Lobby des Fahrstuhls wartete keine Menschenmenge.

Während sie im Lift hinunterfuhren, war Tioru beinahe versucht, den Wachen zu sagen, daß er keine Lust hatte, im Reservoir zu schwimmen. Seit der grausigen Entdeckung am Tag zuvor hatte es all seinen Zauber verloren.

Als sich die Fahrstuhltüren zur Arkade des Bezirkszentrums hin öffneten, sah er sich einer tausendköpfigen Menschenmenge gegenüber. Phalanxen silberuniformierter Polizisten hielten eine Gasse zwischen dem Fahrstuhl und den Türen am Ende der Arkade frei. Als die Menge Tioru erblickte, erscholl ein bedrohliches Gemurmel. Man begann mit Gegenständen zu werfen. Etwas Matschiges mit Fruchtaroma zerplatzte an Tiorus Stirn, und der

Saft rann ihm übers Gesicht. Allmählich konnte er einzelne Stimmen in dem Aufruhr unterscheiden.

„Tötet den schleimigen Tritonen!"

„Mörder!"

„Schlagt ihm den Schädel ein!"

Die Arkade füllte sich mit dem leuchtenden Spiel blendendweißer Blitze. Sie waren so intensiv, daß sie alle Farben auslöschten und vorübergehend die Szenerie in eine kontrastreiche Schwarzweißstudie verwandelten. Sie stammten aus schlanken zylindrischen Waffen, die die Wachen bei sich trugen. Die Reihen der Polizisten schienen unter dem Druck der Menge nachzugeben. Einige Leute durchbrachen den Kordon, wurden jedoch zurückgeworfen.

Tioru schloß die Augen, um sich vor den Blitzen zu schützen, und auf seiner Netzhaut erschienen grüne Nachbilder. Er hatte den Eindruck, daß die Polizisten Gasmasken und dunkle Brillen trugen. Irgend jemand betrat den Aufzug, die Tür schloß sich, und der Tumult wurde unhörbar.

Tioru öffnete die Augen. Der Neuankömmling war der Kapitän der Bezirkswache. Er sagte zu Tiorus Eskorte: „Bleibt im Aufzug, und fahrt zur nächsten Ebene hinunter. Geht durch den Dienstleistungstunnel, und nehmt die Rolltreppe in der Nähe des Hubschraubers. Wir haben die Laufbänder gestoppt. Sobald die Luftzufuhr gedrosselt ist, werfen wir KO-Gas. Wir wollen nicht den ganzen Bezirk vergasen. Aber mit Schockstöcken und Blendblitzen können wir diesen Mob nicht länger halten."

„Was ist denn los?" fragte Tioru. „Sie haben ‚Mörder!' gerufen."

„Wenn Sie im Hubschrauber sind, werden Sie alles erfahren. Sie können nicht in Ihre Wohnung zurück. Dort oben ist der Teufel los. Macht euch auf den Weg!"

Die Rolltreppe brachte Tioru und seine Wache aus diesem Dienstleistungstunnel zu einem Ausgang im Sockel eines der Löwen auf der Brüstung der Promenade. Der Hubschrauber wartete nur wenige Schritte entfernt. Aus der Arkade stolperten Menschen heraus und brachen auf dem Pflaster zusammen. Nur wenige waren dem KO-Gas entkommen und flohen über die Promenade. Sie wurden jedoch verfolgt und von Polizisten auf Miniscootern, die aus den Löwensockeln herauskamen, umzingelt.

Nachdem Tioru den Hubschrauber bestiegen hatte und sich in

der Luft befand, bat er den Piloten: „Bitte, sagen Sie mir doch, was es mit dem Aufruhr auf sich hat."

„Gestern abend haben wir die Verfolgung des Mörders aufgenommen, der das Mädchen umgebracht hat – das Mädchen, das Sie im Reservoir fanden. Er war leicht zu identifizieren – ein Forstaufseher, der im gleichen Gebiet patrouillierte wie das Mädchen. Eifersucht war das Motiv. Der Mord geschah etwa zur gleichen Zeit, als Sie und die Vorsitzende Sumter nicht in Ihre Wohnung konnten, allerdings kilometerweit von dem Ort entfernt, an dem Sie sich befanden. Am nächsten Tag, als der Liebhaber des Mädchens erfuhr, daß Sie im Reservoir tauchten, packte ihn die Panik, und er beging Selbstmord. Zuvor jedoch hat er ein Geständnis auf Band gesprochen. Die ganze Geschichte wurde veröffentlicht."

„Aber was habe ich mit der Geschichte zu tun?" fragte Tioru.

„Zuerst kam das Geschrei um den Fenstergucker, und Sie wurden eine Art Volksfeind. Die Kommunikationsbehörde hat stündlich eine kurze Sendung eingefügt, die erklärte, daß Sie sich im Wald verirrten und ausgeschlossen wurden und daß Sie wirklich nicht herumschnüffelten."

„Ich habe die Sendung verpaßt. Am vergangenen Abend habe ich nicht viel ferngesehen."

„Die Sendungen haben zu nichts geführt. Einige Leute wollen immer das Schlimmste glauben. Dann kam letzte Nacht die Mordgeschichte hinzu, eine Menge Leute zählten zwei und zwei zusammen und bekamen als Ergebnis sechs heraus."

„Ich kann Ihnen nicht folgen."

„Die Sache liegt folgendermaßen: Sie und die Vorsitzende Sumter waren im Wald, als das Mädchen ermordet wurde. Um ein Uhr nachts nahm die Vorsitzende ein Flugzeug zur Zentralbehörde und ließ Sie als Sündenbock zurück."

„Man glaubt, daß Dorthy und ich . . ."

„In einer Stadt von dieser Größe, mit mehr als einer halben Milliarde untätiger Einwohner, die nichts zu denken haben, erfindet man vielerlei und bauscht es auf. Diese Geschichte vom ‚Verlaufen im Wald' zum Beispiel, ist angeblich nur Tarnung. Das Geständnis auf Tonband ist gefälscht. Sie erhielten die Sondererlaubnis, im Reservoir zu schwimmen, und schon behaupten die Gerüchtemacher, das sei geschehen, damit Sie die Leiche finden konnten."

„Das ist doch verrückt."

„Natürlich. Aber wir waren die ganze Nacht damit beschäftigt, Demonstrationen niederzuschlagen, nachdem die Mordgeschichte bekanntgegeben wurde. Zuerst waren es lediglich Umzüge und Geschrei, dann wurde es schlimmer. Der Aufstand, den Sie sahen, begann erst, als Sie heute morgen Ihre Wohnung verließen."

„Phantastisch", sagte Tioru. „Einfach phantastisch. Was mache ich jetzt?"

„Wahrscheinlich haben Sie keine Lust, schwimmen zu gehen."

„Nein", sagte Tioru. „Ich möchte nicht einmal in die Nähe des Reservoirs, nachdem ich dort . . . Ich möchte irgendwohin, wo ich mich ausruhen und nachdenken kann . . . Aber wo ist das?"

„Wir haben bereits einen sicheren Ort für Sie vorbereitet. Ein neues Gebäude mit fünf Megaeinheiten ist so gut wie fertiggestellt, und bis auf die Techniker haben Sie es ganz für sich allein. Die Techniker überprüfen und testen die Anlagen. Eine Wohnung für Sie hat man bereits völlig angeschlossen. Sie können dort bleiben, bis sich die Lage geklärt hat."

„Ich werde inmitten von fünf Millionen leeren Wohnungen isoliert?"

„Stimmt. Sicherer geht es nicht."

Der Pilot des Hubschraubers brachte Tioru in seine neue Wohnung. An den Laufbändern wurde noch gearbeitet, und Tioru und sein Führer mußten die Strecke teilweise zu Fuß zurücklegen.

Obgleich die elektrischen Anlagen in Tiorus Apartment voll angeschlossen waren, kamen und gingen die Elektriker, prüften Stromkreise und legten hier und dort letzte Hand an. Sie warnten ihn, daß einige Vorrichtungen in den nächsten Tagen möglicherweise noch nicht normal funktionieren würden.

Die Wohnung lag hoch oben auf der obersten Ebene der Stadt, und das Fenster bot einen Blick über den Wald, in den quadratische, terrassenförmig angelegte Tafelländer eingestreut waren, die jeweils ein Flugplatz krönte. Tioru schaute teilnahmslos auf das Panorama. Er war zu keinem Gefühl mehr fähig.

Nachdem er geduscht hatte, legte er sich apathisch aufs Bett, und als sich das Zwielicht herabsenkte und vertiefte, machte er sich nicht die Mühe, das Licht einschalten zu lassen. Dumpf nahm er an den Wänden über und unter sich Kratzen, Klicken und Klopfen wahr. Es schoß ihm durch den Kopf, daß die Techniker wahrscheinlich in Tag- und Nachtschichten arbeiteten. Die Stadt wuchs; das war ihr oberstes Gesetz.

Er wurde aufmerksam, als er hörte, wie sich die Tür zum Korridor quietschend öffnete. Das Quietschen mußte beseitigt werden. Als er das Licht einschalten ließ, erschien lediglich ein fahles Glimmen. Auch das mußte abgestellt werden!

Er tastete sich durchs Wohnzimmer. Durch die Fenster schien genügend Licht von den Flugplätzen herein, die jetzt in vollem Lichterglanz standen. Die Tür zum Gang war als schwarzes Rechteck sichtbar. Er ging hinüber, schaute in die dunkel gähnende Höhle des Korridors und rief: „Hallo? Ist da jemand?"

Seine Stimme hallte im Korridor wider, wurde als unheimliches, verhallendes Echo zurückgeworfen: „Istdajemand-istdajemand-istdajemand-istdajemand?"

Tioru schauderte und befahl dem Computer, die Tür zu schließen. Ein kurzes Summen erklang. Die Tür quietschte, bebte einen Augenblick, schloß sich jedoch nicht. Er kehrte wieder in sein Schlafzimmer zurück, streckte sich auf dem Bett aus, seufzte und schloß die Augen.

Der Gedanke an das schwarze Rechteck der offenen Tür nagte an ihm. Es machte ihn unruhig. Lang schlummernde Kindheitsträume stiegen aus den Tiefen seines Gedächtnisses empor, zogen Rudimente der tieferen Urangst vor schleichenden nächtlichen Raubtieren nach sich. Er spürte, daß in der Dunkelheit des Korridors verschwommene Dinge lauerten, darauf warteten, sich auf lautlosen Sohlen einzuschleichen. War da ein heimliches Rascheln im Wohnzimmer? Er wurde starr, hielt den Atem an.

Mit explosiver Wucht schaltete sich die Duschvorrichtung ein. Tioru sprang mit einem Entsetzensschrei aus dem Bett, stand zitternd vor Schreck mitten im Zimmer, während das Wasser weiterrauschte. Als er sich wieder gefaßt hatte, setzte er sich, den Kopf in die Hände gestützt, auf die Bettkante.

Seine Schreckhaftigkeit war krankhaft. Manche Menschen verbrachten ihr ganzes Leben ungestört und sicher in solchen Wohnungen.

Von irgendwoher erklang ein gedämpftes, samtenes, mechanisches Sirren. Dann wurde ihm klar, daß sich die Laufbänder bewegten.

Er kehrte zur offenen Tür zurück und blickte in den Flur. Ganz weit hinten auf der linken Seite konnte er ein Licht sehen. In einem abzweigenden Korridor brannte Licht. Dann flammten auch im Gang vor ihm die Lichter auf, so weit er sehen konnte – zwei hell erleuchtete, leere Perspektiven identischer Rechtecke standen einander gegenüber, geteilt durch die zentrale transparente Trennwand mit Emaileinlage, und liefen in jeder Richtung an einem verschwindenden Punkt zusammen.

In der Ferne erklang Stimmengemurmel. Aus einem entlegenen Korridor erschienen zwei Menschen und näherten sich ihm auf dem Laufband. Es waren zwei winzige Gestalten; er konnte keine Einzelheiten erkennen.

Die Lichter im Korridor erloschen erneut, Tiorus Wohnung jedoch war auf einmal hell erleuchtet.

Dieses Testen ist doch eine verfluchte Sache! dachte er.

Als die Lichter im Korridor ausgingen, war ihm, als hätte er einen überraschten Ausruf gehört, der durch die Entfernung gedämpft wurde. Es muß eine Frauenstimme gewesen sein, dachte er, aber er war nicht sicher. Er lauschte intensiv. Noch immer hörte er Stimmengemurmel, es klang jetzt näher. Dann schwebten ein paar Worte durch den Gang, durch das Echo verzerrt: „Ich sehe eine erleuchtete Tür. Das muß Tiorus Wohnung sein."

Dorthy!

„Ich bin hier!" rief er. „Ich bin's, Tioru! Da, wo das Licht brennt!"

Sie rief etwas zurück, aber die Echos machten ihre Worte undeutlich. Er hörte schnelle Schritte. Augenblicke später stürzte Dorthy durch die Tür und in seine Arme.

Nach einer Weile sagte sie: „Was haben sie mit dir gemacht? Der Polizist – er wartet da draußen irgendwo – sagte mir, sie hätten dich vor einer wütenden Menge retten müssen."

„Ich bin von einem Schrecken in den nächsten gefallen. Ich bin hier ebenso fehl am Platze wie ein Delphin auf dem Mount Everest. Du hattest recht. Tritonen und Festlandbewohner können nicht miteinander leben."

„Tioru! Das klingt aber anders als das, was du mir auf dem Großen Barrier-Riff gesagt hast!"

„Damals hatte ich keine Ahnung. Ich hatte unrecht."

„Dann liebst du mich also nicht", sagte sie traurig.

„Ich – das kann ich nicht sagen. Ich habe es nicht so gemeint. Es ist für uns beide ein Unglück, daß ich dich noch immer liebe. Aber wir können nichts daran ändern. Wir sind in der Falle, Dorthy."

Jemand hustete diskret. Ein Polizist stand in der Tür. „Kann ich noch etwas für Sie tun?"

„Nein – niemand kann das", sagte Tioru. „Auf Wiedersehen, Dorthy. Tut mir leid, aber . . . wir müssen den Tatsachen ins Gesicht sehen. Ich nehme das nächste Flugzeug zurück."

Es entstand eine lange Pause.

„Vielleicht ist es das beste", sagte Dorthy schließlich. „Vielleicht sieht alles anders aus, wenn du wieder draußen auf dem Riff bist. Hör zu, ich habe eine Idee. Ich fliege nach Groß-Inagua auf den Bahamas. Warum kommst du nicht auch dorthin? Da ist das Meer . . ., und ich brauche dich noch immer, Tioru. Es sei denn, du willst fort . . ."

„Nein – nein, natürlich nicht", sagte Tioru. „Wann und wo bekommen wir ein Flugzeug nach Groß-Inagua?"

Zum erstenmal sprach der Computer: „Über die Abflugzeiten erteilt der Mieterdienst Auskunft."

10

Der bienenkorbförmige gußeiserne Helm drückte Jothen ungewohnt schwer auf Kopf und Schultern, als er durch einen sekundären Versorgungskamin zum Hauptverteilerzentrum Gitlers fuhr. Jetzt, wo er die Mitglieder der Jones-Familie nicht mehr sah, dachte er auch kaum noch an sie, sie existierten lediglich als ein abstrakter Komplex von technischen Problemen – aber diese Probleme waren ernst genug. Nach Möglichkeit sollte sich McGee recht lange um die Jones selbst kümmern.

Während er aufstieg, dachte er wieder an Kim. Eine Weile war er sehr stark versucht gewesen, sie in die Enge zu treiben, indem er sie fragte, wer denn eigentlich das Barrier-Hotel zum Sinken gebracht hätte; aber widerstrebend war er zu der Erkenntnis gekommen, daß Erpressung nicht gerade sein Stil war.

Außerdem lag jetzt, da die neue, größere Katastrophe über ihnen schwebte, eine weitaus schwierigere Aufgabe vor ihr: Er brauchte lediglich Lebensraum zu schaffen, was sich eigentlich machen lassen müßte, sie jedoch hatte den Auftrag, die unzähligen lebenden Geschöpfe zu vernichten, von denen jedes einzelne ebenso selten wie kostbar war; all diesen Wesen hatte sie ihr Leben gewidmet, wollte sie pflegen und beschützen, damit sie nicht entlaufen und die Ökologie des Weltwaldes verändern konnten. Für sie würde das Gemetzel im Reservat das Morden der eigenen Kinder bedeuten.

Es war wohl besser, wenn er nicht weiter daran dachte.

An der nächsten Station hielt er an und setzte sich mit Piscetti, seinem Operationschef, in Verbindung.

„Alles verläuft normal", berichtete Piscetti, „aber es hat einen Mord gegeben. Einer von uns – Guivrec Krantz."

„Mein Gott. Wer – wo . . .?"

„Wer, weiß ich nicht. Es geschah in der Raststelle BB-596, unten in der tiefsten Ebene, die immer unbewohnt gewesen ist. Er wurde erwürgt. Sieht aus, als sei er überrascht worden, weil es keine Anzeichen für einen Kampf gibt."

„Alle unsere Leute sind doch hoffentlich überprüft worden?"

„Ja", sagte Piscetti. „Dafür habe ich sofort gesorgt – keiner von ihnen ist seit mindestens einem Jahr auch nur in die Nähe der Stelle gekommen. Es muß einer von diesen verrückten Jones-Leuten gewesen sein."

„Verrückt ist das richtige Wort. Seht mal nach, was der Computer zu sagen hat. Vielleicht hat sich der Mann auf die eine oder andere Weise verraten – ein kleiner Zwischenfall, eine verlorene Lebensmittelkarte oder so. Irgend jemand, der vielleicht Hinweise geben kann."

„Ich werd's versuchen." Piscettis Stimme klang zweifelnd.

„Gut. Ich möchte ihm so schnell wie möglich das Handwerk legen. Wir haben auch so schon genug Ärger. Ich fahre jetzt ins Verteilerzentrum hinauf und rufe Sie von dort aus wieder an."

Obgleich Guivrec kein guter Freund gewesen war – er hatte den Mann nur flüchtig gekannt, denn die Wartungsmannschaft bildete eine Clique für sich –, hatte es Jothen einen Schock versetzt; er machte sich auf den Weg nach oben. Er trat in die Dunkelheit des Verteilerzentrums.

Es war den Umständen entsprechend nicht gerade gemütlich, obgleich der Ort Jothen vertraut war. Er fühlte sich ausgesprochen unbehaglich, und sein Blick glitt immer wieder in die Ecken. Vor der hohen Decke knoteten sich die Rohrleitungen, die Nebenanschlüsse der darüberliegenden Hauptversorgungslinie anzapften. Die gigantische Zubringerstrecke – die einen derart großen Durchmesser hatte, daß man eine Kapsel mit einer Belegschaft von sechs Mann darin unterbringen konnte – diente hauptsächlich dazu, die von der Stadt benötigte Wassermenge direkt vom nördlichen Grundwasserspiegel heranzubringen; aber das war bei weitem nicht alles. Die Leitungen beförderten Nahrung, Brennstoff, Baumaterial und nahezu jede andere Art von Gütern oder halbfertigen Produkten, die sich in verschlossenen peristaltischen Verpackungen transportieren ließen. Der größte Teil dieses Materials kam aus dem Städtischen Dienstleistungszentrum in Kansas City oder hatte zumindest diese Stadt passiert. Die Pipeline war die Halsschlagader Gitlers. Im Augenblick schien, dem Geräusch nach zu urteilen, irgend etwas nicht in Ordnung zu sein.

Jothen hoffte, daß kein echter Grund zur Besorgnis bestand . . ., zumindest im Augenblick nicht. Obgleich ihm die meisten Launen der Leitung so vertraut waren wie einer Krankenschwester die Geräusche in der Säuglingsstation, hielt er es für normal, daß die Hauptwasserleitung ein für ihn neues Geräusch von sich gab, wenn eine wichtige Ladung herankam, und das war im Zuge der Vorbereitungen auf den Flüchtlingsstrom jetzt zum erstenmal seit Vollendung der Pipeline der Fall. Bis zur Ankunft der Jones-Familie war die Leitung seit der Konstruktion Gitlers – und das war siebzig Jahre her – nicht weiter benutzt worden; die Belastung durch das Technikerviertel war minimal.

Dennoch war es ihm zur zweiten Natur geworden, den Dingen auf den Grund zu gehen. Er kletterte durch die Dunkelheit auf eine Laufplanke, wo sich eine ferngesteuerte Zählertafel für den Verkehrscomputer befand; er forderte die Angabe des Drucks und der Flußgeschwindigkeit an und erkundigte sich, welche Art Ladung Kansas City schicken wollte.

Nach endlos scheinenden fünfzehn Sekunden schließlich konnte er nicht glauben, was er sah. Vielleicht war es nicht ganz so schlimm, wie es aussah. Als letzte Vorsichtsmaßnahme forderte er eine Frachtliste aus Chicago an.

Dann drückte er auf jeden roten Knopf, der in Reichweite war.

Die Jones-Leute – bis auf einen – hörten lediglich das unaufhörliche Jaulen des öffentlichen Lautsprechersystems, das sie in die Untergrundbahn drängte; und dann erschallte Jothens Stimme, die McGee rief. Aber die Arbeitsgebiete, die Maschinenplattformen, die Versorgungsstrecken, das Viertel der Techniker und die Wohnungen hallten wider von schrillen Alarmsignalen. Nach einer Weile zeigten die Lichter an der Zählertafel an, daß Jothens Bereitschaftsdienst die Posten bezog; es vergingen jedoch noch einige Minuten, bevor das Telefon klingelte und McGees Stimme sich meldete.

„Was ist los, Jothen? Alles schwimmt in Windeseile herunter – oder wenigstens war es bis vor kurzem so."

„Es könnte sein, daß wir tatsächlich schwimmen müssen", sagte Jothen grimmig. „Wo konzentrieren Sie Ihre Leute?"

„An den Untergrundbahnstationen, wie Sie vorschlugen."

„Ja, aber an welchen? Das möchte ich wissen. Die Sache ist nämlich die, daß unsere Hauptzubringerlinie hier oben wahrscheinlich in etwa neunzig Minuten bricht."

„Was? Die ist doch kaum jemals benutzt worden!"

„Ja, und daran liegt es wohl auch", sagte Jothen. „Offensichtlich war es zuerst nur ein kleiner Materialfehler – und vermutlich trugen die ersten Belastungen, nachdem die Jones-Leute ankamen, dazu bei, die Sache zu verschlimmern. Jedenfalls befindet sich dort, wo ein Nebenanschluß zu den Brennstofftanks des Flugplatzes abzweigt, eine schwache Stelle. Ich bin der Meinung, wir können damit fertig werden, aber Chicago schickt uns einen riesigen Klumpen verschmolzenes Gallium als Brennsubstanz für unseren größeren Atommeiler, und wenn der auf die Stelle trifft . . ."

„Warum hat der Computer denn diese Sendung nicht schon lange vorher angezeigt?" unterbrach ihn McGee gereizt.

„Bis jetzt hat die Fracht Kansas City noch gar nicht passiert. Ich habe es aus einem Frachtbrief aus Chicago erfahren. Alles Argumentieren nützt jetzt jedenfalls nichts mehr, es ist unterwegs."

„Na gut, aber das scheint mir doch eine recht schlampige Art zu sein, eine Pipeline zu benutzen. Was soll ich Ihrer Meinung nach tun?"

„Schaffen Sie alle Leute aufs Dach", sagte Jothen. „Wir müssen sie vom Flugplatz und von den Terrassen aus evakuieren. Glücklicherweise ist da oben Platz genug und kein nennenswerter Flugverkehr."

„Alle? Eine Million Jones-Leute – in neunzig Minuten? Wunder sind nicht meine Spezialität, Jothen."

„Wir brauchen sie nicht in dieser Zeit zu evakuieren, sie müssen nur nach oben gebracht werden. Vielleicht haben wir noch zehn Minuten zusätzlich, nachdem die Hauptleitung geborsten ist. So lange wird es wahrscheinlich dauern, bis die flüssigen Teile der Ladung auf sie herabstürzen. Ich hoffe, daß sich ein Teil des Galliums so schnell verfestigt, daß einige der halbweichen Rohrleitungsteile blockiert werden, aber darauf kann ich mich nicht verlassen. Der Schmelzpunkt liegt bei acht-fünf, und die Temperatur hier oben liegt gerade fünfzehn Grad darunter. Beeilt euch lieber – und viel Glück."

„Vielen Dank", sagte McGee, und mehr als nur eine Spur Ironie lag in seiner Stimme.

Jothen schaltete auf eine andere Leitung um. „Piscetti, hier ist Jothen. Besteht die Möglichkeit, daß wir rechtzeitig einen Trichter in den Schaltraum bringen können . . .? Zu dumm. Gut, in diesem Fall möchte ich, daß zunächst eine ausgekehlte Ablenkplatte über das Kanalisationsrohr des Schaltraums gelegt wird, damit es nicht vom Gallium verstopft wird. Sucht im Speicher etwas, das leicht genug ist, damit es schnell transportiert werden kann. Setzt es so ein, daß es das Zeug schräg in den Versorgungskamin ableitet . . . Ja, schlagt lieber etwas aus dem Kamin heraus, als daß ihr versucht, Metallbrocken aus einem Raum voller gefrorener Ventile zu lösen . . . Verdammt noch mal, ich weiß, daß wir den Flughafenbrennstoff dränieren sollten, aber wir brauchen ihn hier oben für die Evakuierungsfähren – und außerdem, was meinen Sie, wohin wir das Zeug ableiten sollen? Sollen wir es vielleicht unter einem Stahlrohr mit radioaktivem Gallium speichern . . .? Stimmt. Ich lasse die Wohngebiete in zehn Minuten schließen, alle öffentlichen Treppen und Wege werden für das Personal gesperrt, damit McGee Platz hat – unsere Mannschaften benutzen ausschließlich die Schächte. In dreißig Minuten wird für die Arbeitsgebiete Gasalarm gegeben. Was für ein Gemisch auch immer das Zeug aus den Röhren zusammenbrauen wird, einatmen wollen wir es lieber nicht. Alles mitgekriegt? In fünfzehn Sekunden beginnt die Frist . . ., jetzt."

„In Ordnung", sagte Piscetti ungerührt, und das Licht erlosch. Die große Pipeline über Jothen gab ein drohendes Stöhnen von sich. Er riß die Energiebuchse aus der Zählertafel, rückte seinen Helm zurecht und rannte in Deckung; er hoffte, daß der Hauptcomputer mitgehört und seine Instruktionen hinsichtlich der Zeit verstanden hatte.

Er brauchte vier Minuten, um die Galerie, von der aus man die Pumpenhalle überschaute, zu erreichen. Die Galerie war mit polarisiertem, laminiertem Kunststoffglas verkleidet und theoretisch gegen Hitzeschocks und alle möglichen Stoß- und Schlagwirkungen unempfindlich. Wenn nicht, dann würden Jothen lediglich noch ein paar Sekunden bleiben, um das zu bedauern; er mußte hierbleiben, bis das Unglück geschehen war, weil sich die einzige Laufplanke, die zu erreichen er noch hoffen konnte, auf der Galerie befand. Er zog die Gasmaske übers Gesicht und verglich die Zeit – ja, der Computer zählte beide Termine. Die heiße Telefonlinie aus Kansas City produzierte einen stummen Schrei. Er schaltete ein.

„Gitler, wissen Sie, daß eine Kapsel mit geschmolzenem Gallium . . ."

„Ja", sagte Jothen grimmig. „Warum haben Sie sie nicht angehalten, KC?"

„Sie hatte Vorfahrt. Was ist los, werden Sie nicht mit ihr fertig?"

„Nein – aber wir müssen es versuchen. Gehen Sie aus der Leitung, wir haben genug Sorgen."

„Sehr gut, Gitler. Bitte nehmen Sie jedoch zur Kenntnis, daß wir den Fluß jetzt umleiten."

„Was?" schrie Jothen. „Hört mal zu – verbinden Sie mich sofort mit einem ranghöheren Inspektor –, dies ist keine Sache für einen Computer. Wir schaffen es ohne den Fluß nicht . . ."

„Hier ist die Inspektor-Kontrolle."

„Aber – wie sollen wir das Zeug, das ihr uns schickt, denn loswerden?"

„Sie müssen es speichern", sagte KC formell.

„Wo denn?"

„Das ist Ihr Problem, Gitler. Wir können nicht zulassen, daß Sie den Grundwasserspiegel stromabwärts verseuchen. Viel Glück. Ende."

Die Verbindung zu Kansas City war tot.

„Piscetti ... Piscetti ... Oh, verdammt ... Hauptcomputer! Geben Sie mir auf der Stelle einen Radioaktivspeicher!"

„Die Radioaktivspeichertanks sind versiegelt", sagte der Computer in Gitler.

„Dann werden sie eben geöffnet und alle Abflußkanäle zur Aufnahme von Abwässern umgeleitet."

„Kein Zugang", sagte der Computer. „Radioaktivspeicher steht unter UNOC-Siegel, ausgenommen ist das dringliche Abladen von Nuklearabfällen."

Jothen schaltete das Mikrofon einen Augenblick aus und fluchte. Die beiden funktionierenden Atommeiler der Stadt konnte er nicht leeren; damit hätte Gitler keine Elektrizität mehr. Andererseits jedoch blieb ihm keine andere Wahl. Er mußte den ankommenden Abfall irgendwie loswerden, und der Fluß kam jetzt dafür nicht mehr in Frage.

„Den Meiler der Technikerstadt in – Moment mal – zwölf Minuten nach Nullpunkt dränieren. Drei Minuten später den Reservemeiler der Stadt dränieren; es sei denn, ich, und sonst niemand, erteile einen Gegenbefehl. In achtzehn Minuten werden alle Abflüsse der Stadt in die Radioaktivspeichertanks umgeleitet. Ich erwarte eine Schätzung der Füllgeschwindigkeit für die Tanks, außerdem Angaben über die Strahlungsgefahr für das Personal in den Untergeschossen."

„Miniradioaktivität für das Personal wird vierzehn Minuten nach Nullpunkt erreicht", sagte der Computer völlig unbeteiligt. „Die Radioaktivspeicherkapazität wird in zwei Stunden, zwei Minuten erreicht, dann erfolgt Versiegelung. Die Untergeschosse sind danach etwa achtundzwanzigtausendundneununddreißig Jahre plusminus vier Jahre für das Personal unzugänglich."

„Das ist nicht gut. Benachrichtigen Sie Kansas-City-Flußkontrolle, daß wir in einer Stunde den Grundwasserspiegel radioaktiv verseuchen, wenn wir nicht den Fluß belasten können; und geben Sie den Leuten eine vollständige Aufstellung der zu erwartenden Isotope, Halbwertszeit und so weiter. Erzählen Sie es nicht mir, sondern denen. Außerdem informieren Sie Radio Zensus Washingtongrad, daß wir hier für lange Zeit einen radioaktiven Untergrund haben werden; die gleichen Datenangaben. Wenn ich ausschalte, geben Sie alle Befehle weiter."

„Fertig", sagte der Computer, fast so desinteressiert wie Piscetti.

„In Ordnung. Ende."

Ein anderes Lämpchen glühte auf. Es war Piscetti.

„Hallo, Jothen, fein, daß ich Sie aufgestöbert habe. Ich habe Ihr Programm mitgehört. Aber da ist noch etwas anderes. Ich glaube, wir haben den Mörder identifiziert."

Erstaunt stellte Jothen fest, daß er den Mord an Guivrec völlig vergessen hatte. „Wer war es denn?"

„Ein Techniker aus Madagaskar namens Fongaváro Jones. Er bemühte sich etwa einen Tag nach seiner Ankunft um eine Anstellung in unserer Mannschaft, aber Tananarive – das ist seine Heimatstadt – gab ihn nicht frei. Dann verschwand er, und seitdem haben wir in den Raststellen unerklärliche Belastungen festgestellt."

„Klingt überzeugend."

„Noch mehr. Die Sache ist irgendwie durchgesickert, und die letzte Version, die ich hörte, war, daß ein mörderischer Irrer mit einer Laserpistole wütet."

„Das überrascht mich nicht", sagte Jothen grimmig.

„Nein, aber es wird noch verzwickter. Fongaváro hat offensichtlich von einer Raststelle aus mitgehört und ist anscheinend auf den Gedanken gekommen, daß er alle Menschen – einschließlich der Wartungsmannschaft – einschüchtern kann, so daß ihm die Stadt ganz allein gehört. Er hat gerade versucht, über Funk eine allgemeine Warnung zu senden, etwas Grausiges über den ‚Schleicher, der ungesehen zuschlägt'. Na, jedenfalls hat ihn der Computer unterbrochen, und als wir die Stimme mit der auf dem Reiseantrag verglichen, wußten wir Bescheid. Ohne Zweifel ist es Fongaváro."

„Und zweifellos ist er wahnsinnig. Setzt ihm eine Streife auf die Fersen, aber riskiert nichts Unnötiges – das Gebiet wird überflutet. Mir wäre es lieber, wenn er unten bliebe, falls es keine andere Alternative gibt."

„Okay. Sorgen Sie dafür, daß Sie selbst herauskommen."

„Ja. Ende."

Er schrak zusammen, als aus dem Schaltraum ein scharfer, zischender Laut drang, aber es war lediglich die Entladeschleuse, die sich längsseits öffnete und eine Kapsel ausspie, deren grüne Kokarde anzeigte, daß sie Kiefernzapfenmehl enthielt. Sie ruhte einen Augenblick regungslos auf dem Gestell, dann summte der Transporter mit seiner Fracht fort in die Gemeindeküchen.

Das Ächzen, das er früher vernommen hatte, mußte mit der Ankunft dieser Fracht zusammenhängen; offenbar war die kristallisierte Stelle in der Hauptleitung in noch schlechterem Zustand, als er befürchtet hatte. Die Schleuse hatte sich bereits wieder geschlossen, und nun raste der übliche Sturzbach an Wasser durch die Leitung, geräuschlos wie immer; aber das würde nicht lange anhalten.

Er schaute auf die Uhr: nur noch drei Minuten! Es schien ihm unmöglich, daß bereits soviel Zeit vergangen sein sollte; und doch war es, als seien die Zeiger, als er sie jetzt betrachtete, zur Unbeweglichkeit erstarrt.

Wieder stöhnte die Leitung. Und dann riß mit einem Krachen, als hätte sich ein Baumstamm gespalten, die Hauptleitung. Wasser stürzte heraus. Unter dem intensiven Druck war der Strahl so glatt und hart wie Glas, und es klirrte gläsern, als er auf die Ablenkplatte über dem Schacht traf. Ein entsetzliches Kreischen erfüllte die Halle. Wenn die Glastikbarrieren nicht gewesen wären, hätte allein dieses Geräusch ausgereicht, um Jothen zu töten.

Er schaute schnell über die Schulter, um sich zu vergewissern, daß der Einmannlift zum Kontrollturm des Flughafens noch offen- und bereitstand. In diesem Augenblick wurde es still. In der schmerzenden, unerträglichen Stille verlängerte sich der Riß des Hauptrohrs, und etwas Weißes quoll wie ein Ballon heraus – die Galliumkapsel oder ein Teil davon.

Jothen wartete die Fortsetzung nicht ab. Mit einem Satz war er in dem kleinen trommelförmigen Aufzug und schoß in sechs Sekunden gen Himmel.

Hinter ihm beobachtete der Computer weiter teilnahmslos, filmte einen Kalkulationsfehler, der zu vermeiden gewesen wäre, wenn sich jemand die Zeit genommen hätte, ihm Fragen über die Chemie seltener Erden zu stellen. Als der heiße Strahl des silbrigen Metalls auf die feuchte Luft des Schaltraumes traf, verwandelte sich der größte Teil des dreiwertigen Stoffes in Sesquioxyd. Die Luft brodelte. Wie Drachengift wurden die Oxydflocken gegen die Ablenkplatte gespien. Sie bestand aus nur schwach legiertem Magnesium, um eine Entzündung zu vermeiden. Als er über die Platte spritzte, verwandelte sich der Drachenspeichel wieder in metallisches Gallium.

Die Explosion erschütterte die oberen Schichten Gitlers wie ein

Erdbeben. Als die Druckluft unter dem Lift weggedrückt wurde, blieb Jothens Fahrzeug auf halber Strecke zum Flughafenkontrollturm stecken. Zitternd und fluchend schickte sich Jothen an, den Rest des Weges zu Fuß zurückzulegen.

Jedenfalls, dachte er, ist die Sache mit Fongaváro Jones jetzt erledigt.

Noch nie im Leben hatte er so prompt eine Antwort erhalten. Von irgendwo hinter ihm peitschte ein Schuß, eine Kugel prallte pfeifend von der Stufe ab, fünf Zentimeter von seinem linken Fuß entfernt; ein glänzender Striemen blieb im Metall zurück.

Es war für Fongaváro leicht gewesen, sich die Pistole zu beschaffen. Bis auf die kleine und unerfahrene Polizeistreife – die Hälfte der Leute war ihm jetzt auf den Fersen – war niemand in Gitler bewaffnet; aber hier gab es ebenso wie in Tananarive und jeder anderen Stadt in jeder fünften Raststelle einen kleinen Vorrat an Handfeuerwaffen, die für die Techniker im Fall eines ernsten Aufruhrs gedacht waren. Obgleich er niemals eine abgefeuert hatte, hatte sich Fongaváro für alle Fälle mit einer Pistole versehen.

Vermutlich hätte er die Frage, wie er eigentlich darauf gekommen war, daß Jothen Kent die Ursache all seiner Schwierigkeiten sei, kaum beantworten können. In gewisser Weise hatte sich sein Verdacht nicht bestätigt, als er die Anweisungen mitgehört hatte, ihn entweder aufzustöbern oder einfach ertrinken zu lassen.

Andererseits war ihm, als hätte er es schon die ganze Zeit über gewußt: Es mußte Kent gewesen sein, der seinen Antrag, in Gitler arbeiten zu dürfen, abgelehnt hatte. Auf Kents Befehl hin wurde die Jones-Familie evakuiert, und das Ganze war ein durchsichtiges Manöver, Fongaváro unter Vorspiegelung eines Notfalls gewaltsam nach Hause zu transportieren – welcher normale Mensch würde schon diese Geschichte mit dem gigantischen Meteor glauben? –, und Kent nahm dabei keine Rücksicht darauf, daß die Bürgerrechte vieler anderer Menschen verletzt wurden. Und bestimmt war es auch Kent gewesen, der den Computer dazu gebracht hatte, jede weitere Nachricht des Flüchtlings zu blockieren; Fongaváro verstand etwas von Computern und hatte seine Warnung so sorgfältig und klug aufgesetzt, daß sie an jeder mechanischen Intelligenz, die nicht von einem menschlichen Feind überwacht wurde, vorbeigekommen wäre. Aber Kent hatte natürlich aufgepaßt und eingegriffen.

Auf jeden Fall war es jetzt völlig klar, daß Fongaváro nicht mehr hoffen konnte, Gitler für sich allein zu haben, solange Jothen Kent am Leben war. Im übrigen würde die Jagd auf ihn selbst, Fongaváro, eingestellt werden, wenn der Mann, der ihn fangen wollte, nicht mehr da war. Es paßte alles wunderbar zusammen.

Es war einfach, den Patrouillen aus dem Weg zu gehen und aus den Untergeschossen herauszukommen. Er konnte ja jeden Befehl mithören, den Kent gab, selbst die Anweisungen, die nicht direkt mit seiner Verfolgung zusammenzuhängen schienen. Aus dem gleichen Grund war es nicht schwer festzustellen, wo sich Kent befand und wohin er als nächstes gehen würde. Fongaváro arbeitete sich vorsichtig den Versorgungsschacht empor, pirschte sich an seinen Häscher heran.

Die Explosion versetzte ihn in Wut. Er hatte nicht erwartet, daß Kent bereit sein würde, einen Teil der Stadt zu zerstören, um ihn in die Hände zu bekommen. Beinahe ebenso überrascht war er, als er sein Opfer sozusagen mitten in der Luft den Lichtschacht verlassen und zu Fuß zum Flughafen hinaufsteigen sah. Aber er war entschlossen, sich durch nichts, was Kent tat, aus der Ruhe bringen zu lassen. Er zielte und drückte ab.

Natürlich verfehlte er sein Ziel und ließ obendrein um ein Haar die kleine automatische Pistole fallen. Aber es sah so aus, als hätte er nicht sehr weit danebengeschossen. Er zielte erneut, diesmal nahm er dazu beide Hände.

„Fongaváro!“

Das war Kents Stimme, die im Schacht widerhallte. Es war gewiß ein Trick.

„Fongaváro! Laß den Blödsinn! Du willst doch lebendig hier rauskommen, oder nicht?“

„Ich lasse überhaupt nichts“, sagte Fongaváro. „Du kannst mir keine Angst einjagen . . .“

„Dann bist du ein verdammter Narr! Die Hauptversorgungslinie ist geborsten, und die Stadt wird überflutet. Wirf die Pistole weg, und komm mit mir nach oben! Ich will dir helfen, wenn es möglich ist. Da oben sind Flugzeuge, die werden euch alle nach Hause bringen.“

Bei dem Wort „Flugzeug“ sah Fongaváro rot, in seinen Ohren

sauste das Blut. Durch das dröhnende Durcheinander hörte er die Pistole losgehen . . ., aber als er wieder klar sehen konnte, war Jothen Kent verschwunden.

Der Notausgang mündete in einen Teil der Stadt, den Jothen nicht kannte – und was noch schlimmer war, kein Mensch ließ sich blicken. Es schien eine Wohngegend zu sein, vielleicht diejenige, die direkt unter dem Viertel der Techniker lag. Die Luft auf der Straße war staubig, was Jothen verwirrte, weil er so etwas noch nie zuvor erlebt hatte.

Es gab keine Möglichkeit, den Notausgang zu verschließen, und er verlor keine Zeit damit, den Ausgang zu verrammeln oder zu blockieren. Sein einziger Impuls war zu rennen. Er hatte es nicht gern, wenn man auf ihn schoß.

Aber wohin sollte er laufen? In der Ferne hörte er das Gemurmel vieler Stimmen, einige davon riefen durcheinander. Das mochte eine Gruppe von Jones-Leuten sein, die mit den Rolltreppen aufs Dach transportiert wurden. In diesem Falle mußten ein oder zwei Leute in der Nähe sein, die bewaffnet waren; schlimmstenfalls konnte er in der Menge untertauchen. Keuchend rannte er weiter.

Hinter ihm erklang ein kaum noch menschlicher Laut, dann peitschte ein Schuß an ihm vorüber. Wieviel Munition mochte die Waffe enthalten? Er erinnerte sich dunkel daran, daß die Standard-Automatik eine Schnellfeuerwaffe war, die winzige Stücke einer Bleiverbindung von einem Kunststoffband abriß. Wenn Fongaváro eine solche Waffe bei sich trug, hatte er mindestens hundert Schüsse auf Jothen, bevor er die Waffe laden oder fortwerfen mußte. Jothen versuchte schneller zu laufen, aber er holte bereits jetzt eine bessere Zeit heraus, als er sich jemals hätte träumen lassen.

Er bog um einen Kreis von Läden, in denen sich weder Waren noch Käufer befanden, und verlangsamte dann seinen Schritt im Haupteingang zu einem anderen Versorgungsschacht. Die Tür war auf seinen eigenen Befehl versiegelt worden. Aber der Lärm der Menschenmenge schien jetzt ganz in der Nähe zu sein. Er durchquerte eine verlassene Straße und sah sich plötzlich am Rand eines zentralen Platzes.

Der Platz war voller drängelnder, verängstigter Gestalten in zerrissenen Kostümen, einige trugen oder zerrten weinende Kinder hinter sich her, andere schleppten ihr Gepäck, das sie noch niemals zuvor selbst getragen hatten, während wieder andere sich nur mit Mühe und Not auf ihren Beinen halten konnten. Aus der Mitte der Menge liefen zwei breite, spiralförmige Rolltreppen wie gekoppelte Gene umeinander, wanden sich durch das Dach, bepackt mit störrischen Jones-Leuten.

Er versuchte sich einen Weg durch die Menge zu bahnen und wurde unbarmherzig zurückgestoßen, bis die Leute um ihn herum einen Blick auf ihn warfen und den Helm erkannten. Dann machten sie Platz, jedoch nur langsam und mürrisch. Die Mannschaft von Gitler war, das wurde ihm schmerzhaft klar, im Augenblick nicht sonderlich beliebt.

Obgleich er nur langsam vorankam, hätte Jothen froh sein sollen, denn er war jetzt in dieser Masse von Leibern sicher. Statt dessen fühlte er sich beengt und war einer Panik nahe. Schwitzend bahnte er sich einen Weg, versuchte durch die Gasmaske die dicke, feuchte Luft zu atmen.

Als er die nächstliegende Rolltreppe betrat, wurde ihm der Helm plötzlich auf Kopf und Schultern gestaucht – irgend jemand hatte ihm einen Hieb versetzt. Dann war er auf der Treppe, wurde emporgehoben, der Platz rings um die Treppe verschwamm zu einem Meer gebeugter Köpfe und ärgerlich emporgerichteter Gesichter. Mit einem Seufzer der Erleichterung schaute er zurück auf die Straße, über die er auf diese Menschenmasse zugelaufen war.

Dort stand Fongaváro, die leere Straße hinter sich, sein affenartiger Körper und seine verschmutzten Lumpen unterschieden ihn beinahe ebenso deutlich von den anderen Gestalten wie die kleine Pistole in seiner Hand. Jothen spürte den Wunsch, ihm eine lange Nase zu machen; aber im gleichen Augenblick hob der Madagasse die Waffe mit beiden Armen und feuerte sie rechtwinklig auf Jothens Kopf ab. Woher konnte er wissen, wer von den Leuten auf der Rolltreppe . . .

Der Helm! Selbst zwischen diesen eigenartig kostümierten Leuten war er nicht zu übersehen; der Helm bedeutete für alle Jones-Leute „Gitler" und für Fongaváro „Jothen", wie ein leuchtendes Zeichen. Aber Jothen wagte nicht, den Helm abzunehmen, selbst wenn in der Spirale von Leibern um ihn herum irgendein Versteck für den Gegenstand gewesen wäre; er war jetzt seine einzige Verbindung zu Piscetti, zu McGee, zur Mannschaft, zur Welt überhaupt . . .

Wo zum Teufel war die bewaffnete Streife? Wie lange dauerte dieses verdammte Aufwärtsfahren denn noch?

Peng!

Der Klang der Automatik war ein einziges Fragment in dem Lärm, aber Jothen – und wahrscheinlich niemand außer ihm – vernahm das Geräusch nur zu gut. Er duckte sich hilflos in den Helm und hatte das Gefühl, als sei er eine einzige riesige Zielscheibe.

Aber Fongaváro schien erstaunlicherweise nicht davon überzeugt zu sein, daß er treffen würde. Er steckte die geladene Waffe in seine Lumpen, eilte fast auf allen vieren am Rand der Menge entlang, bis er einen fetten, nervösen Jones im Pierrot-Kostüm erreichte, der sich gerade anschickte, seine Habseligkeiten auf einen zerbeulten Autolift zu laden. Mit einem einzigen brutalen Stoß seiner Arme wischte Fongaváro den Alten samt Gepäck beiseite, schwang sich rittlings auf die Maschine und sauste in einer langen Parabel auf die Spitze der Rolltreppensäule zu.

Das Loch in der Decke verschluckte Jothen, bevor er das Ende des verrückten Rittes erlebte. Er war heilfroh, wußte jedoch genau, daß es zu früh zum Aufatmen war; er befand sich noch immer auf der Flucht.

Auf der nächsten Ebene befand sich das Viertel der Techniker, gewöhnlich ein ruhiger, idyllischer, vertrauter Ort. Jetzt war es ein einziges Schlachtfeld. Die hysterischen Jones-Leute rächten sich für den Verlust ihrer Totems und ihres Gepäcks, indem sie die Wohnungen der Techniker plünderten. Es war niemand in der Nähe, der sie daran gehindert oder wieder zusammengetrieben hätte; sie breiteten sich kichernd und singend nach allen Himmelsrichtungen aus und bewarfen einander mit Flaschen.

Peng!

Und wieder flog eine gefährliche, explosive kleine Kugel an seinem Helm vorbei und rief ihm sein Hauptinteresse ins Gedächtnis zurück – die Flucht. Er suchte fieberhaft nach der Richtung, aus der der Schuß kam, und entdeckte schließlich Fongaváro, der auf seinem Sitz einherritt und gerade die Öffnung des Luftschachts, der etwa achthundert Meter entfernt lag, verließ.

Jothen mußte irgendwie aus dieser Sackgasse herauskommen. Es war lächerlich, daß sich Fongaváro in den Schächten und Gängen

Gitlers besser zurechtfinden sollte als er. Auf dieser Ebene mußte sich der Zugangsschacht zum Kontrollraum des Flugplatzes befinden, wenn er doch bloß diese verdammte Treppe hinter sich bringen könnte.

Wie ein Taucher rollte sich Jothen über das bewegliche Geländer und ließ sich auf den Boden fallen. Fongaváro bog um die Ecke und stieß auf die Köpfe seiner hastenden Vettern nieder, aber er hatte seine liebe Not mit dem torkelnden Sitz, der nicht für Luftakrobatik konstruiert worden war. Er schoß so schnell über Jothen hinweg, daß er beinahe den nächsten Block gerammt hätte.

Während er noch krampfhaft versuchte, die Kontrolle über seinen schwerfälligen metallenen Besenstiel zurückzuerobern, erlosch ein Großteil der Lichter, was den Jones-Leuten ein wütendes Knurren entlockte. Der Computer, der jetzt auf Batteriekraft eingestellt war, schränkte sich ein.

Diese plötzliche Dunkelheit war genau das, was Jothen brauchte. Als Fongaváro sich wieder um sein Opfer kümmern konnte, befand sich Jothen bereits im Lift.

„Hat jemand eine Pistole?"

Im Kontrollraum wandten sich Jothen Gesichter zu, in denen die gespannte Ungeduld von Menschen, die durch Unsinn von wichtiger Arbeit abgelenkt werden, zu lesen war. Dann erkannte ihn einer der Männer.

„Ich glaube, hier oben sind ein paar Signalpistolen, Mr. Kent. Falls sie noch funktionieren. Wir waren nicht darauf vorbereitet, daß wir sie brauchen würden."

„Das reicht nicht. Ich meine eine Pistole, mit der ich jemanden umbringen kann."

„Jemanden umbringen? Nein, Sir, so etwas haben wir nicht", sagte der Mann steif und wandte sich seiner Arbeit zu. Lediglich einer der übrigen Leute hatte dem kurzen Wortwechsel gelauscht, und zwar kaum mit halber Aufmerksamkeit.

Jothen seufzte und schaute hinunter auf den Flugplatz. Von hier war keine Spur der Explosion zu entdecken, abgesehen von einer kleinen, schnell emporsteigenden weißen Rauchwolke, die aus einem etwa eineinhalb Kilometer entfernten Luftschacht drang. Direkt am Rand des Flugplatzes erhoben sich Kiefern, Pappelkreuzungen, Bambus und gigantisches Zuckerrohr – die Nahrung der

Weltbevölkerung – über ganz Gitler, bedeckten die Terrassen und Mauern, gingen so nahtlos in den Weltwald über, daß man die Ränder der Stadt nicht von der Luft aus erkennen konnte. Von hier aus gesehen lag die Welt in idyllischem Schlummer.

Die sanfte, klare Herbstdämmerung vertiefte sich. Der Mond war nicht zu sehen, aber die Nacht versprach bereits einen unnachahmlichen Sternenglanz. In der Ferne erkannte Jothen einige bewegte Lichter. Das waren vermutlich die ersten Flugzeuge der Luftbrücke. Transcorp hatte wie üblich schnell reagiert.

Offensichtlich hatte auch McGee schnell reagiert. Ein anschwellendes Stimmengemurmel, wie das Brausen der See, verriet Jothen, daß ein Schwung Angehöriger des Jones-Clans bereits auf das Dach der Stadt transportiert worden war. Er erkannte etliche amöbenartige Flecken von Menschen. Die Mehrzahl der Leute blieb jedoch unsichtbar hinter den Bäumen. Zum Teil war das der Grund für das Unbehagen, das in dem Gemurmel mitschwang. Normalerweise durften nur die Aufseher den Weltwald betreten und Ingenieure der Pipeline-Behörde; zweifellos waren die Jones-Leute durch die frische Luft und den sich auftürmenden schweigenden Wald beunruhigt.

„Halten wir uns beieinander, Freunde und Clangenossen!" bellte McGees Stimme plötzlich los. „Lauft nicht herum! Auf den Bäumen sitzen Ahnen! Bleibt auf dem Flugplatz – paßt auf, daß ihr nicht zurückbleibt!"

„Auf, ihr Jones-Leute!" schrie eine viel dünnere Stimme. Ein synkopischer Chor erwiderte den Ruf.

„So ist es! Auf, ihr Jones-Leute! Bleibt beieinander!"

McGee schien die Sache im Griff zu haben; so weit, so gut. Aber was war aus Fongaváro geworden? Und warum war es so dunkel? Es wäre für die Leute einfacher gewesen, dicht am Flugplatz zu bleiben, wenn sie die Lichter hätten sehen können; aber diese erloschen nacheinander. Selbst die Funkfeuer waren so gut wie dunkel. Jothen griff nach dem Mikrofon an seinem Helm, um die Herrschaft über seine Stadt wieder zu übernehmen, er mußte jedoch feststellen, daß die Leitung tot war.

Die Sparmaßnahmen des Computers wurden drastisch. Man konnte es ihm nicht übelnehmen; Batteriekraft reicht nicht sehr lange. Aber der Ausfall der Energiewerke war ziemlich gefährlich und würde die Evakuierung nur komplizieren; selbst wenn die automatischen Rolltreppen funktionierten, mußten die Fähren zum Beispiel blind landen und waren nur auf PPI-Radar angewiesen.

Es war kein Wunder, daß McGee den Lautsprecher anstelle des öffentlichen Netzes benutzte. Der Mann war erfinderisch, das mußte man ihm lassen.

Trotz der hervortretenden Sterne wurde es allmählich dunkel. Der Wald wisperte, als erinnere er sich an die Geister längst verschwundener Tiere. Unterirdisch ertönte ein dumpfer Knall – eine zweite Explosion? Das Gemurmel der Jones-Leute wurde lauter. Sie waren bereits verwirrt durch die widersprüchlichen Befehle, ärgerten sich, daß man ihnen den Spaß verdorben hatte, und die Gerüchte verschlimmerten die Lage noch. Dazu kam jetzt die Angst vor den unbekannten Geräuschen und der hereinbrechenden Nacht.

Eine Art Fledermaus – oder das, was Jothen sich unter einer Fledermaus vorstellte – flog plötzlich dicht an seinem Gesicht vorüber. Er brauchte einen Augenblick, um zu begreifen, daß der Gegenstand in Wirklichkeit ein ganzes Stück entfernt war; und dann dämmerte ihm, daß es Fongaváro auf seiner automatischen Prothese war. Er flog sehr schlecht. Das war nicht weiter verwunderlich, weil diese propellergetriebenen Vorrichtungen nicht für die Luftfahrt konstruiert worden waren; aber das wilde Umhertorkeln konnte nicht ausschließlich mit dem Autolift zusammenhängen. Er kämpfte nicht nur mit der Maschine, sondern auch mit sich selbst – *terror fugatis*.

Jothen schaute fort. Er konnte nichts unternehmen; er hatte sein möglichstes getan. Er schaltete die Kopfhörer auf den Hilfskanal. Ein Summen klang ihm entgegen. „McGee?"

Es hätte ihn nicht überrascht, wenn der mutmaßliche Bürgermeister noch nie etwas von einem Hilfskanal gehört hätte; aber McGee meldete sich sofort.

„Hallo, Jothen – wo zum Teufel haben Sie gesteckt? Na, macht nichts, ist recht laut hier unten. Ich muß später mit Ihnen sprechen."

„Moment mal . . ."

„Tut mir leid. Ich habe alle Hände voll zu tun mit den Jones-Leuten. Kommen die Fähren?"

„Ja, sind unterwegs. Sind Sie . . ."

„Prima. Viel Glück und alles Gute. Ende."

Während Jothen noch hastig sprach, dröhnte der Lautsprecher aufs neue. Fackeln leuchteten auf, einige zwischen den Bäumen. Feuer im Wald? Jothen brüllte in die Kopfhörer, aber er erhielt keine Antwort.

Immer mehr Menschen ergossen sich auf den Flugplatz und in den Wald. Der Turm unter Jothens Füßen erbebte.

Dann strahlte ein Licht auf.

Zuerst wurden die Baumwipfel in Silber getaucht. Dann erschienen auf den Dächern ziegelrote Punkte, hunderttausend weiße Gesichter richteten sich gen Himmel. Ein langes Stöhnen rollte wie eine Sturzwelle durch die Menschenmenge. Auch Jothen schaute empor.

Eine Sternschnuppe, so riesig, daß es beinahe eine fallende Sonne hätte sein können, zog unnatürlich langsam über die Stadt und erleuchtete die Landschaft mit unheimlichem blauweißem Licht. Ein Flugzeug, das sich ganz in der Nähe gerade zur Landung anschickte, gleißte auf, als sei es in Scheinwerferlicht geraten.

Auf dieses Leuchten schien Fongaváro gewartet zu haben. Entweder hatte er die Pistole fallen lassen oder sie in seiner Angst vor dem freien Himmel und dem mechanischen Besen, auf dem er rittlings saß, vergessen. Er schwenkte herum, kam auf den Kontrollturm zugeschossen und hielt direkt auf die breiten Fenster zu.

Der Lärm des Meteors hatte bereits die Erde erreicht, es war ein lautes Grummeln wie der Donner entfernter Artillerie. Schrekkensschreie stiegen aus dem Wald empor. Einen wilden Augenblick lang schoß Jothen der Gedanke durch den Kopf, daß es Flavia selbst war, daß sich das Monstrum verfrüht hatte und zu weit nach Süden getrieben war; in der gleichen Sekunde jedoch wußte er, daß es sich wahrscheinlich um ein Bruchstück handelte, das Biond Smith' Mannschaft vom Asteroiden abgetrennt hatte – ein winziges Stück von vermutlich nicht mehr als hundert Tonnen Gewicht.

Als der Meteor zwei Drittel des Weges am Himmel zurückgelegt hatte, explodierte er. In der Nähe des Horizonts blitzten feurige Strahlen über den Himmel. Fongaváro war jetzt so nahe, daß Jothen fast seine Gesichtszüge erkennen konnte; er riß sein Fahrzeug hoch, taumelte und krachte gegen eine landende Fähre.

Die Fähre war lediglich eingebeult; sie schwankte und fing sich, der Autolift jedoch war zertrümmert. Die glitzernden Bruchstücke und die Gestalt Fongaváros regneten vom Himmel herab auf Chaos und Unterwelt, begleitet von der Detonation des explodierenden Feuerballs, im Vergleich dazu erschien die Explosion im Schaltraum wie ein kleiner Knall.

Fongaváros langanhaltender Alptraum vom Fallen erreichte jetzt sein Ende.

Die Schreie der Jones-Leute wurden lauter, grenzten an Hysterie. An der Rampe schrie eine Frau: „Das Ende der Welt! Der Ahn ist herabgestürzt! Das Ende der Welt!"

Zitternd versuchte Jothen erneut, McGee anzurufen, dann Piscetti, aber entweder wurden ihre Stimmen in dem ungeheuren Wasserfall erstickt, der in seinen Kopfhörern rauschte, oder sie hatten nicht reagiert. Als er sich wieder gefaßt hatte, sah er, warum – der Meteor hatte einen breiten Schweif glühendweißen Dampfes hinterlassen, der sich wie ein höllischer Regenbogen über den Himmel erstreckte. Die ionisierte Spur hatte den Radioempfang völlig unterbrochen.

Unter ihm begannen die Fackeln herumzuwirbeln. Der Lärm steigerte sich zum Gebrüll. Die zerbeulte Fähre landete mit schwankenden Tragflächen auf der Rollbahn, ein anderes Flugzeug setzte zur Landung an.

Zu spät, dachte Jothen betäubt. Eine Panik wird ausbrechen.

Und es gab nichts, was er hätte tun können, selbst wenn ihm etwas eingefallen wäre. Die Gestalten der Reservemannschaft des Turmes, die den stillgelegten Computer ersetzen sollten, eilten bereits geschäftig in der Dämmerung umher, bereit, Kontakt mit den Fähren aufzunehmen – vielleicht verwendeten sie auch Frequenzmodule und hatten den Kontakt überhaupt nicht verloren. Er mußte ihnen helfen, soweit es in seiner Macht stand . . .

Ein weiterer Meteor glühte am Nachthimmel auf, von Donnergrollen begleitet. Er war nicht so groß wie der erste, aber die Menschen konnten jetzt nichts mehr unterscheiden. Das Gebrüll wurde noch lauter.

Dann hörte Jothen McGees Stimme durch den Lärm hindurch, der Lautsprecher war auf volle Leistung gestellt – es war ein ungeheures Gebrüll, das selbst in den Flugzeugen gehört werden mußte, die sich noch in der Luft befanden. Erstaunlicherweise sang der Bürgermeister. War auch er verrückt geworden?

Raise the totems, Gott soll hüten,
Fa-la-la-de-rol und cordon bleu!
Jericho immun to tootin',
Mächtige Mother, we love you!

So verstand es Jothen jedenfalls – gewiß waren das nicht die richtigen Worte. Aber die Jones-Leute schienen den Text zu kennen; war es vielleicht eine Familienhymne? Vereinzelte Stimmen nahmen das Lied auf, und dann folgten viele andere.

„Los, ihr Jones-Leute! Alle miteinander!"

Der zweite Meteor explodierte. Im Licht und Lärm, im Geräusch der Flugzeugpropeller schwoll der Gesang an.

Hubbard's Eh'mann, Hubba's wife,
Smith's disaster, Brown's dismay,
Guard of Uncle UNOC's life,
Treuer Schäfer A-OK!

Jothen merkte, daß er nervös kicherte, und unterdrückte es ärgerlich. Verdammt noch mal, das war sicher nicht der richtige Text! Er versuchte sich auf etwas Wichtiges zu konzentrieren. Sechs oder sieben Fähren waren mittlerweile gelandet, und die Menschen strömten aus dem Wald auf sie zu, angeführt von einer frenetisch winkenden Gestalt. McGee schien eine Art Schlangentanz auf der Rollbahn zu vollführen.

Ein dritter und ein vierter Meteor glitten donnernd über den Himmel. Die Menge heulte ihre Herausforderung zum Himmel.

Die erste Fähre war gefüllt und startete. Vor den anderen Fahrzeugen standen Jones-Leute und erstickten die Fackeln zeremoniell in umgestülpten Metalltrommeln, die wunderbarerweise gerade für diesen Zweck geschaffen zu sein schienen.

Wieder startete eine Fähre; dann eine weitere.

„Gut so, Nachbarn! Jetzt alle! Singt mit!"

Die Schützlinge erhoben ihre Stimmen zu einem betäubenden Chor. Nichts auf der Welt hätte diesen Gesang übertönen können. Jetzt mußten fast eine halbe Million Menschen singen, die sich überall auf den Dächern befanden; es klang wie ein Höllenchor.

Con Ed cons us, UNOC bombs us,
Devils hearstle at our bones –
Still the jolly heartside chorus:
Love us all, and up your Jones!

Am Himmel wimmelte es von Flugzeugen. Und dann gingen plötzlich die Lichter des Flughafens wieder an; vielleicht hatte Piscetti die Fluten unter Kontrolle bekommen, auf jeden Fall jedoch hatte der Hauptcomputer das Ende der bestimmten Zeit erreicht und die Energieversorgung der Stadt wiederhergestellt.

Die Evakuierung der Jones-Leute konnte weitergehen, sie würde viele Tage dauern – aber die Krise war gebannt. McGee hatte mit seinen Flötentönen die Ratten an Bord der Flugzeuge gelockt.

ALS ER wieder in sein Büro zurückkehrte, zitterte Jothen nicht mehr, aber man konnte nicht gerade behaupten, daß er ruhig war. Er war froh, daß alles vorüber war, aber noch immer gab es wichtige Fragen, die er sich nicht selbst beantworten konnte. Er setzte sich an das Schaltpult und dachte nach.

Er wußte noch immer nicht, wie er mit dem Flüchtlingsstrom aus Chicago fertig werden sollte, nachdem er den größten Teil seines Lebens als Erwachsener in einer überbevölkerten Welt buchstäblich allein zugebracht hatte. Diesmal hatte er sich nicht gerade bewährt, im Gegenteil, es hatte ihn um ein Haar das Leben gekostet, und die Stadt befand sich in einem entsetzlichen Zustand.

Erschrocken bemerkte er, daß die Leitung der Zentralbehörde vor ihm aufleuchtete. Betäubt schaltete er ein.

„Jothen?" fragte Biond Smith' Stimme.

„Ja? Hallo, Biond!"

„Wie ist es denn gelaufen? Kansas City berichtet, daß bei euch alles durcheinandergeht. Sind die Jones-Leute unterwegs?"

„Ja", sagte Jothen. Er war überrascht, daß auch Bionds Stimme bedrückt klang. Offensichtlich hatten auch Menschen, die die Welt regierten, ihre Sorgen.

„Gut. Hast du etwas von Kim gehört?"

„Nein – du?" fragte Jothen beunruhigt.

„Noch nicht, aber ich nehme an, sie ist vollauf damit beschäftigt, daß alles Leben des Reservates getötet wird. Hat McGee etwas genützt?"

„Er war unbezahlbar", sagte Jothen. „Besonders während des Meteorschauers."

„Meteorschauer?" fragte Biond mit leicht bebender Stimme.

„Sind diese Bruchstücke südlich bis nach Gitler abgetrieben? Offensichtlich. Verdammt, da hat sich jemand verrechnet. Ich werde der Sache nachgehen. Und nun komme ich zum Kern der Sache – Flavia und die eigentliche Evakuierung. Es wird besser sein, wenn du McGee bei dir behältst, solange er nützlich ist. Diese Jüngertypen haben ihre Vorteile. Freut mich, daß es dir gut geht, Jothen. Adieu." Die Leitung war tot.

11

Das Atlantische Regional-Hauptquartier der BFU auf Groß-Inagua hatte starke Ähnlichkeit mit einer Festung, was in gewisser Weise auch zutraf. Massiv und gedrungen widerstand das Gebäude jedem Orkan und den Brechern, die der Atlantik seit mehr als zweihundert Jahren gegen seine Mauern peitschte. Es bestand zur Hauptsache aus verstärktem Vitrolith, die wenigen Außenfenster und -türen konnten durch kräftige, wasserdichte Schutzvorrichtungen geschlossen werden, so daß die äußere Fläche den Elementen keine Kanten oder Winkel zum Angriff bot. Hurrikane hatten die Mauern umtost, tonnenweise Wasser dagegengeschleudert, ohne auch nur den geringsten Schaden anzurichten.

Dorthy konnte von ihrem Büro im obersten Stockwerk nördlich nach Klein-Inagua hinüberschauen; dahinter lag die offene See; sie konnte jedoch die Aussicht nicht genießen. Alles war mißglückt. Zuerst ihre Panik bei „Projekt 1500"; dann der mißlungene Flug zur Zentralbehörde; dann Tiorus unvermitteltes Umschwenken; und jetzt drohte „Operation Sicherheit" im Sande zu verlaufen, noch bevor sie überhaupt richtig begonnen hatte.

Unaufhörlich kreisten ihre Gedanken um Tioru. Sie wußte nicht, warum es sie so sehr traf; aber sie fühlte sich verletzt und einsam.

Warum hatte er sich so plötzlich verändert, innerhalb weniger Tage? Hatte er nur auf eine bequeme Entschuldigung gewartet, um alles abzubrechen? Nein, verdammt, das war ungerecht; er hatte sich niemals träumen lassen, daß es auf dem Festland so aussehen würde . . ., und dennoch, er war so unpersönlich und beflissen, als ob . . .

Dorthy schluckte die Tränen hinunter und löste den Blick vom glitzernden Meereshorizont. Sie mußte jetzt ein wenig eigene Initiative zeigen. Zuallererst einmal galt es, eine Möglichkeit zu finden, die Tritonen dazu zu bewegen, mit der „Operation Sicherheit" zu beginnen.

„Operation Sicherheit" war ein Notstandsplan und gleichzeitig Dorthys Beitrag zu den Vorbereitungen auf die bevorstehende Kollision mit Flavia. Alle Tritonengemeinden auf der Erde sollten evakuiert werden. Diejenigen, die schwimmen konnten, würden von Delphinen begleitet werden. Diejenigen, die nicht dazu fähig waren, weil sie zu jung, zu alt oder zu krank waren, sollten auf Unterseeboote und Barkassen geschafft werden. Man würde sich acht Kilometer außerhalb der Wohnorte treffen und die Krise auf den Wellen abwarten, über oder unter Wasser.

Aber es wollte nicht funktionieren. Um einen lückenlosen Ablauf der Operation zu gewährleisten, war eine weltweite probeweise Evakuierung nötig. Aber die Tritonen weigerten sich. Die Hälfte von ihnen war bereits von den Riffen ins tiefe Wasser verschwunden; stündlich folgten ihnen mehr. Sie glaubten einfach nicht an Flavia; eine Masse, die in der subarktischen Zone Unistams niederging, konnte ihre tropischen, isolierten Siedlungen nicht beeinträchtigen, geschweige denn in der ewigen See Schäden anrichten. Das Ganze roch nach einem Plan der Festlandbewohner . . .

„Dorthy?"

Sie fuhr zusammen. „Tioru! Ich habe dich nicht gehört."

„Du hast vor dich hin gebrütet, Dorthy. Es handelt sich um ‚Operation Sicherheit' – ich habe etliche Berichte vorliegen."

„Ich hoffe, es sind gute."

„Nicht alle. Sie kommen vom seismographischen Überwachungsdienst. Es hat in den vergangenen fünf Jahren nur drei heftigere Erdbeben gegeben – das ist eine lange Ruheperiode. Der Streß in den vier Hauptbebenzentren hat zugenommen. Ein tüchtiger Schock dürfte eine ganze Kette auslösen – und Flavia könnte sehr wohl den Anstoß geben. Ich glaube nicht einmal, daß die Riffe verschont bleiben."

„Das sage ich doch die ganze Zeit", sagte Dorthy. „Was noch?"

„Das ist nicht ganz so wichtig. Der Mount Pelee regt sich wieder – zum erstenmal seit dreiundneunzig Jahren."

„Ja", entgegnete sie, „das ist übel. Aber wenn wir diese Nachrichten an die Riffe weitergeben, könnte es vielleicht geschehen, daß die Skeptiker ihre Meinung ändern. Versuch es auf jeden Fall."

„Das habe ich bereits", sagte er ruhig. Er machte keine Anstalten zu gehen. Es entstand eine lange, peinliche Stille. Schließlich räusperte sich Tioru.

„Dorthy . . ."

Sie nickte.

„Dorthy, ich hätte dich ebensogut anrufen können. Die Berichte hätten warten oder per Fernsehtelefon durchgegeben werden können – alles. Aber ich mußte mit dir sprechen."

„Schon gut. Was ist?"

„Hör mir zu, Dorthy. Wir haben noch nicht einmal begonnen miteinander zu sprechen. Auf dem Wrack-Riff warst du verzweifelt, weil du glaubtest, du hättest ‚1500' verdorben. In Philadelphia war ich in Panikstimmung. Unter derartigen Bedingungen können wir nicht zueinanderfinden – und all diese Dinge haben nichts mit uns zu tun."

„Was hast du vor?" flüsterte sie.

„Einen neuen Anfang. Laß uns ein zweites Mal beginnen. Es ist lächerlich, daß wir beide versuchen, so verflucht unpersönlich zu tun. Wenn wir noch einmal beginnen – vielleicht finden wir etwas Neues, worüber wir nachdenken sollten. Etwas, das uns hilft."

Plötzlich wandte Dorthy sich weinend zu ihm um. Er ergriff ihre Hände.

„Ich kann es nicht glauben – ich kann nicht!" schluchzte sie und umklammerte seine Finger. „Du weißt, was geschehen wird. Wir reden und reden, und am Ende haben wir uns in die gleiche alte Sackgasse geredet. Müssen wir das alles noch einmal durchmachen? Ich kann es nicht ertragen, Tioru."

„Ich kann nicht garantieren, daß wir nicht wieder in eine Sackgasse geraten, aber ich bin sicher, daß es dann eine neue sein wird, nicht die alte."

„Eine neue! Wie geheimnisvoll das klingt. Wie meinst du das?"

„Es gibt einige Tatsachen über Tritonen, die du nicht kennst, und wenn du sie erfährst, wird sich dein Standpunkt sicher ändern."

„Um Himmels willen, dann kläre mich auf!"

„Das steht mir nicht zu. Storm wird es tun."

„Storm! Wann?"

„Er wird heute abend hiersein. Er ist jetzt vom Großen Barrier-Riff abgereist und möchte sich mit uns beiden auf Klein-Inagua treffen."

„Tioru, was hast du vor?"

„Du bist von Natur aus mißtrauisch. Ich habe gar nichts vor, ich versuche lediglich, unsere Schwierigkeiten zu beseitigen. Was auch immer Storm geplant hat, ich habe nichts damit zu tun. Er hat mich vor einigen Tagen angerufen und gesagt, daß er uns beide heute um zwanzig Uhr auf Klein-Inagua treffen möchte. Außerdem bat er mich, einen etwas entlegenen Strand als Treffpunkt auszusuchen."

DÄMMERUNGSSTILLE lag über dem Kanal zwischen den beiden Inagua-Inseln. Am westlichen Horizont war der Sonnenuntergang zu einem jadegrünen Band verblichen, das sich nach oben hin in eine breite dunkelblaue Zone erweiterte. Das Blau wiederum vermischte sich im Zenit mit dem Violettschwarz der Nacht, dort, wo die ersten Sterne erschienen.

Dorthy und Tioru lagen flach auf einem Wasserflitzer und glitten ruhig über das Meer, das sich in einen dunkelgrünen Spiegel verwandelt hatte. Nördlich von ihnen erhob sich das lange, flache Profil von Klein-Inagua. Dahinter ragte ein riesiger Gewittertopf in den Zenit. Die Wolke war düsterblau schattiert, bis auf die Westseite des Gipfels, der die letzten korallenrosa glühenden Strahlen des Sonnenuntergangs auffing.

„Wie willst du den Strand finden, an dem wir Storm treffen wollen? Ich sehe nirgendwo ein Leuchtfeuer."

„Du kannst es von hier aus nicht sehen", erwiderte Tioru. „Es ist auf der anderen Seite."

Er steuerte um den östlichsten Punkt der Insel herum und dann nach Nordwesten. Vor ihnen erhob sich eine mit Zinnen versehene Mauer, die wie ein schwarzes Relief erschien. Tioru umrundete diese geheimnisvolle Landspitze und fuhr in eine kreisförmige Lagune, die in die Insel hineinragte.

Hinter dem Strand der Lagune erhob sich eine riesige Ruine – eine Fassade zusammengefallener Mauern und Bögen. Die lodernden Flammen des Feuers am Strand röteten den Mitteltrakt; die entfernteren Teile des Halbmondes jedoch ragten als verschwommene Masse in die Dunkelheit.

Die Gestalt eines Mannes zeichnete sich ab. Er hob einen Arm und winkte.

„Das ist Storm", erklärte Tioru.

„Ich habe diese Ruine schon bei Tageslicht gesehen. Einer von den Leuten erzählte mir, daß sie aus dem zweiundzwanzigsten Jahrhundert datiert, weiter wußte man nichts. Warum hast du einen so merkwürdigen Ort ausgewählt?"

„Storm wollte es", sagte Tioru.

Er drosselte die Geschwindigkeit, das Fahrzeug glitt knirschend auf eine Korallenbank und saß fest. Dorthy und Tioru sprangen ins hüfttiefe Wasser, lösten den Scooter und zogen ihn mit Storms Hilfe an Land.

„Jetzt verraten Sie mir bitte, was diese Geheimniskrämerei zu bedeuten hat, bevor ich explodiere", bat Dorthy.

Storm lächelte. „Tun Sie das lieber nicht. Sie werden in Kürze alles erfahren."

Das Lächeln überraschte sie. Bisher war Storms Lächeln stets die Andeutung einer Lächelns gewesen.

Zwischen dem Feuer und der See, jedoch näher am Feuer, lag ein großer Klotz aus knochenweißem Material teilweise im Sand vergraben.

Er hätte von einem Ornamentalgesims stammen können; auf der Oberfläche waren noch immer Spuren eines geometrischen Musters schwach zu erkennen, und in eine Seite waren stufenähnliche Vertiefungen eingehauen. Die obere Kante war nahezu eben, roh bearbeitet und bildete ein natürliches Podium. Der untere Teil des Steins war mit Kalk, Muscheln, Seetang und anderen Meeresgewächsen verkrustet. Storm deutete auf das Podest. „Bitte, Dorthy, lassen Sie uns auf den Stein steigen. Dort stehen Sie in der Mitte und blicken auf das Feuer."

„Das ist doch albern. Und was geschieht dann? Das ist ja geradeso, als sollte ich eine Rede halten. Wo sind die Zuhörer?"

Storm und Tioru ließen sich links und rechts von ihr auf den Sockel nieder.

„Sie brauchen keine Rede zu halten", sagte Storm, „aber Zuhörer haben Sie. Schauen Sie sich um."

Dorthy blickte über die hüpfenden Flammen, suchte den Strand ab und entdeckte zunächst nichts Ungewöhnliches – sie sah lediglich die geschwungene Kurve des Strandes mit den gigantischen

Ruinen im Hintergrund, und darüber spannte sich der nächtliche Himmel.

Mit einem plötzlichen Schock erkannte sie die Kulisse vor sich. Sie unterdrückte einen Aufschrei.

Einige hundert Tritonen schauten sie an, Männer und Frauen, alte und junge. Sie lagerten auf dem mittleren Teil des Strandes, zwischen den Steinbrocken, die der Feuerschein nur düster beleuchtete – sie standen, saßen, stützten sich auf die umgestürzten Blöcke und zerschmetterten Säulen, waren still und bewegungslos wie Statuen.

„Wir wollen Ihnen ein Geschenk machen", sagte Storm. „Sie werden gleich die beiden Menschen erblicken, die sich das Ganze ausgedacht haben. Schauen Sie geradeaus über das Feuer und warten Sie ab."

Direkt ihr gegenüber, zwischen zwei Wällen aus eingestürztem Mauerwerk, entdeckte Dorthy einen schmalen, offenen Pfad, der zu einem dreifachen Bogengang in einen unversehrten Teil der Mauer führte. Hinter all den Bögen konnte sie nichts ausmachen, nur Dunkelheit. Nein – im Schatten unter dem Zentralbogen bewegte sich etwas. Zwei Gestalten wurden verschwommen sichtbar.

Dorthy versuchte angestrengt, die Dunkelheit zu durchdringen und die beiden zu identifizieren. Als sie sich dem Feuer näherten, kam ihr an den beiden Gestalten, die nebeneinander einherschritten, etwas bekannt vor. Sie hatte sie schon einmal gesehen – irgendwo, irgendwann.

Sie schritten langsam den offenen Gang entlang und traten in den Lichtschein.

Unwillkürlich rief Dorthy: „Limpet und Squid!"

Beide Kinder hatten den Blick in tiefem Ernst auf Dorthy gerichtet. Limpet trug in den Händen einen runden Kasten aus geschnitztem Elfenbein.

Sie trennten sich, gingen um das Feuer herum, näherten sich der Felsenplattform, erklommen die Stufen und stellten sich, das Gesicht einander zugewendet, vor Dorthy auf.

Limpet sprach mit klarer, dünner Stimme.

„Heute abend sind Menschen aus der ganzen Welt hier", sagte Limpet. „Mindestens ein Triton von jedem Riff. Zunächst war das alles Squids Idee, aber Storm hat die Sache organisiert. Der Kasten und das, was darin ist, war meine Idee, und auch das stammt von überall her. Der Kasten ist aus Narwalelfenbein zusammengesetzt. Hier, Squid, halte ihn."

Squid nahm den Kasten. Limpet drückte auf die Kante des Deckels, der sich öffnete, und Dorthy sah, daß der Behälter innen mit einem seidenweichen Material ausgeschlagen war. Auf diesem kostbaren Untergrund ruhte ein goldenes Stirnband, das etwa zwei Drittel eines Kreises maß; es bestand aus verschlungenen goldenen Delphinen, deren Augen jeweils durch eine Perle dargestellt waren. Aus dem Stirnband ragten zwei geschwungene, farnähnliche goldene Wedel heraus, die die Antennen der Tritonen symbolisierten.

„Auch dies stammt aus aller Welt", fuhr Limpet fort. „Das weiße Material ist Meerseide. Das Gold stammt von Münzen, die man in einem alten Wrack vor der Küste Floridas fand. Die Perlen kommen aus verschiedenen Orten der Erde, jeweils eine von einem Ort."

Limpet nahm das goldene Stirnband aus dem Etui, setzte es Dorthy aufs Haupt und richtete die Antennen so, daß sie aus ihrer Stirn zu kommen schienen.

„Das symbolisiert die Liebe der Tritonen aus aller Welt", sagte Limpet, „weil Sie der einzige Mensch vom Festland sind, der sich voll und ganz um die Tritonen kümmert, und es bedeutet – es bedeutet . . ."

Hier konnte Limpet nicht weitersprechen, sie preßte die Lippen aufeinander und drückte die geballten Fäuste gegen die Brust.

„Es bedeutet, daß Sie jetzt ein Triton sind!" sagte Squid mit einer Stimme, die in den Ruinen widerhallte.

„Ich – oh – ich . . .", begann Dorthy. Dann wurden sie und Limpet von ihren Gefühlen überwältigt, sie umarmten einander und brachen in Tränen aus.

„Ich wußte, daß dies geschehen würde", murmelte Squid. „Ich habe es gleich gesagt."

Storm stand auf und erhob seine Stimme: „Dorthy ist hiermit zur Tritonin erklärt worden. Sind wir alle damit einverstanden?"

„Ja!" riefen die Tritonen wie aus einem Munde und strömten dann auf die Plattform zu. Limpet und Squid geleiteten Dorthy die Stufen hinunter, Tioru und Storm folgten ihnen. Jeder wollte ihr die Hand schütteln. Sie hatte noch nie in ihrem Leben so viele ausgestreckte Hände gesehen – und noch niemals war sie mit soviel Zuneigung überschüttet worden. Ihr fiel keine andere Antwort ein als die ständige Wiederholung des Satzes: „Das werde ich nie, nie vergessen!"

Nachdem sich die Aufregung gelegt hatte, versammelten sich die Tritonen ums Feuer; sie saßen oder lagen in den Sand zurückgelehnt. Für Dorthy lag ein kobaltblauer Teppich mit weißem Seepferdchenmuster bereit.

„Sie haben noch nicht alles erfahren", sagte Storm. „Es kommt noch mehr."

„Noch mehr?" fragte Dorthy. „Was kann das nur sein?"

„Erinnerst du dich?" fragte Tioru. „Es gibt einige Dinge über Tritonen, die du bisher nicht erfahren hast."

„Warum habt ihr so lange damit gewartet?"

„Weil zwischen allen Tritonen ein Abkommen besteht, keinem Festlandbewohner etwas davon zu erzählen, und wir haben auch zunächst nicht vor, das zu ändern", erklärte Storm. „Es gibt noch immer Milliarden von Menschen, die die Tektogenetik mißbilligen und meinen, Tritonen hätten überhaupt nicht geschaffen werden sollen. Wenn sie wüßten, was ich Ihnen gleich erzählen werde, würde ihre Feindseligkeit nur noch zunehmen. Ihnen können wir es erzählen, weil Sie in unsere Familie aufgenommen wurden. Wir vertrauen Ihnen, daß Sie diese Informationen geheimhalten werden."

„Ich verspreche zu schweigen – was auch immer es sein mag. Aber reden Sie! Ich platze vor Neugier!"

Storm dachte nach und sagte dann: „Haben Sie jemals gehört, daß jemand sagte, er habe ‚Schwein gehabt'?"

„Nein. Den Ausdruck kenne ich nicht. Was heißt das?"

„Das ist ein alter Festlandausdruck. Es bedeutet, daß man etwas riskiert, in der Hoffnung, zu gewinnen und dann etwas einzuheimsen, das die eigenen Erwartungen bei weitem übertrifft. Als die Tektogenetiker die Tritonen schufen, hatten sie in gewisser Weise ‚Schwein'. Aber sie ahnten es nicht."

„Ein Ergebnis, das ihre Erwartungen überstieg? Was ist damit gemeint?"

„Die Mischlinge."

Dorthy setzte sich mit einem Ruck auf. „Was?"

„Die Mischlinge. Oder, wie Sie es genannt haben, diejenigen, die dazwischen stehen."

„Das begreife ich nicht."

Erneut überlegte Storm und fuhr dann fort: „Haben Sie sich jemals etwas so deutlich vorgestellt, daß es Ihnen so vorkam, als stünde es tatsächlich vor Ihnen?"

„Ja. Ich glaube, das ist schon jedem ab und zu so gegangen."

„Haben Sie sich jemals etwas derart intensiv vorgestellt, daß Sie es so sehen konnten, als sei es ein verkörperlichter, materieller Gegenstand?"

„Nein. Aber wenn, dann würde ich es eine Halluzination nennen."

„Genau. Es gibt Menschen, die haben Halluzinationen. Das ist eine angeborene Fähigkeit des menschlichen Verstandes. Gewöhnliche Halluzinationen lassen sich jedoch nicht vorhersagen und treten nicht dann auf, wenn man es will."

„Es gibt Drogen, die das besorgen."

„Ja, aber die Ergebnisse liegen außerhalb jeder Kontrolle. Man muß die Drogen-Halluzinationen nehmen, wie sie kommen. Wäre es nicht nützlich, wenn man willentlich und gesteuert Halluzinationen hervorrufen könnte?"

„Das ist ein merkwürdiger Gedanke. Warum sollte es nützlich sein?"

„Angenommen, Sie wären ein Künstler, ein Designer, ein Architekt, Ingenieur oder Schriftsteller. Oder irgendein Angestellter. Sie könnten sich Ihre Gedanken vorstellen, sie würden verkörperlicht, nach außen projiziert, Sie hätten sie direkt vor Augen. Der Architekt könnte sich zum Beispiel seine Pläne vorstellen und das fertige Gebäude. Er könnte Veränderungen vornehmen, modifizieren, revidieren, und zwar im Handumdrehen. Stellen Sie sich einmal vor, wieviel Zeit, Entwürfe und Fehlstarts man sparen könnte."

„Ja, vermutlich. Aber wie kamen wir nur auf diesen absurden Gedanken? Das ist doch nicht möglich."

„Doch, es ist möglich. Einige der Mischlinge besitzen diese Fähigkeit."

„Das glaube ich nicht. Das ist zu phantastisch!"

Storm ließ sich vor Dorthy auf ein Knie nieder, formte mit seinen Händen eine Schale und sagte: „Schauen Sie auf meine Hände."

Und als Dorthy seine Hände anschaute, waren sie plötzlich

voller Feuer. Kleine gelbe Flammen hüpften und tanzten auf und ab. Dann waren sie verschwunden.

Einige Augenblicke herrschte tiefes Schweigen.

„Das ist ein Trick", sagte Dorthy. „Und ich habe es gesehen. Wenn es eine Halluzination war, dann war es meine."

„Wir beide sahen das Feuer. Es war meine vorsätzliche Halluzination, aber ich ließ auch Sie sie erblicken. Wir nennen das eine Transfer-Halluzination."

„Wir? Sie sagten doch, die Mischlinge . . . Storm! Sie!"

„Ja. Mein Vater war ein Festland-Maori. Die Tatsache ist irgendwo in meinen Personalakten vergraben. Ich bin zufällig ein Mischling, der wie ein normaler Triton aussieht; einige von uns gleichen normalen Festlandbewohnern."

Dorthy schluckte. „Ich glaube, daß Sie Hypnose angewendet haben, um mich eine Handvoll Feuer sehen zu lassen. Ich weiß nicht, wie Sie es anstellen konnten. Aber ich kann einfach nicht glauben, daß es eine Halluzination war, die Sie kontrolliert und auf mich übertragen haben."

„Dorthy, was fällt Ihnen zuerst ein, wenn Sie an mich denken?" fragte Storm.

„Nun – Sie kommen und gehen stets ungesehen."

„So?" sagte Storm und verschwand.

„Storm! Wo sind Sie?"

„Direkt vor Ihnen. Ich habe mich nicht von der Stelle gerührt", erklärte Storm und erschien wieder. „Ihre Wahrnehmung war lediglich blockiert. Das war eine negative Halluzination – gleichzeitig eine der elementarsten. Das ist das Beste, was ich zustande bringe. Ich bin im Hervorbringen von Halluzinationen nicht sonderlich begabt, aber das Talent entwickelt sich mit der Praxis. Ich führe die einfacheren Übungen durch und hoffe, daß ich nach und nach auch die schwierigeren erlerne. Ich kann noch keine starren Gegenstände projizieren."

Dorthy fühlte eine Schwäche in sich aufsteigen. Ein Schattenvorhang schien sich über ihre Augen zu senken. „Das ist zuviel für mich. Ich glaube, ich werde ohnmächtig."

Sie hörte Tiorus Stimme sagen: „Hier, trink dies."

Eine Tasse wurde ihr an die Lippen gepreßt, sie würgte eine bittere, salzige Flüssigkeit hinunter. Die Schatten verschwanden, die Schwäche ebbte ab.

„Reicht dies fürs erste? Oder sollen wir weitermachen?" fragte Tioru.

„Ich denke, ich bin jetzt soweit wieder in Ordnung. Ich habe noch einige Fragen. Können alle Mischlinge Halluzinationen hervorrufen?"

„Nein", sagte Storm. „Einige sind – nun, wir nennen sie ‚Einfühlende'. Sie haben ein besonderes Verhältnis zu Tieren – meistens natürlich zu Delphinen. Es ist nicht ganz genau das gleiche wie Telepathie, aber etwas Ähnliches. Einige sind massensensitiv. Andere besitzen ein besonders ausgeprägtes Orientierungsvermögen. Es gibt eine ganze Anzahl von Kategorien, und jeder Mischling hat mindestens ein Talent. Überdies gibt es auch bei den Halluzinationen verschiedene Klassen – visuelle, hörbare, tastbare; einige können sogar Geschmack und Geruch vorspiegeln, andere vermögen zwei oder drei Kategorien auf einmal erscheinen zu lassen. Einige können die Halluzinationen übertragen, andere nicht. Am weitesten verbreitet ist der visuelle Typ."

Dorthy wandte sich an Squid: „Und was ist dein Talent?"

„Das weiß ich nicht. Es hat sich bisher noch nicht gezeigt. Man kann es vorher nicht wissen."

„Ein Talent kann in fast jedem Alter auftreten", erklärte Storm. „Das früheste Erscheinen war wohl zehn Monate nach der Geburt. Der Vater ist Violinspieler, und die Eltern – und einige Bekannte – vernahmen plötzlich zu jeder Tageszeit und in unerwarteten Situationen Violinmusik. Es dauerte einige Zeit, bis sie merkten, daß das Baby diese hörbaren Halluzinationen übertrug."

„Wie aufregend!"

„Wieso aufregend?"

„Es ist so – so unheimlich und unmenschlich."

„Im Gegenteil", sagte Storm. „All diese Talente sind dem Menschen angeborene Fähigkeiten und waren bekannt, lange bevor es Tritonen und Mischlinge gab. Menschen, die sie besaßen, waren als Hexenmeister, Wahrsager, Heilige, Gesundbeter oder Wunderheiler bekannt. Bei den Festlandbewohnern sind es superrezessive Fähigkeiten, geradeso, als seien sie mit einem außergewöhnlich komplizierten Schloß verriegelt, das sich nur unter sehr seltenen – und unbekannten – Voraussetzungen öffnet. Die Mischung von Festlandbewohnern und Tritonen scheint die Kombination zu sein, die das Schloß öffnet. Darum sagte ich, daß die

Festlandbewohner, als sie die Tritonen schufen, ohne es zu wissen, ‚Schwein hatten'."

Ein plötzlicher Einfall durchfuhr Dorthy, und sie wandte sich an Limpet: „Hast du auch verborgene Talente?"

„Nein!" sagte Limpet. „Ich bin nur ein Triton, ich bin nichts Besonderes."

„Damit bin ich nicht einverstanden. Für mich werdet ihr, du und Squid, stets etwas Besonderes sein."

Sie warf Tioru einen fragenden Blick zu; Tioru sagte lächelnd: „Auch hier schlummern keine verborgenen Talente."

Dorthy preßte die Fingerspitzen gegen die Schläfen und schloß einige Zeit die Augen, dann wandte sie sich an Storm: „Ich muß eine Weile darüber nachdenken und will versuchen, das alles zu verdauen. Ich zweifle nicht an dem, was Sie mir erzählt haben, aber es kommt mir so unwirklich vor, als könnte es in der nächsten Minute dahinschmelzen wie – wie eine Transfer-Halluzination."

„Für den Augenblick haben Sie genug gehört?"

„Ja", sagte Dorthy. „Wollen Sie damit sagen, daß es noch mehr gibt?"

„Das ist alles."

„Dann . . ."

Sie nahm Squid und Limpet an der Hand. „Kommt mit!"

Die drei erklommen die Felsenplattform. Sie stand zwischen den Kindern, hatte die Arme um ihre Schultern gelegt, schaute auf die versammelten Tritonen und sagte: „Was ihr heute abend für mich getan habt, ist mehr, als ihr jemals ahnen könnt. Ich liebe jeden einzelnen von euch und ganz besonders Squid und Limpet. Möget ihr die grünen Tiefen in Frieden finden."

Die Antwort der Tritonen rollte wie eine Welle über den Strand: „Und die dunklen Wasser schweigend."

Die Tritonen erhoben sich und gingen auf das Wasser zu. Dorthy verließ die Plattform und stand am Strand, die kleinen Wellen der zurückkehrenden Flut umspielten ihre Füße. Sie streckte die Arme nach beiden Seiten aus, und als die Tritonen an ihr vorübergingen und ins seichte Wasser wateten, streifte ein jeder Dorthys Hand.

Die Ruhe der dunklen See wurde durch das Brausen und Zischen einer Flottille von Unterwasserbooten zerrissen, die von ihren Liegeplätzen auf dem Meeresgrund auftauchten. Dorthy fragte sich, woher sie wußten, wann sie auftauchen mußten. Durch Gedankenübertragung von Mischlingen am Ufer über Delphine zu Mischlingen auf den Booten?

Als sich alle Tritonen außer Tioru im Wasser befanden, wandte sich Dorthy um und blickte auf das Meer. Die U-Boote hatten die Unterwasserscheinwerfer eingeschaltet, so daß jedes einzelne Fahrzeug von einem Ring bleichgrün schimmernden Wassers umgeben war. In den erleuchteten Zonen wurden die Umrisse springender Delphine und schwimmender Tritonen sichtbar. Die Tritonen kletterten an Bord der U-Boote, die sie zu ihren Heimatriffen auf der ganzen Welt zurückbringen sollten.

Einer nach dem anderen verschwanden die Scheinwerfer, ließen einen Schwarm roter und grüner Lichter zurück, die sich trennten und zerstreuten. Dorthy schaute zu, wie sie sich fächerförmig über die See ausbreiteten, sich entfernten und verschwanden. Dann wandte sie sich um und blickte über den Strand.

Das Feuer war heruntergebrannt, über hellorangegelb glühenden Kohlen flackerten kleine blaue Flammen. Dahinter lag der blauweiße Teppich im Sand, auf ihm ruhte das runde Elfenbeinkästchen. Tioru stand neben ihr.

„Wohin soll das führen? Wie ist dir zumute?" fragte er.

„Ich weiß nicht, was mit uns werden soll", antwortete sie. „Meine Gefühle, nun, das alles ist ein einziges Chaos. Ich bin glücklich – und gleichzeitig habe ich Angst."

Sie ging langsam auf den Teppich zu, ließ sich darauf nieder, zog die Knie unters Kinn und starrte in die verlöschenden Flammen. Tioru setzte sich neben sie und wartete darauf, daß sie weitersprach.

Schließlich sagte sie: „Ich bin glücklich über das, was man für mich getan hat. Das bedarf keiner Erklärung. Aber ich habe Angst vor dem, was mit mir geschehen ist. Ich bin plötzlich unvollkommen entwickelt. Alle Festlandbewohner sind unvollkommen."

„Denk darüber noch ein wenig nach. Du bist erschüttert, weil du das Unglaubliche glauben mußt. Morgen sieht alles anders aus."

„Aber heute ist heute und nicht morgen. Das alles empfinde ich heute. Welche Chance haben die Festlandbewohner gegenüber einer Rasse, die nach Belieben Halluzinationen heraufbeschwören kann und über was weiß ich noch für Fähigkeiten verfügt? Wir alle stehen auf einem Laufband, das uns zum Tor der Vergessenheit transportiert. ‚Nur für Festlandbewohner. Ausgang des Universums.' Woran sollte ich sonst denken?"

„Daran zum Beispiel", sagte Tioru. „Sieh mal. Angenommen, die menschliche Rasse hätte sich zunächst als Tritonen entwickelt. Was hätten sie mit der Welt der Festlandbewohner angefangen? Sie hätten Festlandbewohner schaffen müssen, um das Land zu erforschen. Sie brauchen einander – und das gilt ebenso für dich und mich wie für Festlandbewohner und Tritonen allgemein. Und wir brauchen weitere Möglichkeiten, wenn wir in anderen Welten leben wollen. Das Universum ist groß, und lediglich zwei Arten menschlicher Wesen werden es nicht mit dem All aufnehmen können. Für eine Hand sind mehr als zwei Finger nötig."

„Noch mehr Arten? Das ist noch schlimmer! Eine Proliferation der Dinge!"

„Bin ich ein Ding?"

„O nein, Tioru, entschuldige! Das habe ich nicht gemeint! Aber ich habe noch immer Angst."

„Das kommt daher, weil es ein ganz fremder Gedanke ist. Das wird jedoch nicht immer so sein. Eines Tages werden diese merkwürdigen Fähigkeiten Allgemeingut sein. Du fürchtest dich, weil du müde bist. Du hast heute abend einen Schock und eine Überraschung nach der anderen erlebt."

„Ich bin nicht müde. Ich bin erschüttert. Verstehst du, was das bedeutet – für dich und mich?"

„Vermutlich sehe ich nicht, was du siehst."

„Es bedeutet, daß wir niemals heiraten und Kinder haben können. Wir würden unseren Teil zum Niedergang und Sturz der Welt der Festlandbewohner beitragen. Der Tritonenwelt ebenfalls. Und ich müßte hilflos danebenstehen und zuschauen. Ich bin verpflichtet, über das, was ich weiß, zu schweigen. Normale Tritonen und Festlandbewohner sind im Vergleich zu den Mischlingen zurückgebliebene Kinder. Sie werden den Weg des Mastodons und des Neandertalers gehen."

„Das glaube ich nicht. Wenn wir die Talente der Mischlinge durch einige Generationen hindurch untersucht haben, wissen wir, wie wir die gleichen Talente in uns selbst entwickeln können. Dann werden wir uns alle auf der gleichen Ebene befinden."

Dorthy rieb sich die Augen. Dann sagte sie: „Ich kann heute abend keinen klaren Gedanken mehr fassen. Laß uns hierbleiben, bis das Feuer erloschen ist, und vergessen wir für eine Weile die Probleme."

Während sie miteinander sprachen, war die Flut den Strand entlanggekrochen. Eine Schaumlippe schwappte die sanfte Neigung empor und zog sich wieder zurück. Dann stieß sie erneut vor und verschwand wieder; jedesmal kam sie ein wenig näher. Schließlich berührte sie den äußersten Rand der glühenden Kohlen. Es zischte, eine Dampfwolke stieg auf, und der zum Meer hin gelegene Rand des Feuers wurde ein schwarzer Saum, der zischend kleine Rauchwolken ausstieß.

„Dorthy, ich glaube, ich weiß, woran du denkst."

„Na, und woran?"

„Das Feuer ist die Welt der normalen Festlandbewohner und der Tritonen. Die Flut ist die Flut der Veränderung. Du beobachtest das Ende der Welt."

„Tioru! Du liest meine Gedanken! Du hast ein Talent!"

„Ich schwöre vor der See und den Sternen, daß ich kein Mischling bin und deine Gedanken nicht gelesen habe. Ich weiß nur in etwa, wie es funktioniert."

Sie schwiegen eine Zeitlang, und der schwarze Saum kroch Zentimeter für Zentimeter zischend und dampfend über die glühenden Kohlen.

Schließlich flüsterte Dorthy kaum hörbar: „Nein, ich kann es nicht fassen. Es ist zuviel. Zu viele Dinge gehen gleichzeitig zu Ende. Ich möchte jetzt nur noch – fortlaufen und mich verstecken."

„Einerlei, was geschieht", sagte Tiorus Stimme in der Dunkelheit, „wohin auch immer du gehst, was auch immer du tust, die Stimme des Meeres wird dich begleiten, Dorthy. Und wenn du diese Stimme vernimmst, wirst du auch meine hören. Du bist jetzt ein Triton. Die See hat von dir Besitz ergriffen. Wenn man einmal in den dunklen Wassern gewesen ist, kann man niemals zurück."

„Ich weiß", sagte Dorthy. „Ich . . . weiß es."

Drittes Buch

12

Als Biond Smith auf dem Laufband die Constitution Avenue zur Zentralbehörde hinunterfuhr, hatte er das bestimmte Gefühl, daß ihm der Asteroid Flavia mit all seinen Millionen Tonnen im Nacken saß.

Flavia lastete auch auf den anderen Menschen; aber in den Gesichtern der Passanten konnte er keine Anzeichen dafür entdecken. Einige Leute sahen zwar bedrückt oder sogar beunruhigt aus, aber nicht mehr, als es der Fall gewesen wäre, wenn sie über Dinge wie die Arbeit oder die Familie nachgedacht hätten. Die meisten Gesichter waren wie üblich einfach ausdruckslos, obgleich die Ankunft Flavias inzwischen allgemein bekannt war. Auf jeden Fall entdeckte er nirgendwo Zeichen von Entsetzen.

Die Zentralbehörde – der Ort, nicht die Behörde selbst – befand sich heute in dem ehemaligen Lagebesprechungszimmer, in einer Sektion Novoe-Washingtongrads, die noch immer das Pentagon hieß, obgleich das Gebäude dieses Namens gemeinsam mit den meisten Bauwerken der alten Stadt im Dritten Weltkrieg zerstört worden war.

Die erste Zentralbehörde hatte man in Südafrika erbaut; später wurde sie unter Vorbehalt nach Tetropolis verlegt, einer mittelgroßen Stadt von fünfzig Millionen Einwohnern im Herzen Unistams, die durch den Zusammenschluß der alten Orte Leavenworth, Atchison, und St. Joseph entstanden war. Noch später hatte man die Behörde dann aus Gründen der Vorsicht nach Novoe-Washingtongrad verlegt – aber selbst diese Vorsicht erwies sich jetzt als nutzlos; kein Ort des Unistam-Kontinents war vor Flavia sicher.

Das Laufband bog sanft um einen kubischen Tempel, in dem früher, wenn man der Legende Glauben schenken konnte, ein bärtiger Gott namens „Aufrichtiger Abe“ verehrt worden war, und führte dann durch einen Korridor, der seltsamerweise „Begräbnisbrücke“ hieß. Es war ein sehr langer Weg, und Biond verabscheute ihn, aber die drohende Katastrophe war anscheinend viel zu ernst, als daß man eine der gemütlichen Konferenzen in Deban Tods Wohnung hätte abhalten können.

Als die Geschwindigkeit des Laufbandes zunahm – es führte jetzt durch ein Gebiet namens Potomac-Kluft, eine der vielen tiefliegenden Sektionen, wo die Arbeitslosen von UNOC vor dem dreidimensionalen Fernseher hockten –, erscholl aus dem öffentlichen Lautsprechersystem plötzlich ein Trompetenstoß: Die Kommunikationsbehörde hatte etwas Wichtiges anzukündigen. Biond blickte instinktiv empor, obgleich auf dem Dach der Begräbnisbrücke natürlich nichts zu sehen war.

„Wir bitten um Ihre Aufmerksamkeit", dröhnte eine Stimme. Es war eine menschliche Stimme, und sie war trotz der Verzerrung durch den Widerhall im Korridor quälend vertraut. „Wir bitten um Ihre Aufmerksamkeit. Wir bringen ein wichtiges Bulletin vom Zentralen Forschungsrat. Der Rat hat heute morgen die Zentralbehörde darüber informiert, daß man die praktische Möglichkeit des interstellaren Fluges entdeckt hat. Pläne für die Konstruktion eines experimentellen interstellaren Flugkörpers werden in Kürze vorgelegt. Eine weitere Ankündigung wird im Laufe des Tages über die regulären Nachrichtenkanäle erfolgen."

Wieder erklangen die Fanfaren, dann tröpfelte aus den Lautsprechern das übliche dünne, einschläfernde Gesäusel – die „Hintergrundmusik".

Wenn der Bericht stimmte – und Biond hatte keinen Grund, daran zu zweifeln –, dann war dies ein ungünstiger Zeitpunkt für eine derartige Bekanntmachung. Man hätte die Nachricht nicht veröffentlichen sollen, bevor eine Diskussion in der Vollversammlung des Rates stattgefunden hatte. Marg't Splain, dachte er, du wirst eine Menge Fragen beantworten müssen.

In dem halbrunden Raum eilten wie üblich in letzter Minute die Angestellten und Techniker umher; das Summen der Gespräche war ungewöhnlich laut.

Biond ließ sich an seinem Tisch nieder; vor ihm stand das Mikrofon, das bei dieser so wichtigen Konferenz jedes gesprochene Wort dreifach aufzeichnen würde. Es lagen keine dringenden Notizen auf seinem Schreibtisch; dafür war er dankbar. Er schaute sich um. Deban Tod hatte den Vorsitz, und auch er blickte forschend in die Runde.

„Sind alle da?" fragte er. „Ich kann Dorthy Sumter nicht entdecken. Weiß jemand, wo sie steckt?"

„Da kommen Sie zu spät, Deban", sagte Marg't Splain, und in ihren Augen glitzerte es. „Haben Sie es noch nicht gehört? Sie haben Ihre Freundin an einen Triton verloren."

Biond warf blitzschnell einen Blick auf das Mikrofon. Das rote Licht glühte noch nicht auf; dennoch war diese Bemerkung eine unerhörte Verletzung der Privatsphäre. Deban Tod wischte sie jedoch, wie es seine Art war, vom Tisch.

„Niemand gehört jemandem", sagte er. „Biond, haben Sie etwas gehört?"

„Dorthy war gestern in meinem Büro", sagte Biond. „Aber am Abend ist sie verschwunden."

„Sir", sagte ein Mann, den Biond erkannte – es war irgendein Angestellter der Regionalverwaltung. „Die Vorsitzende Sumter befindet sich auf Groß-Inagua."

„Na gut, fangen wir an. Sie ist benachrichtigt worden, und die Zeit ist zu knapp, als daß wir auf sie warten könnten", sagte Deban Tod. Das rote Licht glühte auf. „Ich bin sicher, daß ein Dutzend Fragen wegen der Nachricht über den interstellaren Flug kommen, aber eins nach dem anderen. Flavia schwebt nun beinahe über uns. Ich rufe die Katastrophenbehörde auf. Biond, wollen Sie den Vorsitz übernehmen?"

„Nein, vielen Dank", sagte Biond. Wenn er den Vorsitz innehatte, konnte er weniger ungeniert Fragen stellen.

„Sehr gut. Wie gehen die Evakuierungsarbeiten vonstatten?"

„Wir sind mittendrin. Unser einziges Problem war eine Stadt, in der eine Familientagung stattfand. Die Sache wurde durch den Bruch einer Pipeline noch kompliziert, aber der Schaden ist inzwischen behoben – das haben wir Transcorp und meinem Mann McGee zu verdanken."

„Und die Tritonen? ‚Operation Sicherheit'?"

„Aufgeschoben", mußte Biond zugeben. „Das war jedenfalls das letzte, was ich darüber hörte. Über die augenblickliche Lage bin ich nicht informiert. Ich hatte gehofft, Dorthy könnte uns das erzählen. Vielleicht ist das der Grund für ihre Abwesenheit."

„Oder auch nicht", sagte Marg't Splain. Biond starrte sie an. Während seine Aufmerksamkeit auf Deban gerichtet war, hatte sich eine andere Frau zu Marg't an den Schreibtisch gestellt, eine junge Brünette im weißen Overall, der Uniform der Wissenschaftler von Transcorp. Es war Helga Auer, die er vor Jahren gekannt hatte, bevor sie auf den Planeten geschickt worden war. Ob Marg't das wußte? Es war durchaus möglich; in der Stunde ihres Triumphes hatte Marg'ts Gehässigkeit nur noch zugenommen.

„Selbstverständlich wird die Abteilung für Unterwasserprodukte das Projekt durchführen, aber die Verantwortung liegt bei Ihnen", sagte Deban Tod. „Wir hätten dann gern unverzüglich einen Bericht."

„Sobald er vorliegt."

„Chen U, was ist mit der Versorgung? Bei all der bevorstehenden Zerstörung wird die Bevölkerung vermutlich für eine Weile auf knappere Rationen gesetzt werden müssen. Die Verteilung ist selbstverständlich das Problem von Transcorp, aber werden wir überhaupt genug Nahrung haben?"

„Zunächst schon", sagte Chen U. „Wir haben Vorräte für den sofortigen Bedarf, wenn – wie Sie ganz richtig sagen – Transcorp die Verteilung vornimmt. Aber danach wird sich die Situation verschlechtern. Aus Marg'ts ‚einem mageren Jahr' könnten sieben werden."

„Verschlechtern?" fragte Deban Tod. „Ich sehe nicht ein, warum. Sobald die Ordnung wiederhergestellt ist . . ."

„Ich gebe es nicht gern zu", sagte Chen U. „Aber . . . Sie erinnern sich daran, daß wir eine Veränderung der Standardration beschlossen, in der Konferenz, bevor wir von Flavia erfuhren. Anscheinend haben wir die Sache falsch eingeschätzt. Die neue Ration hat auf Menschen eine wesentliche Nebenwirkung. Sie hat eine bedeutende Steigerung der Fruchtbarkeit zur Folge gehabt."

„Mein Gott", platzte Biond heraus.

„Das ist das letzte, was wir uns gewünscht haben. Wie bedeutend ist denn ‚bedeutend', Chen?" fragte Deban Tod.

„Die genauen Zahlen werden noch berechnet. Es bedeutet jedoch, daß die Bevölkerung trotz der Verluste, die wir durch den Aufprall Flavias erwarten, hinterher um drei Prozent steigen wird."

„Das ist nicht viel", sagte Biond. „Diese Steigerung hat mein Büro in etwa ebenfalls errechnet. Das geschieht stets nach einer großen Katastrophe – auch nach Weltkriegen. Der Tod regt die Menschen zur Vermehrung an."

„Ich habe mich falsch ausgedrückt", sagte Chen U. „Meine drei

Prozent sind keine voraussichtliche Gesamtsteigerung. Das ist die Steigerung der Steigerungsrate selbst. Und sie findet bereits jetzt, vor der Katastrophe, statt."

Die Gesichter der Anwesenden, bis hinunter zum letzten Techniker, zeigten Bestürzung. Das Schweigen dauerte an. Schließlich sagte Marg't Splain: „Das ist natürlich unglücklich . . ."

„Unglücklich?" sagte Deban Tod.

„Und zwar in doppelter Hinsicht, weil wir Bionds Büro nicht rechtzeitig darüber informieren konnten, damit seine Berechnungen revidiert wurden. Aber ich nehme an, daß sich die gesamte Lage seit gestern, als wir die interstellare Raumfahrt noch nicht hatten, verändert hat. Ich schlage vor, daß wir uns jetzt über diesen Punkt unterhalten – sonst könnten alle anderen Katastrophenpläne unrealistisch werden."

„Wenn keine Einwände gemacht werden . . ."

„Ich habe etwas einzuwenden", sagte Biond unverzüglich. „Ich möchte über diese Raumfahrt ebensoviel erfahren wie die anderen, zunächst jedoch, Marg't, zu den Zahlen der Bevölkerungssteigerung. Wer ist ‚wir', der meine Mitarbeiter hätte benachrichtigen sollen?"

„Mein Büro natürlich."

„Warum ‚natürlich'? Wie kommt es, daß Transcorp noch vor mir etwas davon erfährt?"

„Wahrscheinlich", sagte Marg't maliziös, „auf die gleiche Weise, wie wir vor Ihnen von Flavia erfuhren – weil wir nämlich aufgepaßt haben."

„Das ist nicht wahr", sagte Biond hitzig. „Ich hörte von Flavia . . ."

Und dann fiel ihm wieder ein, auf welche Weise er von Flavia erfahren hatte. Der Satz blieb ihm in der Kehle stecken. Marg't lächelte zuckersüß und sagte: „Deban, habe ich jetzt das Wort oder nicht?"

Deban Tod schaute Biond an, der die Hände spreizte und sich dann in seinen Sessel zurücklehnte. Du lieber Himmel, dachte er, und ich war in dieses Wahnsinnsweib verliebt!

„Gut, bevor ich versuche, selbst den Flug zu erklären – ich fühle mich da nicht ganz kompetent –, habe ich Dr. Auer mitgebracht. Sie arbeitet am Ganymed-Projekt, wo auch die eigentliche Arbeit geleistet wurde. Anschließend werden wir beide eventuell auftretende Fragen beantworten, so gut wir können. Fangen Sie an, Helga."

Die Wissenschaftlerin war durch die Umgebung und die Zuhörer offensichtlich ein wenig eingeschüchtert und begann zögernd: „Ich denke, ich sollte als erstes berichten, daß wir diesen Effekt zunächst durch etwas entdeckten, was wir für eine Fehlfunktion eines neuen Teilchenbeschleunigers hielten, den wir gerade testeten. Sie werden wissen, daß es ein Naturgesetz gibt, demzufolge ein Körper, wenn er sich der Lichtgeschwindigkeit nähert, an Masse zunimmt und sich sein Durchmesser gleichzeitig in Fahrtrichtung verkürzt. Weil sich der Durchmesser im Laufe der Beschleunigung auf Lichtgeschwindigkeit dem Nullwert nähert und die Masse der Unendlichkeit, scheint das Gesetz zu besagen, daß kein materieller Körper Lichtgeschwindigkeit erreichen kann."

„Und daher kein interstellarer Flug möglich ist", sagte Deban Tod. „Mit diesem Material sind wir alle vertraut, Dr. Auer. Sie können ein wenig zügiger vorgehen."

„Gut, Sie wissen also, daß sich dieser Effekt in einem Teilchenbeschleuniger, in dem man die Partikel bis nahezu auf Lichtgeschwindigkeit beschleunigen kann, leicht beobachten läßt. In unserer neuen Maschine mußten wir jedoch feststellen, daß etwa um 0,97 c eine Abflachung des Effektes stattfindet. Es ließ sich nur schwer genau messen. Wie Sie vielleicht ebenfalls wissen werden, hat Jupiter ein intensives Magnetfeld und gewaltige Van-Allen-Gürtel, in denen sich Ganymed bewegt. Außerdem wird Ganymed mit Radioaktivstrahlung vom Stammkörper übersprüht.

Nachdem wir zu dem Schluß gekommen waren, daß die Abflachung tatsächlich existiert, modifizierten wir die ursprüngliche Lorenz-Fitzgerald-Formel entsprechend. Dazu mußten wir annehmen, daß c nicht die absolute Begrenzung ist, sondern lediglich ein Sperrpunkt der ursprünglichen Gleichung. Da der neue Beschleuniger theoretisch in der Lage war, ein Teilchen auf Lichtgeschwindigkeit zu beschleunigen, und somit die Begrenzung nicht länger zu gelten schien, machten wir einen Versuch.

Die Teilchen schienen einfach verschwunden zu sein, ohne daß wir in der Lage gewesen wären herauszufinden, wo sie die Maschine verließen. Und was noch wichtiger ist, wir fanden heraus, daß sie an anderer Stelle des Projekts auftauchten . . ."

„Auf Ganymed?" fragte Biond.

„Ja. Das bemerkten wir erst, als sich eine andere Mannschaft beschwerte, sie würden trotz aller möglichen Abschirmvorrichtungen mit Partikeln besprüht, die ein weiteres Experiment störten.

Ich will die Zwischenstadien überspringen. Kurzum, wir glauben, daß das, worauf wir gekommen sind, den experimentellen Beweis dafür bildet, daß das Universum multidimensional ist und daß die Lorenz-Fitzgerald-Formel lediglich eine lokale Ordnung unseres speziellen vierdimensionalen Ausschnitts des Universums darstellt. Mit anderen Worten, die Lichtgeschwindigkeit ist nur in einem sehr begrenzten Sinn eine Begrenzung. Tatsächlich ist es die kosmische Fluchtgeschwindigkeit. Wenn man sie einmal überschreitet, dann verschwindet man von einem lokalen Raum in den anderen. Man kehrt in den ersteren zurück, sobald die Geschwindigkeit abnimmt; aus diesem Grunde sollte sie leicht zu regulieren sein. Sobald wir dies ausgearbeitet hatten, haben wir uns mit Transcorp in Verbindung gesetzt, und hier bin ich nun."

Biond kritzelte hastig auf einem Zettel herum, aber bei diesen Worten blickte er auf. „In Wirklichkeit gibt es also gar keine Raumfahrt, von einer ‚praktikablen' ganz zu schweigen. Sie haben lediglich eine Theorie."

„Nun, ja", sagte das Mädchen. „Aber die Theorie an sich ist revolutionär, und wir sind so gut wie sicher, daß uns ein wirklicher Durchbruch gelungen ist."

„Wissen Sie, ob die Sache auch außerhalb des Magnetfeldes von Jupiter funktioniert und ohne die anderen Bedingungen, die Sie erwähnt haben?"

„Es gibt keinen Grund, warum das nicht der Fall sein sollte, aber das werden wir natürlich untersuchen."

„Gut", sagte Biond. „Aber auch an der Theorie selbst ist eines ziemlich merkwürdig. Wenn c tatsächlich die kosmische Fluchtgeschwindigkeit ist, dann hat es den Anschein, als hätten Sie auch das Maß der Masse des Universums parat. Mit simpler Arithmetik – vielleicht ist es zu einfach – errechne ich daraus, daß sie 26 571,4mal so groß ist wie die Erdmasse. Das ist weniger als ein Siebentel der Sonnenmasse!"

„Das ist gar nicht so dumm, wie es klingt", sagte Dr. Auer. „Ihre Zahl stimmt tatsächlich, Biond. Aber Sie vergessen dabei, daß es sich hierbei um eine Frage der Dichte handelt. Die Masse des Universums breitet sich sehr weit aus, sie ist nicht wie bei der Erde zu einem Klumpen zusammengeballt. Und dies ist das Ergebnis: An jedem Punkt im Weltraum, wo es keine großen angrenzenden Massen gibt, entspricht die Fluchtgeschwindigkeit – CFG also – einem Körper, der etwa 26 000mal so massiv ist wie die Erde. Das trifft unbedingt zu."

„Gut. Trotzdem wiederhole ich, und ich weise die Versammlung ausdrücklich darauf hin, noch einmal das wichtigste Faktum: Es gibt keinen Weltraumflug. Es besteht auch keine begründete Aussicht, daß er unmittelbar bevorsteht. Ich kenne und schätze Dr. Auer, aber es scheint mir, als sei sie in diesem Fall zu leichtgläubig – sie hat zugestimmt, daß ihre Arbeit verwendet wird, daß sie zu etwas aufgeblasen wird, was sie nicht ist und wahrscheinlich in nächster Zeit auch nicht sein wird."

„Das ist ja widerliche Pedanterie", sagte Marg't Splain. „Die Theorie ist eine hervorragende Errungenschaft und sollte sehr bald schon Früchte tragen. Biond reagiert wie die Amateure, die auch über Einstein oder Galilei gelacht haben."

„Heute vergleicht sich jeder Pseudo-Wissenschaftler mit Galilei, das ist ein Kennzeichen unserer Generation. Dr. Auer selbst fordert nicht zu einem solchen Vergleich auf. Ich habe nichts gegen ihre Arbeit einzuwenden, sondern gegen die Veröffentlichung. Sie geschah ohne eigentliche vorhergehende Konsultation und wurde offensichtlich in der Hoffnung gemacht, uns vor vollendete Tatsachen stellen zu können. Die Sache ist von Grund auf überstürzt – ganz abgesehen davon, daß sie soziologisch gefährlich ist, speziell während der Flavia-Krise. Soweit ich es beurteilen kann, wird die Geschichte unsere Katastrophenplanung ernstlich beeinflussen. Ich habe immer den Eindruck gehabt, daß Marg't auf dieses Projekt ganz versessen ist, aber ihr gegenwärtiges Verhalten ist geradezu Wahnsinn."

„Diese Beschuldigung", sagte Deban Tod heftig, „ist ein Fehler. Auf einen von Ihnen wird die Zentralbehörde verzichten müssen – es liegt im Augenblick nicht auf der Hand, auf wen. Bedenken Sie, Biond, daß diese Entdeckung genau so sein kann, wie Marg't es dargestellt hat. Wenn das stimmt, dann kann man die Bedeutung gar nicht hoch genug einschätzen."

„Das leugne ich nicht. Ich sage nur, daß die Geschichte nicht gerade zu diesem Zeitpunkt hätte veröffentlicht werden sollen –

vor Flavias Ankunft – und daß die Ankündigung Schaden anrichten wird."

„Und wie sollen wir die Sache in Ordnung bringen? Es ist offensichtlich, daß wir bis zu Flavias Ankunft die Angelegenheit nicht gründlich überprüfen können."

„Nein", stimmte Biond zu. „Aber wenn sich Marg't hinsichtlich dieses Projektes so irrational verhält, wie ich es vermute, dann würde ein psychologischer Test es beweisen. Wenn sie in gutem Glauben handelt, würde sie sich freiwillig einem Test unterwerfen."

„Man hat mich gerade freiwillig dazu gebracht", sagte Marg't, bleich vor Wut. „Ich akzeptiere unter einer Bedingung – Biond meldet sich ebenfalls freiwillig. Er versucht mich aus persönlichen Motiven zu sabotieren, um präzise zu sein, er handelt aus rachsüchtiger Eifersucht. Ich will nicht näher darauf eingehen – man soll ihm die Frage in dieser Form stellen. Er weiß sehr gut, daß er nicht durchkommen würde."

„Jetzt haben wir den Salat", sagte Deban Tod. „Biond?"

„Ich weigere mich. Das hat nichts mit dem Problem zu tun."

„Dennoch kommen wir jetzt nicht mehr darum herum. Sie beide weigern sich, und unter diesen Bedingungen sind Sie beide untragbar für uns. Ich werde eine Entscheidung treffen müssen. Sie hätten den Vorsitz übernehmen sollen, als ich es Ihnen anbot, Biond . . ., und es hilft Ihnen auch nichts, daß Dorthy nicht anwesend ist."

„Mit einem Wort, Sie entscheiden gegen mich."

„Ja", sagte Deban Tod. „Wir müssen die Möglichkeit einkalkulieren, daß die Raumfahrt durchführbar ist. Ich denke, daß die Wahrscheinlichkeit existiert. Außerdem weiß ich nicht, wie wir Marg't durch einen anderen Transcorp-Vorsitzenden ersetzen könnten. Es sind keine Kandidaten in Sicht, und wir haben keine Zeit, Wahlen auszurufen. Als Katastrophenchef haben wir McGee. Sie selbst bestätigten, daß er ein fähiger Mann ist."

„Der fähigste weit und breit; das würde ich nicht eine Sekunde in Abrede stellen."

„Sehr gut", sagte Deban Tod. „Ich habe mich also entschieden. Und jetzt verkünde ich eine zehnminütige Pause, so daß Mr. Smith sich ordnungsgemäß aus dieser Beratung zurückziehen kann."

Und so kam es, daß Biond Smith arbeitslos dastand.

13

SO KAM es also, daß Biond Smith nicht mehr zu den mächtigen Herrschern der Erde gehörte, nicht länger Chef eines Ministeriums, nicht einmal mehr Wähler war, sondern lediglich einer von Milliarden Arbeitslosen – und das unmittelbar vor Ausbruch einer Katastrophe.

Aus alter Gewohnheit wäre er um ein Haar in sein Büro zurückgekehrt, als ihm gerade noch einfiel, daß er gar keinen Anspruch mehr darauf hatte; die Gewohnheit zog ihn zurück in seine Wohnung, obgleich es auch dort für ihn nichts mehr zu tun gab. Im Gegensatz zu Deban Tod und seinen exotischen Pflanzen hatte Biond keine ernsthaften Interessen – Katastrophen waren sowohl sein Hobby als auch seine Arbeit gewesen. Er hatte häufig daran gedacht, sich eine Nebenbeschäftigung zuzulegen, für seine unvermeidliche Pensionierung vorzusorgen, aber es war einfach nichts Überwältigendes aufgetaucht. Im Augenblick hatte er nicht einmal eine Frau.

Und ebenfalls aus Gewohnheit dachte er weiterhin darüber nach, wie die Zentralbehörde wohl weiterfunktionieren würde, jetzt, da man beschlossen hatte, ihn von seinen Pflichten zu entbinden. Er dachte nicht darüber nach, wie gut oder schlecht die Zentralbehörde funktionieren würde – eine so massive Organisation konnte aus eigenem Impuls wahrscheinlich mehr als zehn Jahre weiterarbeiten, ohne in Unordnung zu geraten –, er überlegte vielmehr, welche weiteren Veränderungen man in der Vollversammlung vornehmen würde. McGee würde sich zweifellos bewähren; er war mit Bionds Arbeit ebenso vertraut, wie Biond selbst es gewesen war, und er würde mit Marg't und Chen U wahrscheinlich leichter auskommen, weil er mehr von einem Politiker hatte als Biond und besser mit den Wechselfällen der hohen Politik vertraut war.

Außerdem war er rücksichtsloser. Wenn es sich früher oder später als notwendig erweisen sollte, sich mit Marg't anzulegen, dann würde er vermutlich gewinnen, besonders dann, wenn Marg'ts Verfall noch deutlicher sichtbar wurde. Bei einem Zusammenprall der beiden konnte jemand, der weniger schlagfertig war – Dorthy

Sumter zum Beispiel –, leicht einige Schmisse und Beulen davontragen, aber so war nun einmal das Leben eines Staatsdieners. Dorthy würde einfach für sich selbst sorgen müssen; die wachsende Macht der BFU hinter ihr war sehr groß – wenn sie jemals lernen würde, sie einzusetzen.

Inzwischen war es vielleicht am interessantesten, wenn man sich einmal anschaute, wie die Menschen auf die Vorbereitungen für die Katastrophe reagierten und wie die verrückte Ankündigung des interstellaren Raumfluges vom Morgen auf sie gewirkt hatte. Biond hatte zwar keine Verwendung mehr für derartige Informationen, aber Katastrophen waren schließlich sein Hobby.

Und außerdem – das wurde ihm zum erstenmal klar – war es vielleicht ganz gut für ihn, wenn er herausfand, wie die Arbeitslosen ihre Zeit und ihr Leben verbrachten.

Fürs erste, so beschloß er, würde die Potomac-Kluft ein guter Anfang sein. Er hatte diese von Menschen wimmelnde Unterwelt niemals betreten und auch noch nie einen ähnlichen Ort besucht. Wenn er überhaupt irgendwo auf der Welt Verzweiflung finden würde, dann hier – und dabei spielte es keine Rolle, daß die Wohnungen an dieser Stelle der Stadt keinesfalls kleiner oder schlechter ausgestattet waren als seine eigene oder die von Deban Tod.

DAS HERZ der Potomac-Kluft war eine einzige riesige Maschine, sie schien sich über mehrere Ebenen etwa zehn Quadratkilometer breit zu erstrecken – und die Leute nannten das Gebiet Wrackhalle. Das Alter ließ sich nicht bestimmen, weil hier ständig Bewegung herrschte, ununterbrochen wurde umgebaut, umgestellt und hinzugefügt; Bionds Schätzung des Alters gründete sich teilweise auf das, was er von der gegenwärtigen Wachstumsgeschwindigkeit wahrnehmen konnte, und teilweise auf die Tatsache, daß er noch nie von einer derartigen Einrichtung gehört hatte. Offenbar hatten immer neue Generationen von Arbeitslosen die Existenz dieser Einrichtung lange Zeit vertuscht. War es die einzige ihrer Art, oder gab es in jeder Stadt eine oder gar mehrere? Um das beantworten zu können, würde man vermutlich länger in den Archiven wühlen müssen, als es ihm im Augenblick möglich war.

Grob umrissen hätte man das Ding als eine Spielmaschine bezeichnen können – eine durchdachte, selbst produzierende, halb empfindungsfähige Spielhalle. Aber in Wirklichkeit war es ungeheuer viel mehr. Es gab unzählige komplizierte mechanische Spiele für einen, zwei oder für ein Dutzend Spieler. Einer dieser Automaten war eine regelrechte Computer-Börse, an der jeder einen bestimmten Teil seiner Unterstützung gegen die Voraussagen des Computers hinsichtlich der Warenerzeugung aller möglichen Produktionslinien, selbst des Bruttoprodukts von UNOC, im nächsten Jahr wetten konnte.

Es war gewiß eine illegale Einrichtung – und außerdem, woher stammte das Geld, das zur Auszahlung kam? Verwirrt und fasziniert verbrachte Biond einige Stunden mit dem Versuch, den Computer zu überlisten; er steckte Münzen in das glitzernde Gesicht der Maschine, bis ihm schließlich einfiel, daß auch er jetzt von Unterstützung lebte. Dank seiner langjährigen Erfahrungen mit Computern besaß er schließlich elf Transcorp-Aktien, auf die er überhaupt kein Recht hatte, weil er weder bei dieser Behörde noch anderswo beschäftigt war. Das Aktienzertifikat, das ihm die Maschine als Gegenwert für seine paar Marken und die wenigen Augenblicke des Nachdenkens schließlich ausstellte, sah vollkommen echt aus, und es schoß ihm plötzlich durch den Sinn, daß er, wenn er ein Experte für dieses Spiel würde, vielleicht genug Aktien zusammenraffen konnte, um Marg't Splain abzuwählen, ohne daß sie überhaupt wußte, wie es geschehen war.

Nach einem kurzen Überschlag mußte er leider feststellen, daß er dazu bei dieser Strategie und Geschwindigkeit etwa zwölftausend Jahre brauchen würde.

Aber dies war nur eins der ausgeklügelten Spiele, die die Wrackhalle ihren Kunden bot. An anderer Stelle befanden sich eine Reihe von Fernsehzimmern, die gleichzeitig Theater oder Studios waren, wo Leute, die Rollen auswendig gelernt hatten oder improvisieren wollten, an den Aufführungen teilnehmen konnten, ebenso wie die Börse ihnen gestattete, an der Wirtschaft teilzuhaben. Mit Mühe und Not entkam Biond dieser Abteilung; im gleichen Augenblick, als er eine schalldichte Zelle betrat, erstand rings um ihn das mythische Schottland, und er fand sich, halb nackt, vom Sturm umtost, laut deklamierend:

„Wie weit ist's noch nach Fores? – Wer sind diese?
So eingeschrumpft, so wild in ihrer Tracht . . ."

Splitternackte Hexen, unglaublich schön, jagten hinter ihm her, als er floh, und die eine, der es gelang, ihn zu berühren, war ganz und gar keine Einbildung. Aber damit war er noch nicht am Ende angelangt. Die Theater wurden zu Zuschauerräumen, wo man anscheinend lediglich die normalen Nachrichten sendete. Aber auch hier konnte man eine Rolle spielen und an der Geschichte teilnehmen oder sie sogar verändern. Als in einer dieser Kabinen Marg't Splain lächelnd auf ihn zukam – woher wußte die Maschine so schnell, was der Kunde sich am meisten wünschte? –, rannte er fort, ohne noch weitere Fragen zu stellen.

Die Nachrichtenabteilung ging nahtlos in Klassenzimmer über. Biond konnte nicht feststellen, ob das Publikum ein Thema studierte oder erfand. Auf einer dreidimensionalen Plattform sagte Marg't Splain: „Die generelle Theorie des interstellaren Fluges zeigt, daß . . ."

Das Ende des Satzes wartete er nicht ab.

Am meisten beunruhigte ihn der Eindruck, daß all diese flimmernden Kammern eng mit anderen derartigen Maschinen oder Institutionen in der ganzen Welt verbunden waren. In gewisser Weise – dessen war er seltsamerweise sicher – modifizierte jeder Teilnehmer der einzelnen Spiele jedes Stück, jeden Gegenstand, jedes Ereignis, jede Statistik für jeden anderen Spieler, zumindest teilweise; und die elf Transcorp-Aktien in seiner Tasche ermutigten ihn nicht, daran zu denken, daß die Maschine lediglich mit Illusionen handelte. Nein, das große Spiel der Wrackhalle war Wirklichkeit – es war eine Art von Computern regulierter und dennoch kreativer gemeinschaftlicher Versuch, der da unter der Oberfläche von UNOC stattfand; ohne daß der eine Spieler vom anderen wußte.

Er verbrachte den Rest des Tages in der Wrackhalle, und es kam ihm so vor, als hätte dieser Ort sehr wohl das ihn erfüllende lebenslängliche Hobby werden können, das er nie gefunden hatte, wenn nicht noch immer der Druck Flavias auf seinem Nacken gelastet hätte. Was auch immer die Wrackhalle für die Welt tat oder ihr antat, er konnte nicht mit dem wilden Asteroiden konkurrieren . . ., obgleich einige der Psychodramen Themen wie zum Beispiel Liebesaffären zwischen Festlandbewohnern und Tritonen ausschlachteten oder sogar noch explosivere Themen. Dennoch war all das, obgleich es für ihn unerwartet kam, nicht das, was er in der Potomac-Kluft hatte erfahren wollen.

Er riß sich von der umklammernden, unheimlichen Suggestivität der Maschine los und drang weiter vor in das ausgestorbene Tal; er folgte einer Gruppe schäbiger Wrackhallenbesucher, die vom Essen gesprochen hatten.

Einige der Männer, denen er nachging, verschwanden in einer Kegelbahn oder einer anderen Art Sporthalle, die meisten jedoch schienen an Sport ebensowenig interessiert zu sein wie er selbst. In ihren Gesichtern stand der Ausdruck jener müden Kameraderie von Männern, die eher zu sterben bereit sind, als schon nach Hause zu gehen; Biond hatte das nie zuvor erlebt, aber er erkannte es auf den ersten Blick.

Schließlich erreichten sie einen kleinen Speiseraum, wo sie sich an einem abgesplitterten Tisch niederließen und etwas zu trinken bestellten – nach seinem Erlebnis in der Wrackhalle argwöhnte Biond, daß es möglicherweise sogar Alkohol war. Es war ein langer Tisch; nach kurzem Zögern ließ er sich in Hörweite nieder und wählte ein Standardessen und einen Kaffina. Einer der Männer betrachtete ihn flüchtig und ohne Neugier; die anderen ignorierten ihn ganz.

Zuerst war die Unterhaltung entweder langweilig oder unverständlich, vorwiegend ging es um die Wetten an der Börse. Immer wieder wurde ein Mann – oder ein Computer? – namens „Willy" erwähnt, der ein Experte für Zahlenspiele und das Überlisten der UNOC-Ökonomie zu sein schien. Biond löffelte seine Fischsuppe und lauschte aufmerksam, aber allmählich hatte es den Anschein, als verschwende er seine Zeit.

Dann spitzte er plötzlich die Ohren. Was war das?

„. . . und morgen zu diesem verdammten Manöver!"

„Mich kriegst du zu keinem Manöver!"

„Warum nicht? Da hat man wenigstens was zu tun. Außerdem ist es gesetzlich vorgeschrieben."

„Das stimmt, Tom. Und außerdem – willst du hierbleiben und von einem Meteor erschlagen werden? Das hat doch keinen Sinn."

„Ich will verflucht sein, wenn ich an einen Meteor glaube. Das Ganze ist ein Vorwand."

„Ach, geh doch, Tom. Wofür denn?"

„Ihr habt doch heute morgen die Ankündigung des Raumfluges gehört, nicht?"

„Klar. Und was ist damit?"

„Das ist damit", sagte der Mann, den sie Tom nannten. „Ich glaube, daß uns die Zentralbehörde allesamt in ein anderes Sonnensystem transportieren will."

„Aber was soll das denn? Du hast den Verstand verloren."

„Seht euch doch mal um. Jeder, den ihr hier unten seht, ist überflüssig – und die Potomac-Kluft ist nicht einzigartig auf der Welt, darauf kannst du dein Leben wetten. Man kann sich doch ohne weiteres vorstellen, daß UNOC und die Zentralbehörde darauf aus sind, uns alle loszuwerden – damit sie mehr Ellenbogenfreiheit haben."

„Das würden sie niemals schaffen. Es gibt zu viele Menschen. Sonst hätten sie uns schon lange auf den Mars oder die Venus umquartiert."

„Kann sein", sagte Tom, „oder auch nicht. Einerlei, mit mir werden sie jedenfalls nicht experimentieren."

Es entstand eine kurze Stille, und Biond tat, als äße er. Langsam wurde ihm sehr unbehaglich.

„Moment, Tom. Sieh es doch mal von der anderen Seite. Vielleicht wollen sie uns mit diesen Raumschiffen aus dem Aufschlaggebiet des Meteors herausbringen. Hast du darüber mal nachgedacht? Dann sieht die Sache doch anders aus, oder?"

„He, Tom, was sagst du dazu? Im allgemeinen macht die Zentralbehörde mit uns nicht viel Umstände. Aber sie belügen uns auch nicht oft. Vielleicht haben sie genau das vor."

„Gut, vermutlich stimmt's. Wer will aber schon auf einen anderen Planeten? Die haben kein Recht, mich aus meinem Haus zu holen und durch das halbe Universum zu schießen. Wenn sie das vorhaben, verkrieche ich mich in der Wrackhalle."

„Hmmm. Ich glaube nicht, daß ein anderer Planet besser ist als dieser, wenn ich darüber nachdenke. Vielleicht setzen sie uns in irgendeinem Wald aus und befehlen uns, Löcher zu graben."

„Darauf kannst du Gift nehmen. Da gibt's dann keine Wohnung mit acht Zimmern und eine Wrackhalle auch nicht. Vielleicht nicht einmal einen Wald. Vielleicht würden sie uns in einem Biologischen Reservat absetzen, voller Löwen und Dinosaurier."

„Dinosaurier sind ausgestorben."

„Auf einem anderen Planeten? Woher willst du das wissen?"

„Auch aus Löwen mache ich mir nicht besonders viel, wenn ich es so bedenke."

„Vielleicht hat Tom recht. Eins ist jedenfalls sicher – wenn sie mich auf einen anderen Planeten schießen wollen, dann sehe ich keinen Sinn darin, daß ich mir den Hals brechen soll, um die Potomac-Kluft vor irgendeinem herumstreunenden Felsbrocken zu schützen. Zum Teufel damit!"

„Das klingt vernünftig."

„Ich will dir was sagen", meinte Tom. „Lassen wir's darauf ankommen. Nehmen wir Frauen und Kinder und gehen in die Halle, bis die Geschichte mit dem Asteroiden vorbei ist. Das dauert zwei oder drei Tage. Wir könnten uns in einem Traumzimmer verstecken. Die Zentralbehörde weiß nicht einmal, daß es so etwas gibt."

„Hoffst du."

„Außerdem kostet das Geld."

„Tja", sagte Tom, „was ist wichtiger – pro Kopf zehn Kreditkarten zu verschleudern oder sich in irgendeinem Dschungel wiederzufinden, von dem man noch nicht einmal gehört hat?"

„Zählt auf mich – wenn ich die Familie davon überzeugen kann."

„Auf mich auch."

„Wartet einen Augenblick, Moment mal. Ist einem von euch Typen eingefallen, daß wir nicht einmal wissen, wovon wir eigentlich sprechen? Zumindest sollten wir ‚Willy' um seine Meinung fragen."

„‚Willy' weiß auch nicht alles", sagte Tom widerwillig. „Meinst du, du wüßtest mehr als er?"

„Nun . . . gut. Aber es muß heute abend passieren. Wir haben nicht viel Zeit."

„Morgen. Wenn meine Frau nicht mitwill, brauche ich gar nicht mehr mit ‚Willy' zu sprechen."

„Bei mir ist es das gleiche."

Biond wußte, daß morgen für sie noch früh genug war, für ihn jedoch würde es zu spät sein. Er versuchte so unbefangen wie möglich zu sprechen, als er sagte: „Verzeihen Sie, meine Herren . . ."

Das war die falsche Form der Anrede. Ihre Mienen gefroren augenblicklich, und auf einmal inspizierten sie ihn sehr gründlich. Soweit er wußte, trug er die gleiche Kleidung wie sie, aber anscheinend stimmte dennoch irgend etwas mit ihm nicht, und das spürten sie.

Schließlich sagte der Mann, den sie Tom nannten: „Was ist, Mister?"

„Ihr Streitgespräch interessiert mich", sagte Biond. „Ich möchte auch gern Näheres erfahren. Könnten Sie mir wohl sagen, wo ich diesen ‚Willy', von dem Sie sprachen, finde?"

„Paß auf, Tom. Der Knabe sieht mir ganz nach UNOC aus. Wahrscheinlich will er ‚Willy' aus irgendeinem Grunde festnehmen."

„Ich war bei der UNOC", sagte Biond offen. „Aber sie haben mich gefeuert. Ich würde meinen Posten gern zurückerobern. Und es hört sich so an, als könnte ‚Willy' mir helfen."

Zu seiner Bestürzung brachen die Männer in Gelächter aus.

„Willy?" fragte der Mann namens Tom. „Der kann sich selbst nicht helfen. Ihr UNOC-Typen könnt doch nicht drei Schritte weit gehen, ohne auf die Nase zu fallen. Aber ich wette, ‚Willy' wird sich freuen, Sie kennenzulernen. Ihr zwei könnt dann Händchen halten."

Erneut dröhnte brüllendes Gelächter auf. Zähneknirschend ging Biond.

DER MANN hieß Willy Naujack, und im Gegensatz zu dem Eindruck, den ihm die Männer im Speiseraum vermittelt hatten, war er niemals Mitglied der UNOC gewesen.

Er war unverheiratet, und seine Wohnung war ein einziges Durcheinander von Gläsern, Elektroanlagen, Reagenzgläsern, verschiedenen Instrumenten und Akten der Zentralbibliothek, von denen einige anscheinend sehr alt waren. Er empfing Biond mit der freundlichen Bereitwilligkeit eines Menschen, der an alle möglichen Besucher gewöhnt ist.

„Entschuldigen Sie den Geruch", sagte er. „Wenigstens ist es kein Müll – nur ein Ständer voller 36-Stunden-Synthesen, der der Vollendung entgegensieht. Wenn ich dieses Projekt beendet habe, kann ich aufräumen, aber inzwischen müssen Sie sich einen Weg bahnen, so gut es geht."

„Woran arbeiten Sie denn?" fragte Biond. „Ich dachte, Sie sind Statistiker. Dies hier sieht aber eher so aus, als befaßten Sie sich mit der Fotosynthese."

„O nein, ganz und gar nicht, obgleich es auch etwas mit Nahrung zu tun hat. Aber zunächst einmal, Mr. Smith, wer sind Sie?

Nicht, daß ich mißtrauisch wäre, andererseits jedoch gleichen Sie nicht meinen üblichen Klienten, und wenn ich Ihre Neugier befriedigen soll, dann müssen Sie auch die meine stillen. Sie haben die Haltung, die Bräune, den Akzent eines UNOC-Mitgliedes. Wie lautet Ihre Geschichte?"

Ohne zu zögern, berichtete Biond, was ihm zugestoßen war; er spürte sofort, daß bei diesem Mann nur Offenheit helfen konnte. Glücklicherweise schien er von ihm gehört zu haben. Als Biond seine Geschichte beendet hatte, setzte sich Naujack auf einen Kunststoffpilz und sagte nachdenklich: „Ich verstehe, ich verstehe. Nun, Biond, in Wirklichkeit bin ich eigentlich kein Statistiker, obgleich ich bei meiner Arbeit Statistiken verwende. Ich bin Biophysiker – Amateurbiophysiker. Ich habe lange Zeit versucht, den Zentralen Forschungsrat für meine Arbeit zu interessieren – vergeblich. Man sagte mir, es sei ‚höchst unwahrscheinlich'. Das kommt dabei heraus, wenn man Computer Entscheidungen treffen läßt. So mußte ich mich also allein ans Werk machen. Dazu brauchte ich Geld – viel mehr Geld, als ich von meiner Unterstützung abzweigen konnte. Da habe ich mich einfach darauf verlegt, all meine deklassierten Freunde hier unten bei der Investierung in die Lotterie zu beraten – das Investment-Spiel. Entweder hatte ich Glück, oder es gehört nicht viel dazu, die Nahrungsmittelbehörde bei diesen Produktionsvorhersagen zu schlagen – ich weiß es nicht."

„Warum haben Sie nicht selbst gespielt?"

„Das ist zu zeitraubend. Der Spieler muß an Ort und Stelle bleiben, den halben Tag in der Börse verbringen. Aber meine Provisionen bringen genug Geld, damit ich mein Laboratorium halten kann – das Durcheinander, das Sie hier sehen. Es ist eine langweilige Sache, aber sie funktioniert, meistens jedenfalls, und außerdem fragen mich meine Nachbarn inzwischen wegen aller möglichen Dinge um Rat."

„Was – was tun Sie also, Dr. Naujack? Was tun Sie, wenn Sie nicht mit Geldverdienen beschäftigt sind?"

„Ich bin kein Doktor", wehrte Willy Naujack ab. „Und was ich tue, hat bisher noch keinen Namen. Aber vor etwa zehn Jahren, als die Welternährungsbehörde ankündigte, man würde die Nährmittelproduktion von der Fotosynthese auf die Dinosynthese umstellen, begann ich mich für das Problem zu interessieren. Die

Dinosynthese ist ein interessanter Prozeß, aber es liegt in der Natur der Sache, daß sie nicht viel wirksamer sein kann als ihre Vorgängerin – das heißt etwa zehn Prozent wirksamer. Es lohnt sich natürlich trotzdem für die WEB, aber ich dachte mir, es müsse doch noch etwas Besseres geben.

Ich überlegte, daß es möglich sein müßte, direkt bis auf den Grund zu gehen, die Art und Weise zu entdecken, wie die lebende Zelle eigene Energie erzeugt. Es ist wirklich erstaunlich, wieviel darüber bereits bekannt ist. Mehr als die Hälfte meiner Arbeit wurde schon vor einigen Jahrhunderten für mich erledigt. Die basische Reaktion produziert diesen Geruch. Man nennt es Phosphorylation, und es findet in winzigen intrazellularen Organellen statt, die man Mitochondrien nennt. Man könnte das, was ich tue, also wohl Mitochondriatik nennen, obgleich ich diese Bezeichnung lieber für den Prozeß selbst aufsparen möchte."

„Sie haben tatsächlich einen Prozeß?" fragte Biond und versuchte seine plötzliche Erregung zu verbergen.

„O ja, ich habe ein Verfahren gefunden, obgleich es gegenwärtig noch zu viele Stadien hat, als daß es praktikabel wäre. Aber selbst in dieser unvollkommenen Form ist es bereits um fünfzig Prozent wirksamer als die Dinosynthese. Das ist natürlich alles *in vitro.* Die tatsächlichen Produktionszahlen liegen stets ein wenig unter den Laborergebnissen. Ich würde jetzt sehr gern einen Test in der Versuchsanstalt machen, aber das steht natürlich überhaupt nicht zur Debatte. Was ich hier habe, ist lediglich ein stinkendes Steckenpferd. Wenn ich fertig bin, hefte ich meine Ergebnisse ab, und die Zentralbibliothek wird sie vergessen."

„Nicht unbedingt", sagte Biond. „Macht es Ihnen etwas aus, mir zu zeigen, was Sie auf dem Papier stehen haben – Zahlen, Produktionstabellen, Formeln? Ich bin kein Experte, aber alle Angehörigen der Zentralbehörde müssen etwas von diesen Dingen verstehen. Und da Sie sie ohnehin veröffentlichen wollen . . ."

„Warum nicht?" sagte Willy Naujack heiter. Er wühlte in einem Stapel Papiere auf einem Tisch und förderte schließlich eine Mappe mit zehn Blättern zutage, die mit einer säuberlichen Handschrift bedeckt waren.

Biond las sie durch. Die Gleichungen waren elegant; die Diagramme, in vier Farben gehalten, waren überzeugend und übersichtlich. Die Chemie war für Biond zu kompliziert, als daß er sie hätte verstehen können, aber er begriff genug, um zu wissen, daß sich Naujack in dieser Materie tatsächlich auskannte.

Er wagte kaum, es zu glauben. Er wußte, daß viele der Arbeitslosen auf die eine oder andere Weise kreativ tätig waren und daß sich einige sogar wissenschaftlich betätigten – wie Kim Wernickes Bekannter Dr. Matouf mit seinen Silberfischchen. Aber dies hier – dies übertraf alles, was Kemal Matouf in zweitausend Jahren zustande bringen konnte. Es war tatsächlich von weitaus größerer potentieller Bedeutung als ein wirklich durchführbarer interstellarer Flug.

Diese Arbeit bedeutete eine Stellung für Willy Naujack und Bionds Rehabilitierung, wenn man sie nur beweisen konnte und Chen U erreichte. Aber es bedeutete noch mehr: Es war zweifellos die Lösung für die bevorstehende Nahrungsknappheit, die durch Flavia und die sprunghafte Bevölkerungszunahme noch kompliziert wurde.

„Ich möchte nicht allzu optimistisch sein“, sagte er langsam, „aber es besteht die Möglichkeit, daß Sie hier ein Wunder vollbracht haben, Mr. Naujack. Zunächst einmal werden wir einen Test in der Versuchsanstalt machen. Ich denke, das kann ich für Sie bewerkstelligen.“

„Das wird teuer.“

„Vermutlich nicht so teuer, als wenn wir ganz von vorn beginnen müßten. Im Westen liegt eine Katastrophenstadt namens Gitler, und dort gibt es Einrichtungen, die man für diesen Zweck herrichten könnte. Der Chef dort ist rangältester Wasserbauingenieur. Er war früher mein Untergebener; wir verstanden uns gut, und ich denke, er wird mir helfen, selbst wenn ich jetzt keinen offiziellen Rang mehr habe. Natürlich können wir mit der Arbeit erst nach der Katastrophe beginnen, aber Sie sollten zur Stelle sein und bereit, sofort danach mit Ihrer Arbeit anzufangen.“

„Wie Sie meinen“, sagte Willy Naujack mit leuchtenden Augen. „Natürlich. Ich kann überall hingehen – alles, was ich brauche, ist diese Mappe. Aber wie wollen wir nach Gitler kommen? Wir sind beide deklassiert, und alle Reisen sind auf unbestimmte Zeit verboten.“

„Beziehungen, hoffe ich. Ich werde McGee anrufen, meinen Nachfolger, und ihn um ein Luftauto bitten. Haben Sie ein Fernsehtelefon?“

„Jeder hat ein Fernsehtelefon", sagte Naujack trocken. „Es steht da drüben, hinter dem Gegenstromverteiler."

„Danke. Wenn es nicht klappt, probieren wir etwas anderes."

Aber es klappte. McGee hielt es offensichtlich nicht für ausgeschlossen, daß er eines Tages wieder für seinen alten Chef arbeiten würde. Nach einer Stunde waren sie in der Luft.

Unterwegs zog ein Flammenbogen durch den nächtlichen Himmel und zerbarst wie ein Feuerwerk – noch ein explodierender Meteor. Das Damoklesschwert hing dicht über ihnen.

14

DIE EVAKUIERUNG der Jones-Familie war vorüber, die Pipeline repariert worden und der Flüchtlingsstrom in Gitler eingetroffen. Nun konnte Jothen Kent in seiner Wohnung in der Kolonie der Reservemannschaft darauf warten, daß Flavia herabstürzte.

Von Natur aus war Jothen nicht philosophisch veranlagt, aber er wußte, daß er auch gleichzeitig auf das Ende einer Ära wartete . . ., der längsten und friedlichsten überhaupt in der Geschichte der Menschheit. Wie die Zivilisation nach dem Aufprall aussehen würde, konnte er sich nicht vorstellen, vermutlich konnte das niemand. Achthundert Jahre, die nahezu gleichförmig vergangen waren, hatten keine so unmittelbare Geschichte hinterlassen, als daß man hätte Vergleiche ziehen können. Selbst der Dritte Weltkrieg schien so fern wie der Fall Trojas.

Seltsamerweise war es die Nachricht von Biond Smith' Entlassung gewesen, die Jothen in diesen ungewöhnlich nachdenklichen Gemütszustand versetzt hatte. Es schien ihm auf einmal, als sei die totale, starre Deklassierung solcher Menschen Verschwendung. Allerdings, in einer Welt, in der nur der kreative Künstler, der Wissenschaftler und der geniale Administrator eine Betätigung von Bedeutung vorfanden – ausgenommen selten Techniker wie Polizisten, Forstaufseher und Jothen selbst –, verfügt UNOC über ein nahezu unvorstellbar großes Reservoir an Geisteskraft. Theoretisch gesehen war es vernünftig, daß man einen Menschen völlig deklassierte, anstatt ihn einfach zu degradieren; wenn es ihm gelang, sich seinen alten Posten zurückzuerkämpfen oder einen angemessenen, dann war er ihn zweifellos wert. Es fand eine natürliche Auslese statt; UNOC riskierte es nicht, Menschen zu beschäftigen, die, unter Druck gebrochen, sich damit zufriedengaben, gebrochen zu bleiben. Der Einsatz war zu hoch, Ersatz zu leicht zu haben.

Das war die theoretische Seite; aber wenn man es erlebte, daß ein Mann wie Biond Smith entlassen wurde, dann war das trotzdem verdammt beunruhigend. Nun, auch das gehörte zur Selektion. Jothen wünschte, er hätte etwas für Biond tun können, aber das System verbot es. Wenn man einmal unten war, war man draußen.

Um sich von seinen nutzlosen Gedanken über Bionds Geschick abzulenken, versuchte er erneut, Kim im Hungerfelsen-Reservat zu erreichen. Als er und McGee die Jones-Tagung aus der Stadt geschafft hatten, mußte er feststellen, daß die Fernsehtelefonverbindungen mit dienstlichen Gesprächen besetzt waren. Aber diesmal kam er zu seiner großen Erleichterung durch.

Seine Freude war von kurzer Dauer. Kims Stimme klang verängstigt, dann völlig tonlos, mit einem schrillen Unterton extremer Spannung. „Geht es dir gut?“ fragte er.

„Ganz gut.“

Aber sie versuchte ihm etwas vorzumachen. Das Verständnis, das sich zwischen ihnen im Barrier-Hotel eingestellt hatte, schien verschwunden zu sein; sie wirkte wie eine Fremde. Und was noch schlimmer war, sie machte den Eindruck, als würde sie zerbrechen, wenn sie jemand berührte.

„Ich habe mir deinetwegen Sorgen gemacht“, sagte er vorsichtig. „Hier war ein fürchterliches Durcheinander, und alle Verbindungen waren besetzt . . .“

„Oh, ich habe mich schon gewundert.“

„Hat Biond dir nicht erzählt . . .“

In ihrem linken Augenwinkel zuckte es kurz.

„Ich habe mit Biond nicht gesprochen“, sagte sie. „Und jetzt kann ich es ohnehin nicht mehr. Er ist entlassen.“

„Ja, ich weiß. Aber vorher machte er sich Sorgen, was mit dem Reservat sei, weil er nichts von dir gehört hatte. Ich dachte, als du ihm Bericht erstattet hast, hätte er dir erzählt, was hier bei uns los war . . .“

Plötzlich begann Kim zu weinen, lautlos, hoffnungslos. Mit zuckenden Lippen sagte sie: „Ich . . . hatte nichts . . . zu berichten. Das ist alles.“

„Kim, Kim, was hat das zu bedeuten? Meinst du damit, daß du das Reservat nicht zerstört hast?"

„Genau das meine ich", sagte sie. „Wie konnte ich auch? All diese hilflosen Tiere, all diese wunderschönen Wälder, Wüsten und Seen – sie sind unser Erbe, aus einer Zeit, lange bevor die Welt sterilisiert wurde. Wir werden sie niemals wiedersehen – niemals. Wie könnte ich sie zerstören? Wer will sie denn beschützen, wenn ich es nicht tue? Das war doch meine Aufgabe! Haben sie nicht ebensoviel Recht auf Leben wie all diese nutzlosen Menschen?"

Sie schluchzte jetzt hemmungslos. Erschrocken sagte Jothen: „Aber Kim – wenn das Reservat beschädigt wird . . ."

„Ich weiß", entgegnete sie bitter. „Ich weiß. Ich habe auch nicht erwartet, daß du es verstehst. Es ist meine Sache. Auf Wiedersehen, Jothen."

Kims Bild verschwamm zu einer grauen Fläche. Die Verbindung war unterbrochen. Jothen fluchte hilflos vor sich hin, packte eine Parfümdose aus Porzellan und warf sie gegen den leeren Bildschirm. Der Schirm schleuderte die Dose zurück auf den superweichen Teppichboden.

Auch Kim war erledigt. Und wenn McGee – dieser streitbare Apostel! – davon erfuhr, dann würde auch sie entlassen werden . . .

Der Apartment-Computer klingelte.

„Halt den Mund!" bellte Jothen. Dann fragte er gereizt: „Was ist los?"

„Sie haben Besuch, Mr. Kent", sagte der Computer mit seiner süßlichen, säuselnden Stimme. „Ein Mr. Willy Naujack und ein Mr. Biond Smith. Soll ich sie einlassen?"

„Ich kenne keinen . . . Moment mal. Sagten Sie Biond Smith?"

„Ja, Mr. Kent."

„Du allmächtiger Ozean und alle Sterne! Natürlich, laß sie herein, du dämlicher Idiot!"

Biond erklärte kurz und bündig die Situation mit einiger Unterstützung des recht schüchternen Willy Naujack. Wie jeder Ingenieur war Jothen allen Leuten gegenüber mißtrauisch, die nicht in seine Sparte gehörten, und obgleich er freundlich und bescheiden zu sein schien, brachte ihn Naujack ein wenig aus der Fassung; aber Jothen wußte, daß er Biond vertrauen konnte – und außerdem konnte er etwas tun, etwas, das ihn aus diesem Morast nutzloser, kleinmütiger Philosophie retten konnte.

„Nein, im Augenblick noch nicht, fürchte ich", sagte Biond, als hätte er Jothens Gedanken gelesen. „Alles, was du im Moment für uns tun kannst, ist, uns unterzubringen, bis Flavia heruntergekommen ist. Danach wird es eine Menge zu tun geben, wenn überhaupt noch etwas übriggeblieben ist. Zunächst jedoch müssen wir die Sache durchstehen. Übrigens, ich möchte nicht unbedingt, daß die Zentralbehörde erfährt, wo wir uns aufhalten."

„Natürlich. Aber, Biond, wir könnten zumindest einen Plan machen – es gibt zwei oder drei leerstehende Systeme, die wir benutzen könnten, je nachdem, welches ihr für das beste haltet."

„Dazu haben wir jetzt keine Zeit. Wir hatten verdammtes Glück, daß wir überhaupt hierher gekommen sind. Flavia wird gegen drei Uhr sechsunddreißig einschlagen, wenn die letzte Vorhersage, die ich gelesen habe, stimmt, und das nehme ich doch an. Das sind jetzt noch vierundzwanzig Minuten. Wir sollten lieber den Apparat einstellen und uns informieren. Ich möchte nichts verpassen."

„Gut – na gut."

Willy Naujack sagte weich: „Liebe Freunde, seid sanftmütig. Beruhigen wir uns, denn unsere Zeit ist gekommen."

Als der deformierte Klumpen von Planetenfragment, der Flavia hieß, in den Raum diesseits des Mondes eintrat, stoben schwarze Punkte zur Seite und verschwanden in der indifferenten Dunkelheit. Die Männer hatten lediglich ein Leuchtzeichen zurückgelassen, es war der einzige Beweis dafür, daß überhaupt jemand dort gewesen war.

Die Masse war noch häßlicher als zuvor, weil die Männer scharfe Ecken, zerklüftete Kanten und lange Vertiefungen hinterlassen hatten, die sorgfältig so berechnet waren, daß sie ein Maximum an Luftreibung erzeugten, ohne eine Spaltung des Hauptkörpers hervorzurufen. Das würde den Meteor wenigstens etwas verkleinern.

Der Mond wurde lebendig. Vom Krater Aristarchos sprang ein intensiver blauer Lichtblitz empor – ein Laserimpuls, getrieben von einem Monokristallsaphir. Der Impuls dauerte nur eine Zehntelsekunde; aus diesem Grunde konnte man wenige Sekunden lang beide Enden des Strahls sehen, er erschien als ein schmales Band von 30 000 Kilometer Länge, das im Magnetschweif der Erde aufglühte.

Dann prallte er auf. Flavias Oberfläche war bereits vom Sonnenlicht und der Reibung in den ersten Spuren der äußersten Erdatmosphäre erhitzt; und der Laserstrahl war zusätzlich zu seiner enormen Hitze intensiv aktinisch. Die mondwärts gerichtete Seite des Asteroiden schmolz und brodelte von chemischen Reaktionen. Ein leuchtender Schweif strömte vom Körper weg – das waren freie Radikale, getrieben vom Sonnenwind.

Ein zweiter Laserblitz folgte. Flavia war jetzt merklich kleiner und schiefer.

Noch ein Blitz – und dann der letzte. Der nächste Strahl hätte zu direkt auf die Erde gezielt, als daß man ihn hätte riskieren können.

Was man tun konnte, war jetzt getan. Dunkel glühend stürzte Flavia auf die südliche Spitze der Hudson Bay nieder, schob eine wachsende Anhäufung von Plasma vor sich her, die bereits achtzig Kilometer im Durchmesser betrug. Der endgültige Durchmesser des Asteroiden betrug zwei Kilometer.

IN JOTHENS Wohnung – und in der gesamten nördlichen Hemisphäre – erschien auf den Fernsehtelefonen fast gleichzeitig Schneegestöber, dann fielen sie aus; das irdische System funktionierte noch, aber Jothen hatte dazu nur von seinem Büro aus Zugang. Es war jedoch nicht nötig. Durch das riesige Panoramafenster in Jothens Wohnzimmer sah man, wie der Himmel noch vor der Morgendämmerung erglühte. Die Glut sank langsam herab, als ginge die Sonne unter, anstatt emporzusteigen – aber gleichzeitig wurde das Leuchten immer heller.

Auf dem Dach der nächstniedrigen Ebene begannen die Blätter des Waldes zu rascheln. Einen Augenblick lang dachte Jothen, auch sie glühten, ihm war, als leckten Flammenzungen von den Spitzen der Zweige und den Wipfeln der Bäume. Aber fast im gleichen Augenblick wurde der Himmel so hell, daß man nichts mehr erkennen konnte.

In einer furchteinflößenden Stille sank das Licht auf den Horizont herab, schien nur zwanzig Kilometer entfernt über der Missouri-Ebene zu schweben. Aber jetzt war es so hell wie die Sonne, obgleich es nur ein Punkt mit einem schwach leuchtenden Ring war – der Plasmaball. Das Licht hatte eine unheimliche Wirkung. Niemand in der neueren Geschichte hatte jemals eine von einer Punktquelle beleuchtete Landschaft erblickt.

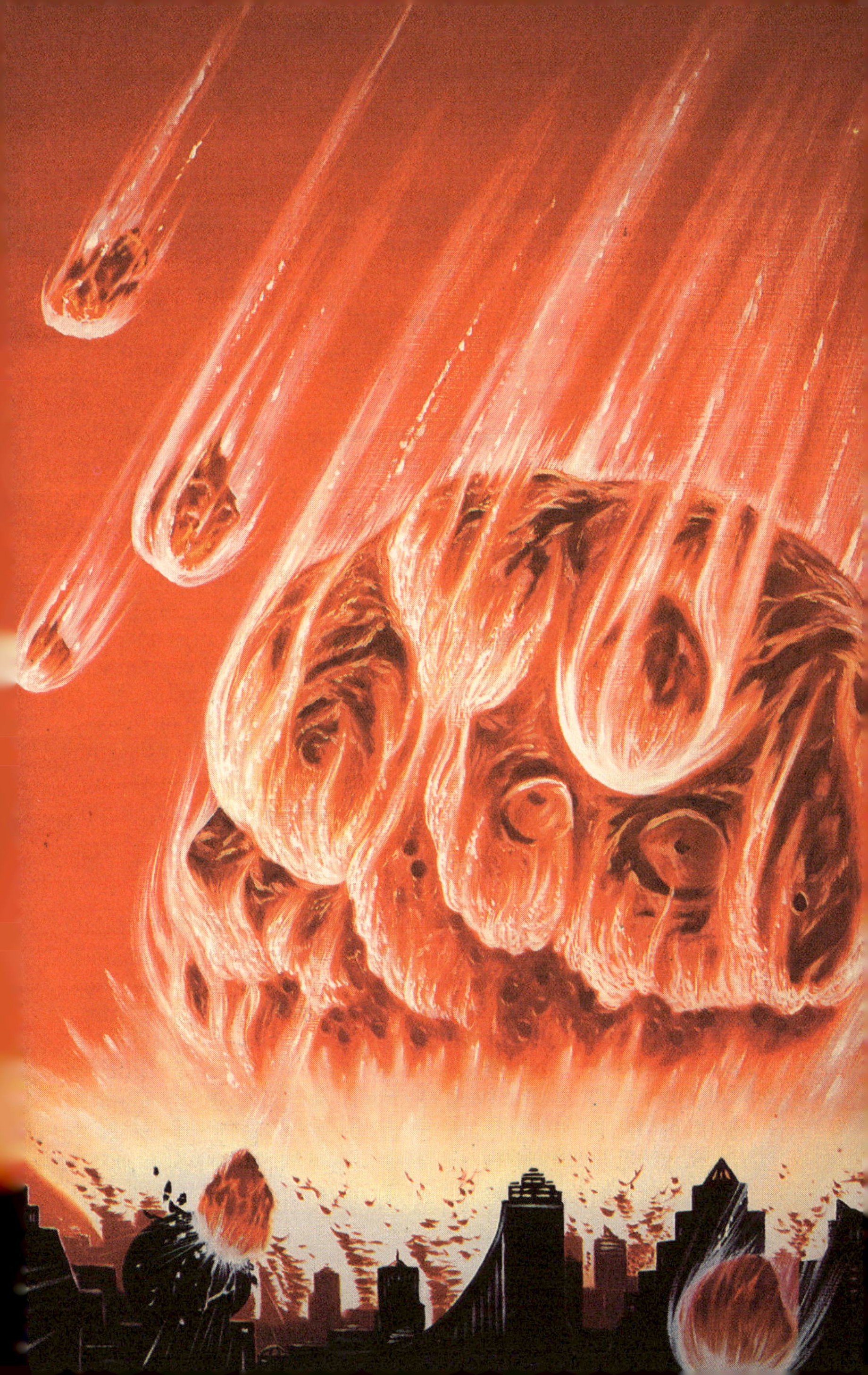

Ein schwacher, dröhnender Lärm wie ein ferner Wasserfall begann die Luft zu erschüttern, den Wald, das Fenster und dann den Boden. Der Lärm nahm zu, die falsche Sonne ging unter, hinterließ eine riesenhafte Aurora wie Scheinwerferlicht.

„Runter!" schrie Biond heiser und versuchte den anschwellenden Tumult zu übertönen. „Feuerball! Runter, schnell!" Zu spät. Prachtvoll, entsetzlich stieg die neue falsche Sonne auf, ein seltsam rötliches Gelb. Jothen warf beide Arme vors Gesicht und drehte sich um.

Als er wieder aufzublicken wagte, gab es nichts mehr zu sehen, nur eine Art trüber Schornstein aus mattem Orange, dünner als ein Bleistift, stand am Himmel – er wußte, daß er gut sechzig Kilometer im Durchmesser betrug –, das Ganze krönte ein winziger, von Blitzen durchsetzter Pilz. Dann verblaßte auch dieses Schauspiel, auf seiner Netzhaut blieben grünliche Nachbilder zurück.

Aber der Lärm schwoll noch immer an, und nun erhob sich auch der Wind. Die Blätter begannen zu flattern und wurden von den Bäumen gerissen. Dann neigten sich die Bäume selbst.

Der Himmel wurde schwarz. Sekunden später brach ein unvorstellbares Unwetter los. Nein, es war kein Gewitter – es waren explodierende Sekundärmeteoriten. Aber die Blitze waren ebenso blendend und endlos wie im letzten Augenblick vor der Sintflut des Noah.

Dann begann nach und nach die ganze Erde zu grummeln und zu beben.

Die Stadt erbebte unaufhörlich. Schließlich spaltete sich das Fenster von einer Ecke zur anderen – das verläßliche unzerstörbare Glastik –, und ein Scherbenschauer prasselte ins Zimmer. Ein heißer Ozonstoß traf Jothen mit der Wucht einer Untergrundbahn. Voller Entsetzen und Verzweiflung spürte er, wie er gegen die gegenüberliegende Wand geschleudert wurde, vergeblich griff er nach einem Halt, suchte nach Deckung; dann umgab ihn schmerzende Stille.

Sie kamen langsam zu sich, wann, konnte Jothen nicht sagen, aber es war noch immer dunkel. Alles war vollkommen still; der Sturm war anscheinend vorüber, obgleich die Luft noch immer nach Ozon stank, dazu kam der starke Duft von zerquetschten Grünpflanzen.

Jothen stand regungslos. Sein ganzer Körper war eine einzige schmerzende Masse; ihm war, als hätte man ihn stundenlang mit Hämmern bearbeitet. Er stöhnte unwillkürlich.

Plötzlich erklang aus der Nähe Bionds Stimme: „Jothen? Bist du's?"

„Ich denke schon. Bist du in Ordnung, Biond?"

„Ziemlich zerschlagen, aber ich glaube, es ist nichts gebrochen. Und du?"

„Okay. Wo ist Willy Naujack?"

„Hier", erklang Naujacks Stimme prompt. „Ich sitze hier und freue mich, Sie zu hören. Ich dachte schon, ich würde nie wieder hören können. War das ein Spektakel!"

Jothen machte versuchsweise einen Schritt. Unter seinen Füßen knirschte es. Im gleichen Augenblick flammten die Lichter wieder auf; irgend jemandem in Gitler war es gelungen, die Stromversorgung wiederherzustellen.

„Ah, das ist schon besser", sagte Biond. „Wenn jetzt das Fernsehtelefon wieder funktioniert, können wir vielleicht herausfinden, was mit der übrigen Welt geschehen ist. Wir haben Glück gehabt, soviel ist sicher – aber wir waren auch ziemlich weit von der Aufprallzone entfernt."

„Bei der Ionisierung wette ich, daß die Fernsehtelefone noch tagelang außer Betrieb sind", sagte Naujack fröhlich.

„In meinem Büro ist eine Verbindung über das irdische System, falls wir dorthin kommen", bot Jothen an.

„Gut, aber zunächst – hallo, was ist denn das?" Biond hatte einen Schritt in Richtung Telefon gemacht, und auch unter seinen Füßen hatte es geknirscht. Er schaute auf den Boden.

Der ganze Fußboden, die Möbel, die Simse, alles war über und über mit Kugeln in der Größe von Kieselsteinen bis hin zu winzigen Sandkörnern übersät. Biond bückte sich und wischte mit der Hand über den Boden. Jothen und Willy beugten sich ebenfalls hinab.

Die kleinsten Teilchen glitzerten auf seiner Handfläche: es waren winzige silberne Kügelchen. „Nickel-Eisen?" fragte Willy Naujack.

„Es kann nichts anderes sein. Offensichtlich hat sich unsere Freundin da draußen völlig aufgelöst. Ich frage mich, ob vom Nordwesten überhaupt etwas übriggeblieben ist."

Zum erstenmal nahm sich Jothen die Zeit, seine Freunde genauer zu betrachten. Sie waren vollständig verschmutzt, über und über mit Beulen und Schnitten vom herumfliegenden Glastik bedeckt. Biond hatte direkt über dem linken Auge eine Schnittwunde – das hätte schiefgehen können. Jothen wußte, daß er nicht viel besser aussah. Biond war gesund; sie hatten sehr viel Glück gehabt.

„Wieviel Strahlung haben wir schätzungsweise abbekommen?" erkundigte sich Willy Naujack.

„Hoffentlich nicht sehr viel", sagte Biond. „Wir sind ein ganzes Stück von der Plasmawolke entfernt gewesen, und der Feuerball muß noch weniger radioaktiv gewesen sein. Trotzdem habe ich, bevor ich gefeuert wurde, eine Blutuntersuchung bei allen Überlebenden innerhalb der Sichtweite des Balls angeordnet. Für hundertsechzig Kilometer um das Aufschlaggebiet haben wir eine tödliche Dosis errechnet. Zweifellos werden wir eine ganze Menge Strahlenkranke haben – und eine Menge Mutationen."

„Können die Atombomben, die man im Dritten Weltkrieg benutzt hat, auch so schlimm gewesen sein?" fragte Jothen. „Sie haben damit ganze Städte in die Luft gejagt . . ."

„Kein Vergleich", sagte Biond tonlos. „Die stärksten Kernwaffen schätzt man auf eine Explosivkraft von etwa hundert Megatonnen. Flavia hatte etwa fünfzig Millionen."

Danach schien es nichts mehr zu sagen zu geben. Nach einem Augenblick jedoch wurde die Stille durch ein gedämpftes, unregelmäßiges Summen unterbrochen, das aus der Richtung des Fensters kam. Alle wandten sich um.

Etwas Schwarzes in der Größe eines Daumennagels schwirrte durch die zerbrochene Fensterscheibe herein. Es summte langsam durch den Raum, worauf die Männer zur Seite sprangen, und prallte direkt an die gegenüberliegende Wand. Es schnellte zurück, surrte diagonal weiter, prallte gegen die nächste Wand und fiel zur Erde.

Sie starrten das Ding an. „Gütiger Himmel", sagte Willy Naujack. „Was um alles in der Welt ist denn das?" Weder er noch Biond wagten sich jedoch näher heran.

Jothen hatte schon ähnliche Wesen gesehen, und ein fürchterlicher Verdacht stieg in ihm empor. Vorsichtig ging er hinüber und kniete neben dem Ding nieder. Das Wesen kletterte nun langsam die Wand empor.

Es war ein großes, plumpes schwarzes Insekt mit bösartig aussehenden Kiefern.

„Das ist ein Käfer", sagte Jothen langsam, „eine alte nordamerikanische Art, ich glaube, sie heißen Junikäfer. Im Hungerfelsen-Reservat gab es welche."

„Aber was tut er denn hier?" fragte Willy mit erregter und bedrückter Stimme. Der Käfer schien ihn mehr zu beunruhigen als Flavia.

Auch Biond schien erregt, aber aus einem anderen Grund, er hatte die naheliegende Schlußfolgerung gezogen. „Jothen", fragte er, „hat Kim das Reservat nicht zerstört?"

„Nein", sagte Jothen. „Ich fürchte, nein. Und das hier bedeutet, daß es beschädigt wurde."

„Und all die überlebenden Geschöpfe sind frei – im Wald?" fragte Biond beinahe flüsternd. „Nein, das kann nicht sein. Es kann einfach nicht sein. Es muß eine andere Erklärung geben."

„Hast du jemals so was erlebt?"

„Nein", sagte Biond. „Aber Jothen, wenn der Käfer aus dem Hungerfelsen-Reservat stammt, wie konnte er dann so schnell hierherkommen?"

„Der Käfer konnte sehr leicht hierherkommen", meinte Willy Naujack interessiert und stupste den krabbelnden Käfer mit dem Stift an. „Zum Beispiel durch die Druckwelle."

„Das ist offensichtlich die Antwort", sagte Jothen. „Biond, es gibt keine andere Erklärung. Das Hungerfelsen-Reservat wurde beschädigt."

Nach einer langen Pause fügte er hinzu, mehr zu sich selbst gewandt: „Ich muß dorthin."

„Das kannst du nicht tun", sagte Biond. „Wir brauchen dich hier. Wir müssen Willys Versuchsanstalt einrichten."

„Ich kann es nicht ändern. Ich muß zu Kim. Außerdem, Biond – verstehst du das denn nicht? Wir könnten den Wald nicht erhalten, keine kontrollierte Ökologie aufrechterhalten, wenn wir in das Zeitalter der wilden Insekten, der Vögel und so weiter zurückfallen. Und wozu brauchen wir einen neuen Nährmittelprozeß, wenn wir kein Rohmaterial ernten können? Wir müssen zunächst wissen, was frei herumläuft und ob wir irgendwas daran ändern können."

„Ich vermute, du hast recht", sagte Biond widerstrebend. „Aber das sollte ich selbst herausfinden. Außerdem kannst du nicht allein gehen, Jothen."

„Ich komme auch mit", erklärte Willy Naujack.

„Kommt nicht in Frage", sagte Biond sofort. „Sie sind der einzige, der den neuen Prozeß kennt, falls man ihn durchführen kann. In diesem Augenblick, Willy, sind Sie vermutlich unser wertvollster Mann."

Willy seufzte. „Gut", meinte er. „Aber seht euch vor."

„Das werden wir. Jothen, wie steht es mit Treibstoff für das Flugzeug? Ich nehme an, daß wir hier voll auftanken können, aber damit kommen wir nicht bis zum Hungerfelsen, und wir haben keine Möglichkeit festzustellen, ob wir unterwegs auftanken können. Es ist durchaus möglich, daß wir notlanden müssen."

„In diesem Fall", sagte Jothen grimmig, „werden wir zu Fuß gehen. Ich glaube nicht, daß das Betreten des Waldes noch immer verboten ist."

15

IN DER Morgendämmerung zwischen vier und fünf Uhr stiegen Jothen und Biond in das kleine Flugzeug. Links und rechts waren andere, größere Maschinen auf den Rampen, umgekippt und verdreht von der Druckwelle; der Flugverkehr lag still. Ihre eigene Maschine war etwa fünf Meter über das Vitrolith geschleudert worden, schien jedoch unbeschädigt zu sein.

„Du mußt fliegen", sagte Jothen. „Ich bin kein Pilot."

„Ich bin auch nicht gerade ein Experte", erwiderte Biond, „aber das Autopilotennetz ist ohnehin durch atmosphärische Störungen und Flimmern gestört. Wir müssen uns auf die Sicht und die Hoffnung verlassen."

Jothen fröstelte leicht in der Morgenfrische. „Müssen wir wirklich all diese Ausrüstungsgegenstände mitnehmen?"

„Es ist so gut wie sicher, daß wir notlanden müssen – vielleicht sogar nachts." Biond warf die Maschine an. „Das ist gar nicht so viel: Scheinwerfer, Kompasse, Betäubungspistolen, Nahrung, Feldflaschen."

Das Flugzeug erhob sich unsicher und flog in Richtung Nordosten über Missouri hinweg. Noch immer waren die großen Sterne über ihnen am Himmel sichtbar, und die schmale Sichel des Halbmondes schwebte über einem aquamarinfarbenen Lichtband, das über dem östlichen Horizont lag. Weiter südlich glomm das rotierende Leuchtzeichen von St. Louis auf und schleuderte trotzig seine Strahlen über den Himmel.

Das Land lag unter einem tiefhängenden Nebelschleier verborgen, der in der Dämmerung schwach schimmerte. Die oberen Terrassen der Städte ragten wie Inseln heraus. Als der Himmel immer heller wurde, kam Bewegung in das Nebelmeer. Fast gleichzeitig, so schien es Jothen, stieg die Sonne wie ein Ball aus glühendheißem Eisen über den Horizont. Thermalströmungen zerfetzten den Nebel, dann war er verschwunden.

Unter dem kupferorangefarbenen Sonnenlicht, das beinahe horizontal auf die Landschaft fiel, erhielt der Teppich des Weltwaldes die seltsame, unwirkliche Farbe intensiven Grünspans. Im Osten lag der Mississippi – ein Band aus flüssigem Messing im feurigen Licht; die Mäanderlinien verschmolzen zu großen, geschwungenen Kurven durch eine Reihe künstlicher Seen, die durch stufenförmig angelegte Dämme gebildet wurden.

Jeder Damm war eine den Fluß überspannende Stadt, die den Strom auf der einen Seite verschlang und auf der anderen wieder ausspie. Direkt vor ihnen lag Hannibal; Quincy erschien im Norden; südlich tauchte Luziana auf.

Als sie näher kamen, blickte Jothen neugierig auf Hannibal hinunter. Die Stadt bestand aus sechseckigen Pyramiden, die wie die Zellen einer Bienenwabe ineinandergriffen. Aber die Wabe war nicht mehr intakt. In der nördlichen Wand befand sich an der Stelle, wo sie den Fluß überspannte, ein tiefer, klaffender Einschnitt. Das gelöste Material war als riesige Geröllhalde in den Fluß gerutscht.

Biond ging in die Kurve, brachte das Flugzeug näher an die geborstene Mauer heran. Jothen konnte flüchtig einen Schwarm Menschen und Maschinen erkennen, die an der Geröllhalde und im Innern, das durch den Einschnitt sichtbar wurde, arbeiteten. Blinkende bläulichweiße Sterne ließen erkennen, das metallschneidende Laserstrahlen eingesetzt wurden. Grüne Medikopter landeten und starteten unaufhörlich.

„Das ist eine schöne Schweinerei", sagte Jothen. „Was ist da bloß geschehen?"

„Wer weiß?" meinte Biond müde. „Eine Explosion vielleicht – oder ein Erdbeben. Oder ein Sekundärmeteor. Es sieht aber so aus, als hätte McGee die Sache im Griff."

„Warum wurde Hannibal nicht evakuiert?"

„Irgendwo mußten wir eine Grenze ziehen. In diesem Fall haben wir uns offensichtlich verschätzt. Aber von hier an ist das gesamte Gebiet evakuiert worden – die Städte gehören den Computern."

Jothen hörte nicht zu. Seine Augen hingen an einem Anblick, der beinahe so mythologisch war, wie es ein Drache gewesen wäre. Er deutete stumm hinauf.

Hoch über Hannibal schwebten zwei riesige Vögel mit ausgebreiteten Schwingen. Die Geschöpfe schwebten in großen, mühelosen Kurven auf den Thermalaufwinden und schaukelten leicht. Das Flugzeug passierte die Vögel in einer Entfernung von etwa sechzig Metern, und Jothen konnte aus dieser Entfernung schätzen, daß der eine Vogel eine Flügelspannweite von fast zwei Metern hatte. Dann bog der Vogel plötzlich ab und schoß mit angewinkelten Flügeln an ihnen vorbei. Er war kohlrabenschwarz bis auf den Kopf, der rot und nackt aus dem Gefieder leuchtete.

„Was war das denn?"

„Das weiß der Himmel."

Nach einer Weile türmten sich vor ihnen ein Wolkengürtel und stürmische Niedrigturbulenzen auf. Biond lenkte das Flugzeug himmelwärts, bis sie sich über der Wolkendecke befanden. Damit waren sie zwar weit genug über dem Gewitter, die Erde unter ihnen war jedoch verschwunden. Als sie wieder sichtbar wurde, überquerten sie gerade den Illinois River.

Biond verlor an Höhe und suchte mit gerunzelter Stirn den Erdboden ab. Schließlich sagte er: „Verdammt, ich habe die Richtung verloren."

„Folge dem Fluß", sagte Jothen nach einem Blick auf die Karte. „Dann kommen wir zum Hungerfelsen, zu Fuß oder per Flugzeug, ohne daß wir uns an einen bestimmten Kurs halten müssen."

„Nein, damit verschwenden wir nur Zeit und Brennstoff. Ich möchte nicht weiter laufen, als es unbedingt nötig ist", erwiderte Biond.

Sie überflogen eine Lichtung, die etwa vierhundert Meter breit war: Sie stammte von Erntemaschinen und war jetzt mit säuberlichen Reihen junger Bäume bepflanzt. Als das Flugzeug erschien, suchte gerade ein Schwarm kleiner dunkelfarbener Vögel Nahrung auf der Erde.

Jothen schaute erneut auf die Karte.

„Als wir den Fluß überflogen", sagte er, „kamen wir an einer kleineren Stadt vorüber, etwa fünf Millionen Einwohner würde ich sagen. Der Name auf dem Flugplatz war Avana. Es hätte jedoch Peoria sein sollen – wenn wir einen strikt nordöstlichen Kurs eingehalten hätten. Wir haben uns also verflogen und müssen uns direkt nach Osten halten. Da hinten ragt eine große Stadt auf, da drüben links. Halte dich in die Richtung, dann können wir nachsehen, wo wir uns befinden."

Der Name der Stadt war mit gigantischen orangefarbenen Buchstaben auf den Flugplatz gedruckt: BLOOMINGTON. Der Flugplatz war verlassen. Die Radaranlage rührte sich nicht. Kein einziges Flugzeug stand auf dem Rollfeld.

„Wir befinden uns etwa achtzig Kilometer südlich der Südgrenze des Bio-Reservates", sagte Jothen. „Bevor du abgebogen bist, sind wir nach Osten geflogen."

Einige Kilometer weiter nördlich von Bloomington sagte Jothen: „Ich habe die Baumwipfel beobachtet. Nach der Richtung zu urteilen, in die sie sich biegen, kommt der Wind aus Westen, wir treiben also nach Osten ab."

Biond stöhnte. „Ich werde versuchen, ob ich ausgleichen kann, das läßt sich aber nur abschätzen. Wir können nur hoffen, daß wir nicht allzu weit abtreiben." Dann fügte er hinzu: „Der Strommesser fällt ständig. Wir fliegen nicht mehr lange. Ich gehe jetzt auf Baumwipfelhöhe hinunter. Rechts von uns taucht eine Stadt auf. Kannst du den Namen auf dem Flugplatz erkennen?"

„Sieht wie Gridley aus. Ja, es ist Gridley. Auf dem Flughafen rührt sich nichts."

Bald schon wurde das Motorengeräusch schwächer, ein Stottern, dann verschwand es ganz. Das Flugzeug stürzte vornüber, die Zweige brachen krachend und splitternd, und das Flugzeug blieb in steilem Winkel aufgerichtet schließlich in den Bäumen hängen. Biond und Jothen befreiten sich aus den Sitzen. Die Windschutzscheibe war unversehrt geblieben. Außer einem Stückchen blauem Himmel direkt über ihnen sahen sie nur Blätter – schmale, zugespitzte Blätter, die an langen, peitschenförmigen Stengeln wuchsen.

Unter einigen Schwierigkeiten kletterten sie den steil abfallenden Boden empor in das rückwärtige Abteil, um die Gewehre und die Feldflaschen zu holen; dabei mußten sie entdecken, daß die Tür durch einen Ast versperrt wurde und sich nicht öffnen ließ.

„Und was machen wir nun?“ fragte Jothen.

„Wir gehen zurück ins Cockpit und sprengen das Kabinendach ab“, sagte Biond.

Sie glitten über den geneigten Boden zurück in die Kanzel; Biond drückte auf den Knopf. Mit einem lauten Knall und einem Rauchstoß wurde das Dach in die Luft katapultiert und fiel krachend in einiger Entfernung in die Bäume. Ein lauter Chor gutturaler Stimmen ertönte: „Krah! Krah! K-k-k-krah!“

„Was um alles in der Welt war das?“ fragte Biond nervös.

„Ich habe nicht die geringste Ahnung, aber ich bin froh, daß wir Waffen bei uns haben“, antwortete Jothen.

Das Flugzeug hing etwa fünfzehn Meter über der Erde. Die beiden Männer kletterten bis zum niedrigsten Ast hinunter, die Waffen und Feldflaschen über die Schulter geworfen. Von hier waren es noch immer drei bis vier Meter bis zum Boden. Nachdem sie die Gewehre hinuntergeworfen hatten, hängten sie sich an den Ast und sprangen.

Jothen klopfte seine Kleidung ab, Biond schaute ins Blätterwerk. „Diese Bäume sehen tropisch aus – das sind Palmen oder Baumfarne. Sicher ein Produkt der Genetik-Behörde.“

„Sie wachsen rings um das Bio-Reservat herum“, sagte Jothen. „Ich habe vergessen, wie sie heißen – Paradiesbäume, Himmelsbäume oder so ähnlich.“

„Na gut.“ Biond hakte sein Gewehr und die Feldflasche fest. „Machen wir uns auf den Weg. Es sieht so aus, als sei die Gegend hier gar nicht so himmlisch.“ Jothen schaute sich mißtrauisch um. Den Waldboden bedeckte eine dicke, rauhe Grasmatte, die aus einzelnen ineinander übergreifenden Büscheln bestand. Auf dem Gras lagen verwelkte Götterbaumblätter und ein Wirrwarr der peitschenähnlichen Stengel. Kleine Schößlinge, Ableger der Baumwurzeln, ragten überall auf.

Über ihnen erklang das Krachen und Knirschen des Flugzeuges, das langsam mit Geprassel und Splittern durch die Bäume herabsank. Die beiden Männer sprangen zur Seite und blickten hinauf. Das Flugzeug neigte sich immer weiter vor.

„Paß auf", sagte Jothen. „Das verdammte Ding kommt runter ..."

In einem Hagel brechender Zweige verlor die Maschine den letzten Halt und stürzte unter berstendem Krachen auf den Boden. In der Kabine stoben Funken auf. Ringsherum schrien erneut die Stimmen: „Kra-a-ah! K-k-k--raah! Kr-a-a-ah!" Und ein Lärm schlagender, unsichtbarer Schwingen brach los.

Das Geschrei ging in verdächtige Stille über. Biond wischte sich den Schweiß von der Stirn, warf einen Blick auf den Kompaß und ging los; Jothen folgte ihm.

Während sie mühsam vorankamen, bemerkte Jothen nach und nach, daß aus dem Grasteppich ein erstaunliches Gemisch winziger Töne hervordrang: rhythmisches Zirpen, Klicken, Schnarren, gedehntes Singen. Die Klänge waren stets direkt vor, hinter oder neben ihm, niemals jedoch dort, wo er sich gerade befand. Es kam ihm so vor, als stießen er und Biond in einer unheimlichen Blase der Lautlosigkeit vorwärts.

Man hatte die Götterbäume in einem exakten Schachbrettmuster angepflanzt, und in jede Richtung verliefen endlos lange Schneisen. Die Bäume waren gut achtzehn Meter hoch und standen so dicht beieinander, daß sie grüne Arkaden bildeten, durch die schräge Sonnenstrahlen einfielen. Ein sanfter Wind fuhr durch die Blätter. Hin und wieder fiel ein Zweig lautlos zur Erde.

Trotz der Eile fühlte sich Jothen immer betäubter. Er wußte noch, wohin er ging, und in etwa, warum, als jedoch eine Stunde nach der anderen verstrich, war er nicht mehr sicher, ob es ihm überhaupt noch wichtig war. Es war, als strömte der Wald ein unsichtbares Gift aus, das halb Isolierung, halb Gelassenheit und Seelenfrieden vermittelte. Er konnte sich nicht mehr vorstellen, daß es Dinge wie die UNOC oder eine Riesenstadt gab.

Nach langer Zeit, wie es ihm vorkam, mischte sich ein merkwürdiger, gedämpfter Laut mit dem Zirpen, ein schrilles Trompeten, irgendwo fern am Himmel. Jothen blickte auf, konnte jedoch nur die ineinander verschlungenen Zweige entdecken. Biond stapfte ungerührt weiter. Sie erreichten einen breiten Streifen Land, der mit etlichen Reihen kniehoher junger Bäume bepflanzt war; die Baumpflanzmaschinen hatten Hügel und Mulden zurückgelassen. Aus der Erde ragten Baumwurzeln einer früheren Bepflanzung, und Biond achtete sorgsam darauf, wohin er trat;

Jothen jedoch konnte sich nicht von dem schrillen, mächtigen Ruf lösen. Er blieb stehen und schaute erneut empor.

Einen Augenblick lang sah er einen Vogelschwarm in V-Formation, der aus seinem Blickfeld verschwand. Die Vögel flogen so hoch, daß er nur mit Mühe die langsam schlagenden Flügel und die langen Hälse erkennen konnte.

Der Schrei der Wildgänse verklang, wild, frei und erregend. Jothens Seele schien sich aus seinem Inneren lösen und ihnen nacheilen zu wollen; erstaunt entdeckte er, daß ihm ein Tränenschleier die Sicht nahm.

Danach überkam ihn Traurigkeit. Wohin flogen sie? Wohin konnten sie überhaupt fliegen? Wie konnten sie hier draußen in der sterilisierten Welt leben?

„Komm", sagte Biond gereizt. „Willst du da Wurzeln schlagen? Wir müssen weiter."

Widerstrebend ging Jothen weiter, stolperte prompt über eine Wurzel und stürzte. Biond half ihm auf die Beine.

Als sie die Mitte der Lichtung erreicht hatten, spürte Jothen, daß etwas Weiches, Leichtes seine Wange streifte; etwas anderes wischte an seiner Nase vorbei. Dann schwebte ein weißes flauschiges Knäuel herab und ließ sich auf seinem Arm nieder. Andere Büschel segelten überall an ihm vorüber. Er untersuchte das Ding auf seinem Ärmel und sah, daß der weiße Flaum mit einem winzigen Stengel verbunden war, so dünn wie ein Haar, und daß am anderen Ende ein winziges braunes Samenkorn saß.

„Was hältst du davon?" fragte er Biond und streckte den Arm aus.

Biond schaute den kleinen Gegenstand prüfend an und sagte: „Ich habe noch nie etwas von fliegendem Samen gehört, aber dies scheint einer zu sein. Die Luft muß voll sein von Samen und Sporen."

„Wir sind noch etliche Kilometer vom Reservat entfernt. Wie können sie denn so weit fliegen?"

„Erinnerst du dich an den Windstoß nach Flavias Niedergang? Er hat den Käfer bis nach Gitler getragen."

Viele Samenkörner schwebten durch die Luft, standen als weiße, sonnendurchglühte Punkte gegen den blauen Himmel. Jothens Aufmerksamkeit wurde durch einen schrillen, spitzen Schrei abgelenkt, dem ein gedämpfter, trommelnder Laut folgte.

Etwa achthundert Meter entfernt raste eine Tierherde in einer Staubwolke auf die Lichtung. Sie schwenkte herum und hielt direkt auf die beiden Männer zu.

Biond rannte auf das Gehölz seitlich der Lichtung zu. Jothen folgte ihm, stolperte über eine Unebenheit und fiel der Länge nach hin. Während er versuchte, wieder auf die Beine zu kommen, stürzte Biond; als Biond wieder stand, lag Jothen erneut auf der Erde. Trotz des alarmierenden Lärms der stampfenden Hufe, die wie tausend Trommeln dröhnten, empfand Jothen flüchtig Heiterkeit. Seine Belustigung verschwand jedoch sehr schnell, als er entdeckte, daß sich sein Gürtel am gekrümmten, herausragenden Ende einer unterirdischen Wurzel verhakt hatte. Er war festgenagelt.

Ein schneller Seitenblick, und er sah, daß eine Herde Pferde auf ihn zuraste, Pferde aller Größen und Farben. Sie bildeten eine fächerförmige Phalanx, die sich beinahe über die gesamte Breite der Lichtung erstreckte – eine Lawine zurückgeworfener Köpfe und wehender Mähnen, gleißend weißer Augäpfel, gebleckter Zähne, glänzender Körper und galoppierender Beine wogte in einer Staubwolke, vermischt mit Grasfetzen und kleinen Zweigen, auf ihn zu. Er rief Biond etwas zu.

Die Vorhut der Pferde erreichte Biond, bevor er am Gehölz angekommen war. Sie öffneten ihre Reihen und galoppierten zu beiden Seiten an ihm vorüber. Jothen wandte sich wieder der heranrasenden Herde zu. Ein langbeiniger Rotschimmel war fast über ihm. Widersinnigerweise hob Jothen die Hand und schrie: „Halt! Halt!" Dann vergrub er sein Gesicht im Schmutz, bedeckte den Kopf mit den Händen und wartete auf sein Ende.

Das Trommeln der Hufe endete einige Zentimeter vor ihm. Im Bruchteil einer Sekunde verklang das Geräusch, als sei das Pferd verschwunden. Dann erfolgte ein schwerer Aufprall, das Dröhnen setzte sich auf der anderen Seite fort und verklang. Das Pferd war über ihn hinweggesprungen.

Er hob vorsichtig den Kopf und wagte einen kurzen Blick. Ein anderes Pferd sprang über ihn hinweg. Und noch eines und noch eines.

Die Luft war voller Staub. War es vorüber? Nein! Eine zweite Welle galoppierte aus dem Dunstschleier heraus. Es waren andere Tiere. Einige der Pferde waren von der Nase bis zum Schwanz schwarzweiß gestreift. Auch sie liefen um ihn herum. Dann kam ein großer weißer Hengst. Er sprang über Jothen hinweg, der Aufschlag der Hufe überschüttete ihn mit Erde, als das Tier den Boden berührte und weitergaloppierte.

Jothen stützte sich auf die Hände und richtete sich halb auf; er schaute dem weißen Hengst nach. Dann bemerkte er die Wunden auf dem sich entfernenden weißen Hinterteil – vier parallellaufende diagonale Wunden, ausgefranst durch abwärtsführende scharlachrote Rillen. Waren das Spuren von Pranken?

Biond stolperte auf Jothen zu, unter einer schmierigen Staubschicht war sein Gesicht totenbleich.

„Jo! Bist du in Ordnung?"

„Ja." Er befreite sich von der Wurzel. Jetzt, wo es nicht mehr so dringend war, ging es spielend leicht.

„Ich dachte, du wärst mir die ganze Zeit dicht gefolgt."

„Ich wollte, ich wäre. Können wir eine Pause einlegen? Ich bin völlig ausgedörrt."

„Sicher."

Im Schatten eines Gehölzes auf der anderen Seite der Lichtung zogen sie ihre Tuniken aus – beide schwitzten, gleichermaßen vor Angst und Hitze. Sie ließen sich am Fuße eines Baumstammes nieder und tranken. Nach einer Weile hatten sie sich so weit beruhigt, daß sie essen konnten. Biond gähnte.

„Weiter kann ich nicht", sagte Jothen. „Seit wann haben wir eigentlich nicht mehr geschlafen? Wenn wir nicht ausruhen, brechen wir zusammen."

Biond nickte, und sie streckten sich auf der Grasmatte aus. Trotz seiner Erschöpfung konnte Jothen nicht schlafen. Nach einer Weile sagte er: „Biond?"

„Hm."

„Das weiße Pferd. Auf seinem Hinterteil waren vier lange Kratzer – sie bluteten noch. Sah so aus, als hätte es einen Hieb mit der Pranke bekommen. Und das Tier könnte noch in der Gegend sein. Wir sollten vielleicht lieber abwechselnd Wache halten."

Er erhielt keine Antwort. „Biond?"

Diesmal antwortete Biond mit einem sanften Schnarchen. Resigniert lehnte sich Jothen gegen den Baum und legte sein Gewehr im Schoß zurecht.

Die Sonnenstrahlen, die schräg durch die Zweige einfielen,

wurden immer schwächer und verschwanden schließlich. Jothen begann zu frösteln; zuerst war ihm zu heiß gewesen, und jetzt war es plötzlich zu kalt.

Er erwachte mit einem Schreckensschrei, aber nichts rührte sich in seiner Nähe; der Wald hatte sich nicht verändert, es war lediglich dunkler geworden. Der Schrei riß Biond aus dem Schlaf. Er murmelte: „Wassislos?"

„Nichts. Vermutlich ein Alptraum. Hör zu, Biond, sieh mal, wie dunkel es ist. Wir sollten uns lieber auf den Weg machen."

„Gut."

Innerhalb weniger Augenblicke wurde es so dunkel, daß sie die Scheinwerfer einschalten mußten. Und selbst dann noch näherten sie sich auf Millimeterbreite einer schmalen Klippe – es ging sechs Meter hinunter –, die nur durch eine Vitrolithwand gesichert war.

„Konturenterrasse", sagte Biond. „Müßte irgendwo in der Nähe eine Rampe sein, damit man zur nächsten kommt."

Die Dunkelheit nahm noch zu. Sie kamen unendlich langsam voran, das Licht der Scheinwerfer war umgeben von Schatten und Geheimnis, verzaubert durch das laute, vielstimmige Zirpen und Trillern. Über ihnen funkelte hin und wieder ein Stern durch das Blätterdach.

Die Geräusche wurden lauter; aus dem Wispern wurde Grunzen, Krächzen, Kreischen, Pfeifen, und einmal ertönte ein markerschütterndes Gelächter. Direkt vor den Lichtkegeln raschelte etwas und verschwand dann schnell in der Dunkelheit.

Dann war der Weg plötzlich durch eine solide Vitrolithmauer blockiert. Die Scheinwerferstrahlen glitten über die Oberfläche, aber die Spitze blieb unsichtbar. Die Mauer war auf jeden Fall zu hoch, als daß es eine weitere Höhenlinienabgrenzung hätte sein können. Es mußte eine Stadtmauer sein – welche, ließ sich nicht sagen.

„Meine Kehle ist trocken", sagte Biond. „Und die Feldflaschen sind leer."

„Halten wir uns westlich. Vielleicht finden wir eine Wasserleitung."

„Prächtige Aussichten. Die sind alle unterirdisch."

Es stellte sich heraus, daß die Mauer in Zickzackform gebaut war; jeder gerade Abschnitt maß etwa eineinhalb Kilometer. Schließlich vernahmen sie ein ständiges Rauschen und drangen hastig voran; es war jedoch nur ein Strom warmer Luft, der aus etlichen schräggestellten Fenstern von mindestens neun Meter Durchmesser herausströmte. Hinter diesen Ventilationsschlitzen schimmerte kein Licht.

„Auf der anderen Seite muß irgendwo Wasser sein", sagte Jothen.

„Sicher, und wenn wir eindringen, haben wir einen Computer-Wachhund auf dem Hals. Diese evakuierten Städte sind tödlich."

Dem Kompaß zufolge gingen sie jetzt wieder nordwärts. Fast sofort verschwand die Stadt hinter ihnen. Nach einer Weile erreichten sie eine zweite abgeholzte Lichtung. Die Sterne glitzerten, und ein schwacher Widerschein schimmerte am Himmel, die Nachwirkung des Aufruhrs der Ionosphäre, den Flavia verursacht hatte. Auf der anderen Seite befand sich eine Terrassenmauer, und wiederum mußten sie eine Rampe suchen.

Es schien Jothen, als läge ein Geruch nach Rauch in der Luft. Er schnüffelte.

„Ich rieche etwas", sagte Biond. „Es riecht versengt."

„Ja, und noch etwas – es stinkt."

Der Geruch wurde stärker, je weiter sie vorwärts drangen. Ein bläulicher Schleier lag in der Luft; die Lichtkegel der Scheinwerfer zeichneten sich deutlich ab. Dann stellten sie fest, daß gestürzte Bäume den Weg blockierten. Ein Durchkommen schien unmöglich; die Sperre verlief schnurgerade durch den Wald. Sie schöpften erneut Hoffnung, als sie die Lücke in der Barriere zu entdecken glaubten, die durch die Kreuzung eines unbewaldeten Streifens entstand; aber auch diese Bresche war versperrt; ein Wall aus aufgeschütteter Erde, Felsbrocken und Baumfragmenten – etwa sechs Meter hoch – lag quer über der Lichtung.

„Wir müssen hinüberklettern."

Sie begannen den Abhang zu erklimmen, manchmal auf allen vieren; die Füße glitten auf der lockeren Erde ab. Sie fühlte sich warm an und roch unangenehm nach Knoblauch.

Sie erreichten die Anhöhe und prallten vor dem Gestank zurück, der ihnen oben entgegenschlug. Sie standen vor einem riesigen Graben, der mindestens sechzig Meter breit und fünfzehn Meter tief war. Blaue Dampfwolken stiegen vom Grund auf. Auf dem Boden lagen Baumteile, einige glühten und schwelten, andere brannten lichterloh. Der schnurgerade verlaufende Graben erstreckte sich in beide Richtungen, weiter, als die Scheinwerferkegel reichten.

Weit entfernt zur Rechten näherte sich auf dem Grund des Grabens etwas mit Dröhnen, Krachen und Fauchen. Bei jedem Zischen stiegen kleine Flammen auf. Das Ding war mit drei Suchscheinwerfern versehen – einer leuchtete direkt geradeaus, die beiden anderen bewegten sich unaufhörlich und suchten die beiden Seiten ab. Eines der umherstreifenden Lichtbündel sprang nach oben und fiel auf Jothen und Biond, als sie gerade den Rückzug antraten und vor dem unerträglichen Gestank flohen.

Sie stolperten und rollten den Abhang hinunter und standen dann wieder auf der flachen Erde.

„Wer auch immer diese Maschine fährt, er muß unser Licht entdeckt haben“, sagte Biond. „Warten wir hier. Sie werden die Sache in wenigen Minuten untersuchen.“

Der Lärm kam näher, verklang, ertönte aufs neue, jedoch langsamer, so, als würde sich die Maschine mühsam voranarbeiten. Die Scheinwerferbündel waren direkt auf die Anhöhe gerichtet. Eine dunkle, rechtwinklige Struktur schob sich über den Kamm des Erdwalls; dann erschienen die drei Suchscheinwerfer. Zwei hefteten sich auf Biond und Jothen, der dritte leuchtete starr geradeaus. Nun erschien auch die restliche Maschine und entpuppte sich als achtfüßiger Pedicar. Er blieb oben auf dem Wall stehen und richtete seinen Schaumstrahl in den Graben, dann begann er vorsichtig die schräge Böschung hinunterzuklettern. Die „Füße“ waren abgeflachte Kuppeln von ein Meter zwanzig Durchmesser, die Unterseite war mit kurzen, abgestumpften Dornen besetzt.

Die Maschine kam auf die beiden Männer zu und hielt direkt vor ihnen an. In der rechteckigen Kabine flammte Licht auf, es klickte, und ein Fenster wurde geöffnet. Zwei Forstaufseher in grüner Uniform beugten sich heraus.

Der eine von ihnen rief herunter: „Was um alles in der Welt macht ihr denn hier draußen?“

„Das ist eine lange Geschichte“, antwortete Biond. „Wir wollen ins Bio-Reservat. Unser Flugzeug ist in der Nähe von Gridley zerschellt.“

„Sie meinen, Sie haben die ganze Strecke zu Fuß zurückgelegt?“

„Ja.“

„Allmächtige Sterne! Na, gehen Sie einfach in die Richtung, aus der wir kommen. Es ist nicht weit. Wir würden Sie mitnehmen, aber wir müssen die Feuer löschen und können die Station nicht anrufen, damit jemand geschickt wird, der Sie abholt, weil die Funkverbindung nicht funktioniert."

„Ich denke, wir schaffen es schon", sagte Jothen. „Aber sagen Sie uns eines: Wie kam es denn, daß all die Bäume umgestürzt sind und der Graben dort ausgehoben wurde?"

„Das war entweder ein dicker kanadischer Felsbrocken oder ein Stück von Flavia. Auf jeden Fall war das Ding mit Arsenikmineralien beladen. Riechen Sie nichts? Das ist Arsengas – tödlich, wenn man zuviel davon einatmet. Der Brocken kam fast horizontal angeschwirrt, schnitt das Reservat und grub die Rinne da in den Boden. Gehen Sie nicht zu dicht heran, wenn Sie am Leben bleiben wollen."

„Wenn es so lebensgefährlich ist, wie überstehen Sie es dann?"

„Die Kabine ist gegen Gas und Rauch abgedichtet. Übrigens, haben Sie Tiere gesehen?"

„Ein paar", sagte Biond.

„Ich bezweifle, daß Sie hier in der Gegend noch mehr zu Gesicht bekommen – wegen des Gases. Aber seien Sie vorsichtig."

„Vielen Dank."

Die beiden Aufseher zogen sich in ihr Fahrzeug zurück und schlossen das Fenster. Das Licht in der Kabine erlosch. Der Pedicar wirbelte herum, knirschte bei jedem Schritt und arbeitete sich den Abhang hinauf; dann kletterte er in den Graben hinunter und verschwand.

Als sich Jothens Augen wieder an die Dunkelheit gewöhnt hatten, war er erstaunt, am Himmel bereits Anzeichen für die Morgendämmerung zu entdecken. Wortlos marschierten die beiden Männer weiter.

Und gerade als der helle Tag angebrochen war, hörte der Wald auf; sie starrten auf die Ruinen des Hungerfelsen-Reservates.

16

URSPRÜNGLICH lag der Hungerfelsen – der nach einem Ereignis im prähistorischen Unistam, von dem keine Überlieferung existierte, benannt war – auf einer Insel, wo sich der Des-Plaines- und der

Kankakee-Fluß vereinigen und den Illinois bilden; von hier ausgehend hatte man das Biologische Reservat einfach erweitert und den Felsen als Kern für den Zentralturm benutzt, die Flüsse ließ man unverändert. Das Reservat lag nur achtzig Kilometer südwestlich Chicagos; man hatte zwar angeordnet, daß alle Lebewesen zerstört werden sollten, es jedoch für unwahrscheinlich gehalten, daß die Struktur einer wirklich schweren Belastung ausgesetzt werden würde.

Beide Kalkulationen hatten sich nun als Fehlschlag erwiesen. Kim hatte die Lebewesen nicht zerstört, und als Biond und Jothen an der südwestlichen Ecke aus dem Wald traten, erhob sich der ursprüngliche Felsen schwarz in den Himmel, ragte aus einem enormen, rauchenden Durcheinander von verbogenen, gesplitterten Balken, gestürztem Vitrolith und zerbrochenem Glastik empor. Das Reservat war gegen normale Erdbebenstöße gesichert, selbst gegen schwere; offensichtlich war es direkt von einem Sekundärmeteoriten getroffen worden, und zwar nicht von einem der kleineren Sorte, die die Jones-Familie in Panik versetzt hatte, sondern von einem Bruchstück der Erde selbst, das aus dem Krater gebrochen wurde, als Flavia aufschlug. Wie die „hellen Strahlen" zeigten, waren auf dem Mond einige dieser Sekundärmeteore halbwegs um den Satelliten herumgewirbelt, andere hatten sich ganz und gar von der Anziehungskraft des Mondes frei gemacht; selbst für irdische Verhältnisse war es nicht allzuweit, wenn ein Meteor von der unteren Hudson Bay ins nördliche Illinois geschleudert wurde.

Es hätte schlimmer kommen können, dachte Jothen. Um ein Haar hätte das Ding Chicago getroffen.

Mit äußerster Vorsicht arbeiteten sich die beiden Männer in nördlicher Richtung um die Ruinen herum. Biond fluchte unaufhörlich leise vor sich hin, und Jothen hatte nicht den Mut, etwas zu sagen; seine Zunge schien am Gaumen zu kleben – halb durch den Durst, halb vor Furcht.

Nach und nach erkannten sie, daß die Verwüstungen nicht ganz so schlimm waren. Nur etwa ein Drittel des Reservates lag in Trümmern. Der Rest war zum Teil nur leicht beschädigt oder völlig unversehrt. Jothen streckte schweigend die Hand aus, Biond nickte, und sie näherten sich noch vorsichtiger als zuvor.

Die Abteilungen, die wirklich unversehrt waren, ließen sich

leicht identifizieren: Sie waren von außen undurchsichtig, hinter der Glastikwand befand sich nichts als eine solide grünlichgraue Nebelwand.

Was auch immer Kim ursprünglich geplant hatte, der Aufschlag des Meteoriten hatte automatisch die Sicherheitsvorkehrungen ausgelöst, die sie entweder vergessen hatte oder mit denen sie nicht umzugehen verstand. Einerlei, welche Gründe es hatte, die unversehrten Sektionen waren jetzt voller Gas.

„Hoffentlich hatte die Mannschaft Zeit genug, Druckanzüge anzuziehen", murmelte Biond. „Dieses Zeug ist bösartig – ein Kontaktgift, das alles zerfrißt."

„Warum denn gleich so drastisch?" fragte Jothen mit zusammengekniffenen Lippen.

„Weil alles hier drinnen getötet werden sollte, selbst Dinge, die nicht atmen, bis hinunter zu den Bodennematoden und den Bakterien. Der Hauptbestandteil ist Thiolutin, ein Protoplasmagift, außerdem enthält es Potentiatoren und ich weiß nicht was noch alles. Ein tückisches Gas."

„Kein Wunder, daß Kim es nicht anwenden wollte. Sieh mal, dort drüben scheint es wieder herausgepumpt worden zu sein. Können wir hinübergehen, oder töten uns bereits Spuren von dem Zeug?"

„Das ist ungefährlich. Der Nebel ist ein Indikator. Nur eine bestimmte Menge wird freigelassen, je nach der Protoplasmamenge, die das Gebiet enthält. Wenn sich der Nebel klärt, bedeutet das, daß das Gas verschwunden ist."

„Wie reizend", sagte Jothen. „Hier ist ein Eingang. Wir können es ja versuchen. Wenn wir jemanden von der Mannschaft finden, erfahren wir vielleicht mehr."

„Geh voran. Du kennst dich hier besser aus als ich."

Vermutlich hatte dies einmal gestimmt, aber im selben Augenblick, als Jothen durch den Eingang getreten war, wußte er, daß es nicht länger zutraf. Wegen der Zerstörung konnte er nicht einmal ungefähr schätzen, zu welchem geographischen Gebiet des Reservates diese Sektion gehört hatte; und interne Hinweise gab es nicht mehr. Was einmal ein exotisches, idyllisches Asyl gewesen war, eine Enklave mit einigen der letzten Überlebenden einer längst verschwundenen Welt, war jetzt nichts als eine leere Höhle, in der sich nur noch ein paar Brücken, Galerien, Abzugskanäle und steinerne Vorsprünge befanden.

Bis auf einige Stellen, an denen der nackte Fels hervorschimmerte, war die Höhle einige Zentimeter dick mit grauem, ätzendem Schleim bedeckt, dessen Herkunft sich Jothen zunächst nicht erklären konnte. Mit Entsetzen erkannte er dann, was es war – die aufgelösten Überreste aller Lebewesen, die sich in dieser Abteilung befunden hatten – Tiere, Insekten, Bäume, Grashalme . . ., wie Biond gesagt hatte, bis zu den Bodennematoden und den Bakterien. Sie alle waren getötet worden; und es war mehr als wahrscheinlich, daß die Welt viele oder sogar die meisten dieser Arten nie mehr zu sehen bekommen würde.

Die bloße Tatsache, daß sie erfolgreich zerstört worden waren, bewies, daß es nicht nötig gewesen war; ihre Abteilung war nicht beschädigt worden. Es war jedoch unmöglich gewesen, das vorherzusagen, und die Alternative – die Kim gewählt hatte –, alle weiterleben zu lassen und auf das Glück zu bauen, hatte sich nicht als bessere Lösung erwiesen . . ., allenfalls für diejenigen Tiere, die flüchten konnten, vielleicht.

Jothen war bleich geworden; ratlos schaute er sich um; und Biond schien es, als hätte auf einmal nichts mehr einen Sinn.

Jothen sah in die nächste Abteilung. Im gleichen Augenblick bemerkte er einen mundlosen Schädel, in dessen Gesicht riesige schwarze Augenscheiben saßen, die ihn durch die nächstliegende Glastiktrennwand hindurch anstarrten. Er blinzelte und schaute noch einmal hin, da war die Gestalt im giftigen Nebel verschwunden; im nächsten Augenblick jedoch begann sich eine Luftschleuse dicht neben ihm zu bewegen.

Beide Männer traten einen Schritt zurück, als sich die Schleuse öffnete und eine Gestalt im Schutzanzug herausstieg; in der Hand trug sie einen Tank mit flexiblem Schlauch und Zerstäuber. „Jothen!" sagte die Gestalt. „Biond! Was macht ihr denn hier? Ich meine, ich bin froh, daß ihr am Leben seid, aber es ist sehr gefährlich hier – das Gas, die Ruinen . . ."

Jothen ging auf sie zu, aber Kim wehrte ab. „Es ist nicht ganz ungefährlich, mich zu berühren. Und hier im Tank ist noch mehr Gas", sagte sie. Der vertraute Klang ihrer Stimme ließ sie in dem Schutzanzug nur noch geisterhafter wirken. Sie sprach jedoch ganz normal, wenn auch Schock und Entsetzen nachklangen. Jothen durchlief eine Welle der Erleichterung.

„Geht es dir gut?" fragte er.

„Ich denke schon. Aber Jothen – o Gott. Ich wollte sagen, es ist alles so schrecklich, aber das Wort – es drückt nicht im mindesten aus, was ich meine."

„Dafür gibt es keine Worte", sagte Biond ernst. „Aber was soll nun werden, Kim? Stellen Sie diesen verdammten Tank beiseite, bevor Sie noch mehr Schaden anrichten."

Sie stellte ihn sofort ab. „Ich tue euch nichts", sagte sie. „Es geht mir wirklich gut. Wenn Sie sagen wollten, daß es jetzt zu spät ist, dann haben Sie allerdings recht."

„Das wollte ich nicht sagen. Mich interessiert, was Sie jetzt tun wollen."

„Gehen wir hinaus, damit ich diesen Anzug ausziehen kann. Dort können wir uns besser unterhalten, und ihr beide seid ein gut Teil sicherer. Es wäre grotesk, wenn jetzt noch ein Unglück geschähe."

Sie folgten ihr nach draußen und überließen das Reservat seinem Todeskampf. Erst als sie den Waldrand erreicht hatten, blieben sie stehen. Dann stieg sie aus dem Schutzanzug; sie sah verschwitzt, bleich und schmutzig aus, und dennoch war sie für Jothen ein wunderbarer Anblick.

„Gut, schießen Sie also los", sagte Biond.

„Das ist sehr einfach", sagte sie und ließ sich müde auf dem Rasen nieder. Dankbar folgten die Männer ihrem Beispiel. „Es war verrückt von mir, daß ich das Hungerfelsen-Reservat retten wollte, und das wurde mir in dem Augenblick klar, als ich den Asteroiden tatsächlich fallen sah. Aber da war es schon zu spät. Der Südwestflügel war bereits zerstört, und ich mußte feststellen, daß sich die automatische Sicherung eingeschaltet hatte. Ich weiß noch immer nicht, wie viele Lebewesen in den Wald entkommen sind."

„Eine ganze Menge", sagte Biond.

„Das dachte ich mir, ich war jedoch nicht sicher – die Zerstörung war so groß. Ich dachte mir also, das mindeste, was ich tun könnte, sei, durch die unversehrten versiegelten Abteilungen zu gehen und mich zu vergewissern, daß die Zerstörung auch vollständig war. Ich war erschrocken, aber – aber ich habe mich gefreut, euch beide zu sehen . . ., besonders dich, Jothen. Es ist . . . Ich habe mich gründlich geirrt. Aber Sie ebenfalls, Biond. Ich bin bereit, die Konsequenzen zu ziehen."

„Das haben Sie wohl bereits getan", sagte Biond. „Sowohl unmittelbar als auch angemessen. Und selbst wenn nicht, ich habe keine Macht mehr, jemanden zu strafen, und ich denke, daß McGee nur die Schultern zucken und die Situation als gegeben hinnehmen wird. Ihr Fehler, Kim, war nicht der einzige, der in den letzten paar Monaten begangen wurde, und schon ganz und gar nicht in den letzten Jahrhunderten."

Kims Augen verschleierten sich. Jothen sagte: „Du bist verdammt anständig, Biond."

„Ich bin vorsichtig", erwiderte Biond und zuckte die Schultern. „Die Welt braucht jede Begabung, die sie bekommen kann, einerlei, wie die nächste Ära aussehen wird. Es wird Unerklärliches und Härtefälle geben in Hülle und Fülle. Jetzt über geringfügiges Versagen zu Gericht sitzen zu wollen, das würde Selbstmord bedeuten – falls wir den noch nicht begangen haben."

Hinter ihnen im Wald raschelte und trampelte es in der Ferne. Das Geräusch kam näher. „Hallo", sagte Jothen ganz überflüssig, „da kommt jemand."

Alle drei standen auf und empfanden gleichzeitig Bestürzung und Erleichterung. Gerade außer Sichtweite krachte, knackte und barst es im Reservat.

Dorthy Sumter trat aus dem Wald. Ihr folgten etliche Tritonen, angeführt von Storm und Tioru. Sie trugen schwere Flugkleidung, die sich vorzüglich zum Wandern eignete.

„Dorthy!" rief Biond. „Was um Himmels willen . . ."

Dorthy lachte. „Wir suchen Sie", sagte sie. „Und Kim und Jothen auch. Wir haben in Gitler angerufen, aber ein Mann namens Naujack sagte uns, wir sollten hierhergehen. Wir haben also einen Hubschrauber für zwanzig Passagiere von Transcorp organisiert und sind euch nachgeflogen."

„Ohne Marg't zu erzählen, was ihr vorhattet, wette ich."

„Marg't ist vor Wut fast geplatzt", sagte Dorthy. „Ich glaube, sie ist etwas verrückt. Sie hat Sie eines halben Dutzend verschiedener Verbrechen bezichtigt – einschließlich Treuebruch, was ich noch nie gehört habe –, und dann hat sie zu toben begonnen, sie wollte auf der Stelle zum Alpha Centauri. Sogar Chen U war schockiert. Ich habe darauf bestanden, daß wir Sie zurückholen – ich habe gesagt, ich würde Sie in meiner Behörde unterbringen, wenn die Zentralbehörde dagegen sei. McGee hat mir sofort zugestimmt. Er hält sehr viel von Ihnen, Biond, und ich glaube, er hat nicht sehr gern Ihre Stelle eingenommen."

„Vermutlich nicht. Ich habe vorher nie darüber nachgedacht, aber er leitet wahrscheinlich nicht gern – da hat er keine Möglichkeit, die Verantwortung weiterzureichen. Er ist der geborene zweite Mann."

„Das glaube ich auch. Na, jedenfalls machte er keinen Ärger, und Deban Tod ist mir ein wenig verpflichtet, davon abgesehen, daß er ein sehr anständiger Kerl ist. Als Marg't sah, daß sie überstimmt war, zischte und fauchte sie, bis Chen U sie fortbrachte, und ich glaube nicht, daß sie zurückkehren wird. Die Zentralbehörde funktioniert also noch immer, das Zünglein an der Waage bin jetzt jedoch ich. Und wir brauchen Sie – Sie alle drei. Die Welt befindet sich in einem chaotischen Zustand, und wir können es uns nicht mehr leisten, irgendeine Begabung zu verschwenden."

„Das höre ich gern", sagte Biond düster. „Doch – vielleicht bin ich nur erschöpft, Dorthy, aber um die Wahrheit zu sagen, ich glaube nicht, daß man das Durcheinander entwirren kann – jetzt nicht mehr. Wenn jemals die Chance bestand, das Bevölkerungsproblem zu lösen, dann hätte man es nicht später als im einundzwanzigsten Jahrhundert in Angriff nehmen müssen – selbst wenn man zu leicht repressiven Maßnahmen wie zwangsweisen Sterilisationsinjektionen hätte greifen müssen. Ich habe das Marg't gesagt, schon bevor wir von Flavia wußten, aber sie hat mir nicht einmal zugehört. Sicher, es wäre schwierig gewesen, die Kandidaten auszuwählen und die Leute zu bestimmen, die sie aussuchten. Und sobald man über die menschliche Fortpflanzung zu reden beginnt, stellt sich heraus, daß alles heilig ist.

Aber wir haben niemals versucht, den Schwierigkeiten zu begegnen. Wir haben sie statt dessen vertuscht – im Namen der Nächstenliebe. Wir lebten in der Wahnvorstellung, daß wir nie genug Menschen haben könnten, selbst wenn wir einander auf den Füßen stehen würden. Und wir warfen unsere ganze Kraft in eine einzige Bemühung – *jeden* zu versorgen, und nicht nur angemessen, sondern luxuriös.

Nun, eine Weile haben wir es geschafft, eine ziemliche Zeit lang sogar. Aber früher oder später mußte es schiefgehen. Wenn es nicht Flavia gewesen wäre, dann etwas anderes. Es ist jetzt passiert, das ist alles.

Und wir haben es überstanden. Von jetzt an wird es Waffen, Hunger und Tyrannei geben – und wir haben es selbst verschuldet."

„So schlimm kann es nicht werden", sagten Jothen und Kim beinahe gleichzeitig.

„Ihr zwei", sagte Biond, „habt fast euer ganzes Leben in der Isolation zugebracht, in einer künstlichen Wildnis der eine, der andere in einer leeren Stadt. Ihr kennt die Fakten ebenso gut wie ich – aber ihr mußtet nicht mit ihnen leben. Ihr werdet sehen – ihr werdet sehen."

„Es gibt wenig, worauf wir stolz sein können", sagte der Triton Storm unerwartet. „Bis auf die Menschlichkeit und die Tatsache, daß wir es eben versuchten – wenn auch vergebens. Aber wir haben Frieden gehalten und Überfluß für jeden geschaffen, volle achthundert Jahre lang, und das ist ein Rekord."

„Und es gibt noch immer Hoffnung", fügte der Triton Tioru hinzu. „Es gibt jetzt zwei Menschenrassen. Dann haben wir noch die Mischlinge und natürlich das Meer."

Jothen starrte die beiden Tritonen an, bestürzt und überrascht. Kim sah so verblüfft aus, wie sie war, Biond jedoch blickte lediglich skeptisch drein.

„Dies ist ein wichtiger Anfang", sagte Dorthy Sumter. „Es ist ein weiterer Grund dafür, daß ich Marg't Splain ausschalten konnte und sogar Chen U dazu brachte, mir dabei zu helfen . . ., obgleich ich in der Zentralbehörde relativ neu bin. Für die Zukunft liegt voraussichtlich all unsere Hoffnung bei der Behörde für Unterwasserprodukte – und bei den Tritonen."

„Wir werden die Zentralbehörde nach Groß-Inagua verlegen", fügte Tioru hinzu. „Die Insel wurde von einer Flutwelle überspült, hat es jedoch ausgezeichnet überstanden. Wenn ein regionales Hauptquartier der BFU zum Mittelpunkt der Welt wird, dann ist das eine eindrückliche Erinnerung an den Weg, den wir nun einschlagen müssen."

„Dem muß ich zustimmen", sagte Biond nachdenklich. „Dennoch ist das Meer nicht unsere einzige Hoffnung. Es gibt auch noch die Mitochondriatik – es spielt im Augenblick keine Rolle, was das ist, ich werde es später erklären. Natürlich gibt es die Mischlinge und ihre Begabung. Daran hatte ich nicht gedacht. Und dann kommen die Mutationen, die Flavias Niedergang hervorrufen wird. Alles ist unordentlich und läßt sich nicht im voraus bestimmen – wie das Meer selbst –, aber wir haben der Natur niemals wirklich unsere Ordnung auferlegt, wir haben uns etwas vorgemacht. Acht Jahrhunderte der Selbsthypnose . . .

Aber das ist jetzt vorüber. Es ist schlimm, daß das Erwachen so unsanft sein mußte, aber offensichtlich hätte ein sanfteres nicht genützt. Die biologischen Reservate sind jetzt zerbrochen und veraltet, der monotone alte Weltwald ist verloren, neues Leben ist in die Welt gekommen. Wer weiß, was daraus entstehen wird? – Hört!"

Alle lauschten. Weit in der Ferne rief ein Tier. Etwas näher erklang die Antwort.

Langsam und nachdenklich gingen sie zurück in den Wald, gingen auf Dorthys Flugzeug und auf Groß-Inagua zu.

Schließlich war nur noch Storm übrig. Er blieb stehen und schaute noch einmal in die Richtung der Ruinen des Hungerfelsen-Reservates; sein ebenholzfarbenes Gesicht trug einen rätselhaften Ausdruck.

Dann war auch er verschwunden, und die Welt konnte aufs neue beginnen.

James Blish/Norman L. Knight

James Blish wurde 1921 in East Orange in New Jersey geboren. Er studierte zunächst Mikrobiologie und nach dem Krieg Zoologie. Wie Isaac Asimov, Frederik Pohl, Judith Merril, Richard Wilson, C. M. Kornbluth und andere gehörte Blish der New Yorker Gruppe „The Futurians" an, die sich auch politisch engagierte und zeitweise wie eine Kommune zusammenlebte. 1940 veröffentlichte Blish seine erste Kurzgeschichte. In den fünfziger Jahren gelang ihm mit der „Oakie"- sowie der „Pantropy"-Serie der Durchbruch. Er wurde zu einem der führenden Science-fiction-Autoren dieser Zeit. Sein größter Erfolg war dann der theologische Thriller „Der Gewissensfall", für den er den Hugo Award erhielt. Aber auch actionreichere Titel wie „Terras letzte Chance" und „Das Rätsel von Xotha" gehören zu den Klassikern moderner Science-fiction. Unter dem Pseudonym William Atheling jr. war er einer der fähigsten Kritiker der Science-fiction. Später schrieb er für die „Star-Trek"-Serie unzählige Bände. In seinem politischen Engagement schwankte er zeitweise zwischen Sozialismus und Faschismus, in seinem Werk verwirklichte er sich teilweise als Intellektueller, ließ sich daneben aber auch auf die Produktion von Massenware ein. 1987 starb der vielseitige Autor.

Norman Louis Knight, der Koautor von „Tausend Milliarden glückliche Menschen", ist nicht so bekannt wie Blish. Der hauptberufliche Chemiker schrieb auch viel weniger als Blish. Dennoch geht der Roman „Tausend Milliarden glückliche Menschen" auf eine Kurzgeschichte von Knight zurück, die sich mit dem Problem der Überbevölkerung beschäftigte. Norman Knight wurde 1895 in den USA geboren und starb 1970.

Planet der TRÄUMER

von
John D.
MacDonald

Ins Deutsche übertragen von Wulf H. Bergner

I

Das leise Summen der Turbine ging fast in den übrigen Fahrgeräuschen unter, als die graue Limousine durch New Mexico nach Süden rollte. Die Nachtluft war wie immer kühl, und das Land schien sich von einem heißen Tag zu erholen, an dem die Sonne wie eine schwere Faust auf ihm gelastet hatte.

Geschwindigkeit konnte nachts geradezu hypnotisch wirken. Die Tachometernadel blieb gleichmäßig auf hundertfünfzig. Bard Lane starrte angestrengt nach vorn und spürte jetzt, wie müde er war. Er wußte auch, daß es sich dabei nicht um die gewöhnliche Müdigkeit handelte, die eine Folge körperlicher Anstrengungen ist; seine Müdigkeit beruhte auf fast unerträglicher physischer, geistiger und seelischer Erschöpfung. Er merkte, daß er einzunicken drohte, zog die Schultern hoch, schüttelte heftig den Kopf und verstellte die seitliche Luftdüse, so daß ihn der kühle Strahl ins Gesicht traf.

Weit vor ihm tauchten die Rücklichter eines Lastwagens auf. Er kam ihm langsam näher, blinkte kurz, um seine Überholabsicht anzuzeigen, und fuhr dann an dem riesigen Sattelschlepper vorbei. Dann richtete er sich etwas im Sitz auf, um im Licht der Lastwagenscheinwerfer einen Blick in den Rückspiegel und auf den Gefangenen werfen zu können, der zusammengerollt auf dem Rücksitz schlief.

Weit vor sich erkannte er die Lichter einer kleinen Stadt. Er fuhr allmählich langsamer und sah, daß die einzige Verkehrsampel vor ihm von Grün auf Rot umschaltete. Im Schein der Straßenlaternen warf er einen Blick auf die junge Frau, die neben ihm schlief. Sie war zur Seite gesunken und lehnte in unbequemer Haltung an der Tür. Im Schlaf wirkte sie sehr jung und hilflos, aber Bard Lane wußte, daß Sharan Inly keineswegs hilflos war.

Sie hatten die Stadt durchquert, und er fuhr wieder schneller. Seine Müdigkeit machte sich erneut bemerkbar. Diesmal schaltete er das Autoradio ein und verringerte die Lautstärke, um seine Beifahrerin nicht zu wecken.

„. . . und denken Sie immer daran, gegen Langeweile hilft Wilkins' Met. Wilkins' Met ist alkoholfrei und garantiert unschädlich. Neunzig Prozent aller Ärzte wissen, daß Wilkins' Met Langeweile einfach dadurch kuriert, daß er die Reaktion auf äußere Reize erhöht. Wilkins' Met wurde vor drei Jahren – im Mai 1972 – auf den Markt gebracht; seitdem haben hundertsechzig Millionen Amerikaner die Erfahrung gemacht, daß man einen Sonnenuntergang, einen Kuß oder ein Steak nur dann richtig genießen kann, wenn man zuvor eine Flasche Wilkins' Met getrunken hat. Und nun bringt Wilkins' Met wie jeden Abend eine Zusammenfassung der wichtigsten Nachrichten."

„Hier spricht Melvin C. Lynn. Guten Abend, meine Damen und Herren, Wilkins' Met und die Wilkins-Labore, in denen das Geheimnis unseres Glücks entwickelt wurde, bringen Ihnen jetzt die neuesten Nachrichten.

An der internationalen Front herrschte heute verhältnismäßige Ruhe. Die Pariser Konferenz wurde fortgesetzt, und aus gut informierten Kreisen verlautet, daß die Delegierten trotz aller Hindernisse hoffen, zu einer Einigung gelangen zu können. Der panasiatische Delegierte ist nach Moskau zurückgeflogen, um die Zustimmung seiner Regierung zu dem Abkommen über Weltraumspionage einzuholen. Die Südamerikanische Koalition hat sich geweigert, den Anspruch auf das Gebiet in fünftausend Kilometer Umkreis von ihrem Stützpunkt auf dem Mond aufzugeben, obwohl die letzten schwachen Signale von dort bekanntlich schon vor vier Wochen empfangen wurden, so daß mit dem Tod der Expeditionsmitglieder zu rechnen ist. Morgen werden sich auch die Konferenzteilnehmer zu einer Gedenkminute am Jahrestag des Absturzes des ersten Marsraumschiffes von ihren Plätzen erheben . . .

Und nun zu den Nachrichten von zu Hause. Bliss Bailey, der Kapitän der Staten-Island-Fähre, der sich auf der Brücke verbarrikadiert hatte und in Richtung Bermudas davongedampft war, wurde heute unter Bewachung zurückgebracht. Die unfreiwilligen Teilnehmer dieser Kreuzfahrt bei herrlichem Wetter waren bei ihrer Rückkehr begeistert von der Reise. ‚Es ist mir einfach so eingefallen', soll Bailey zu seiner Entschuldigung gesagt haben. Bisher ist noch keine Entscheidung über Kapitän Bailey gefallen, aber seine Passagiere sammeln bereits Unterschriften für seine Wiedereinstellung.

Wally Blime, der Sprecher des Repräsentantenhauses, wurde heute in Presse, Rundfunk und Fernsehen heftig angegriffen. Auch wir sind wie andere der Meinung, daß Lutscher und eine Wasserpistole kein Ersatz für die würdige Haltung sind, die man von Persönlichkeiten des öffentlichen Lebens verlangen kann. ‚Jemand hat mir befohlen, es zu tun', lautete Blimes einzige Entschuldigung. Und das aus dem Mund eines Mannes, der vor zwei Jahren etliche Schaufenster an der Madison Avenue eingeschlagen hatte, bevor die Polizei ihn zurückhalten konnte. Damals versuchte er sich mit den gleichen Worten zu entschuldigen. Wally, lassen Sie sich einen guten Rat von einem Freund geben: Es wird allmählich Zeit, daß Sie sich ins Privatleben zurückziehen!

Larry Roy, der bekannte Fernsehdarsteller, fiel oder sprang heute aus dem einundvierzigsten Stock eines New Yorker Hotels. Melly Muro, Roys siebte Frau, kann sich einen etwaigen Selbstmord nur mit nervöser Erschöpfung erklären. Sie erinnern sich vielleicht daran, Melly Muro ist die Rothaarige, die bei Franz Steevals letzter Scheidung eine wichtige Rolle spielte. Larry Roy war ihr sechster Mann.

Martha Needis, die Pensionswirtin aus Jersey City, die am vergangenen Dienstag ihre sechs Gäste mit einem Fleischklopfer in ihren Betten erschlug, befindet sich noch immer auf freiem Fuß.

In Memphis wurde heute die Debütantin Gayla Dennison von der Anklage, ihren Vormund ermordet zu haben, freigesprochen. Sie weinte vor Freude.

Die mit der Untersuchung von Korporal Reilly beauftragten Psychiater konnten sich noch nicht auf eine Diagnose einigen. Korporal Reilly ist bekanntlich der Mann, der bei einem Übungsschießen sein Maschinengewehr auf die hinter ihm antretende Kompanie richtete und sechs Soldaten erschoß und elf verwundete.

Und hier ist noch eine amüsante kleine Meldung. Pierre Brevet, der französische Künstler, ist in Gefahr, von wütenden amerikanischen Frauen gelyncht zu werden. Er hat Reportern gegenüber erwähnt, er finde die neueste Bademode, die nur noch aus BHs besteht, für Französinnen sehr geeignet – aber nach einem Besuch von Jones Beach sei er doch der Meinung, Amerikanerinnen sollten lieber darauf verzichten. Er hat von gewichtigen Gründen für seine Ablehnung gesprochen. Sollte das ein Bonmot sein, Pierre?

Sie hörten Melvin C. Lynn mit den Nachrichten. Und was hören Sie jetzt? Wissen Sie, was das ist? *Sie* – während Sie sich Ihr erstes Glas Wilkins' Met einschenken. Und heute abend haben Sie vielleicht eine wichtige Verabredung, auf die Sie schon lange gewartet haben. Bringen Sie ihr eine Flasche Wilkins' Met mit. Dann können Sie sich darauf verlassen, daß Sie beide –"

Bard Lane knurrte etwas vor sich hin und schaltete das Radio ab.

„Lieber keinen Met", meldete sich Sharan Inly, „aber gegen ein Glas Bier hätte ich nichts einzuwenden."

„Habe ich Sie mit dem Krach aufgeweckt? Tut mir leid."

„Ich bin nicht vom Lärm aufgewacht, aber wenn ich im Unterbewußtsein Melvin C. Lynn höre, wache ich auf. Ich möchte nur wissen, was ihn dazu bewegt, einen Hammermord mit geradezu öliger Stimme zu kommentieren."

„Sie arbeiten ununterbrochen, nicht wahr, Miß Inly? Selbst im Schlaf sind Sie noch Psychiaterin."

Sie warf ihm einen forschenden Blick zu. „Die Psychiatrie scheint Ihnen etwas unheimlich zu sein, Mr. Lane. Ihre Stimme klingt leicht verbittert, wenn Sie davon sprechen. Warum?"

„Ich erkläre Ihnen meine Auffassung lieber nicht, sonst streiten wir uns nur. Da vorn liegt eine Kneipe. Wie geht es unserem Freund?"

Sie kniete sich auf den Vordersitz und sah nach hinten, während er langsamer fuhr; dann drehte sie sich mit einem zufriedenen Seufzer um. „Er schläft noch drei bis vier Stunden, bevor er die nächste Spritze braucht. Am besten parken wir irgendwo, wo es nicht beleuchtet ist, damit niemand neugierig wird."

Auf dem großen Parkplatz standen nur dreißig oder vierzig Wagen – blitzende Straßenkreuzer modernster Bauart, staubbedeckte alte Klapperkisten, einige Lieferwagen und zwei gewaltige Sattelschlepper. Bard parkte am äußersten Rand des Platzes unter einigen Bäumen, deren Laub im Nachtwind raschelte. Sharan stieg aus, zog ihren verknitterten Rock gerade und ging neben Bard auf das Lokal zu.

Auf der Terrasse standen Metalltische und Klappstühle. Die Steinplatten strömten noch immer aufgespeicherte Sonnenwärme aus. Bard rückte Sharan einen Stuhl zurecht und ging dann in die Bar, um die Getränke zu holen. Er kam mit einer Flasche und zwei

Gläsern an den Tisch zurück. Sharan hatte sich eben die Lippen nachgezogen; jetzt steckte sie Spiegel und Lippenstift in ihre Handtasche und lächelte zu ihm auf.

„Wie kommen wir zeitlich zurecht, Mr. Lane?"

„Wenn wir eine halbe Stunde hierbleiben, sind wir trotzdem eine Stunde vor der Besprechung da."

„Soll ich Sie am Steuer ablösen?"

„Nein, danke. Ich habe lieber etwas zu tun."

Sharan nickte verständnisvoll. „Nehmen Sie die Sache nicht so schwer", riet sie ihm. „Die Überprüfung fällt schließlich nicht in Ihren Verantwortungsbereich."

„Ich bin aber dafür verantwortlich, daß unser Auftrag erfüllt wird. Diese Verantwortung kann mir niemand abnehmen."

Das Licht hinter ihr ließ ihre blonden Haare golden aufleuchten. Wirklich ein hübscher Anblick. Ihr schmales Gesicht mit den großen Augen drückte Empfindsamkeit, Intelligenz, Begeisterungsfähigkeit und ein stets waches Interesse für ihre Umwelt aus. Bard und sie arbeiteten zufällig an dem gleichen Projekt, waren Freunde geworden und respektierten einander. Es hatte Augenblicke gegeben, in denen ihnen beiden klar war, daß zwischen ihnen vielleicht mehr als nur das existierte, aber sie hatten sich dazu gezwungen, diese Tatsache zu ignorieren. Vielleicht ergab sich das eines Tages; vielleicht wurde die drückende Verantwortung, die jetzt auf ihren Schultern lastete, eines Tages von ihnen genommen – und dann war für alles Zeit.

Aber bis das PROJEKT – Bard dachte tatsächlich in Großbuchstaben – erfolgreich abgeschlossen war, würde Sharan Inly für ihn Dr. Inly bleiben, die für die psychologische und psychiatrische Überwachung des Projekts zuständig war.

„Der General wird *muy irritado* sein", stellte Sharan trübselig fest.

„Das ist viel zu schwach ausgedrückt. Er wird Funken sprühen."

Sie trank ihr Glas aus und schenkte aus der Flasche nach. „Wie steht es mit der Auseinandersetzung, die noch fällig ist? Warum nicht gleich?"

„Wollen Sie hören, wie jemand Ihren Berufsstand angreift, Dr. Inly?"

„Meinetwegen. Ich bin eine Missionarin. Ich erleuchte Ihren armen Laienverstand."

„Schön, dann also los. Sie und Ihre Kollegen benutzen seit Freud und Jung im Grunde genommen immer wieder die gleichen Waffen. Ich verstehe nichts von Psychiatrie, aber ich bin Wissenschaftler, und als Wissenschaftler beunruhigt es mich, daß Sie von bestimmten Annahmen ausgehen, die Sie nicht beweisen können. Denken Sie nur an den armen Kerl, der draußen im Wagen liegt. Er ist zweimal überprüft worden. Der Geheimdienst hat festgestellt, daß er kein Sicherheitsrisiko bedeutet, und Sie haben festgestellt, daß er an keiner der gewöhnlichen Neurosen leidet. Folglich ist er als stabil zu bezeichnen. Kein Verfolgungskomplex, keine manisch-depressiven Tendenzen, keine Anzeichen für irgendwelche Störungen. Er weint weder seiner Mutter nach noch sammelt er Damenschuhe oder zeichnet pornographische Bilder. Ihre sämtlichen Tests, die äußerst aufwendig ausgewertet worden sind, zeigen alle das gleiche Ergebnis: Mister X ist freundlich und ausgeglichen, der ideale Mann für uns."

Sharan runzelte die Stirn. „Sind Sie anderer Meinung?"

„Keineswegs. Aber Ihre Tests gehen von der Annahme aus, daß diese Stabilität ein Dauerzustand ist."

„Nein! Selbstverständlich besteht immer die Möglichkeit, daß auch der Ausgeglichenste unter besonderen Umständen psychoneurotisch wird. Du lieber Gott, deshalb gehöre ich schließlich zu Ihrem Team. Ich soll Veränderungen rechtzeitig erkennen und –"

„Sehen Sie, das behaupte ich gerade. Sie gehen von der Voraussetzung aus, die Veränderung beruhe unbedingt auf äußeren Einflüssen und sei in jedem Fall frühzeitig zu erkennen. Ich bin jedoch der Meinung, daß sie schlagartig eintreten kann, ohne daß äußere Einflüsse erkennbar sind. Das haben Sie selbst erlebt. Warum? Wie kommt es dazu? Nehmen wir zum Beispiel Bill Kornal. Eben war ihm noch nichts anzumerken, aber in der nächsten Minute . . . Man könnte fast glauben, etwas Fremdartiges habe die Kontrolle über seinen Verstand und seinen Körper an sich gerissen. Jetzt liegt er draußen im Wagen, und wir haben vier Monate Arbeit verloren."

„Läuft das auf die alte Idee hinaus, daß Menschen von Teufeln besessen sein können?"

„Vielleicht. Denken Sie nur an die Nachrichten, die wir vorhin gehört haben! Was hält die Menschheit ständig in Unruhe? Irgendwelche Trottel, die einfach überschnappen, obwohl sie keinen Grund dazu haben. Nein, die Psychiatrie tappt vorläufig noch im dunkeln, weil sie bisher einen wichtigen Faktor übersehen hat. Und solange dieser Faktor X nicht gefunden ist, habe ich kein rechtes Zutrauen zu Ihrer Wissenschaft, Miß Inly."

„Eigentlich müßte ich jetzt wütend widersprechen, Boß", meinte sie langsam, „aber eine schwache Stimme in meinem Innern sagt mir, daß Ihre Argumente vielleicht doch nicht ganz falsch sind. Wenn ich jedoch zugebe, daß Sie recht haben, gestehe ich gleichzeitig ein, daß wir diesen Faktor X vermutlich nie erklären können. Wie kann man etwas finden, das überraschend zuschlägt und dann spurlos verschwindet?"

„Wir sind eben alle von Teufeln besessen", behauptete er grinsend.

„Und diese Teufel scheinen in letzter Zeit besonders aktiv zu sein", murmelte Sharan nachdenklich. „Ich weiß natürlich, daß jede Generation sich eines Tages einbildet, mit der Welt gehe es zu Ende. Aber trotz meines jugendlichen Alters bin ich fast der gleichen Meinung, Mr. Lane. Unsere Zivilisation erinnert mich an eine gigantische Maschine, die so heftig vibriert, daß einzelne Teile davongeschleudert werden – wichtige Teile wie Anstand, Würde und Moralität. Wir leben allmählich in einer –"

„Gesellschaftlichen Anarchie?"

„Ja. Und deshalb hoffe ich auch, daß unser Projekt Erfolg hat. Ich bin der Meinung, daß wir Menschen neue Perspektiven brauchen, um wieder anständig leben zu können. Seltsam, nicht wahr?"

Sie standen auf, verließen die Terrasse und gingen über den Parkplatz zu ihrem Wagen. Bard sah zu den Sternen auf, die hier größer und leichter erreichbar zu sein schienen.

„Sie kommen einfach nicht näher, was?"

Sharan legte ihm eine Hand auf den Arm. „Eines Tages sind sie ganz nahe, Mr. Lane."

„Ich arbeite seit vier Jahren daran, aber sie sind noch immer gleich weit entfernt."

„Sie geben aber bestimmt nicht auf."

„Das weiß ich manchmal nicht so recht."

Sie hatten die graue Limousine erreicht. Bill Kornal lag auf dem

Rücksitz und schlief. Als Bard den Schlüssel ins Schloß stecken wollte, stieß er leicht mit Sharan zusammen. Und dann lag sie plötzlich in seinen Armen und erwiderte seinen Kuß.

„Nein, nein", flüsterte sie, als er sie endlich freigab.

„Tut mir leid", murmelte Bard betroffen.

„Wir sind beide müde, Mr. Lane. Wir haben beide Angst vor General Sachsons Entscheidung. Wir haben uns aneinander geklammert, um uns zu . . . trösten. Denken wir nicht mehr daran."

„Ich habe einen besseren Vorschlag, Miß Inly: Wir können später gelegentlich darauf zurückkommen."

„Bitte!" sagte sie scharf.

Bard zuckte mit den Schultern. Sharan stieg ein und rutschte auf ihren Platz hinüber. Er setzte sich ans Steuer, knallte die Tür zu, fuhr auf die Straße hinaus und beschleunigte rasch. Sharan saß unbeweglich neben ihm.

„Ich war eben von einem dieser Teufel besessen", behauptete er lächelnd.

„Vielleicht waren wir es beide", antwortete sie leise. Sie lächelte ebenfalls und rückte noch etwas näher an ihn heran. „Außerdem bin ich noch recht unerfahren, nehme ich an."

„Den Eindruck hatte ich eigentlich nicht."

„Eben", meinte sie geheimnisvoll. „Aber jetzt benehmen wir uns wieder wie Erwachsene."

Die graue Limousine raste durch die Nacht.

II

Als der Morgenhimmel im Osten allmählich heller als die Beleuchtung des Konferenzraumes wurde, saßen Bard und Sharan mit drei Männern an einem Tisch und warteten auf General Sachson.

Der grauhaarige Colonel Powys, Koordinator des Projekts „Tempo", rollte einen achtkantigen gelben Bleistift vor sich auf der polierten Tischplatte hin und her. Major Leeber, Sachsons Adjutant, starrte aus dem Fenster und strich über seinen dunklen Schnurrbart. Der hagere Protokollführer, ein junger Sergeant, spielte mit dem Aschenbecher vor sich.

Bard sah zu Sharan hinüber. Sie lächelte schwach. Tiefe Schatten zeichneten sich unter ihren Augen ab.

„Der General war wegen dieser Sache sehr betroffen", brummte Powys jetzt. Er wollte damit wohl andeuten, daß sonst niemand betroffen zu sein schien. Bard mußte sich beherrschen, um nicht eine sarkastische Antwort zu geben.

Der Sekundenzeiger der Wanduhr bewegte sich unaufhaltsam weiter. Nach jeder vollen Umdrehung rückte der Minutenzeiger tickend einen Strich vor. Leeber gähnte wie eine satte Katze. „Sie sind eigentlich recht jung für diese schwere Verantwortung, Dr. Inly", stellte er dann fest.

„Zu jung, Major?" fragte Sharan höflich.

„Das habe ich nicht behauptet, Doktor."

„Major, diesen Titel benütze ich nur bei sehr feierlichen Anlässen. Nennen Sie mich Miß Inly."

Leeber nickte lächelnd.

Als der Minutenzeiger erneut tickte und nun die volle Stunde anzeigte, öffnete sich die Tür, und General Sachson stapfte herein. Er erfüllte knapp die Größenanforderung der Army, hatte ein Gesicht wie eine getrocknete Hagebutte, war für zackiges Auftreten bekannt und trug stets maßgeschneiderte Uniformen.

„Achtung!" brüllte Powys. Nur Sharan blieb sitzen.

Sachson ging um den Tisch herum, warf den Anwesenden einen kalten Blick aus blauen Augen zu und nahm dann Platz. Eine knappe Handbewegung deutete an, daß die anderen sich setzen sollten.

„Gut, dann können wir gleich anfangen!" knurrte er. „Sergeant, achten Sie gefälligst darauf, daß die Namen diesmal richtig geschrieben sind."

„Jawohl, Sir", antwortete der Sergeant ausdruckslos.

„Schildern Sie den Schaden, Dr. Lane. Und bleiben Sie bei der Sache."

„Kornal hat die Tür des Labors aufgebrochen, in dem die Kontrollpulte zusammengebaut werden. Er war dort etwa zehn Minuten lang allein. Adamson schätzt, daß Kornal uns vier Monate zurückgeworfen hat."

„Ich nehme an", meinte Sachson verdächtig gelassen, „daß diese Tür für nicht wichtig genug gehalten wurde, um ständig bewacht zu werden?"

„An der Tür standen zwei Posten. Kornal hat sie mit einem Stück Wasserrohr niedergeschlagen. Einer hat eine Platzwunde davongetragen, der andere liegt mit einem Schädelbruch im Krankenhaus. Er befindet sich in Lebensgefahr."

„Im militärischen Bereich hat sich herausgestellt, daß eine Parole ganz nützlich sein kann, Dr. Lane."

„Kornal gehörte zu den wenigen Leuten, die jederzeit Zutritt zu diesen Räumen hatten, um auch nachts arbeiten zu können."

Sachson schwieg. Der Protokollführer wartete. Die eisblauen Augen sahen zu Sharan Inly hinüber.

„Soviel ich weiß, Dr. Inly, ist es Ihre Aufgabe, geistige oder emotionelle Zusammenbrüche im voraus zu diagnostizieren, nicht wahr?" Sachsons höflicher Tonfall zeigte nur allzu deutlich, wie wenig er von Frauen hielt, die an solchen Projekten mitarbeiteten.

Bard Lane glaubte zu erkennen, daß Sharan noch etwas blasser wurde. „Da William Kornal sich innerhalb des Sperrgebiets frei bewegen konnte, war er selbstverständlich in psychologischer Hinsicht ein Risiko erster Klasse, General", antwortete sie.

Sachson lächelte humorlos. „Vielleicht bin ich etwas schwer von Begriff, Dr. Inly. Ich finde nicht alles so ‚selbstverständlich' wie Sie."

„Er ist vor drei Tagen routinemäßig untersucht worden, General."

„Ich könnte mir vorstellen, daß es falsch ist, in speziellen Fällen Routinemethoden anzuwenden. Worin besteht eigentlich diese Untersuchung?"

„Der Betreffende steht unter dem Einfluß einer Hypnosedroge und muß Fragen über seine Arbeit beantworten, die dann mit denen verglichen werden, die von früheren Überprüfungen vorliegen. Falls auch nur irgendeine Abweichung festgestellt wird, ist eine eingehende Untersuchung fällig."

„Sie können natürlich beweisen, daß Kornal vor drei Tagen untersucht wurde?"

Sharan wurde rot. „Ist das eine Frage, General?"

„Ich bitte um Entschuldigung, Dr. Inly. Ich rede nie lange um etwas herum. Ich habe schon genügend vor- oder nachdatierte Berichte gesehen. Ich –"

„Ich kann Dr. Inlys Aussage bestätigen", warf Bard Lane ein.

Der General sah zu ihm hinüber. „Ich habe es lieber, wenn meine Fragen von dem beantwortet werden, dem ich sie stelle. Das macht das Protokoll übersichtlicher." Er wandte sich an Sharan. „Weshalb gibt es eigentlich nicht nur eingehende Untersuchungen?"

„Das ließe sich natürlich machen, General, wenn ich dreimal so viele Mitarbeiter hätte wie jetzt – und wenn die Testpersonen uns zwei bis drei Tage lang ununterbrochen zur Verfügung stünden."

„Dann hätten Sie ein richtiges kleines Reich für sich, nicht wahr, Dr. Inly?"

Sharan kniff die Augen zusammen. „General, ich bin bereit, Ihre Fragen zu beantworten. Ich gebe sogar zu, daß ich Kornals Zusammenbruch hätte voraussehen müssen, obwohl er vorher nicht erkennbar war. Aber ich brauche mir nicht vorwerfen zu lassen, ich sei unehrlich oder machtgierig."

„Das wird aus dem Protokoll gestrichen, Sergeant!" knurrte Sachson.

„Ich möchte aber, daß es stehenbleibt", warf Sharan gelassen ein.

Der General lehnte sich seufzend zurück. „Wenn Sie sich ungerecht behandelt fühlen, können Sie sich über mich beschweren. Aber solange ich eine Besprechung leite, bestimme ich auch, was im Protokoll steht. Ist das klar?"

„Jawohl, Sir", sagte Powys laut.

„Was ich jetzt sage, kommt ebenfalls nicht ins Protokoll, Sergeant!" befahl Sachson. „Wie Sie wissen, habe ich eine recht erfolgreiche Karriere hinter mir. Ich habe es immer vermieden, eine Verantwortung ohne Kompetenzen zu übernehmen. Jetzt bin ich jedoch in diese Lage geraten, die für jeden höheren Offizier eine tödliche Gefahr darstellt. Das gefällt mir nicht. Ich kann Ihnen keine Befehle erteilen, Dr. Lane. Ich darf nur Vorschläge machen. Wenn Sie aus irgendeinem Grund neue Verzögerungen melden, ist mein militärischer Ruf sofort davon betroffen. Sie als Zivilisten machen sich keinen Begriff davon, was das bedeutet. Sie können sich jederzeit einen anderen Arbeitgeber suchen, und manche Dinge werden da vergessen oder übersehen. Ich habe es immer mit demselben Boß zu tun, der nichts vergißt oder übersieht."

„Ist unser Projekt nicht wichtiger als die Karriere eines Mannes?“ fragte Bard Lane ruhig.

„Das ist ein ziemlich abgehobener Standpunkt, Dr. Lane“, antwortete der General. „Ich will Ihnen gern erklären, was ich von Ihrem Projekt ‚Tempo‘ halte. Bisher war es üblich, daß Raumfahrtprojekte unter militärischer Leitung standen; Zivilisten wurden nur als Angestellte beschäftigt – sie waren Berater und Techniker ohne eigene Befehlsgewalt. Bei dieser Gelegenheit möchte ich erwähnen, daß die von mir geleiteten Projekte ohne Ausnahme termingerecht oder vorzeitig abgeschlossen wurden. Aber diesmal führen Sie den Oberbefehl, Dr. Lane, wenn ich es so ausdrücken darf. Sie besitzen die Autorität; ich trage die Verantwortung. Das ist ein unhaltbarer Zustand. Ich weiß viel zu wenig von dem, was dort bei Ihnen in den Sangre-de-Cristo-Bergen vor sich geht. Ich weiß jedoch, daß militärische Sicherheitsmaßnahmen diesen . . . diesen Unfall verhindert hätten. Deshalb stelle ich jetzt eine Forderung. Sobald wir wieder für das Protokoll reden, werden Sie mich bitten, Major Leeber als Berater für das Projekt ‚Tempo‘ abzustellen. Major Leeber berichtet mir dann direkt über alles, was seiner Meinung nach den weiteren Fortschritt des Projektes behindern könnte.“

Bard Lane spürte die Drohung hinter diesen Worten. „Und wenn ich mich weigere?“

„Auch darüber habe ich nachgedacht, Dr. Lane. In diesem Fall würde ich meine Vorgesetzten bitten, mich in Zukunft für eine andere Aufgabe einzuteilen, die nichts mehr mit Ihrem Projekt zu tun hat. Das würde natürlich Aufsehen erregen. Unsere Abgeordneten würden aufhorchen, und Sie wissen selbst, daß es genügend Stimmen gibt, die eine Untersuchungskommission fordern, um zu klären, wohin die Milliarden Dollar verschwinden, die angefordert werden. Mein Rücktritt würde zur Bildung dieser Kommission führen.“

„Und?“ fragte Bard Lane ruhig.

„Und Sie würden dann merken, wie viele wichtige Leute in Washington der gleichen Meinung sind wie ich, daß die Raumfahrt nur durch Weiterentwicklung der bereits vorhandenen Triebwerke möglich ist. Dieser Unsinn mit Einstein-Zeitfeldern und so weiter ist ein Irrweg.“

„Warum machen Sie dann nicht den Vorschlag, das Projekt überhaupt einzustellen, General?“

„Weil ich für diesen Aspekt nicht verantwortlich bin. Ich habe den Auftrag, dafür zu sorgen, daß Ihr Schiff, die *Beatty I,* möglichst zum festgesetzten Zeitpunkt startet. Sollte sie schon beim ersten Flug abstürzen, hätte ich nichts mehr damit zu schaffen. Sollte sie gar nicht erst starten, könnten wir den Rumpf für ein militärisches Projekt brauchen, das gegenwärtig vorbereitet wird. Sie müssen sich entscheiden, Dr. Lane. Akzeptieren Sie Leeber – oder finden Sie sich damit ab, daß Ihr Projekt platzt."

Bard Lane überlegte einige Sekunden lang. „General", antwortete er dann, „bevor ich meine Entscheidung treffe, möchte ich kurz darauf hinweisen, daß die Geschichte der menschlichen Raumfahrt seit fast dreißig Jahren im Grunde genommen eine einzige Aneinanderreihung von Fehlschlägen ist. Dafür gibt es nur drei Ursachen. Erstens: technische Mängel an Maschinen und Ausrüstungsgegenständen. Zweitens: Spionage und Sabotage. Drittens: menschliche Schwächen. Das Projekt ‚Tempo' hat sich gegen diese drei Ursachen so gut wie möglich abgeschirmt, General. Die zivile Leitung trägt dazu bei, daß die erste Fehlergruppe weitgehend ausgeschaltet wird. Die geheime Lage und die Sicherheitsüberprüfung jedes Beschäftigten schützen uns vor der zweiten Gruppe. Dr. Inly und ihre Mitarbeiter sind für das dritte Problem verantwortlich. Und ich leite das Projekt noch immer, wie Sie selbst gesagt haben. Ich akzeptiere Major Leeber unter drei Voraussetzungen: Er darf keine technischen Einzelheiten mit unseren Leuten besprechen, er muß Zivilkleidung tragen und sich an die Bestimmungen halten, und er muß sich dem psychologischen Eignungstest unterziehen, den wir von allen neuen Mitarbeitern verlangen."

Leeber lief rot an und sah auf seine Hände.

„Dr. Lane, glauben Sie wirklich, daß Sie noch Bedingungen stellen können?" fragte der General.

Bard wußte, daß dies der entscheidende Punkt war. Wenn er jetzt nachgab, würde Leeber bald seinen eigenen Stab beanspruchen, der zu einem Hauptquartier heranwachsen konnte – und General Sachson würde Schritt für Schritt seinen Einfluß vergrößern. Beharrte er jedoch auf seinem Standpunkt, bestand die Gefahr, daß Sachson seine Drohung wahr machte. Aber damit war weniger zu rechnen, weil das die Karriere des Generals nachteilig beeinflussen konnte.

„Ich akzeptiere Major Leeber nur unter diesen Voraussetzungen", stellte Bard Lane fest.

Sachson starrte ihn zehn Sekunden lang unbeweglich an. Als Lane seinen Blick erwiderte, zuckte der General schließlich mit den Schultern und sah zu Leeber hinüber. „Schön, holen Sie den Gefangenen herein, Major."

Leeber stand auf, ging zur Tür und sprach leise mit dem Wachtposten. Bill Kornal wurde wenig später hereingeführt.

Sharan Inly stieß einen leisen Schrei aus, als sie die blaugrüne Schwellung unter Kornals linkem Auge sah. Dann wandte sie sich erregt an Sachson. „Dieser Mann ist kein Gefangener, sondern ein Patient, General. Warum ist er geschlagen worden?"

Kornal grinste humorlos. „Schon gut, Dr. Inly. Ich kann es dem Kerl nicht verdenken, daß er die Geduld verloren hat."

„Streichen Sie das, Sergeant", befahl Sachson. „Setzen Sie sich, Kornal. Sie sind – oder waren – Techniker?"

„Mehr als das", warf Bard Lane rasch ein. „Kornal ist ein hervorragender Physiker, der fünf Jahre in Brookhaven gearbeitet hat."

„Meinetwegen", erwiderte Sachson, „aber ich muß Sie hoffentlich nicht nochmals daran erinnern, daß ich keine Antworten von Unbeteiligten hören möchte, Dr. Lane." Er wandte sich an Kornal. „Sie haben wertvolle Geräte zertrümmert. Wissen Sie, welche Strafen auf vorsätzliche Beschädigung von Regierungseigentum stehen?"

„Das ist unwichtig", murmelte Kornal trübselig.

„Eine eigenartige Feststellung", meinte Sachson lächelnd. „Wollen Sie uns das nicht näher erklären?"

„General", sagte Kornal, „die *Beatty I* bedeutet mir mehr, als ich Ihnen erklären kann. Ich habe nie eifriger gearbeitet und war nie glücklicher. Meinetwegen können Sie mich jetzt für das, was ich getan habe, in siedendes Öl stecken."

„Gut, ich akzeptiere Ihre Begeisterung für das Projekt ‚Tempo'. Aber vielleicht können Sie uns sagen, warum Sie diese Geräte zerstört haben?"

„Das weiß ich nicht."

„Oder wollen Sie uns nicht verraten, wer Sie dazu angestiftet hat, die Kontrollpulte zu zertrümmern?" fragte Sachson eindringlich.

„Ich kann Ihnen nur sagen, was ich schon Dr. Lane erzählt

habe, General. Ich bin aufgewacht und konnte nicht wieder einschlafen. Ich habe mich angezogen, bin nach draußen gegangen und wollte eine Zigarette rauchen. Plötzlich fiel mir die Zigarette aus der Hand, als gehorche mein Körper einem anderen – ich wurde in eine Ecke meines Verstandes zurückgedrängt und konnte nur hilflos zusehen."

„Aha", meinte Sachson, spöttisch lächelnd. „Weiter, bitte."

„Ich ging zu dem neuen Unterkunftsgebäude hinüber, an dem noch gebaut wird. Die Installateure hatten einige Wasserrohre zurückgelassen. Ich hob ein kurzes Stück auf und steckte es unter meiner Jacke in den Gürtel. Dann ging ich zum Labor, vor dem zwei Posten standen. Sie kannten mich beide. Verstehen Sie mich richtig – das alles geschah, ohne daß ich selbst Gewalt über meinen Körper hatte. Ich spürte nur irgendwie, daß es nicht richtig war, die *Beatty I* zu bauen. Und die Leute, die in der Nähe schliefen, waren plötzlich meine Feinde und nicht . . . sonderlich intelligent. Wissen Sie, was ich meine?"

Sachson starrte ihn an. „Das müssen Sie mir erklären."

Kornal runzelte die Stirn. „Nehmen wir einmal an, Sie gingen nachts in Afrika durch ein Eingeborenendorf, General. Sie würden sich den schlafenden Wilden überlegen fühlen – aber Sie hätten vielleicht doch etwas Angst davor, daß sie aufwachen und sich gegen Sie zusammenrotten könnten. So ähnlich war es bei mir. Ich zog das Wasserrohr und schlug die beiden Posten zu Boden. Dann brach ich die Tür auf und sah die Geräte und Kontrollpulte vor mir, die mir so schmutzig wie die *Beatty I* erschienen, so daß ich sie zertrümmern mußte. Als ich zehn Minuten später erwischt wurde, kam ich plötzlich wieder zu mir, als wäre ich von einem Teufel besessen gewesen, der nun wieder aus meinem Körper geflohen war."

Bard wechselte einen Blick mit Sharan.

„Ein Teufel, was?" Sachson zog die Augenbrauen hoch.

„Irgend etwas hat sich in meinem Körper eingenistet. Ich konnte nichts dagegen tun. Ich mußte hilflos zusehen."

Sachson wandte sich an Colonel Powys. „Wie wird in solchen Fällen üblicherweise verfahren?"

„Wir können ihn nicht vor Gericht stellen, weil er zuviel über das Projekt ‚Tempo' weiß", begann Powys. „Der andere Kerl, der die *Gettysburg III* in die Luft sprengen wollte, hat eine ganz ähnliche

Geschichte erzählt. Die Psychologen haben sich einen lateinischen Namen dafür ausgedacht, und er kam in eine Irrenanstalt, bis die *Gettysburg III* gestartet war. Nach ihrem Absturz –"

„Ich will nichts von Flügen zum Mars hören, Colonel", unterbrach ihn Sachson. „Was ist aus McBride geworden?"

„Nun, nach dem Absturz war er angeblich wieder normal, so daß wir ihn vor Gericht bringen konnten. Als Sergeant kam er vor ein Militärgericht und wurde zu fünf Jahren Zwangsarbeit verurteilt. Wie ich die Sache beurteile, sind wir für diesen Kornal jedoch nicht zuständig."

Sachson warf ihm einen eisigen Blick zu. „Ich danke Ihnen, Powys. Kurz und treffend wie immer."

Lane wandte sich an Kornal. „Bill, wir brauchen Sie jetzt dringend. Wollen Sie es nochmals versuchen?"

„Wollen?" Der Physiker griff sich an den Kopf. „Mein Gott, wie ich arbeiten würde! Adamson hat von vier Monaten gesprochen, aber ich könnte sie auf weniger als drei verringern."

„Sind Sie übergeschnappt, Lane?" erkundigte sich der General.

Bard Lane achtete nicht auf ihn. „Was halten Sie davon, Miß Inly?"

„Ich habe keine Einwände, falls er den Eignungstest besteht", entschied sie rasch. „Major Leeber kann sich dem Test zur gleichen Zeit unterziehen."

„Protokollführer, halten Sie fest, daß ich dagegen Einwände erhebe!" befahl Sachson.

„Ich auch", brummte Powys.

„Tut mir leid, General", antwortete Lane. „Kornal ist ein wertvoller Fachmann. Wir brauchen ihn. Falls es sich wirklich um eine vorübergehende Störung handelt, bei der keine Wiederholungsgefahr besteht, kann er uns helfen, den Schaden wiedergutzumachen, den er angerichtet hat."

Sachson stand auf. „Das haben Sie zu entscheiden. Aber wenn Sie dadurch weitere vier Monate verlieren, wird das Projekt entweder eingestellt oder unter neuer Leitung weitergeführt. Sergeant, Dr. Lane diktiert Ihnen anschließend seine Bitte um Abkommandierung von Major Leeber. Die Besprechung ist zu Ende. Nehmen Sie Leeber nachher gleich mit."

Die Männer standen auf, als General Sachson den Raum verließ.

Als sich die Tür hinter Powys geschlossen hatte, der dem General diensteifrig gefolgt war, sagte Major Leeber grinsend: „Ich weiß natürlich, daß Sie mich als Klotz am Bein ansehen, den Ihnen der Boß angehängt hat, aber Sie können sich darauf verlassen, daß ich Ihnen nicht in die Quere komme. Tommy Leeber ist schon zufrieden, wenn es genug Feuerwasser und ein paar hübsche Mädchen gibt. Ich sorge dafür, daß der Boß pünktlich einen nichtssagenden Wochenbericht erhält, und wir können alle in Glück und Frieden miteinander leben."

Leeber grinste, aber sein Blick blieb dabei durchdringend und eisig.

„Freut mich, daß Sie uns helfen wollen", antwortete Lane.

Sharan stand auf. Leeber wandte sich an sie. „Und wie steht es mit Ihnen, Miß Inly? Finden Sie diese Entwicklung erfreulich?"

„Natürlich", erwiderte sie geistesabwesend. „Mr. Lane, wann fahren wir zurück?"

„Gegen Mittag, damit wir noch etwas schlafen können."

Die anderen gingen. Der Sergeant sah erwartungsvoll zu Lane auf. Der Wissenschaftler lächelte. „Sie kennen Ihren Boß. Schreiben Sie irgend etwas, das ihn zufriedenstellt, solange es meine Bedingungen enthält."

„Jawohl, Sir." Als Lane zur Tür ging, räusperte sich der Sergeant. „Äh . . . Dr. Lane?"

Bard drehte sich um. „Ja?"

„Major Leeber ist sehr gerissen, Doktor. Und er kommt mit Vorgesetzten gut zurecht. Vielleicht wird er eines Tages General."

„Ein lobenswertes Ziel, nehme ich an."

„Er macht gern einen . . . guten Eindruck, wenn er sich Erfolg davon verspricht."

„Danke, Sergeant. Vielen Dank."

Der Sergeant lächelte. „Nichts zu danken, Doktor."

Bard Lane lag noch eine halbe Stunde wach, ohne einschlafen zu können. Er dachte über Kornals Erzählung nach. Von einem Teufel besessen, der den menschlichen Körper für seine Zwecke verwenden und später wieder verlassen konnte. Waren die Menschen des Mittelalters in diesem Punkt vielleicht fortschrittlicher gewesen als der moderne Mensch mit seinen psychologischen Tests? War es nicht vorstellbar, daß der Mensch sich seine Erde mit anderen teilen mußte? Vielleicht waren die Menschen nur . . .

Spielsachen für diese *anderen,* die sich ihres Verstandes und ihrer Körper bemächtigten, um sie für ihre Zwecke zu verwenden.

Vielleicht besuchen sie uns von einem anderen Planeten aus, wie wir einen Ausflug aufs Land machen, dachte er. Und vielleicht lachen sie . . .

III

RAUL KINSONS Welt war von Wänden umgeben. Es war eine Welt aus Räumen, Rampen und Korridoren.

Sonst existierte dort nichts. Gedanken gingen nicht durch die Außenwände und über die letzten Räume hinaus. Er hatte versucht, die Wände mit seinen Gedanken zu durchdringen, aber das Nichts dahinter war so unfaßbar, daß sich seine Gedanken wie erschrocken davor zurückzogen.

Als er zehn Jahre alt war, hatte er die Öffnung in der Mauer gefunden. Er konnte nicht hindurchkriechen, weil sie mit einer durchsichtigen Masse verschlossen war. Diese Masse war durchsichtig wie Wasser – aber trotzdem hart und unnachgiebig.

Er war noch nicht alt genug, um träumen zu dürfen. Das durften nur die älteren Jungen, die groß genug für die Paarungstänze waren.

In den alten Mikrobüchern hatte er das Wort für die Öffnung in der Mauer gefunden. Fenster. Er wiederholte es oft. Niemand kannte das Wort, denn niemand las die Mikrobücher. Später merkte er natürlich, daß es in den Träumen viele Fenster gab. Aber man konnte sie nicht mit eigenen Händen berühren; man brauchte einen fremden Körper und fremde Hände dazu. Das war der Unterschied.

Er konnte den Tag nicht vergessen, an dem er das Fenster entdeckt hatte. Die anderen Kinder waren wütend auf ihn gewesen, weil er ihre Spiele nicht mochte. Sie lachten ihn oft aus, weil er groß und stark war statt klein und schwächlich wie sie. Als er aus Versehen mit zwei anderen Jungen zusammengestoßen war, fielen alle anderen über ihn her.

„Du kannst nicht spielen, Raul Kinson. Du bist zu grob. Geh weg, Raul. Wir lassen dich nicht mehr mitspielen."

„Ich wollte überhaupt nicht mit euch spielen. Eure Spiele sind mir zu dumm!"

Er hatte den Raum verlassen und war durch den langen Korridor gegangen, der an den Energieräumen vorbeiführte, in denen es leicht zu vibrieren schien. Nun wußte er natürlich, was die Energieräume enthielten, und er kannte auch den Namen des grauen Metalls, aus dem ihre Wände bestanden. Es wurde „Blei" genannt.

An diesem Tag, als ihn die anderen Kinder fortschickten, war er ziellos durch die Korridore geirrt. Daran erinnerte er sich noch deutlich, obwohl dieser Tag schon vierzehn Jahre zurücklag. Er hatte sich gelangweilt. Die Räume, in denen ununterbrochen Musik spielte, hatten ihren Reiz längst verloren. Die Erwachsenen, denen er begegnete, ignorierten ihn, wie es Sitte war.

Schließlich hatte er sich auf die Fahrtreppe gestellt und war zwanzig Ebenen höher in das Reich der Träumer gefahren, das kein Kind betreten durfte. Er war auf Zehenspitzen weitergegangen, bis er die ersten Träumer in ihren Glaskästen in den Wänden sah. In einem Kasten lag eine Frau in entspannter Körperhaltung; sie hatte eine Metallplatte zwischen den Zähnen, und von dieser Platte führten verschiedenfarbige Kabel über ihre nackte Schulter hinweg und verschwanden in der Wand.

Raul stand vor ihr und betrachtete sie nachdenklich, als sie sich plötzlich bewegte. Er war vor Schreck wie erstarrt und konnte nur zusehen, wie sie das Mundstück fortlegte, sich aufrichtete und gähnend nach der Verriegelung ihres Kastens griff. Dann sah sie ihn vor sich stehen, und auf ihrem Gesicht erschien ein wütender Ausdruck. Er floh, weil er wußte, welche Strafe er zu erwarten hatte; er konnte nur hoffen, daß sie ihn im Halbdunkel nicht erkannt hatte, und er achtete nicht darauf, als sie ihm nachrief, er solle stehenbleiben.

Raul hastete weiter und überlegte sich, daß er nicht nach unten fahren durfte, weil dort vielleicht jemand auftauchen und ihn festhalten würde. Deshalb lief er die stillstehende Treppe zur einundzwanzigsten Ebene hinauf. Dort war er bisher nur einmal gewesen. Damals war er entsetzt vor der Stille geflohen, die dort herrschte. Aber jetzt waren diese stillen Räume ein sicherer Zufluchtsort.

Höher und höher. Die einundzwanzigste Ebene war vielleicht nicht sicher genug. Raul lief auch die nächste Treppe hinauf und konnte dann nicht mehr. Sein Herz schlug wie rasend, als er sich dort an die Wand lehnte, aber er hörte keine Schritte hinter sich.

Dann fiel sein Blick auf das große Rad, das wie in den unteren Ebenen die Fahrtreppe antrieb. Dieses Rad stand jedoch still. Raul berührte es vorsichtig. Konnte es sein, daß es kaputt war? Jedermann wußte, daß die Fahrtreppen nur bis zur zwanzigsten Ebene reichten; Raul hatte bisher geglaubt, hier oben seien nur stationäre Treppen vorgesehen. Aber diese hier schien lediglich reparaturbedürftig zu sein, und er mußte sich mit dieser Tatsache abfinden, ohne sie mit den anderen diskutieren zu können, denn das wäre reine Ketzerei gewesen.

Es war nicht leicht, diesen Gedanken zu Ende zu verfolgen. Wenn diese Fahrtreppe nur versagt hatte, waren auch die oberen Ebenen für die Wächter bestimmt gewesen, aber nicht mehr benutzt worden, weil das Treppensteigen zu mühsam war. Raul kannte niemand, der je über die zwanzigste Ebene hinausgekommen war. Das war auch nicht nötig, denn alle Annehmlichkeiten des Lebens waren in den unteren Ebenen zu finden.

Er fragte sich plötzlich, wie viele Ebenen über ihm liegen mochten. War die oberste Ebene erreichbar? Gab es überhaupt eine oberste? Oder erstreckten sich die Ebenen endlos übereinander? Raul erschrak selbst vor diesem Wissensdrang, der sich erstmals bei ihm bemerkbar machte.

Er trug wie alle Kinder einen einzigen langen Streifen Metalltuch, der um die Taille gewunden, zwischen den Beinen hindurchgezogen und wieder in den Gürtel gesteckt wurde. Wer alt genug war, um träumen zu dürfen, erhielt entweder die Toga und die Sandalen eines Mannes oder die Robe einer Frau. Wenn der Tod kam, wurde die Leiche nackt in eine Öffnung geschoben, die in unbekannte Tiefen führte; die Kleidung wurde in gesonderten Räumen aufbewahrt, wo mannshohe Stapel aufgehäuft lagen.

Raul holte jetzt tief Luft und stieg langsam die nächste stillstehende Treppe hinauf. Und die nächste und die nächste, bis er die genaue Zahl vergaß, weil alle Treppen und Korridore gleich aussahen.

Schließlich erreichte er eine funktionierende Fahrtreppe und ließ sich in die Höhe tragen. Dabei fragte er sich, wie lange es schon her sein mochte, daß andere bloße Füße auf dieser Stufe gestanden hatten. Dann merkte er plötzlich, daß es über ihm keine weitere Treppe mehr gab – und folglich auch keine Ebene mehr. Der Korridor vor ihm war kleiner als die anderen. Raul kämpfte mit einer ungewissen Angst, die ihn zur Umkehr bewegen wollte. Die Stille war am schlimmsten. Hier waren weder Schritte noch Stimmen zu hören. Die Wände leuchteten schwach, und zwischen ihnen herrschte völlige Stille.

Dies war also das Ende der Welt, das Ende der Ewigkeit, der höchste Punkt überhaupt. Bei diesem Gedanken erfaßte ihn ein Triumphgefühl, das größer war als die Angst. Er, Raul Kinson, war allein bis ans Ende der Welt vorgedrungen, das angeblich nicht existierte! Die Alten behaupteten oft, die Welt sei unendlich – über ihnen türme sich eine Ebene nach der anderen auf, während unter ihnen die endlose Dunkelheit liege, durch die alle Toten bis ans Ende der Zeit fallen müßten.

Raul ging den Korridor entlang. An seinem Ende sah er ein großes Bild. Er kannte Bilder. Auf der achtzehnten Ebene gab es Tausende von Bildern, die niemand verstand. Jetzt näherte er sich gleichgültig diesem großen Bild, trat dicht an die glatte Oberfläche heran – und hörte ein Rauschen und Dröhnen, als er von der Dunkelheit verschlungen wurde und in Ohnmacht fiel.

Als er wieder zu sich gekommen war, richtete er sich kniend auf und betrachtete nochmals das Bild. Nun wußte er, daß er kein Bild vor sich hatte – sondern eine Enthüllung. Die Wahrheit drängte sich ihm förmlich auf.

Außerhalb der leuchtenden Wände und der bewohnten Ebenen lag das Nichts; das wußte jedes Kind. Er hatte oft versucht, sich dieses Nichts vorzustellen. Jetzt sah er es mit eigenen Augen.

Alle Ebenen befanden sich in einem riesigen, erschreckenden Raum. Die unglaublich hohe purpurrote Decke wurde von zahlreichen Lichtpunkten und einer großen dunkelroten Kugel erhellt, deren Licht seinen Augen weh tat. Der Boden dieses Raums war beige und braun und grau. Das schrecklichste daran war die Tatsache, daß die Wände nicht zu sehen waren. Raul wurde schon schwindlig, wenn er nur den weit entfernten Boden betrachtete, der weiter rechts unregelmäßig aufgewölbt war.

Im Vordergrund standen sechs längliche Gegenstände ordentlich nebeneinander aufgereiht. Der rötliche Lichtschein ließ sie silbern glänzen. Je länger Raul sie betrachtete, desto mehr gewöhnte er sich an die Perspektive, und desto besser konnte er die Höhe dieser sechs zylinderförmigen Gegenstände schätzen, die oben spitz zuliefen, während sie im untersten Drittel zum Boden hin allmählich breiter wurden.

Als Raul noch die silberglänzenden Zylinder anschaute, sah er plötzlich eine Bewegung. Ein Teil des Bodens schien lebendig zu werden und erhob sich zu einer großen, wirbelnden Säule. Raul begriff nicht, warum das geschah. Er beobachtete nur sprachlos erstaunt, wie diese Säule sich wirbelnd entfernte und irgendwo zwischen den unregelmäßigen Erhöhungen verschwand. Als sie außer Sichtweite war, beugte er sich weiter vor, um sie noch einmal zu sehen. Dabei berührte er die durchsichtige Fläche vor sich mit dem Mund und fuhr erschrocken zurück. Er kannte nur eine Welt, in der alles behaglich erwärmt war, aber diese Oberfläche war erschreckend kalt.

Sein Hunger wurde schließlich übermächtig und trieb ihn von dem Bild fort, das ihm später unter dem Begriff „Fenster" vertraut wurde. Er kehrte langsam zu den bekannten Ebenen unterhalb der zwanzigsten zurück. Er erzählte niemand, was er gesehen hatte. Er war noch immer wie betäubt und fühlte sich klein und nichtig im Vergleich zu dem, was außerhalb der bekannten Welt lag. Er aß und schlief und badete und blieb allein und wartete stets auf eine günstige Gelegenheit, um zu seinem Fenster zurückzukehren und einen Blick auf diese andere Welt werfen zu können, vor der seine eigene zu einem Nichts zusammenschrumpfte.

Einmal hatte er geglaubt, sein neues Wissen nicht länger für sich behalten zu können. Er hatte es gewagt, einem der Alten zu erzählen, was er gesehen hatte. Das Ende war vorauszusehen gewesen – Raul war wütend angefahren worden und hatte beschlossen, nie wieder davon zu reden.

Leesa konnte er natürlich davon erzählen. Seine Schwester war wie er wohlproportioniert und kräftig; sie und ihr Bruder waren die einzigen Ausnahmen in einer Welt, in der physische Kraft wertlos war.

Raul erinnerte sich noch daran, daß er zwölf und Leesa zehn gewesen war, als er sie erstmals zu seinem Fenster mitnahm. Er war stolz darauf, daß sie sich bemühte, keine Angst zu zeigen. Sie standen nebeneinander am Fenster. Raul erklärte seiner Schwester: „Das ist ‚draußen'. Unsere Welt und alle Ebenen, auf denen wir wohnen, befinden sich in einem ‚Gebäude'. Dort draußen ist es kalt. Das runde rote Licht ist eine Sonne. Sie bewegt sich über die Decke, ohne jemals ganz zu verschwinden. Ich habe sie beobachtet. Sie beschreibt einen Kreis."

Leesa sah gelassen hinaus. „Drinnen ist es besser."

„Natürlich. Aber es ist gut, wenn man weiß, wie es draußen aussieht."

„Meinst du? Ich finde es gut, zu tanzen, zu singen, zu baden und gut zu essen."

„Du erzählst niemand davon?"

„Glaubst du, daß ich mich bestrafen lassen will? So dumm bin ich nicht, Raul."

„Komm, ich will dir mehr zeigen."

Er führte sie einige Ebenen weit hinab zu mehreren benachbarten Räumen. Im ersten standen zehn Stühle vor einer weißen Wand. Raul ließ seine Schwester Platz nehmen, während er an die Maschine trat, deren Zweck er erst nach monatelangen Versuchen erkannt hatte. Er hatte vier Maschinen dieser Art beschädigt und unbrauchbar gemacht, bevor er ihren Verwendungszweck begriff.

Leesa stieß einen leisen Schrei aus, als plötzlich wie durch Zauberei Bilder auf der Wand vor ihnen erschienen.

„Ich glaube, daß es früher üblich war, Kinder in diese Räume zu bringen und ihnen derartige Bilder vorzuführen", erklärte Raul ihr. „Aber dieser Brauch ist im Laufe der Zeit irgendwie in Vergessenheit geraten. Die Zeichen unter den Bildern sind für dich bedeutungslos, Leesa. Aber ich habe herausbekommen, daß sie ‚Buchstaben' sind. Wie du weißt, hat jedes Ding einen Namen – und diese Zeichen drücken ihn aus. Könntest du lesen, könnte ich dir etwas mitteilen, ohne zu sprechen."

„Warum würdest du das tun wollen?" erkundigte Leesa sich.

„Ich könnte eine Nachricht für dich hinterlassen. Ich kann die Zeichen unter diesen Bildern lesen. Zu jeder Maschine gehören Hunderte von Filmen, die von Raum zu Raum komplizierter werden. Ich glaube, daß dies der Raum für sehr kleine Kinder war, weil die Wörter einfach sind."

„Du bist klug, Raul, weil du diese Zeichen verstehst. Aber sie sind bestimmt schwer zu erlernen, und ich sehe nicht ein, was du davon hast."

Ihr Erstaunen verwandelte sich allmählich in Langeweile. Er runzelte die Stirn. Er brauchte jemand, mit dem er seine neue Welt teilen konnte. Dann erinnerte er sich an einen Raum, der sie interessieren würde, und er führte sie dorthin. Hier bewegten sich die Bilder und zeigten seltsam gekleidete Menschen, die lebensecht wirkten und miteinander sprachen.

„Das ist eine Geschichte", sagte Raul. „Ich verstehe sie, weil ich die fremden Wörter gelernt habe – zumindest einige." Er beobachtete Leesa, die sich gespannt nach vorne beugte, und schaltete den Projektor plötzlich ab.

„Raul! Es war so schön . . . Zeig mir mehr!"

„Nein, du verstehst nicht genug."

„So stelle ich mir die Träume vor, die Erwachsene haben dürfen. Bitte, Raul, zeig mir noch andere Bilder."

„Nein. Du interessierst dich nicht für diese Dinge. Das geht dich nichts an. Spiel wieder mit den anderen Mädchen, Leesa."

Sie schlug nach ihm und brach dann in Tränen aus. Raul gab endlich scheinbar widerstrebend nach. „Gut, du sollst mehr sehen, Leesa. Aber du mußt wie ich von vorne anfangen. Mit den einfachen Bildern. Sobald du genug gelernt hast, verstehst du auch diese Dinge."

„Ich lerne es noch heute."

„In hundert Tagen – wenn du rasch begreifst und viele Stunden hier zubringst."

Er führte sie in den ersten Raum und versuchte ihr zu helfen. Sie begann vor Enttäuschung zu weinen. Dann wurde das Licht dunkler, und sie wußten, daß es Schlafenszeit war. Die Stunden waren rasch verflogen. Sie eilten zu den anderen hinunter, warteten einen günstigen Augenblick ab und mischten sich unauffällig unter die Kinder.

Mit sechzehn überragte Raul Kinson jeden Mann seiner Welt. Er wußte, daß es Zeit war und daß der Tag bald kommen würde. Er wußte es, weil ihm auffiel, daß die Frauen ihn jetzt mit anderen Blicken betrachteten. Aber sie konnten nicht mit ihm sprechen, denn solange er nicht träumen durfte, war er noch ein Kind.

Alle Erwachsenen hatten bestimmte Pflichten. In einigen Fällen beschränkten sie sich darauf, einen Jugendlichen ihrer Wahl als

Nachfolger zu bestimmen; in anderen bildeten sie ihren Nachfolger selbst aus, um Vorsorge für den Tag ihres Todes zu treffen. Eine der Frauen hatte die Geburtsräume unter sich, und eine andere versorgte die kleinsten Kinder. Ein Mann, der dicker als die übrigen war, organisierte die Spiele der Erwachsenen. Aber von allen, die besondere Pflichten hatten, war Jord Orlan am einflußreichsten. Er war ruhig und zurückhaltend. Er war für die Träume und die Träumer verantwortlich. Sein kluges Gesicht trug einen resignierten Ausdruck.

Jord Orlan berührte Raul Kinson leicht an der Schulter und führte ihn zum Ende der zehnten Ebene, wo er zurückgezogen hauste. Raul folgte ihm schweigend, nahm auf Jord Orlans Nicken hin Platz und wartete geduldig.

„Heute ist deine Kindheit zu Ende, mein Sohn", erklärte Jord Orlan. „Wer kein Kind mehr ist, muß träumen. Das ist Vorrecht und Pflicht aller Erwachsenen. Viele unserer Leute nehmen die Träume zu leicht; sie halten sie für reines Vergnügen, ohne zu bedenken, daß alle Träumer in erster Linie eine Verantwortung tragen. Ich möchte, daß du dir dieser schweren Verantwortung stets bewußt bleibst, mein Sohn. Ich werde sie dir später ausführlich erläutern. In unseren Träumen sind wir allmächtig. Ich führe dich nachher zu einem Glaskasten, der lebenslänglich dein Eigentum bleibt, und ich werde dir den Mechanismus erklären, mit dem sich die Träume kontrollieren lassen. Aber zuerst müssen wir von anderen Dingen sprechen. Du hast dich meistens von den anderen Kindern abgesondert. Warum?"

„Ich bin anders."

„Ja, dem Körperbau nach."

„Und auch geistig. Ihre Vergnügungen haben mich nie sonderlich interessiert."

Orlan betrachtete seine Hände. „Als ich klein war, habe ich ähnlich gedacht."

„Darf ich einige Fragen stellen? Dies ist das erste Mal, daß ich ungestört mit einem Erwachsenen sprechen kann."

„Natürlich, mein Sohn."

„Warum werden wir ‚Wächter' genannt?"

„Darüber habe ich schon oft nachgedacht. Ich glaube, daß unsere Träume, in denen wir Phantasiewesen sehen, etwas damit zu tun haben."

„Phantasiewesen?" wiederholte Raul langsam. „Sehen wir Menschen?"

„Natürlich."

„Was ist also dann wirklich? Unsere begrenzte Welt oder die offene Welt der Träume?" In seiner Aufregung hatte Raul vergessen, nur die bekannten Wörter zu gebrauchen.

Jord Orlan runzelte die Stirn. „Du drückst dich seltsam aus, mein Sohn. Wer hat dich auf diese Gedanken gebracht?"

„Ich . . . ich habe mir alles selbst ausgedacht", behauptete Raul.

„Ich muß dich noch warnen, daß es als Ketzerei gilt, diese Traumwesen als wirklich anzusehen. Unsere Traummaschinen arbeiten nach einem ganz einfachen Prinzip, glaube ich. Du kennst die wirren Träume, die man als Kind hat. Unsere Maschinen sorgen nun dafür, daß diese Träume deutlicher und logischer werden. Die Träume sind auf drei Welten beschränkt, die du kennenlernen wirst; du darfst dir jedoch nie einbilden, diese Welten existierten tatsächlich. Die einzige Welt befindet sich hier in unserer Umgebung."

Raul zögerte. „Wie lange existiert unsere Welt bereits?"

„Seit undenklichen Zeiten."

„Wer . . . wer hat sie erschaffen? Wer hat diese Wände und die Traummaschinen erbaut?"

„Auch diese Fragen sind fast ketzerisch, mein Sohn. Alles hat schon immer existiert. Es gibt weder Anfang noch Ende."

„Ist schon einmal jemand auf den Gedanken gekommen, außerhalb dieser Ebenen könnte eine größere Welt existieren?"

„Ich muß dich bitten, keine Fragen dieser Art mehr zu stellen. Das Leben ist gut, und es ist für uns neunhundert Menschen richtig. Jenseits der Mauern kann es nichts geben."

„Darf ich noch eine letzte Frage stellen?"

„Ja, wenn sie vernünftiger als die anderen ist."

„Mir ist aufgefallen, daß unsere Welt so groß und geräumig ist, als sei sie ursprünglich für mehr Menschen vorgesehen gewesen. Hat unsere Zahl seitdem abgenommen?"

Orlan nickte sorgenvoll. „Darüber habe ich mir schon oft Gedanken gemacht. Als ich noch sehr jung war, haben hier über tausend Menschen gelebt. Aber jedes Jahr bleiben eine oder zwei Togen oder Roben übrig, für die kein Kind geboren wird." Er schüttelte energisch den Kopf. „Ich kann trotzdem nicht glauben, daß unsere Welt eines Tages leer sein wird, wenn der letzte Mensch gestorben ist." Er stand auf und nahm Rauls Hand. „Komm, ich zeige dir jetzt den Kasten, der dir dein Leben lang gehört."

Orlan sprach erst wieder, als sie auf der zwanzigsten Ebene vor einem leeren Glaskasten standen. „Wenn du darin liegst, siehst du hier an der linken Seite einen kleinen Drehknopf", erklärte er Raul. „Er rastet dreimal ein, und jede der Einstellungen bezeichnet eine andere Traumwelt. Dieser Strich markiert die erste Welt, die am schönsten ist. Diese gebogene Linie auf einem waagrechten Strich kennzeichnet die zweite Welt, deren Lärm dich zunächst erschrecken wird. Und die zweimal gebogene Linie bezeichnet die dritte Traumwelt, die uns am wenigsten interessiert. Es ist dir freigestellt, wann und wie oft du träumen willst. Du schließt dich hier ein, wählst eine der drei Welten aus, legst deine Toga ab, nimmst die Metallplatte zwischen die Zähne und beißt fest darauf. Der Traum kommt dann rasch. Du wirst feststellen, daß du im Traum einen neuen Körper besitzt, den du jederzeit wechseln kannst. Alles Weitere ist nicht erklärbar, sondern muß dir im Laufe der Zeit selbst klarwerden. Du träumst zehn Stunden lang und wirst dann von der Maschine geweckt. Am besten wartest du anschließend einen neuen Tag ab, bevor du wieder träumst."

„Wenn das Licht hell ist, sagen wir ‚Tag' dazu, und wenn es dunkel ist, sprechen wir von ‚Nacht'", warf Raul ein. „Gibt es dafür einen bestimmten Grund?"

Jord Orlan zuckte mit den Schultern. „Du stellst unsinnige Fragen. Warum haben wir Köpfe? Warum heißen wir Menschen? Tag ist Tag, und Nacht ist Nacht."

„Ich habe als Kind einmal geträumt, wir lebten auf einer großen Kugel und hätten nur einen unendlich weiten Raum über uns. Am Himmel stand die Sonne, und wenn sie schien und Wärme verbreitete, war es Tag. Wenn sie auf der anderen Seite der Kugel stand, war es Nacht."

„Wirklich?" fragte Orlan höflich. „Und die Menschen lebten auf allen Seiten dieser Kugel?" Als Raul nickte, fuhr er triumphierend fort: „Merkst du nicht, wie absurd diese Idee ist? Die an der Unterseite würden herunterfallen!" Er sprach eindringlich weiter: „Ich möchte dich warnen, mein Sohn. Wenn du nicht aufhörst, ketzerische Gedanken zu äußern, wirst du an einen geheimen Ort gebracht, den nur ich kenne. Dort befindet sich eine Tür, die in der Vergangenheit oft benutzt wurde, und dahinter liegt das eisige Nichts. Dann wirst du aus unserer Welt ausgestoßen. Ist dir das klar?"

Raul nickte erschrocken.

„Und nun mußt du nacheinander von jeder Welt träumen. Und dann kommst du zu mir, um das Gesetz zu erfahren."

Jord Orlan ging fort, ohne sich noch einmal umzusehen. Raul hob zögernd den Deckel des Glaskastens, legte sich hinein, stellte den Schalter auf „1" – auf die Zahl, die Orlan nicht als mathematisches Symbol erkannt hatte – und streifte das Metalltuch ab. Er nahm die Platte zwischen die Zähne, biß fest darauf . . . und befand sich von einer Sekunde zur anderen in einer endlosen Dunkelheit, durch die er körperlos zu schweben schien.

War das also der kostbare Traum? Absolutes Nichts, absolute Dunkelheit, in der man körperlos existierte. Er wartete geduldig und spürte allmählich, daß ihm Dimensionen und Richtungen bewußt wurden. Er blieb bewegungslos, bis er in großer Ferne ein anderes Wesen zu spüren glaubte. Er nahm es wahr, ohne es zu sehen, zu hören oder zu berühren. Er wußte nur instinktiv, daß es sich um ein lebendiges Wesen handelte, und er bewegte sich darauf zu. Das Bewußtsein wurde stärker. Er kam noch näher, rückte immer näher heran und verschmolz dann mit diesem anderen Wesen. Es wehrte sich heftig dagegen und wollte nicht zulassen, daß er von diesem Wesen Besitz ergriff. Raul spürte, daß es sich aufbäumte, drehte und wand und ihm zu entkommen versuchte. Aber er hielt es auch ohne Hände fest und zog es ohne Arme zu sich heran. Er überwältigte es, verband sich mit ihm und schob es entschlossen vor sich her, bis es hilflos in einer dunklen Ecke kauerte, wo es ihm nicht mehr schaden konnte.

Und Raul Kinson befand sich plötzlich in einer fremden Welt und marschierte über eine staubige Landstraße. Sein Arm schmerzte. Er betrachtete ihn und sah erschrocken den dünnen, sehnigen Unterarm, das Metallband, das sein Handgelenk umschloß, und das getrocknete Blut, wo dessen scharfe Metallkanten ihn verletzt hatten. Er war in Lumpen gekleidet und von der Sonne dunkelbraun gebrannt. Er hinkte etwas, weil sein Fuß verwundet war. Das Metallband an seinem Handgelenk war durch eine Kette mit einer langen, schweren Stange verbunden. Er war einer von vielen Männern, die auf diese Weise an eine Seite der Stange gefesselt waren; auf der anderen Seite marschierten ebenfalls Gefangene. Die Schultern der Männer vor ihm trugen alte und frische Narben.

Das Wesen, das er überwältigt hatte, bewegte sich jetzt wieder, und er verringerte den geistigen Druck etwas, ohne recht zu wissen, was er tat. Das andere Bewußtsein wurde stärker; es brachte Gefühlsbewegungen wie Angst und Haß mit, und Raul begriff plötzlich auch die Worte, die ihm bisher unverständlich gewesen waren. Diese Männer waren seine Kameraden. Ja, sie hatten gemeinsam gegen Arrud den Älteren gekämpft. Das war vor sieben Tagen gewesen. Der Tod war besser als die Gefangenschaft, die nur Hunger, Arbeit und Schmerzen bedeutete. Und zu Hause in Raeme stand eine kleine Hütte, in der . . .

Raul merkte, daß er einen Fehler gemacht hatte: Er hatte sich aus dem Verstand des anderen verdrängen und in die Dunkelheit zurückstoßen lassen. Jetzt versuchte er es erneut und fand das richtige Gleichgewicht; der fremde Verstand blieb funktionsfähig, aber doch so weit unter Kontrolle, daß er nicht mehr zu eigenen Entschlüssen imstande war. Nun existierte er gleichzeitig auf zwei Ebenen und spürte den Haß und die Angst dieses Gefangenen, der sich Laron nannte – und sein Entsetzen, weil er spürte, daß sich etwas in seinem Verstand eingenistet hatte.

Er stolperte weiter. Die Soldaten der Wachmannschaft waren mit Lanzen bewaffnet; sie lachten miteinander und beschimpften die Gefangenen, wenn es ihnen gerade einfiel.

Raul stöhnte vor Schmerz, als eine Lanzenspitze ihm in den Oberarm drang. „Schneller, du alte Vogelscheuche!" forderte ihn ein Soldat auf. „Morgen wirst du den Löwen vorgeworfen, wenn du bis dahin noch lebst."

Die Landstraße wand sich durch die Hügel. Weit vor ihnen ragten die weißen Türme der Stadt auf, in der Arrud der Ältere sein grausames Regiment führte. Der Marsch dorthin würde noch stundenlang dauern. Hatte Jord Orlan nicht erwähnt, daß er die Körper beliebig wechseln konnte? Dieser hier war nicht sonderlich vielversprechend.

Raul ließ sich absichtlich aus dem Verstand des anderen verdrängen und kehrte in die Dunkelheit zurück. Im gleichen

Augenblick versuchte er eine andere Richtung zu nehmen, um zu den Soldaten zu gelangen. Wieder der kurze Kampf; wieder – Angst und Haß! Dieser Mann war aus der Stadt geflohen. Er war groß und kräftig. Er war mit einer Keule bewaffnet, und er hatte auf der Flucht drei Männer erschlagen. Verachtung und Mitleid für die Gefangenen. Haß auf die Soldaten. Angst vor der Entdeckung. Dieser Mann war einfacher und brutaler als der erste. Leichter zu kontrollieren. Raul hielt sich noch einige Zeit in ihm auf, kehrte dann in die Dunkelheit zurück und versuchte erneut, einen Soldaten zu erreichen.

Das nächste Wesen war schwerer zu erfassen und mühsamer zu beherrschen. Raul merkte, daß er sich im Körper eines jungen Soldaten befand, der etwas entfernt von seinen Kameraden marschierte. Die Gefangenen befanden sich rechts von ihm, und der junge Soldat hatte Mitleid mit ihnen und verachtete seine brutalen Kameraden. Er bereute es, sich für diesen Beruf entschieden zu haben, und er wünschte sich nur, so bald wie möglich die Stadt zu erreichen und die Gefangenen abzuliefern. Dann konnte er in der Abenddämmerung durch den Basar gehen und die herrlichen Dinge bewundern, die dort zum Verkauf ausgestellt waren . . .

Raul zwang den jungen Soldaten dazu, sich umzusehen, bis er den hageren Mann mit der Wunde am Oberarm gefunden hatte. Vorhin war er noch im Körper dieses Mannes gewesen . . . Dann spürte er, daß der junge Soldat unruhig wurde, weil er diese Bewegung gemacht hatte, ohne einen Grund dafür zu haben. „Warum drehe ich mich um und starre diesen hageren Kerl an? Warum erscheint er mir wichtiger als die übrigen Gefangenen? Brennt die Sonne zu heiß auf meinen Helm herab?"

Raul wandte sich ab und starrte die Hügel neben der Straße an, weil er zu erkennen versuchte, wo sich der Flüchtling verborgen hielt. Das schien den jungen Soldaten noch mehr zu erschrecken.

„Warum benehme ich mich so eigenartig?"

Die Lanze lag in seiner Hand. Er wog sie prüfend und stellte fest, daß die an diese Bewegung gewöhnten Muskeln des jungen Soldaten ihm den Gebrauch der Waffe erleichtern würden, falls er jemals den Wunsch danach verspürte. Einige Zeit begnügte er sich damit, seine Umgebung mit fremden Augen zu sehen und die Dinge, die er sah, in einer anderen Sprache bezeichnet zu hören.

Er drehte sich um, als hinter ihm ein lauter Schrei ertönte. Der

Hagere, in dessen Körper er sich zuerst aufgehalten hatte, war hingefallen. Ein wütender Soldat, dessen rundes Gesicht von Schweiß glänzte, stieß immer wieder mit seiner Lanze nach ihm, so daß rotes Blut in den Straßenstaub floß.

Raul trat einen Schritt näher, holte kurz aus und stieß entschlossen zu. Seine Lanze durchbohrte die Kehle des dicken Soldaten, der lautlos zusammenbrach und mit dem Gesicht nach unten liegenblieb.

„Ich habe ihn umgebracht!" dachte der junge Soldat entsetzt. „Ich muß verrückt sein! Jetzt werde ich hingerichtet!"

Der Führer der Wachmannschaft kam heran, überblickte die Lage und zog das kurze Schwert, das er trug. Die anderen Soldaten grinsten schon aus Vorfreude und bildeten mit gesenkten Lanzen einen Halbkreis, um ihren jungen Kameraden an der Flucht zu hindern.

Raul ließ sich von dessen Angst anstecken und wollte nochmals zustoßen. Das Schwert blitzte auf und trennte einen halben Meter Lanze ab, so daß er jetzt hilflos war. Er senkte den Kopf und sah die breite Klinge tief in seinen Unterleib eindringen. Er fiel nach vorn in den Staub, als der andere sein Schwert zurückzog, und spürte den brennenden Schmerz kaum noch, der sich an seinem Nacken auszubreiten begann. Im gleichen Augenblick wurde er wieder in die Dunkelheit zurückgestoßen, in der es keinen Schmerz gab.

In der Abenddämmerung befand er sich in der Stadt, deren reges Leben und Treiben ihn zunächst verwirrte. Er führte ein schwerbeladenes Maultier und pries sein Wasser an – kühles Wasser für ausgetrocknete Kehlen. Im Verstand des Wasserverkäufers fand er die Lage des Palastes genau angegeben. Unterdessen konnte er die Richtung, die er nehmen würde, wenn er die Dunkelheit verließ, besser bestimmen, und er war jetzt auch eher imstande, die Entfernung von einem Verstand zum anderen zu schätzen. Er war ein Wachtposten vor dem Palast und dann ein Mann, der eine schwere Last endlose Treppen hinaufschleppte.

Schließlich wurde er Arrud der Ältere. Zu seiner Überraschung war dieser Herrscher ebenso primitiv und brutal wie der Flüchtling. Haß und Angst waren die Triebfedern seines Handelns. Haß auf andere Könige, die sein Reich erobern wollten; Angst vor Verschwörern und Mördern im Palast.

Raul beschränkte sich zunächst auf die Rolle des unbeteiligten Beobachters. Arrud schnallte sich einen mit kostbaren Steinen besetzten Ledergürtel um, warf sich ein Seidencape über die Schultern und stapfte den Korridor entlang. Am Ende des Korridors stieß er die Tür eines Boudoirs auf. Die Frau im Innern hatte feuerrotes langes Haar. Sie lehnte sich in die Kissen eines Diwans zurück und warf Raul-Arrud einen eisigen Blick zu. Sie hatte einen schmalen, grausamen Mund.

„Was steht zu Diensten?" fragte sie böse.

„Heute abend sehen wir uns die Gefangenen an. Die ersten sind eingetroffen."

„Diesmal mußt du die Starken für die Arena aussuchen, Arrud – die Starken, damit nicht gleich alles zu Ende ist."

„Die Starken werden zur Arbeit an den Wällen gebraucht", erklärte er ihr mürrisch.

„Bitte", drängte sie. „Für mich, Arrud. Für Nara."

Raul verließ diesen Körper und glitt in die Dunkelheit zurück. Diesmal war kaum eine Bewegung nötig, aber Naras Verstand reagierte anders als der eines Mannes, und Raul fand es zunächst schwierig, ihn zu kontrollieren. Endlich beherrschte er ihn jedoch. Ihre Gedanken wechselten sprunghaft von einem Thema zum anderen, aber ihr Haß auf Arrud und die Verachtung, die sie für ihn empfand, blieben unverändert. Raul stellte fest, daß es wesentlich schwieriger war, den Verstand einer Frau zu beherrschen, weil er es vermeiden mußte, ihre Identität so weit zu verdrängen, daß nur ein willenloser Körper zurückblieb, mit dem er selbst nichts anfangen konnte.

Er kannte sie bald besser, als sie sich selbst kannte. Sie war Nara, die Tochter eines einfachen Fußsoldaten; eine Tänzerin, die nacheinander die Geliebte eines Hauptmanns, eines Generals und eines Marschalls gewesen war, bevor Arrud sie für sich beanspruchte. Er spürte, wie sehr sie die Männer verachtete, die sich darum drängten, sie zu besitzen.

Arrud trat näher an den Diwan heran. Er rieb sich die Stirn. „Eben war mir seltsam zumute", sagte er heiser. „Ich hatte das Gefühl, in meinen Verstand sei ein Fremder eingedrungen, ohne daß ich mich wehren konnte."

„Du hast mir noch nicht versprochen, daß diesmal starke Sklaven in die Arena geschickt werden, Arrud."

Er sah auf sie herab. Er streckte seine Hand aus, um sie zu liebkosen, und tat ihr dabei weh. Sie stieß seine Hand fort, und er kniff die Lippen zusammen. Er streckte nochmals die Hand aus und zerriß Naras durchsichtiges Gewand mit einem Ruck von oben nach unten.

Raul durchsuchte ihr Gedächtnis und fand dort die Erinnerung an den schmalen Dolch, der zwischen den Diwankissen steckte. Er drängte Naras eigenen Verstand weiter zurück, unterdrückte ihren Zorn und ersetzte ihn durch Angst. Sie wollte sprechen, aber Raul ließ sie nicht sprechen. Arrud umarmte sie wie ein plumper Bär. Raul zwang sie dazu, den Dolch in die Hand zu nehmen. Nara war jetzt vor Entsetzen wie erstarrt, und er merkte, daß sie von dem Gedanken beherrscht war, dies sei nicht die richtige Methode, um Arrud zu töten. Jetzt würde sie ertappt und bestraft werden. Die Spitze des Dolchs berührte Arruds Rücken; die schmale Klinge drang durch Fett und Muskeln bis ins Herz. Arrud starb, und als Raul den Körper der Rothaarigen verließ, hörte er ihren ersten gellenden Schrei.

RAUL wachte in seinem Glaskasten auf. Er blieb einige Zeit unbeweglich liegen, weil er sich nicht nur körperlich, sondern vor allem geistig erschöpft fühlte. Der zehnstündige Traum war zu Ende gegangen, als er Naras Körper verlassen hatte. Trotzdem hatte er das Gefühl, einige Monate auf dieser anderen Welt verbracht zu haben. Jetzt öffnete er langsam den Deckel des Kastens, richtete sich auf und stellte die bloßen Füße auf den warmen Fußboden der zwanzigsten Ebene.

Vor ihm stand eine Frau und lächelte ihm zu.

Raul war den Gewohnheiten seiner Kindheit noch so sehr verhaftet, daß er erschrak, als er sah, daß eine Erwachsene von ihm Notiz nahm. Sie gehörte zu den jüngeren Frauen.

„Du hast geträumt", stellte sie fest.

„Der Traum war lang, und ich bin müde."

„Zu Anfang sind alle Träume ermüdend. Ich werde meinen ersten Traum nie vergessen. Du bist Raul. Kennst du meinen Namen?"

„Ich erinnere mich an dich. Du bist vor langer Zeit eine Träumerin geworden. Du heißt Fedra, nicht wahr?"

Sie lächelte wieder. „Ich freue mich, daß du dich daran erinnerst." Dann entstand eine Pause, aber als Raul nach seinem

Metalltuch griff, fügte sie hinzu: „Hast du vergessen, was nun kommt?"

Er starrte sie an. Erst jetzt fiel ihm auf, daß sie die Toga eines Mannes und die dazugehörigen Sandalen in den Händen hielt. Sein Herz schlug rascher. Er dachte daran, wie oft er diesen Augenblick herbeigesehnt hatte. Und nun hatte er die Toga vor sich. Er griff danach, aber Fedra trat rasch einen Schritt zurück.

„Kennst du die Gebräuche nicht, Raul? Hat dir niemand davon erzählt?"

Sie lächelte spöttisch, und Raul fiel jetzt ein, was sie meinte. Die Toga und die Sandalen eines Mannes mußten ihm von einer Frau angelegt werden, die dann seine Partnerin beim ersten Paarungstanz war, an dem er teilnehmen durfte. Er zögerte verwirrt.

Fedra starrte ihn an und verzog das Gesicht. „Vielleicht hättest du eine andere vorgezogen, Raul Kinson. Aber du hast keine Wahl. Du bist nicht beliebt. Nur zwei von uns haben sich um diese Ehre beworben, und die andere ist vor der Auslosung zurückgetreten."

„Gib mir meine Toga und die Sandalen", forderte er sie wütend auf.

Fedra trat ängstlich einen Schritt zurück. „Das darf ich nicht. Das Gesetz schreibt etwas anderes vor. Wenn du dich weigerst, mußt du weiterhin Kinderkleidung tragen."

Er starrte sie an und dachte dabei an Nara mit dem feuerroten Haar und dem schlanken Körper. Im Vergleich zu ihr war diese Frau unscheinbar, verweichlicht und schwach. Und er sah, daß sie plötzlich Tränen in den Augen hatte, weil er ihren Stolz verletzt hatte.

Er blieb stehen, schloß seinen Glaskasten und ließ sich von Fedra die Toga umlegen. Dann kniete sie vor ihm und schnürte die Bänder seiner Sandalen, die kreuzweise nach oben führten und mit einem Knoten dicht unter dem Knie endeten. Als sie damit fertig war, blieb sie knien und sah zu ihm auf. Raul erinnerte sich an die Tradition, ergriff ihre Hände und zog sie zu sich herauf.

Sie sprachen kein Wort miteinander, während sie einige Ebenen tiefer hinabfuhren und den vorgesehenen Korridor erreichten. Dort betraten sie einen Raum, in dem die anderen bereits warteten. Der dicke Alte, der die Spiele der Erwachsenen organisierte, warf ihnen einen erleichterten Blick zu. Er trat an sein Kontrollpult und drückte auf den ersten Knopf. Leise Musik erfüllte den Raum. Die anderen Paare schwatzten nicht mehr miteinander, sondern stellten sich jetzt auf.

Raul fühlte sich wie ein kleiner Junge, der die Toga eines Mannes gestohlen hatte. Seine Hände zitterten, und seine Knie drohten nachzugeben, als er jetzt seinen Platz in der Reihe einnahm, so daß er Fedra gegenüberstand. Er beobachtete die anderen Männer aus dem Augenwinkel heraus.

Der dicke Alte setzte die silberne Pfeife an die Lippen und pfiff schrill. Der zeremonielle Tanz begann. Raul spürte instinktiv, daß die anderen sich über seine unbeholfenen Bewegungen amüsierten, und er wußte, daß Fedra sich für ihn schämte.

Aber er zwang sich dazu, wie die anderen zu lächeln.

IV

BARD LANE stand am Fenster seines Arbeitszimmers und betrachtete das neue Unterkunftsgebäude, das zwischen zwei älteren errichtet wurde. Das engmaschige Drahtnetz war bereits gespannt worden, und fünf oder sechs Männer mit Sprühgeräten trugen die äußere Plastikschicht auf.

General Sachson hatte den Druck nicht unterschätzt, der jetzt von allen Seiten kam. Ein Wissenschaftler hatte Beattys Theorien angeblich widerlegt, und die Presse hatte sich sofort darauf gestürzt. *Credo,* das neue Mikromagazin, behauptete in einem Artikel, daß irgendwo in New Mexico Milliarden Dollar für unsinnige Experimente vergeudet würden. Einige Abgeordnete hatten erkannt, daß die Öffentlichkeit auf Sparmaßnahmen günstig reagieren würde; deshalb brachten sie einen Antrag ein, der eine Kürzung der Mittel für das Projekt „Tempo" vorsah. Da nun sogar die Gefahr bestand, daß das Projekt nicht fortgeführt wurde, zogen die Verwaltungsbehörden in Washington – Finanzen, Personal, Beschaffung – die Zügel an und forderten mehr Berichte als je zuvor.

Sharan Inly klopfte an und kam herein. Bard drehte sich müde lächelnd um. Sie trug ihre übliche Arbeitskleidung: Blue jeans und eine weiße Bluse mit offenem Kragen und hochgekrempelten Ärmeln.

Sie schüttelte den Kopf, als sie das viele Papier auf seinem Schreibtisch sah. „Mr. Lane, sind Sie eigentlich Wissenschaftler oder Korrespondent?"

„Das weiß ich selbst fast nicht mehr", gab Bard zu, „aber ich gebe mir jedenfalls Mühe, auf beiden Gebieten etwas zu leisten."

„Wie schrecklich, daß Sie Ihre Zeit mit unsinnigen Berichten vergeuden müssen!" meinte Sharan empört.

„Das ist nicht einmal schlimm, wenn man erst begriffen hat, daß es ohnehin zwecklos ist, diese verlangten Berichte sorgfältig auszuarbeiten", erklärte er ihr. „Bis sie den Empfänger erreichen, sind sie durch die weitere Entwicklung gegenstandslos geworden. Damit muß man sich abfinden, wenn man mit Regierungsstellen zusammenarbeitet." Bard zuckte mit den Schultern. „Etwas anderes macht mir im Augenblick viel mehr Sorgen. Wir bekommen keine neuen Leute mehr, Miß Inly. Zumindest ist das Einstellungsverfahren so erschwert worden, daß wir mit monatelangen Verzögerungen rechnen müssen. Das bedeutet praktisch, daß ich mit den Arbeitskräften auskommen muß, die ich jetzt habe. Dagegen kann ich einfach nichts unternehmen, obwohl mich diese Entscheidung sehr behindert. Aber in Washington gibt es niemand, mit dem man darüber sprechen könnte; dort ist keiner zuständig, weil die ganze Bürokratie ein einziges großes Ungeheuer mit Kohlepapierfangarmen, Büroklammerzähnen und einer Haut aus tausend Schichten Durchschlagpapier ist."

„Warum ist es dazu gekommen? Weshalb sind plötzlich so viele Leute gegen unser Projekt? Früher waren doch alle davon überzeugt."

„Die Sache dauert ihnen zu lange, nehme ich an."

„Können Sie nicht einfach nach Washington fliegen und dort mit den einflußreichsten Leuten sprechen?"

„Dafür fehlt mir das diplomatische Fingerspitzengefühl, Miß Inly. Ich bin auf diesem Gebiet nur theoretisch begabt. Ich weiß, was ich sagen müßte, um anderen zu schmeicheln, aber ich bringe es dann irgendwie nicht fertig, mir selbst und anderen etwas vorzulügen."

Sharan ging zu dem Sessel am Fenster, ließ sich hineinfallen und lehnte sich zurück. Nachdenklich runzelte sie die Stirn. Bard trat neben sie, sah aus dem Fenster und folgte ihrem Blick.

„Nun, Miß Inly, selbst wenn das Ding nie fliegt, kann niemand behaupten, wir hätten uns mit Kleinigkeiten zufriedengegeben."

Obwohl draußen die Sonne schien, lag das mit Stacheldraht und Elektrozäunen umgebene Gebiet, auf dem das Projekt „Tempo" vorangetrieben wurde, wie immer im Halbschatten. Vier riesige Stahlmasten ragten ungleich hoch zwischen den Hügeln auf und bildeten ein etwas verschobenes Rechteck. Eine fast zwei Quadratkilometer große Plastikplane mit Tarnbemalung war wie ein groteskes Zirkuszelt an Drahtseilen zwischen den Türmen ausgespannt. Aus der Luft waren auch an dieser Stelle nur kahle Felder, Ginster und Sand zu sehen. Bard Lanes Arbeitszimmer lag in dem zweistöckigen Verwaltungsgebäude im Südteil des gigantischen Zelts. Die *Beatty I* ragte genau im Mittelpunkt des Lagers auf, und in ihrer Umgebung herrschte Tag und Nacht die fieberhafte Betriebsamkeit, die seit über einem Jahr für das Projekt „Tempo" charakteristisch war.

Einige Labors und Fertigungsstätten waren aus dem gewachsenen Fels der umliegenden Hügel herausgesprengt worden. Sämtliche Gebäude, die nicht unter dem Tarnzelt Platz gefunden hatten, wirkten aus der Luft wie einfache Bauernhäuser eines der vielen Dörfer in den Sangre-de-Cristo-Bergen. Ein verlassenes Dorf, in dem es vielleicht nicht einmal in allen Häusern elektrisches Licht gab . . .

Bard steckte die Hände in die Hosentaschen und starrte nach draußen, wo die *Beatty I* zwischen den menschlichen Ameisen aufragte. Ihr Durchmesser betrug fast genau sechzig Meter, und sie war so gigantisch, daß ihr Bug fast das Zelt berührte. Eine Arbeitsplattform kroch unendlich langsam an der Außenseite des Raumschiffes nach oben. Männer in blauen Arbeitsanzügen standen darauf. Der turmhohe Fahrstuhl bewegte sich auf Gleisen, die auf dem Erdboden um das Raumschiff herumführten, so daß der Fahrstuhlführer die Plattform an jedem beliebigen Punkt der Außenwand anhalten konnte.

„Glaubt eigentlich jemand, daß dieses Ungetüm fliegen kann, Doc?" wollte Sharan wissen.

„Ich garantiere persönlich dafür, daß es mindestens dreißig Zentimeter in die Höhe steigt", antwortete Bard lächelnd.

Sie erwiderte sein Lächeln und wurde sofort wieder ernst. „Ich bringe gute und schlechte Nachrichten mit", erklärte sie ihm. „Die guten betreffen Bill Kornal. Wir haben ihn bis zur letzten Neurose auseinandergenommen und wieder zusammengebaut. Er hat sich natürlich etwas verändert, aber diese Reaktion auf seinen Schock ist ganz natürlich. Unserer Überzeugung nach ist er so gesund und zuverlässig wie früher."

„Ausgezeichnet. Dann soll er sich gleich an die Arbeit machen. Ich unterschreibe die Bestätigung morgen früh."

„Und die schlechte Nachricht betrifft Major Tommy Leeber. Ich habe keinen stichhaltigen Grund gefunden, ihn endgültig abzulehnen. Ich finde ihn nicht sympathisch, aber ich kann ihn deshalb nicht einfach ablehnen. Sobald man die Äußerlichkeiten wegläßt, die auf den ersten Blick irritieren, ist die Sache ganz einfach. Leebers Verstand kennt nur ein Kriterium: Was ist für Tommy Leeber am vorteilhaftesten? Er ist völlig einseitig orientiert, und er ist natürlich längst vom Geheimdienst überprüft worden. Daran ist leider nichts zu ändern, Mr. Lane. Ich habe ihn mitgebracht. Er wartet jetzt draußen auf den großen Rundgang."

Bard Lane sah auf seine Uhr. „Hm, die Zeit reicht gerade noch. Wir sehen uns beim Abendessen, Miß Inly. Vielen Dank für die Mühe, die Sie sich immer machen."

MAJOR LEEBER reagierte wie alle Neuankömmlinge, wenn sie erstmals nahe genug an die *Beatty I* herankamen, um ihre Größe wirklich zu erfassen. Er ging einmal um das Raumschiff herum, schüttelte verblüfft den Kopf und murmelte: „Unglaublich . . ., einfach unglaublich . . ."

Dr. Bard Lane ließ den Aufzug herunterholen und wies den Fahrstuhlführer an, sie zum Bug hinaufzubringen. Er blieb an das Geländer gelehnt stehen und beobachtete amüsiert, wie Leeber sich den Platz im Mittelpunkt der Plattform sicherte. Dicht unter dem Tarnzelt folgte der Aufzug der Wölbung des Rumpfs bis zum obersten Luk und stand dabei schräg. Leeber machte keinen guten Eindruck, als er diese Schrägneigung mühsam auszugleichen versuchte.

„Kommen Sie!" forderte Bard ihn auf, während er selbst durch das Luk ins Schiffsinnere trat. Er begann seine übliche Erklärung, sobald Leeber neben ihm stand. „Dieses Luk dient später, wenn die Luftschleuse installiert ist, als Einstieg für die Besatzung. Das Schiff ist für eine sechsköpfige Besatzung konstruiert. Ein Platz für Passagiere ist nicht vorgesehen. Im vorderen Zehntel der Gesamtlänge sind die Unterkünfte, die zur Luftreinigung und Wasserversorgung notwendigen Anlagen, die Vorräte und Navigationsgeräte untergebracht. Wir befinden uns hier im Kontrollraum. Diese drei Andruckliegen sind in Kardangelenken gelagert, so daß plötzliche Richtungs- und Geschwindigkeitsänderungen ausgeglichen werden. Sie haben auf den ersten Blick Ähnlichkeit mit bisher verwendeten Modellen, besitzen aber eindeutig überlegene Eigenschaften."

Leeber studierte das Hauptkontrollpult. „Alles erinnert mich an eine vergrößerte *A 6*", behauptete er dann. „Wo sind die Steuertriebwerke?"

„Wir haben sie durch einen zwanzig Tonnen schweren Kreisel ersetzt, der um bis zu zehn Grad seitlich schwenkbar ist. Im Raum genügt das, um die *Beatty I* auf jeden gewünschten Kurs zu bringen. Trotz des schweren Kreisels erhöht sich das Startgewicht kaum, weil die Steuertriebwerke mit sämtlichem Zubehör wegfallen, und wir sparen schon dadurch viel Gewicht, daß wir von Anfang an keine chemischen Treibstoffe verwenden, so daß keine ausgebrannten Stufen abzustoßen sind."

„Sie wollen mit nuklearem Antrieb starten lassen? Ist die Strahlung nicht gefährlich?"

„Es handelt sich um eine sehr kurzlebige Strahlung. Der Startplatz kann schon nach zehn Stunden ohne Schutzgeräte wieder betreten werden. In etwa zwanzigtausend Kilometer Abstand von der Erde wird auf A-Treibstoff umgeschaltet, und die *Beatty I* beschleunigt gleichmäßig weiter, um –"

„In zwanzigtausend Kilometer Abstand von der Erde arbeiten die Triebwerke also mit einem Standardtreibstoff, und das Schiff beschleunigt unendlich langsam. Ich bin kein Zivilist, dem Sie Sand in die Augen streuen können, Doktor. Für mich ist dieser Kasten eine vergrößerte *A 6* mit einem riesigen Kreisel und einem neuartigen Treibstoff beim Start. Wunderbar!" Leeber lächelte spöttisch.

„Allerdings mit einem kleinen Unterschied, Major. Nach achtzig Tagen Flug mit gleichbleibender Beschleunigung hat die *Beatty I* unser Sonnensystem verlassen. Dann wird der Beatty-Antrieb eingeschaltet. ‚Antrieb' ist nicht das richtige Wort dafür, aber wir haben noch kein besseres gefunden. Ich habe mit Beatty zusammengearbeitet und habe das Team geleitet, das seine Gleichungen vor zwei

Jahren zu Ende entwickelt hat. Verstehen Sie etwas von theoretischer Physik?“

„Sie können es ja mal versuchen, Doktor.“

„Was sagt Ihnen der Ausdruck ‚Bezugsrahmen‘?“

„Das ist die alte Analogie mit den drei Fahrstühlen, in denen jeweils ein Mann steht. Aufzug A bewegt sich mit voller Fahrt nach oben, Aufzug B sinkt langsam nach unten, und Aufzug C steckt zwischen zwei Stockwerken fest. Jeder bewegt sich also mit verschiedener Geschwindigkeit relativ zu den beiden anderen.“

„Ausgezeichnet! Nehmen wir gleich den bewegungslosen Aufzug, der in Wirklichkeit die Geschwindigkeit null hat. Schön, wo befindet sich dieser bewegungslose Punkt im Raum? Man kann einem Stern gegenüber die relative Geschwindigkeit null haben – aber wie sieht es dann mit den unzähligen Milliarden anderer Sterne aus? Selbst wenn wir mathematisch imstande wären, diese Gleichung mit n Unbekannten zu lösen, würden die fehlenden Beobachtungsmöglichkeiten trotzdem die Lösung verhindern. Ist Ihnen das alles klar?“

Major Leeber nickte schweigend.

„Gut, machen wir also weiter. Bis Beatty seine Gleichungen aufstellte, waren wir der Überzeugung, die höchste erreichbare Geschwindigkeit müsse stets etwas unter der Lichtgeschwindigkeit liegen, weil nach Fitzgerald die Masse bei Lichtgeschwindigkeit unendlich klein wird. Beatty hat uns einen Weg gezeigt, wie sich diese Barriere überwinden läßt, indem man ein Schiff in einen anderen Bezugsrahmen bringt. Versuchen wir es wieder mit einer Analogie. Sie sind von El Paso nach New York unterwegs. Die Autofahrt dauert normalerweise drei Tage. Sie fahren am Montag ab und werden voraussichtlich am Mittwoch in New York eintreffen. Sobald Sie das Stadtgebiet von El Paso hinter sich haben, drücken Sie auf einen kleinen Knopf am Armaturenbrett, auf dem ‚Mittwoch‘ steht – und schon haben Sie die typische Wolkenkratzersilhouette von New York vor Augen.“

„Besagt Fitzgeralds Theorie aber nicht auch, daß die Zeit wie die Masse im Verhältnis zur Geschwindigkeit abnimmt?“

„Ausgezeichnet, Major! Beatty hat uns bewiesen, daß der zeitliche Abstand zwischen zwei Punkten nicht unbedingt mit etwas weniger als Lichtgeschwindigkeit zurückgelegt werden muß, sondern auch auf einen kurzen, abrupten Übergang zusammengedrängt werden kann, als flöge man von einer Zeitzone in die nächste."

„Aber die Sprünge durch diesen . . . Hyperraum wären etwas größer als von Montag bis Mittwoch, nehme ich an."

„Als Grundeinheit sind hundert Jahre vorgesehen. Aber Sie dürfen nicht etwa glauben, dieses Jahrhundert verstreiche innerhalb weniger Sekunden. Es ist eigentlich mehr eine Entfernungsangabe. In unserem Fall würden Sie im gleichen Augenblick, in dem Sie El Paso verlassen, New York vor sich sehen."

„Wie soll ich dann wissen, wenn ich . . ." Leeber schüttelte den Kopf. „Wer sagt Ihnen, wann Sie springen sollen, wie groß der Sprung wird und wo Sie sich dann schließlich befinden?"

Bard Lane zuckte mit den Schultern. „Darüber haben sich unsere besten Wissenschaftler mit Hilfe der größten Computer zehn Monate lang den Kopf zerbrochen. Unsere Kontrollpulte sind das Ergebnis dieser Berechnungen."

„Und dieser Verrückte hat sie zertrümmert?"

„Meinen Sie Kornal? Richtig, das hat er getan. Er arbeitet jetzt wieder am alten Platz. Diese Entscheidung steht ausschließlich mir zu, und ich möchte Sie davor warnen, sie in Frage zu stellen, was Sie anscheinend gern tun würden."

„Ich? Sie irren sich, Doktor. Schließlich ist das Ihre Sache. Was sehen wir uns jetzt an?"

„Das Abendessen. Die Labors kommen morgen dran."

„Wo ist hier abends etwas los?"

„Auf der Fahrt nach unten zeige ich Ihnen, wo der Klub liegt", antwortete Bard ausdruckslos und ging auf die Arbeitsplattform voraus. Leeber sah sich noch einmal im Kontrollraum um, zog die Augenbrauen hoch und folgte ihm hinaus.

V

BARD hockte in seinem Zimmer auf der Bettkante. Es war nach Mitternacht, nach dem Tag, an dem er Major Leeber durchs Lager geführt hatte.

Er saß unbeweglich da und spürte eine unerklärliche Angst. Die Nacht war kühl, und der Wind kam durch die offenen Fenster herein, aber Bard hatte trotzdem große Schweißperlen auf der Stirn.

Alles erinnerte ihn an seine Kindheit, an die längst vergessen geglaubten Schreckensnächte. Der gellende Schrei: „Mami, Mami! Ein schwarzer Mann hat auf meinem Bett gesessen!"

„Das war nur ein Traum, mein Junge."

„Er war hier! Ich habe ihn gesehen, Mami!"

„Pst! Du weckst deinen Vater auf. Ich bleibe hier sitzen und halte deine Hand, bis du wieder eingeschlafen bist."

„Aber ich sage dir, er war hier . . ."

Bard fuhr zusammen. Jetzt gab es niemand, den er rufen konnte. Es gab jemand, den er hätte rufen müssen, aber das hätte bedeutet, daß er seine Niederlage eingestand.

Man kann sich gegen alle Feinde von außen zur Wehr setzen – aber was ist zu tun, wenn man den Feind in sich selbst entdeckt? Was ist dann die beste Lösung?

Bard hatte eine Entscheidung zu treffen. Sein Entschluß stand jetzt fest. Er zog sich rasch an, nahm eine Lederjacke aus seinem Kleiderschrank und schlüpfte hinein, als er schon auf dem Weg nach draußen war. Am Eingang des Gebäudes blieb er nochmals stehen und warf einen Blick auf das Lager zu seinen Füßen. Der Mond stand hoch am wolkenlosen Himmel und bemühte sich, das große Zelt mit seinem Licht zu durchdringen. Die Gebäude waren nur dunkle Schatten, aber Bard wußte, daß dort auch nachts fieberhaft gearbeitet wurde.

Sharan Inly hatte ihr Zimmer in einem für weibliches Personal reservierten Gebäude. Bard ging den Abhang hinab und überquerte die Straße. Die Telefonistin, die gleichzeitig als Empfangsdame fungierte, las ein Magazin. Sie sah auf und lächelte. „Guten Abend, Dr. Lane."

„Guten Abend. Verbinden Sie mich bitte mit Dr. Inly."

Er schloß die Telefonzelle hinter sich. Ihre Stimme klang verschlafen. „Hallo, Mr. Lane."

„Habe ich Sie aufgeweckt?"

„Beinahe. Was gibt's denn?"

Bard sah nach draußen. Die Telefonistin las schon wieder. „Miß Inly, würden Sie bitte einen Augenblick herunterkommen? Ich muß mit Ihnen sprechen."

„Warum so aufgeregt, Mr. Lane? Gut, ich bin in fünf Minuten unten."

Sie kam sogar noch schneller, und er war ihr dafür dankbar. Sie trat neben ihm ins Freie, ohne eine Frage gestellt zu haben. Er führte sie zur Terrasse des Klubs hinüber. Die Stühle und Tische waren dort für die Nacht zusammengeklappt worden, aber er stellte zwei Stühle wieder auf. Sie setzten sich. In den Hügeln heulte ein Hund. Aus einem der Wohngebäude drang lautes Lachen.

„Ich möchte Sie um Ihren Rat bitten, Miß Inly."

„Gern. Wer macht Ihnen Sorgen?"

„Ich mir selbst."

„Das klingt . . . absurd. Weiter, bitte."

Bard sprach ausdruckslos. „Heute abend habe ich mit Major Leeber gegessen. Anschließend bin ich in mein Büro zurückgegangen, um noch einigen Papierkram zu erledigen. Das hat länger gedauert als erwartet. Als ich fertig war, habe ich das Licht ausgeschaltet und bin einige Sekunden lang in der Dunkelheit sitzen geblieben. Draußen vor dem Fenster war die *Beatty I* gerade noch als dunkler Schatten zu erkennen. Und dann merkte ich plötzlich, daß etwas meinen Verstand berührte. Zuerst war es nur eine Berührung, aber wenig später wurde der Druck stärker, ohne daß ich etwas dagegen hätte tun können. Sind Sie schon einmal ohnmächtig geworden?"

„Ja."

„Können Sie sich noch daran erinnern, wie Sie sich erfolglos gegen die Dunkelheit gewehrt haben, die schließlich doch übermächtig wurde? In meinem Fall war es ganz ähnlich. Ich saß völlig still, und während ich mich gegen dieses Eindringen von außen zu wehren versuchte, bemühte sich ein anderer Teil meines Verstandes, eine Erklärung für dieses Ereignis zu finden. Spannungen, Überanstrengungen, Angst vor dem Versagen. Ich habe mich mit aller Kraft gewehrt, aber ich konnte dieses Eindringen nicht verhindern. Es war grauenhaft, Miß Inly. Ich habe mir stets eingebildet, meinen Körper unter Kontrolle zu haben. Aber jetzt tat er, was dieser Eindringling wollte, und als ich wieder aus dem Fenster sah, spürte ich das Erstaunen dieses Fremden beim Anblick der *Beatty I.* In diesem Zustand wäre ich zu allem imstande gewesen. Der andere hätte mich dazu bringen können, das Schiff zu zerstören oder mich aus dem Fenster zu stürzen. Ich war ihm hilflos ausgeliefert."

Als sie ihm begütigend eine Hand auf den Arm legte, merkte

Bard, daß seine Stimme immer schriller geworden war. Er holte tief Luft, bevor er ruhig fragte: „Gibt es eigentlich Alpträume in wachem Zustand?“

„Es gibt Illusionen und Phantasien.“

„Ich hatte das Gefühl, wie . . . besessen zu sein. Das Ding in meinem Verstand versuchte mir zu erklären, es wolle mir nicht schaden, es sei mir freundlich gesinnt. Als dieser Druck unerträglich zu werden drohte, wurde mir plötzlich schwarz vor Augen, und ich hatte das Gefühl, meine Gedanken und Erinnerungen würden . . . untersucht. Und jetzt kommt der Teil, der wirklich an einen Alptraum erinnert. Das Ding ließ mich an seinen eigenen Gedanken teilnehmen; es führte mir seine Erinnerungen vor Augen. Ich sah einen langen Korridor vor mir, dessen Wände und Decke schwach leuchteten. Dort bewegten sich Lebewesen; sie waren schwächlich, ausdruckslos und bläulichweiß – aber jedenfalls Menschen. Offensichtlich das Ergebnis einer über Jahrtausende fortgesetzten Inzucht. Dann sah ich plötzlich aus einem großen Fenster, das sich hoch über der Oberfläche eines Planeten befand. Sechs gigantische Zylinder, die nur Raumschiffe sein konnten, ragten in einen purpurroten Himmel auf, und eine blutrote Sonne füllte ein Viertel dieses Himmels. Mir wurde klar, daß ich einen sterbenden Planeten und seine letzten Bewohner vor mir sah. Ich hatte den Eindruck müder Traurigkeit. Dann verschwand das Ding so rasch aus meinem Verstand, daß ich zunächst wie betäubt war. Mein eigenes Bewußtsein, das in eine Ecke zurückgedrängt worden war, dehnte sich plötzlich aus, und ich war wieder Herr meiner selbst. Ich wollte diesen Vorfall zunächst ignorieren; ich ging sogar in mein Zimmer und zog mich aus, als könnte ich wie üblich zu Bett gehen. Aber dann mußte ich zu Ihnen kommen und mit Ihnen darüber sprechen.“

Sharan schwieg nachdenklich, bis klar war, daß Bard seinem Bericht nichts mehr hinzuzufügen hatte. Sie saß nicht mehr neben ihm auf dem Stuhl, sondern lehnte, mit beiden Händen in den Taschen ihrer Blue jeans, an der Mauer.

„Mr. Lane, erinnern Sie sich noch an unser Gespräch über Menschen, die von Teufeln besessen sind?“ begann sie dann. „Das ist natürlich ein ziemlich ungeschickter Ausdruck. Billy hat uns seine Symptome geschildert. Warum sollten Sie sich nicht seine Symptome geliehen und sie etwas weiterentwickelt haben? In Ihrem Fall handelt es sich um Vertreter einer galaktischen Superrasse, weil Sie zu praktisch veranlagt sind, um an Teufel, Dämonen und dergleichen zu glauben. Mr. Lane, das ist alles darauf zurückzuführen, daß Ihre Belastung ständig größer wird, daß Sie befürchten, das Projekt könnte eingestellt werden, und daß General Sachson sich alle Mühe gegeben hat, Ihnen Angst einzujagen."

Sharan machte eine Pause, bevor sie mit veränderter Stimme fortfuhr: „Mr. Lane, an Ihrer Stelle würde ich jetzt zu Bett gehen und gründlich ausschlafen. Wir können bei mir vorbeigehen, und ich hole Ihnen eine Beruhigungspille."

„Ich habe mich nicht sehr verständlich ausgedrückt, oder?"

„Doch, ich verstehe Sie völlig."

„Dr. Inly, ich komme morgen früh zu Ihnen, um mich den normalen Tests zu unterziehen. Sie werden mir dann mitteilen, ob sich irgendwelche Abweichungen ergeben haben. Sollte das der Fall sein, trete ich sofort von der Leitung des Projekts zurück."

„Reden Sie keinen Unsinn, Mr. Lane! Wer außer Ihnen wäre dieser Aufgabe gewachsen? Wer wäre noch imstande, fünfzehnhundert Leuten die nötige Begeisterung einzuflößen, obwohl sie an etwas arbeiten, das keine dreißig von ihnen verstehen?"

„Nehmen wir einmal an, ich würde beim nächstenmal gewalttätig wie Kornal", gab er zu bedenken.

Sharan setzte sich neben ihn und nahm seine Hand in die ihre. „Das werden Sie bestimmt nicht."

„Wollen Sie mich nur beruhigen?" erkundigte er sich mißtrauisch. „Das fällt doch in Ihr Aufgabengebiet, nicht wahr?"

„Richtig, aber ich habe auch den Auftrag, für die Entlassung aller zu sorgen, die erste Anzeichen geistiger Labilität aufweisen. Vergessen Sie das nicht. Unter anderem gehört es zu meinen Aufgaben, Sie zu überwachen. Ich habe Sie beobachtet. Ich führe Ihre Akte peinlich genau, Mr. Lane. Ich kenne Sie besser als mich selbst, weil ich Sie unvoreingenommen betrachten kann. Ihr beruflicher Werdegang besteht aus einer erstaunlichen Anhäufung schwer errungen er Erfolge, nicht wahr? Wissen Sie auch, wie es zu diesem . . . Vorfall in Ihrem Büro gekommen ist?"

„Was soll das heißen?"

„Sie sind nicht imstande, sich zu entspannen. Sie haben nie Zeit für Frauen gehabt, Sie sind noch nie unter einem Baum eingeschlafen, und Sie haben nie eine Forelle geangelt. Wenn Sie zu Ihrem Vergnügen lesen, schlagen Sie ein wissenschaftliches Journal auf, und Ihre Freunde sind ebenso einseitig wie Sie selbst."

„Hm, Sie als Ärztin müssen wissen, was ich brauche", murmelte Bard. „Was verschreiben Sie mir also?"

Sharan antwortete nicht gleich. Sie ließ seine Hand los und lehnte sich zurück. „Die Ärztin verschreibt die Ärztin, Bard", sagte sie dann leise. „Ich komme mit zu dir, wenn . . . du mich haben willst."

Bard schien nicht gehört zu haben, was sie gesagt hatte. Er ließ einige Sekunden verstreichen. Dann seufzte er leicht. „Ich glaube, daß es besser ist, ganz ehrlich miteinander zu sein, Sharan. Du hast uns in eine schwierige Lage gebracht, in der unsere Gefühle ziemlich wichtig sind. Ich weiß, daß du mir und dem Projekt gegenüber völlig loyal bist, und ich möchte dir gerade deshalb eine Frage stellen, die du ganz ehrlich beantworten mußt. Nehmen wir einmal an, ich wäre nicht mit meinen Sorgen zu dir gekommen – hättest du mir dann auch diesen Vorschlag gemacht?"

„Nein", antwortete sie leise.

„Und wenn ich dich einfach gefragt hätte, so wie es heutzutage üblich geworden ist?"

„Ich weiß es nicht. Wahrscheinlich nicht, Bard. Tut mir leid."

„Dann reden wir einfach nicht mehr davon. Einverstanden? Ich nehme die Beruhigungspille und komme morgen zur Behandlung."

„Du kannst dich den normalen Tests unterziehen, aber eine Behandlung ist hoffentlich überflüssig. Du warst einfach müde und hast dir eingebildet, an Bill Kornals Symptomen zu leiden. Eine typische Selbsthypnose, der jeder von uns erliegen kann."

„Ich weiß nicht, was es war, Sharan, aber ich weiß, daß es verdammt unangenehm war. Komm, ich bringe dich wieder zurück."

Sie gingen langsam die Straße entlang, ohne miteinander zu sprechen. Sharan hatte ihn etwas beruhigt. Als Bard später im Bett lag und darauf wartete, daß die Beruhigungspille zu wirken begann, fragte er sich, weshalb er es abgelehnt hatte, auf ihren Vorschlag einzugehen. Er lächelte, als er daran dachte, aus welchem Grund er ihn abgelehnt hatte. Sie spürten beide, daß sie fast – aber nicht ganz – zueinander paßten. Und „nicht ganz" war für keinen von ihnen genug.

VI

RAUL KINSON mußte nach acht Jahren zugeben, daß Fedra recht gehabt hatte. Man vergißt seine ersten Träume nie – die drei ersten Träume, in denen man drei fremde Welten besucht.

Fedra hatte seinem Kind im ersten Jahr der Träume das Leben geschenkt. Manchmal beobachtete er spielende Kinder und fragte sich, welches sein Kind sein mochte. Aber er suchte vergeblich nach irgendeiner Ähnlichkeit, und er wunderte sich über seine Neugier, die den anderen zu fehlen schien.

Ja, die ersten Träume blieben unvergeßlich. Selbst nach acht Jahren erinnerte er sich noch an jede Einzelheit seines zweiten Traums.

In diesem zweiten Traum war es nicht mehr schwierig gewesen, Verbindung mit anderen Lebewesen aufzunehmen, weil er diesen Vorgang im ersten Traum lange genug geübt hatte. Er war neugierig auf die zweite Welt. In diesem Eifer hatte er sich des ersten Bewußtseins bemächtigt, auf das er gestoßen war, und hatte es erforschen wollen.

Zu seinem Entsetzen hatte er sich in einem fremden Körper wiedergefunden, der sich unter einer heißen Sonne auf einer harten Unterlage krümmte und wand. Er konnte weder die Muskeln noch die Sinne des Körpers kontrollieren. Optische Eindrücke kamen nur bruchstückhaft und verzerrt an. Muskelkrämpfe ließen sich nicht beherrschen. Er versuchte den Druck zu verringern, aber der Verstand des anderen war nicht mehr in der Lage, dem Körper vernünftige Befehle zu erteilen. Raul war zunächst der Überzeugung, in einen bereits gestörten Verstand eingedrungen zu sein, aber dann kam er zu der Erkenntnis, daß sein übermächtiger Ansturm diesen Schaden erst verursacht hatte. Er verließ deshalb den Wirt und drang behutsam in den nächsten Verstand ein.

Dieses nächste Wesen war ein Mann in blauer Uniform, der eben sagte: „Zurücktreten! He, Sie! Treten Sie etwas weiter zurück! Lassen Sie dem armen Kerl etwas Luft!“

Ein zweiter Uniformierter tauchte auf. „Was gibt's, Al?“

„Der Mann hier hat einen Anfall oder etwas Ähnliches gehabt. Ich habe schon einen Krankenwagen angefordert.“ Al wandte sich an einen der Zuschauer. „Sind Sie tatsächlich Arzt? Können Sie dem Mann helfen?“

Ein grauhaariger Mann bückte sich, um dem Kranken einen Bleistift zwischen die Zähne zu klemmen, damit er sich nicht auf die Zunge biß. Dann sah er zu dem Polizisten auf. „Er hat einen epileptischen Anfall, nehme ich an. Am besten verständigen Sie einen Krankenwagen.“

„Danke, Doc, das habe ich schon gemacht.“

Raul sah sich neugierig mit den Augen des Mannes um, der sich Al nannte und ein Polizist war, als eine Maschine auf vier Rädern mit schrillem Geheul auftauchte. Sie hielt dicht vor dem Kranken; weißgekleidete Männer untersuchten ihn, legten ihn auf eine Trage und schoben ihn in das Fahrzeug. Das Sirenengeheul verklang in der Ferne.

Al holte ein kleines Sprechfunkgerät aus der Tasche, erstattete Bericht und fügte hinzu: „Ich fühle mich nicht sonderlich wohl. Ich habe Kopfschmerzen. Wenn sie schlimmer werden, komme ich zurück und lasse mir dienstfrei geben.“

Dann betrachtete Raul neugierig seine Umgebung, die breiten Straßen, die vielen Leute und die eigenartigen Maschinen, die von Menschen gelenkt wurden. Die Leute auf dieser Welt unterschieden sich kaum von denen der ersten Traumwelt, aber ihre Kleidung war anders. Raul suchte in Als Verstand nach weiteren Informationen und erfuhr, daß er sich in Syracuse, New York, auf der South Salina Street befand. Diese Begriffe waren ihm sofort klar, weil sie dem Polizisten von jeher vertraut waren.

Raul erfuhr auch, daß Als Füße schmerzten, daß er durstig war und daß seine „Frau“ zu Besuch bei Verwandten war. Das Wort „Frau“ schien mehr als nur eine Partnerin zu bedeuten, denn es hing mit dem Begriff „Heim“ zusammen, mit dem eine Wohngelegenheit außerhalb irgendwelcher Gemeinschaftsunterkünfte bezeichnet wurde. Dann dachte Al an „Geld“, und Raul erinnerte sich an die scheinbar wertlosen Metallstücke, die er auf der ersten

Welt als Wasserverkäufer in die Hand gedrückt bekommen hatte. Er erfuhr jetzt, daß Al für seine Dienste als Polizist mit „Geld" entlohnt wurde, das er brauchte, um sich Nahrung, Kleidung und ein „Heim" zu beschaffen.

Er sah durch Als Augen in die Schaufenster der vielen Geschäfte und versuchte zu erraten, wozu Gegenstände dienten, die er während seines jahrelangen Selbststudiums in den Lernräumen nicht gesehen hatte. Wenn Al aus eigenem Antrieb etwas betrachtete, las Raul nur seine Gedanken, identifizierte den Gegenstand und wußte dann, wozu er sich benützen ließ. Ein dünner Stab mit einer Metallrolle diente dazu, ein Tier zu überlisten, das unter Wasser lebte und „Forelle" hieß. Raul sah eine Forelle in Als Gedanken vor sich und erschrak, als ihm klar wurde, daß diese Menschen dergleichen als Delikatesse betrachteten.

Er verbrachte zehn Stunden in dieser Stadt, wechselte von einem Menschen zum anderen, wurde immer geschickter und probierte sämtliche Varianten aus, bis er entweder den fremden Körper völlig beherrschte oder nur als aufmerksamer Beobachter unbeteiligt in einer Ecke saß, ohne daß sein Wirt etwas von seiner Gegenwart merkte. Er trank Bier, sah sich einen halben Film an, fuhr einen Wagen, einen Lastwagen und ein Motorrad, schrieb Briefe mit der Schreibmaschine, putzte Fenster, brach ein verschlossenes Auto auf und stahl eine Kamera, probierte ein Brautkleid in einem Modesalon an, war Zahnarzt, kochte in einem Hotel und spielte Ball.

Aber er stellte auch andere Beobachtungen an. Er wußte jetzt, daß man bei Kindern behutsam vorgehen mußte, als betrete man einen Raum voll zerbrechlicher Dinge. Er merkte, daß der Verstand alter Menschen nicht mehr einwandfrei funktionierte, daß nur die ältesten Erinnerungen noch klar und deutlich waren. Er entdeckte, daß man dem Verstand des Wirts unauffällig eine Idee suggerieren und aus der Reaktion wertvolle Schlüsse ziehen konnte. Meistens entstand daraus eine seltsame Unterhaltung, während der andere sich einbildete, er spreche mit sich selbst. Viele Menschen träumten von Dingen, die sie nicht besaßen und die sie eines Tages zu erlangen hofften. Die Menschen dieser Welt waren fast alle ängstlich, unsicher und unzufrieden. Sie waren so gewalttätig veranlagt wie die Bewohner des ersten Planeten, aber ihre Gesellschaftsordnung machte es ihnen unmöglich, diese aufgestaute Aggressivität auf legale Weise freizusetzen. Sie wurden nicht von Löwen verschlungen, sondern von ihren eigenen Bauten und Maschinen. Und sie lebten unter der Tyrannei des Geldes, die Rauls Meinung nach ebenso grausam und unsinnig wie Arruds Gewaltherrschaft war.

Als der zehnstündige Traum zu Ende war, hatte er mit unzähligen Menschen Verbindung aufgenommen. Dieses Erlebnis hatte ihn damals körperlich und geistig erschöpft. Und er erinnerte sich noch daran, daß er auf dem Weg nach unten Leesa begegnet war; sie hatte ihm zugelächelt, und er hatte erraten, daß sie zu den Lernräumen unterwegs war. Mit vierzehn war sie größer als die anderen Mädchen ihres Alters, aber sie trug noch immer Kinderkleidung.

Auch diesmal aß er mit einem Heißhunger, der ihn überraschte. Später merkte er, daß er nach jedem Traum so hungrig war. Als er gegessen hatte und das Tablett in die Öffnung zurückschob, wo es mit Dampf gereinigt wurde, bevor es der nächste serviert bekam, näherten sich ihm zwei Frauen und ein Mann. Sie forderten ihn auf, sie zu einem Aufenthaltsraum zu begleiten und ihnen seinen Traum zu erzählen. Raul kam mit, aber er war so verlegen, weil er fürchtete, sein Traum könnte nicht interessant genug sein, daß eine der Frauen – sie hieß Bara – den Grund seiner Verlegenheit erriet und ihren Traum zuerst erzählte.

„Ich wollte Schönheit und Schmerzen empfinden", begann sie, „und ich habe mich deshalb für die erste Welt entschieden. Ich mußte den halben Traum auf der Suche nach ihr verbringen, aber dann habe ich sie doch gefunden. Sie war in einem Raum aus Stein eingesperrt, und sie war sehr schwach, aber sehr schön. Ihre Gedanken und Empfindungen waren ungewöhnlich stark; sie wurde von Stolz, Haß und Leidenschaft beherrscht. Ich verstand nicht, was sie getan hatte; sie schien einem Irrglauben angehangen zu haben, den niemand recht begriff. Ich erfuhr, daß sie nicht mehr lange zu leben hatte, und ich hoffte, daß ich nicht fortmüßte, bevor sie hingerichtet wurde. Ich hatte Glück, denn sie wurde schon bald durch enge Straßen geschleppt, wo die Leute sie beschimpften und mit Schmutz bewarfen. Sie wurde an einen Pfahl gebunden, und während drei Männer etwas um sie herum aufhäuften, stand ein anderer Mann vor ihr und zählte mit lauter Stimme ihre Verbrechen auf. Dann wurde etwas in die

Gegenstände vor ihr geworfen, und die Schmerzen erfaßten ihren Körper, während es um sie herum knackte und prasselte. Das war der grausamste Schmerz, den ich je auf einer der Welten gespürt habe – ein wunderbarer, herrlicher Schmerz! Und als ihr Verstand schließlich dunkel wurde, bin ich in den eines der Männer eingedrungen, der so dicht am Feuer stand, daß es ihm das Gesicht wärmte. Ich sah die verbrannten Überreste dieses einst so schönen Körpers am Pfahl hängen, aber jetzt konnte niemand mehr sagen, ob er einst schön gewesen war. Damit endete der Traum."

Raul starrte Bara schweigend an. Er sah, daß sie sich mit der Zungenspitze über die Lippen fuhr. Ihre Augen glänzten erregt.

Einer der Männer schüttelte betrübt lächelnd den Kopf. „Sie sucht immer nur Schmerzen und leidet gern. Warum sollte man fühlen wollen, was die Traumwesen empfinden? Mir gefällt es auf der zweiten Welt am besten. Ich dringe in die Wesen ein und verdränge ihre eigenen Gedanken, weil ich gar keine Lust habe, in ihrer seltsamen Sprache zu radebrechen. Ich suche mir einen kräftigen jungen Mann und lasse ihn irgendwo lauern, bis andere Lebewesen vorbeikommen; dann fällt er über sie her, verfolgt sie und bringt sie um. Die Traummaschinen sind wirklich genial. Man könnte fast glauben, die Schreie der Opfer seien echt. Dann beginnt die Jagd auf den Körper, in dem ich mich befinde. Ich lasse mich möglichst nicht erwischen, solange der Traum dauert, aber manchmal sind die anderen einfach zu viele. Sie bringen den Körper um, oder sie nehmen ihn nur gefangen, und ich beschimpfe sie dann in ihrer eigenen Sprache, bis sie Angst bekommen. Das sind aufregende Träume."

„Was hast du geträumt?" wollte die andere Frau von Raul wissen.

Er stand auf. „Ich war auf der zweiten Welt und habe zahlreiche Menschen besucht. Einige waren . . . gut, und ich war gern bei ihnen. Ich wollte ihnen helfen, aber ich wußte nicht, wie ich das anfangen sollte. Viele waren mir sympathischer als einige Leute, die ich hier kenne."

Die drei anderen wechselten erstaunte Blicke, bevor sie gleichzeitig zu lachen begannen. Ihr Lachen klang schrill und ungewohnt, denn die Wächter lachten selten.

Als der Mann endlich wieder sprechen konnte, erhob er sich

ebenfalls und legte Raul eine Hand auf die Schulter. „Wir hätten nicht lachen dürfen. Das ist alles noch zu neu für dich. Die Träume wirken zuerst immer realistisch – aber du mußt begreifen, daß die Maschinen uns diese Lebewesen vorgaukeln, während wir schlafen."

Raul runzelte die Stirn. „Ich weiß, daß sie verschwinden, wenn man aufwacht. Aber kann ich auf die gleiche Welt zurückkehren und das gleiche Wesen wiederfinden?"

„Ja, das ist möglich."

„Und hat dieser Mensch . . . weitergelebt, während ich nicht von ihm geträumt habe?"

„Gelebt?" wiederholte die zweite Frau. „Das ist eine unsinnige Frage."

„Kann ich in meinem Traum jemand sehen, der bereits im Traum eines anderen aufgetreten ist?"

„Das passiert nur selten, Raul, und es bedeutet nichts. Du wirst eines Tages einsehen, daß alles nur eine geschickte Illusion ist, die du genießen sollst, seitdem du in die Reihen der Erwachsenen aufgenommen worden bist."

Bara war ebenfalls aufgestanden und trat dicht an ihn heran, als wolle sie die Falten seiner Toga ordnen. „Raul, dies ist die einzige Welt, die wirklich existiert", versicherte sie ihm. „Du darfst dich nicht von den Maschinen täuschen lassen, die uns so perfekte Illusionen vorgaukeln. Einige unserer Leute sind in früheren Zeiten wahnsinnig geworden, weil sie nicht von dem Gedanken loskamen, die Traumwelten könnten Wirklichkeit sein. Und als sie sich einzubilden begannen, unsere Welt, die doch als einzige real ist, existiere nur im Traum, mußten sie ausgestoßen werden. Ich möchte jedoch vermeiden, daß es dir ähnlich ergeht." Sie legte eine Hand auf seinen Arm. „Komm mit mir in einen der kleinen Spielräume. Ich spiele dir dort einige Rollen vor, die ich in meinen Träumen gelernt habe. Das wird dir gefallen."

Raul trat einen Schritt zurück. Er stieß den Mann zur Seite und ging wortlos davon. Auf der zwanzigsten Ebene sah er auf die Glaskästen hinab. In vielen lagen Träumer. Er sah Jord Orlan, der die Hände auf der Brust gefaltet hielt. Manche lagen auf dem Rücken. Andere lagen zusammengerollt auf der Seite. Er ging an ihnen vorbei, bis er schließlich zu beiden Seiten nur noch leere Kästen vor sich hatte, in denen die Kabel und Mundstücke seit

Jahrzehnten nicht mehr benutzt worden waren. Der Korridor bog rechtwinklig ab, und Raul hatte nun den nächsten Teil vor sich, in dessen Wände ebenfalls Glaskästen eingelassen waren. Er ging langsam weiter.

Ein Kasten erschreckte ihn, weil er wider Erwarten nicht leer war. Dann sah er, daß unter dem Glas nur eine mumifizierte Leiche lag, deren vertrocknetes Gesicht zu einer schrecklichen Grimasse erstarrt war. Dieser Mann war im Traum gestorben und hier in seinem Kasten vergessen worden, weil er zu weit von den anderen entfernt geruht und geträumt hatte. Vielleicht war sein Verschwinden nach einiger Zeit bemerkt worden, aber wer etwas davon wußte, hatte vermutlich angenommen, er sei wie die anderen Toten in die ovale Öffnung geschoben worden und in der Dunkelheit verschwunden.

Raul blieb lange vor dem Kasten stehen. Er überlegte sich, ob er Orlan von seiner Entdeckung erzählen sollte, aber dann mußte er auch erklären, weshalb er diesen unbenutzten Teil des Korridors aufgesucht hatte. Dieser Mann war schon lange tot. Wahrscheinlich würde er nie gefunden werden. Er würde nie mit dem Kopf voraus in die ovale Öffnung geschoben werden. Frauen wurden mit den Füßen voraus hineingeschoben. Das Gesetz schrieb es so vor.

Raul wandte sich schulterzuckend ab, ging zu der stillstehenden Fahrtreppe zurück und stieg zu den Lernräumen hinauf, um Leesa zu suchen. Er fand sie vor einer Leinwand, auf die eine historische Schlacht projiziert wurde. Der Kampflärm dröhnte aus Lautsprechern. Raul rief Leesas Namen, und sie schaltete die Maschine aus und lief zu ihm.

„Erzähl mir alles!" bat sie aufgeregt. „Erzähl mir, was du geträumt hast!"

Er ließ sich auf einen Stuhl fallen und runzelte unwillig die Stirn. „Ich ahne irgendwie, daß die anderen sich irren. Eines Tages wirst du das auch erkennen. Die Träume haben mehr Bedeutung, als die anderen glauben."

„Unsinn, Raul!" widersprach Leesa. „Es sind nur Träume. Und es ist unser Recht, diese Träume zu haben."

„So spricht man nicht zu Erwachsenen, wenn man selbst noch ein unmündiges Kind ist. Ich sage dir, die Träume sind wirklich. Sie sind so wirklich wie dieser Boden unter unseren Füßen."

Leesa trat einen Schritt zurück. „Sag das nicht, Raul – nicht einmal zu mir! Die anderen könnten dich aus unserer Welt ausstoßen. Durch die Tür, von der du mir erzählt hast. Und dann würde ich allein zurückbleiben. Dann wäre ich der einzige Mensch mit so viel Haar und diesem schrecklich plumpen Körper."

Raul lächelte. „Sei unbesorgt, ich spreche nicht mit anderen darüber. Die Träume werden dir gefallen, Leesa. Frauen, die wie du aussehen, gelten als sehr schön."

Sie starrte ihn an. „Schön? Ich? Raul, ich bin so häßlich wie die Frauen in diesen Filmen."

„Nein, nein! Ich versichere es dir!"

Leesa zog sich einen Stuhl heran. „Komm, du hast mir versprochen, mir von den Träumen zu erzählen."

„Aber nur unter einer Bedingung."

„Du stellst immer Bedingungen", meinte Leesa schmollend.

„Du mußt mir versprechen, daß du mir hilfst, diese Tausende von Filmen in allen Räumen zu sichten. Das kann einige Jahre dauern, aber dabei müssen wir Antworten auf alle Fragen finden, die mich jetzt noch quälen. Wer hat unsere Welt erschaffen – oder erbaut? Was sind die Träume? Warum heißen wir Wächter? Das alles sind Fragen, auf die es eine Antwort geben muß." Er starrte seine Schwester an. „Willst du mir helfen, die Wahrheit zu finden?"

Als Leesa ernst nickte, erzählte er ihr von seinen Traumerlebnissen auf den beiden ersten Welten.

Und am nächsten Tag erzählte er ihr seinen dritten Traum. Er kam sofort zu ihr, nachdem er bei Jord Orlan gewesen war, der ihm das einzige Gesetz der Träumer erläutert hatte. Er war noch immer erschüttert, aber Leesa schien nichts davon zu merken; sie saß wie zuvor neben ihm und hörte gespannt zu, als er begann.

„Die dritte Welt ist ganz anders", stellte er fest. „Die erste Welt ist blutig und grausam. Die zweite Welt ist nur wenig besser, denn auch dort leben die Menschen in ständiger Existenzangst. Aber diese dritte Welt . . . Ich werde dorthin zurückkehren. Noch oft. Die Menschen dort sind intelligent und begabt und feinfühlig. Und ich weiß, daß sie uns kennen."

„Aber das ist doch unsinnig, Raul! Du hast nur geträumt. Wie können Traumgestalten den Träumenden kennen? Die anderen haben auch keine Ahnung von unserer Existenz!"

„Als ich in den ersten Verstand eindrang, war ich zu vorsichtig. Der anfängliche Widerstand erlahmte rasch, und ich bildete mir ein, bereits gesiegt zu haben. Aber während ich mich noch vorsichtig bewegte, wurde ich mit solcher Gewalt zurückgestoßen, daß ich in die Dunkelheit zurückmußte, aus der ich gekommen war. Sobald ich diesen Verstand dann wiedergefunden hatte, drang ich entschlossener in ihn ein. Der Widerstand war gewaltig, aber ich setzte mich immerhin so weit durch, daß ich die Körperfunktionen beherrschte. Dann sah ich, daß ich auf einer Rasenfläche vor einem Gebäude saß, dessen äußere Form mir bekannt erschien. Seine Beleuchtung und die Maschinen, die es enthielt, waren unseren sehr ähnlich. Ich versuchte den fremden Verstand zu erforschen, fand nichts und dachte zunächst schon, mein Wirt sei schwachsinnig, bis mir einfiel, welche Geisteskräfte er bisher bewiesen hatte. Ich beherrschte den Körper, aber der Geist blieb mir verschlossen. Ich sah mich um und erkannte einfach gekleidete Männer und Frauen, die in respektvoller Entfernung um mich herumstanden. Mein Wirt ließ einen einzigen Gedanken durch seine Abschirmung hindurch. Er warnte mich vor Gewalttätigkeiten, weil die anderen mich sonst sofort umbringen würden. Er riet mir auch, ich solle hierher zurückkehren, da es zwecklos sei, einen anderen Wirt zu suchen, der sich sofort in gleicher Lage befinden würde. Diese Menschen verständigten sich telepathisch und spürten deshalb die Gegenwart eines fremden Eindringlings. Ich hatte den Eindruck, daß mein Wirt sich gleichzeitig mit ihnen verständigte, ohne daß ich dieser Unterhaltung folgen konnte, und ich erkannte, daß er wußte, wer wir sind. Deshalb versicherte ich ihm, ich sei nur gekommen, um zu lernen, und er fragte, was ich wissen wolle."

„Das klingt langweilig", meinte Leesa.

„Im Gegenteil! Wir sprachen miteinander, solange der Traum dauerte. Diese dritte Welt heißt Ormazd, und sie trägt den Namen eines Prinzips der Güte. Die Menschen leben dort einfach, meist allein oder in kleinen Gruppen und oft sehr weit auseinander. Sie geben sich große Mühe, ihre Kinder zu erziehen und zu unterrichten. Mein Wirt ‚sprach' mit mir, als wäre ich ein Kind. Dieser Lebensstil ist in den letzten zwanzigtausend Jahren entwickelt worden. Die telepathische Verständigung untereinander ist nur ein Teil dieses Fortschritts, und ich habe erfahren, daß es seitdem keine Mißverständnisse mehr zwischen den Menschen von Ormazd gibt – und folglich weder Verbrechen noch Gewalttätigkeiten, noch Kriege."

„Und das soll nicht langweilig sein?" fragte Leesa erstaunt.

„Aber etwas anderes hat mich am meisten verblüfft. Als ich meinen Wirt fragte, warum ich in Zukunft nicht von dieser Welt träumen sollte – er hatte mir geraten, sie nicht mehr zu ‚beobachten' –, antwortete er nicht gleich, sondern lachte nur und behauptete, wir könnten ihnen nichts mehr anhaben. Ich versicherte ihm, mir gehe es nur um reines Wissen, aber er erwiderte, dazu sei es bereits zu spät. Zu spät für uns. Und ich spürte gleichzeitig, daß er traurig war, als sei ein großartiger Plan fehlgeschlagen. Ich spürte sein Mitleid, und ich war froh, als der Traum bald danach endete."

„Die ersten beiden Welten sind *viel* interessanter, glaube ich", stellte Leesa fest.

„Seitdem ich den dritten Traum hinter mir habe, darf ich von jeder Welt träumen, die mir gefällt", erklärte Raul ihr. „Ich war bei Jord Orlan, und er hat mir das Gesetz erklärt."

„Darfst du es mir weitererzählen?"

„Das ist verboten, aber ich tue es natürlich trotzdem. Schließlich wissen wir beide schon viele Dinge, die niemand wissen darf, Leesa. Jord Orlan hat mir das Gesetz erklärt, und es besagt: Wenn es den Traumwesen einer Welt jemals gelingt, Maschinen zu bauen, mit denen sie von ihrer eigenen Welt zu einer anderen fliegen können, enden die Träume."

„Warum?"

„Das habe ich auch gefragt. Jord hat mir erklärt, daß dies das Gesetz ist. Vor langer Zeit waren die Bewohner der ersten Welt schon fast imstande, derartige Maschinen zu bauen, aber die Wächter befolgten das Gesetz und veranlaßten, daß sie ihre Maschinen immer wieder selbst in die Luft sprengten, bis es zu großen Explosionen kam, und nun ist die erste Welt weit von diesem Ziel entfernt. Die dritte Welt hat kein Interesse an derartigen Maschinen, so daß die größte Gefahr von der zweiten ausgeht. Jord befürchtet, daß zu viele von uns das Gesetz vergessen haben. Er selbst hat bisher drei Schiffe auf dieser Welt zerstört. Seiner Meinung nach müßten wir alle von der zweiten Welt träumen, aber viele ziehen die erste vor. Jord Orlan sucht in jedem Traum auf der Oberfläche der zweiten Welt nach einer dieser

Maschinen, die das Ende unserer Träume bedeuten könnten."

„Was das Gesetz bestimmt, muß auch geschehen", meinte Leesa.

„Warum? Du und ich können als einzige lesen und schreiben. Nur wir sind imstande, die alten Berichte zu entziffern. Jord Orlan ist zu alt; er stellt keine Fragen mehr, sondern akzeptiert alles, wie es jetzt ist. Die Gründe interessieren ihn nicht. Das ist eine Art geistiger Blindheit. Ich will die Gründe dafür kennen, und wenn sie gut sind, werde ich mich damit abfinden. Welchen Zweck hat mein Dasein? Warum bin ich hier?"

„Um zu träumen."

Raul konnte seine ersten Träume nicht vergessen, obwohl inzwischen acht Jahre und Hunderte von anderen Träumen hinter ihm lagen.

Während die anderen ziellos ihren Vergnügungen nachgingen, dienten Rauls Träume dem gleichen Ziel, das er auch verfolgte, wenn er die alten Aufzeichnungen der Wächter durchforschte. In diesen acht Jahren verbrachte er jeden Traum auf der zweiten Welt, vergeudete oft kostbare Zeit, wenn er irgendwo im Dschungel oder in der Wüste den ersten Wirt fand, und lernte erst allmählich, wie sich die Richtung von Anfang an bestimmen ließ. Dann war nur die erste von zehn Stunden verlorene Zeit; die restlichen neun verbrachte er damit, wissenschaftliche Arbeiten und Fachbücher mit den Augen von Experten zu lesen . . .

Und schließlich stieß er eines Tages auf die Wahrheit. Erst jetzt wurde ihm klar, daß sie ihm schon einige Zeit bewußt gewesen war – aber er hatte sie nicht akzeptieren können, weil sie ein völliges Umdenken erforderte.

Aber die Antwort war eindeutig, unbestreitbar und endgültig.

VII

RAUL KINSON wußte, daß er dieses neue Wissen mit Leesa teilen mußte. Die Verbindung zwischen ihnen war lockerer geworden, seitdem auch Leesa träumen durfte.

Er fand sie inmitten einer Gruppe jüngerer Erwachsener. Er beobachtete sie von der Tür aus. Seine Schwester war im Gegensatz zu ihm sehr beliebt und für viele geradezu ein Vorbild.

Obwohl sie als häßlich galt, fanden die anderen sie amüsant und nachahmenswert.

Niemand brachte es fertig, die geradezu teuflische Vorstellungskraft und Geschicklichkeit zu imitieren, die Leesa an den Tag legte, sobald sie die Kontrolle über den hilflosen Körper eines Bewohners der ersten beiden Welten an sich gerissen hatte. Und niemand konnte seine geträumten Abenteuer unterhaltsamer erzählen.

Raul war sich darüber im klaren, daß Leesa im Grunde ihres Wesens unzufrieden war, und diese Unzufriedenheit trieb sie zu immer größeren Exzessen. Sie hatte eine kleine Gruppe um sich versammelt, deren Angehörige sie vergebens zu übertreffen versuchten. Jetzt hörte Raul traurig ihrem neuesten Spiel zu: Jeder gab eine kurze Zusammenfassung seines letzten Traums, und wenn die anderen beifällig nickten, wurde der Traum ausführlich erzählt.

Eine Frau berichtete: „Auf der zweiten Welt habe ich den Körper eines Mannes auf einem Boot in meine Gewalt gebracht. Es war ein kräftiger Mann und ein kleines Boot. Ich habe alle anderen über Bord geworfen und bin selbst ins Wasser gesprungen. Die übrigen Traumwesen werden sich über das leere Boot wundern."

Die Frau schmollte, als niemand ihren Traum lobte. Ein Mann erzählte: „Ich wurde einer der Führer in einer Maschine, die durch die Luft flog. Ich schlug den zweiten Mann bewußtlos, verließ das Steuer, schloß die Tür ab und blieb in der Kabine stehen, um die Gesichter der Menschen zu beobachten, als die Maschine zu Boden stürzte."

Die anderen warteten auf Leesas Reaktion, die jedoch nur aus einem spöttischen Lächeln bestand. „Weil ich im vorletzten Traum einen großen Unfall verursacht habe, müßt ihr mich jetzt wohl alle nachahmen", stellte sie fest. „Mein letzter Traum war harmlos, aber ich habe viel Spaß damit gehabt."

„Erzähl uns davon, Leesa!" verlangten die anderen.

„Ich bin sehr behutsam in den Verstand eines großen Mannes auf der zweiten Welt eingedrungen und habe ihn zehn Stunden lang laut zählen lassen – Autos auf der Straße, Fenster von Gebäuden, Platten auf dem Gehsteig. Er mußte laut zählen und war durch nichts abzulenken. Seine Freunde, seine Angehörigen und seine Mitarbeiter waren natürlich entsetzt. Der Mann zählte unbeirrt weiter, bis er nur noch heiser flüstern konnte. Ärzte bemühten sich um ihn, aber ich ließ ihn unaufhörlich weiterzählen. Ein wahrhaft amüsanter Zeitvertreib!"

Die anderen kreischten vor Lachen. Raul wußte, daß sie in ihren nächsten Träumen die Idee abwandeln würden – aber bis sie sich wieder versammelten, um Träume zu erzählen, würde Leesa längst etwas Neues eingefallen sein.

Raul dachte an die unzähligen Menschenleben, die seine Schwester bereits vernichtet hatte, um sich selbst zu beweisen, daß ihre Träume nur Phantasieprodukte waren. Aber der nachdenkliche Ausdruck, den ihr Gesicht in unbeobachteten Augenblicken trug, verriet immerhin, daß sie an dieser Tatsache zweifelte – und daß jedes neue Opfer die Last auf ihrem Gewissen vergrößerte.

Jetzt sah sie ihn an der Tür stehen und nickte ihm grüßend zu. Raul winkte sie zu sich heran, und sie kam langsam auf ihn zu. Als er auf den Korridor hinaustrat, folgte Leesa ihm. „Ich muß mit dir sprechen", erklärte Raul seiner Schwester. „Es handelt sich um etwas sehr Wichtiges."

„Die Träume sind wichtig."

„Komm mit mir in die Lernräume!" forderte Raul sie auf.

Sie schüttelte den Kopf. „Ich bin seit über zwei Jahren nicht mehr dort gewesen, und ich habe keine Lust, jetzt hinaufzugehen. Wenn du mit mir sprechen willst, können wir uns auf der zweiten Welt treffen. Dort haben wir uns schon einmal miteinander unterhalten."

Raul stimmte widerstrebend zu. Er erinnerte sich nur ungern an dieses andere Erlebnis. Nachdem er Zeit, Ort und Erkennungszeichen mit Leesa vereinbart hatte, aßen sie gemeinsam und zogen sich dann in ihre Kästen zurück.

Raul hatte sich schon so sehr an den Verkehrslärm in den Städten der zweiten Welt gewöhnt, daß er ihn kaum noch wahrnahm. Er wußte, daß er sich verspätet hatte. Diesmal hatte er fast eine halbe Stunde gebraucht, um sein Ziel zu erreichen. Vielleicht wartete Leesa schon nicht mehr auf ihn. Sie verlor in letzter Zeit sehr rasch die Geduld.

In der Nähe des Hotels suchte er sich einen geeigneten jungen Mann aus und übernahm wie selbstverständlich die Kontrolle über seinen Körper. Er drängte den fremden Verstand weit in die hinterste Ecke zurück, ohne auf den schwachen Widerstand zu achten, den der junge Mann ihm entgegensetzte, und ließ seinen Wirt die Hotelhalle betreten. Hier hielten sich mehrere Frauen auf, die offensichtlich jemand erwarteten. Unter der Uhr griff er in die Jackentasche, holte eine Handvoll Gegenstände heraus und ließ sie wie aus Versehen fallen. Er bückte sich, um die Sachen aufzuheben – Taschenmesser, Kleingeld, Feuerzeug.

Als er sich aufrichtete, stand eine großgewachsene junge Frau in einem grauen Kostüm vor ihm. Er sah ihr in die Augen und sagte leise in seiner eigenen Sprache: „Hallo, Leesa."

„Du kommst spät, Raul."

„Ich freue mich, daß du gewartet hast."

Die ahnungslosen Zuschauer mußten glauben, der nervöse junge Mann sei hier mit der jungen Dame verabredet gewesen. Die beiden verließen gemeinsam die Hotelhalle. Leesa sagte etwas in der Sprache dieser Stadt, die sie beide durch lange Übung beherrschen gelernt hatten. Als Raul nicht gleich antwortete, wiederholte sie lächelnd: „Wohin willst du, Raul?"

Er bog in die erste Seitenstraße ab. Als er den Kopf hob, sah er auf der gegenüberliegenden Straßenseite einen Mann und eine Frau in einem anderen Hotel am Fenster ihres Zimmers im ersten Stock stehen. „Das wäre ein guter Platz", meinte er, „falls die beiden allein sind."

Er befand sich plötzlich wieder in der altvertrauten Dunkelheit, konzentrierte sich auf die neue Richtung und schoß vorwärts. Zuerst berührte er den Verstand der Frau, der entsetzt vor ihm zurückzuweichen schien; dann bog er zur Seite ab, fand den des Mannes und drang in ihn ein.

Dann stand er am offenen Fenster und beobachtete die beiden jungen Menschen, die aufgeregt miteinander sprachen. Leesa neben ihm lachte. „Ich bin gespannt, wie sie sich das erklären!" meinte sie.

Raul nickte schweigend. Leesa setzte sich auf die Bettkante und sah erwartungsvoll zu ihm auf. „Hoffentlich hast du mir etwas Interessantes zu erzählen, Raul."

„Bestimmt!" versicherte er ihr. „Hör gut zu, Leesa. Seit etwa einem halben Jahr weiß ich alle Antworten auf die vielen offenen Fragen, aber einige Dinge sind mir erst jetzt klargeworden. Ein Teil meiner Informationen stammt aus den Lernräumen, einen anderen Teil habe ich von den besten Köpfen der dritten Welt, und die letzten Einzelheiten verdanke ich der Wissenschaft dieses Planeten. Vor sehr langer Zeit war unsere Welt dieser hier ähnlich, Leesa."

„Unsinn!"

„Das kann ich sogar beweisen. Unsere Rasse war damals viel zahlreicher als jetzt. Wir hatten das Geheimnis der interstellaren Raumfahrt entdeckt. Unser Heimatplanet kreiste um eine sterbende rote Sonne in der Nähe des Sterns, den diese Menschen Alpha Centauri nennen. Vor zwölftausend Jahren erkannten die Führer unseres Volkes, daß ein Weiterleben auf diesem Planeten nur durch ständige Anpassung an sinkende Temperaturen und geringere Feuchtigkeit denkbar gewesen wäre, so daß andere Planeten gefunden werden mußten, zu denen wir auswandern konnten. Drei wurden gefunden: diese Welt, die erste Welt, die in der Nähe von Prokyon um den Stern Delta Canis Minoris kreist, und die dritte Welt bei Altair im System Beta Aquilae, sechzehn Lichtjahre von hier."

„Ich höre, was du sagst, aber ich kann nichts damit anfangen."

„Hör bitte zu, Leesa. Vor zwölftausend Jahren war unsere Welt dem Tode nahe. Dann wurden drei Welten entdeckt, auf denen wir leben konnten. Marith, Terra und Ormazd. Zweitausend Jahre lang konzentrierten sich alle unsere Anstrengungen auf die Auswanderung zu diesen Planeten."

„Aber Raul –"

„Schweig, bis ich fertig bin! Die Führer waren weise. Sie wußten, daß drei Planeten zu kolonisieren waren, und sie ahnten, daß sich die Zivilisationen unterschiedlich entwickeln würden. Sie mußten befürchten, daß die Planeten sich gegenseitig bekämpfen würden. In dieser Lage gab es nur zwei Möglichkeiten: ständiger Kontakt, so daß keine Unterschiede entstehen konnten, oder längere Trennung, bis die Weiterentwicklung eine Verbindungsaufnahme ungefährlich machte. Die Führer entschieden sich für die zweite Möglichkeit, die zudem bessere Zukunftsaussichten zu bieten schien, und die Wächter wurden eingesetzt, um vorzeitige Kontakte zwischen den Kolonien zu verhindern. Wir sind die Nachkommen dieser ersten Wächter, Leesa. Die zur Auswanderung benutzten Schiffe wurden zerstört, so daß nur die sechs anderen übrigblieben, die ich dir einmal gezeigt habe. Was Jord Orlan unsere ‚Welt' nennt, ist nur ein Gebäudekomplex, der vor zehntausend Jahren errichtet und vollautomatisch ausgestattet wurde. Zu Anfang wurden fünftausend Wächter ausgewählt, die charakterlich, moralisch und ihrer Intelligenz nach vorbildlich waren. Diese Wächter waren sich darüber im klaren, wie ungemein wichtig ihre Aufgabe war, von der unter Umständen der Fortbestand der ganzen Rasse abhängen konnte. Sie hatten ein riesiges Gebäude auf einem sterbenden Planeten zur Verfügung, und die sechs Schiffe, die du kennst, sollten ihnen regelmäßige Inspektionen der Planeten ermöglichen."

„Aber die Schiffe sind doch nicht –"

„Hör zu, Leesa. Ursprünglich war geplant gewesen, fünftausend Jahre lang keine Kontaktaufnahme zwischen den Kolonien zuzulassen. Aber seit damals sind zehntausend Jahre vergangen, und wir sind noch immer durch Gesetz dazu verpflichtet, die Bewohner der ‚Traumwelten' daran zu hindern, Raumschiffe zu bauen. Weißt du, wie es dazu gekommen ist? Der Gebäudekomplex, den Orlan unsere ‚Welt' nennt, war zu behaglich eingerichtet, und nachdem die Wächter dreitausend Jahre lang die Planeten inspiziert hatten, beschlossen sie, diese Inspektionen in Zukunft irgendwie zu vereinfachen. Sie brauchten fast ein Jahrtausend dazu, bis sie die telepathischen Fähigkeiten des Menschen gründlich genug erforscht hatten, um die Traummaschinen zu bauen, mit deren Hilfe es möglich war, sich selbst auf eine andere Welt zu projizieren. Diese Geräte sind nichts anderes als gewaltige Verstärker unserer geistigen Energien, die scharf gebündelt abgestrahlt werden, je nachdem, welches Ziel wir vorher eingestellt haben. Wenn wir ‚träumen', inspizieren wir im Grunde genommen nur einen tatsächlich existierenden Planeten, ohne jedoch unsere eigene ‚Welt' zu verlassen."

„Das ist absurd, Raul!" widersprach Leesa sofort. „Du bist verrückt!"

„Viele, viele Jahre lang waren die ‚Träume', wie ursprünglich beabsichtigt, nüchtern und ernsthaft, so daß sie ihren Zweck durchaus erfüllten. Die sechs Schiffe wurden nicht mehr eingesetzt. Der Planet außerhalb des Gebäudes erkaltete allmählich. Niemand wagte sich mehr hinaus; niemand verspürte noch den Drang dazu. Die wissenschaftlichen Erkenntnisse, die den Bau der Traummaschinen ermöglicht hatten, gingen verloren. Die

Wächter versagten. Ihre geschickte Auswahl hatte bewirkt, daß sie fünftausend Jahre lang ihre Aufgabe zufriedenstellend erfüllen konnten, aber als die wissenschaftlichen Informationen verlorengingen, die hinter den Traummaschinen standen, verwandelten die Maschinen sich selbst in primitive Götzen. Wir sind zu einer winzigen Kolonie zusammengeschrumpft, und unsere Zahl beträgt kaum noch ein Fünftel der ursprünglich vorhandenen Anzahl. Unsere Aufgabe war schon vor fünftausend Jahren beendet. Wir sind ein Fluch und eine Plage für die drei Kolonialplaneten, weil wir uns einbilden, sie existierten nicht wirklich, sondern seien bloße Phantasiegebilde zu unserem Vergnügen."

„Raul, du weißt genau, daß ich nicht hier bin. Du weißt selbst, daß ich in meinem Traumkasten liege, der mir mein Leben lang gehört, und daß ich dort nach zehn Stunden aufwachen werde, um –"

„Wir haben es mit drei Kolonialplaneten zu tun", fuhr Raul unbeirrbar fort. „Marith, unser beliebtester Tummelplatz, ist durch unsere Schuld in tiefste Barbarei zurückgesunken. Vor viertausend Jahren waren die Menschen von Marith dicht davor, interplanetare Flüge zu unternehmen. Wir haben diese Entwicklung durch unsere Träume verhindert. Auf Marith sind wir als Teufel oder Dämonen bekannt, wenn wir einen Menschen beherrschen.

Und vor fünftausend Jahren war auch die Erde im Begriff, sich den Raum zu erobern. Wir vernichteten diese Kultur so vollständig, daß nicht die geringste Spur zurückblieb. Heutzutage hat die Erde wieder den gleichen Stand erreicht – und wir werden ihre Anstrengungen wie damals zunichte machen. Wenn wir von einem menschlichen Körper Besitz ergreifen, ist er nach Ansicht der Menschen zeitweise unzurechnungsfähig. Fast achthundert von uns dürfen träumen – achthundert grausame Kinder, die keine Strafe zu befürchten haben.

Auf Ormazd wissen die Menschen, wer wir sind und was wir sind. Wir haben ihre Versuche, zu anderen Planeten vorzudringen, zweimal entscheidend gestört. Jetzt haben sie nicht mehr den Wunsch, ihre Welt zu verlassen, weil sie größeren Wert darauf legen, den menschlichen Geist zu erforschen. Allen drei Planeten wäre damit gedient, wenn sie uns los wären, Leesa."

„Ich habe immer versucht, dir zu glauben", antwortete sie leise. „Aber ich kann es nicht. Wollte ich das glauben, müßte ich –"

„Dann müßtest du die moralische Verantwortung für deine Untaten auf dich nehmen, nicht wahr?“

„Wir liegen in unseren Traumkästen, Raul. Die Maschinen gaukeln uns diese Welt nur vor.“

„Gut, zertrümmere diesen Spiegel. Du kannst morgen zurückkommen und die Trümmer sehen. Oder laß dich auf der Straße überfahren. Dann kannst du morgen die Leiche der Frau sehen, deren Körper du besitzt.“

„Das ist nur ein Beweis für die Vielseitigkeit der Maschinen.“

„Es gibt noch andere Beweise, Leesa. Auf Ormazd sind Aufzeichnungen über die Auswanderung und die ursprüngliche Besiedelung vorhanden. Auf Marith braucht man nur die Sagen zu lesen, um Hinweise auf Schiffe zu finden, die bei der Landung vom Himmel herab lange Flammenzungen ausstießen. Auf der Erde gibt es eine Rasse, die ihrer Überlieferung nach von der Sonne herabgekommen ist, und in vielen Sagen wird von großen Schiffen und Wagen berichtet, die den Himmel überquert haben. Alle drei Planeten wurden von menschenähnlichen Rassen bewohnt, bevor die Auswanderer eintrafen; auf der Erde vermischten sich diese beiden Rassen, auf Marith und Ormazd starben die Ureinwohner aus. Du siehst also, daß es zu viele Beweise gibt, die nicht ignoriert werden können.“

Leesa schwieg lange. „Nein, ich kann nicht glauben, was du sagst“, flüsterte sie dann. „Nein, Raul, das kann ich nicht.“

„Leesa“, sagte ihr Bruder eindringlich, „du hast im Grunde deines Herzens immer geglaubt, daß diese Welten wirklich existieren. Deshalb bist du in deinen Träumen auch so hartherzig und grausam gewesen – weil du diese Tatsache verleugnen wolltest. Du und ich, wir unterscheiden uns von den anderen. Wir sind vor allem stärker. Gemeinsam können wir vielleicht . . .“

Er sprach nicht weiter, als er sah, daß die Frau auf der Bettkante sich die Stirn mit der Hand rieb und ihn verblüfft anstarrte. „George, mir ist so seltsam“, murmelte sie dabei.

Leesa war verschwunden. Raul wußte nicht, wohin sie sich gewandt hatte. Sie hatte das Gespräch absichtlich auf diese Weise beendet, damit er ihr nicht folgen konnte. Er zog sich fast vollständig aus dem Verstand des Mannes zurück und beobachtete nur noch, wie sein Wirt jetzt reagierte, bevor er sich ganz aus ihm zurückzog.

„Vielleicht war mit den Drinks etwas nicht in Ordnung", hörte er den Mann sagen. „Der Barkeeper hat uns so komisch angesehen. Nur ein Glück, daß wir nicht mehr getrunken haben. Ich fühle mich auch irgendwie seltsam."

Die Frau streckte sich auf dem Bett aus und lächelte dem Mann zu. Als er sich auf die Bettkante setzte und nach ihrer Hand griff, zog Raul sich völlig zurück und kehrte in die vertraute Dunkelheit zwischen den Welten zurück. Er wußte, welche Richtung er nehmen mußte. Er glitt schräg nach unten, ließ sich treiben, bis er ein anderes Bewußtsein in seiner Nähe spürte, drang in diesen Verstand ein und orientierte sich allmählich.

Er saß in einem Taxi. Er hatte sich verspätet. Die Gedanken seines Wirts waren von Alkohol umnebelt, aber seine Gefühlsreaktionen wurden dadurch eher noch stärker. Raul las darin wie in einem offenen Buch. Verzweiflung und Enttäuschung und der Wunsch, dieses Leben beenden zu können. Haß, Angst und Neid. Aber vor allem die Sehnsucht nach einem endlosen, langen Schlaf.

Der Mann bezahlte das Taxi, betrat ein Haus und fuhr mit dem Aufzug nach oben. Im siebten Stock schloß er eine Tür auf und betrat die Wohnung. Eine Frau kam aus dem Schlafzimmer. Sie hatte eine Pistole in der Hand, schloß beide Augen und drückte mehrmals ab. Rauls Wirt spürte, daß die Kugeln seinen Körper durchschlugen, aber er empfand keine Schmerzen, sondern nur den Schock und eine seltsame Wärme und ein Dahinschmelzen. Raul fing die letzten Gedankenimpulse auf und stellte verblüfft fest, daß der Mann den ersehnten Tod keineswegs begrüßte, sondern nur den Wunsch hatte, weiterleben zu dürfen.

Raul fand keine Ruhe, bis er in den Verstand eines alten Mannes eindrang, der auf einer Parkbank in der Sonne döste. Dort wartete er das Ende seines Traums ab.

VIII

Jord Orlan starrte das Mädchen, das ihm gegenübersaß, wortlos an, weil er hoffte, daß sein Schweigen es beunruhigen würde. Diese Leesa Kinson war zu . . . lebendig. Jord Orlan fand es einfacher, mit den anderen Frauen umzugehen, die ruhiger, unscheinbarer und schwächlicher waren. Jetzt erinnerte er sich, warum er sie hatte rufen lassen.

„Leesa Kinson, mir ist berichtet worden, daß du kein Kind hast."

„Ganz recht."

„Mir ist berichtet worden, daß du dich für keinen unserer Männer entschieden hast."

„Vielleicht findet mich keiner annehmbar", erwiderte Leesa gelassen. „Angeblich bin ich häßlich."

„Du lächelst. Hast du das Gesetz vergessen? Wer Kinder gebären kann, muß es tun. Du bist so stark wie ein Mann. Das Gesetz will, daß du viele Kinder hast."

„Du sprichst vom Gesetz. Wo ist es? Kann ich es anfassen, kann ich es lesen?"

„Nur die Bewohner der ersten und zweiten Welt lesen."

Sie schüttelte den Kopf. „Ich kann ebenfalls lesen. Ich habe es schon als Kind auf einer der höheren Ebenen gelernt. Mein Bruder hat mir die Anfangsgründe beigebracht. Ich kann unsere Sprache lesen und schreiben. Zeig mir das Gesetz!"

„Das Gesetz ist mir mündlich überliefert worden. Ich habe es oft genug gehört, um mich daran zu erinnern, und jetzt unterweise ich andere darin. Ich hatte gehofft, Raul lehren zu können, aber –"

„Er hat kein Interesse daran, Führer zu werden. Ist es nach deinem Gesetz verboten, lesen zu lernen?"

„Es ist auch *dein* Gesetz, Leesa Kinson! Nein, es ist nicht verboten, lesen zu lernen – es ist nur zwecklos. Warum willst du lesen? Wir haben unsere Träume. Was braucht man mehr?"

„Wer liest, weiß vielleicht mehr als andere, Jord Orlan."

„Wenn du auf deiner unverschämten Haltung bestehst, werde ich dich bestrafen, indem ich veranlasse, daß du viele Tage lang nicht mehr träumen darfst."

Leesa zuckte die Schultern und sah ihm ins Gesicht. Er fand es schwer, ihren Blick zu erwidern.

„Warum bist du nicht glücklich, Kind?" wollte er dann wissen.

„Wer ist das schon?"

„Zum Beispiel ich! Wir sind alle glücklich. Das Leben ist schön. Du und Raul, ihr seid die beiden Unzufriedenen. Als ich klein war, hat es einen Mann gegeben, der in dieser Beziehung Ähnlichkeit mit euch hatte. Wenn ich es mir recht überlege, muß er sogar der

Vater eurer Mutter gewesen sein. Auch er unterschied sich schon äußerlich von den anderen. Er war ein Unruhestifter und wurde oft bestraft. Er schlug viele Männer, und er wurde gehaßt und gefürchtet. Dann sah ihn eines Tages eine Frau, als er sich in die ovale Öffnung gleiten ließ, die ins ewige Dunkel führt. Sie hielt ihn nicht auf. So enden die Unzufriedenen. Deshalb mußt du lernen, zufrieden zu sein."

Leesa gähnte nur.

Jord Orlan beugte sich vor. „Leesa Kinson, deine Haltung ist unnatürlich", sagte er scharf, „und ich vermute, daß dein Bruder einen schlechten Einfluß auf dich hat. Ich habe schon oft versucht, mit ihm zu sprechen. Niemand kennt seine Träume. Er nimmt nicht an unseren Spielen teil. Ich habe den Verdacht, daß er seine Pflichten als Träumer vernachlässigt. Hat er dir von . . ., von Dingen erzählt, die als Ketzerei angesehen werden müßten?"

„Würde ich dir das sagen?"

„Du könntest deinem Bruder damit helfen. Ich bin nicht rachsüchtig; ich würde nur versuchen, ihn auf den rechten Weg zurückzubringen. Solltest du dich jedoch weigern, werde ich selbst einen geeigneten Mann für dich auswählen. Das liegt in meiner Macht. Das Gesetz bestimmt, daß du Kinder gebären mußt."

Leesa starrte ihn an. „Befehle können verweigert werden."

„Und du kannst auf der untersten Ebene aus unserer Welt ausgestoßen werden. Aber das würde ich nur ungern anordnen. Erzähl mir also, was Raul zu dir gesagt hat."

Sie senkte den Kopf. „Er . . . er hat Dinge gesagt, die nicht richtig sind."

„Weiter."

„Er hat gesagt, die drei Welten existierten wirklich und unsere Träume seien nur . . . ein Mittel, um sie zu inspizieren. Er hat behauptet, unsere Welt sei ein großes Gebäude auf einem Planeten, der jedoch älter und kälter als die anderen sei."

Jord Orlan schlug entsetzt die Hände zusammen. „Das ist schlimmer als erwartet. Raul braucht dringend Hilfe. Er muß zur Erkenntnis der Wahrheit gebracht werden."

„Zur Erkenntnis deiner Wahrheit, der Wahrheit, wie du sie siehst?" fragte Leesa.

„Spotte nicht, Kind! Was hast du zu Rauls absurden Theorien gesagt?"

„Ich habe sie abgelehnt."

„Ausgezeichnet! Aber du mußt jetzt den Anschein erwecken, sie zu glauben, damit er dir mehr erzählt. Du mußt herausbekommen, was er in seinen Träumen tut. Und du mußt mir sofort alles berichten. Sobald wir wissen, wie weit er vom rechten Weg abgekommen ist, können wir ihm die Hand reichen und ihn zur Wahrheit zurückführen." Jord Orlan machte eine nachdenkliche Pause. „Als ich jung war, habe ich ebenfalls gezweifelt. Aber dann wurde ich älter und weiser – und fand schließlich die Wahrheit. Es gibt keine Welt außerhalb dieser vertrauten Mauern, und nur hier existieren wirkliche Menschen. So ist es schon immer gewesen, und so wird es für alle Zeiten sein. Geh nun, und tu, was ich dir gesagt habe, Leesa!"

Als sie zur Tür ging, fiel ihr etwas ein, das Raul am Tag vor ihrem ersten Traum zu ihr gesagt hatte: „Sperrt man ein kleines Lebewesen in einen weißen Kasten, bevor es erstmals die Augen öffnet, läßt man es darin leben, sorgt für Nahrung und Wärme und läßt es nie einen Blick nach draußen tun – dann kann dieses kleine Lebewesen im Augenblick seines Todes die weißen Wände des Kastens anstarren und zu sich sagen: ‚Dies ist die Welt.'"

Sie fand Raul auf einer der oberen Ebenen. Er war mit einem Mikrobuch beschäftigt, dessen Inhalt sie nicht verstand. Als er Schritte hinter sich hörte, drehte er sich erstaunt um; dann lächelte er.

„Du bist schon lange nicht mehr hier oben gewesen, Leesa. Ich habe dich seit unserer unterbrochenen Diskussion nicht mehr gesehen." Er schaltete den Projektor aus.

„Was liest du da?" wollte sie wissen.

Raul verzog mürrisch das Gesicht. „Etwas, das ich nie verstehen werde, fürchte ich. Dieses Magazin enthält alle technischen Handbücher der Piloten, die unsere Auswanderungsschiffe gesteuert haben. Ich bin zufällig darauf gestoßen. Aber vorerst verstehe ich noch nichts davon, weil mir die theoretischen Grundlagen fehlen. Ich hoffe allerdings . . ." Er sprach nicht weiter.

„Was hoffst du?" erkundigte sich Leesa.

„Vielleicht begreife ich wenigstens, wie die Schiffe dort draußen zu steuern sind. Ich weiß jetzt, wie ihre Inneneinrichtung aussieht."

„Was hättest du davon?"

„Ich könnte zu einer der drei Welten fliegen. Ich könnte dort einige Menschen an Bord nehmen, sie hierher zurückbringen und sie Orlan und den anderen vorführen. Dann würden sie endlich nicht mehr von ihrem Gesetz schwatzen, sondern die Wahrheit erkennen. Auf der Erde gibt es Männer, die viel von diesem Schiff lernen könnten – besonders einer würde . . . Aber ich rede zuviel."

„Ich finde deine Ideen interessant."

„Vor kurzer Zeit warst du noch anderer Meinung."

„Kann ich mir die Sache nicht überlegt haben?" fragte sie schmollend.

„Leesa!" sagte er aufgeregt. „Siehst du endlich ein, was mir schon lange klar ist?"

„Warum nicht? Vielleicht könnte ich . . . dir helfen."

Raul runzelte die Stirn. „Das könntest du allerdings. Ich hatte schon die Hoffnung aufgegeben, dich . . . Aber das ist jetzt unwichtig." Er starrte sie forschend an. „Begreifst du jetzt, daß du in diesen sechs Jahren wirklich existierende Menschen unglücklich gemacht oder gar getötet hast? Ist dir das klar?"

„Ja", antwortete Leesa mit fester Stimme.

„Wie du weißt, ist unsere ursprüngliche Aufgabe längst erfüllt. Wenn nichts geschähe, würden wir im Laufe der Zeit aussterben, aber bis zu diesem Tag würden wir weiterhin das Leben zahlreicher Menschen auf drei Welten ruinieren. Diesen Zustand will ich beenden."

„Wie, Raul?"

„Marith ist zu primitiv, und Ormazd befaßt sich zu sehr mit der Erforschung des menschlichen Geistes, um Interesse für andere Dinge zu haben. Deshalb setze ich meine ganze Hoffnung auf die Erde. Dort gibt es einen Mann, unter dessen Leitung ein Raumschiff gebaut wird, das denen dort draußen ähnlich ist. Dieses Projekt wird geheimgehalten, und da wir achthundert Wächter die Wahl zwischen vielen Milliarden Menschen auf der Erde haben, ist es unwahrscheinlich, daß es entdeckt wird. Ich habe die Absicht, das Projekt vor Störungen zu schützen, und ich will mit diesem Bard Lane, der es leitet, in Verbindung treten.

Ich will ihm erklären, weshalb ähnliche Projekte bisher fehlgeschlagen sind; ich will ihm meine Hilfe anbieten, und ich will ihn davor warnen, was die anderen Träumer anrichten könnten. Erst vor kurzem hat jemand von uns einen Techniker dazu gebracht, beträchtlichen Schaden anzurichten. Ich weiß nicht, wer das war, weil ich mich nicht unter die anderen mischen kann, ohne Verdacht zu erregen. Aber du müßtest es herausbekommen können, Leesa."

„Und wenn ich es herausbekomme?"

„Dann lügst du dem Betreffenden vor, du seist auf das gleiche Projekt gestoßen und hättest es völlig zerstört. Um überzeugend lügen zu können, müßtest du . . ."

„Warum sprichst du nicht weiter?"

„Kann ich dir trauen? Ich habe irgendwie den Eindruck, daß du noch immer nicht ganz davon überzeugt bist, daß die Traumwelten wirklich sind."

„Du kannst mir trauen", versicherte sie ihm mit ruhiger Stimme.

„Um überzeugend lügen zu können", wiederholte Raul, „müßtest du das Projekt selbst gesehen haben. Es heißt Projekt ‚Tempo'. Ich werde dir erklären, wie es zu finden ist. Dazu braucht man meistens einige Zeit, weil die nähere Umgebung praktisch menschenleer ist. Ich habe meine eigene Methode entwickelt und versuche es immer mit Autofahrern, aber man muß schon Glück haben, um sich gleich an einer Straße wiederzufinden. Letztes Mal hatte ich kaum noch eine Stunde Zeit, um . . . zu tun, was ich mir vorgenommen hatte."

„Was willst du dort?"

„Bard Lane erklären, was wir sind."

„Wie finde ich dorthin?"

„Bevor ich dir das erkläre, mußt du mir feierlich versprechen, das Projekt nicht zu schädigen. Versprichst du mir das?"

„Ich werde es nicht schädigen", versprach sie ihm und fügte dann in Gedanken hinzu: Zumindest nicht gleich beim erstenmal.

Raul öffnete einen Wandschrank. „Hier bewahre ich die Karte auf, die ich nach einigen Besuchen aus dem Gedächtnis gezeichnet habe."

Leesa kniete neben ihm und ließ sich zeigen, auf welchen Wegen das Sperrgebiet des Projekts „Tempo" erreichbar war.

IX

SHARAN INLY saß an ihrem Schreibtisch, stützte die Ellbogen auf und bedeckte ihr Gesicht mit den Händen. Sie wünschte sich nichts sehnlicher, als eine Stenotypistin, eine Hausfrau oder eine Verkäuferin geworden zu sein.

Man konnte mit Menschen umgehen und sich für ihre menschlichen Probleme interessieren, obwohl sie alle bereits in Lehrbüchern beschrieben wurden. Jede erfolgreiche Behandlung setzte voraus, daß der Arzt sich davor hütete, den „Fall" anders als unpersönlich zu sehen. Aber irgendwann hatte man es doch mit einem „Fall" zu tun, der einem das Herz brach, weil das persönliche Interesse an diesem einen Patienten zu groß war.

„Hoffentlich haben Sie eine Erklärung dafür", sagte Bard Lane wütend, als er hereinstürmte.

„Schließen Sie die Tür, und setzen Sie sich, Dr. Lane!" forderte sie ihn müde lächelnd auf.

Er setzte sich widerwillig. „Verdammt noch mal, Miß Inly, ich habe wirklich viel zu tun. Adamson braucht Hilfe. Das Komitee aus Washington, das die Zukunft des Projekts ‚Tempo' entscheidend beeinflussen kann, wartet auf mich. Ich weiß natürlich, daß ich jederzeit zu einer Untersuchung beordert werden kann, aber das –"

„Wie haben Sie geschlafen?"

Bard starrte sie an. „Gut, und ich esse auch gut. Ich gehe sogar spazieren." Er wollte aufstehen.

„Bleiben Sie sitzen, Dr. Lane!" wies sie ihn an. „Ich tue hier nur meine Pflicht. Unterstützen Sie mich lieber dabei."

Bards Gesichtsausdruck veränderte sich langsam. „Was ist los, Miß Inly? Ich habe gut geschlafen. Aber heute morgen war ich trotzdem müde."

„Wann sind Sie zu Bett gegangen?"

„Kurz vor Mitternacht. Ich bin um sieben aufgestanden."

„Thomas Bellinger hat im Wachbuch festgehalten, daß Sie heute morgen um zehn nach zwei in Ihr Büro gegangen sind."

„Der Mann ist verrückt!" behauptete Bard. „Höchstens, daß jemand einen Doppelgänger . . . Sind alle Wachen alarmiert?"

Sie schüttelte traurig den Kopf. „Nein, Mr. Lane, das hat keinen

Zweck. Außerdem haben Sie erst letzte Woche eine Routineuntersuchung hinter sich gebracht. Ist Ihnen aufgefallen, daß Bess Reilly heute morgen nicht im Büro war?"

Er runzelte die Stirn. „Sie ist krank. Sie hat sich telefonisch entschuldigt."

„Sie hat auf meinen Wunsch von hier aus angerufen, Mr. Lane. Sie war heute morgen schon früh im Büro, um etwas Arbeit nachzuholen. Sie hat das Band von Ihrem Diktaphon abgenommen, um es abzuhören. Zuerst dachte sie, es handle sich um einen Scherz, aber je länger sie zuhörte, desto unheimlicher war ihr die Sache. Deshalb hat sie mir das Tonband mitgebracht. Ich habe mir die Aufnahme zweimal angehört. Soll ich sie ein drittes Mal abspielen?"

Bard nickte schweigend.

Aus dem Lautsprecher drang unverkennbar Bard Lanes Stimme: „Dr. Lane, ich benütze diese Methode, um mit Ihnen in Verbindung zu treten. Erschrecken Sie nicht, und zweifeln Sie nicht an mir. Ich bin physisch im Augenblick fast viereinhalb Lichtjahre von Ihnen entfernt, aber ich projiziere meine Gedanken in Ihren Verstand und benutze Ihren Körper für meine Zwecke. Ich heiße Raul Kinson, und ich habe Ihr Projekt seit einiger Zeit beobachtet; ich will es nicht zerstören, sondern ich will Ihnen helfen, es zu verwirklichen. Aber es gibt Gefahren, vor denen ich Sie warnen möchte, obwohl Sie noch nicht imstande sind, sie zu begreifen. Lassen Sie sich den Fall Kornal zur Warnung dienen, denn dieser Mann war nicht mehr Herr seiner selbst. Wir sind die letzten Überlebenden einer Rasse, von der die Menschen der Erde abstammen. Ich möchte Ihnen nicht gleich zu viel erzählen. Glauben Sie mir bitte, daß ich als Freund spreche. Nehmen Sie nicht fälschlicherweise an, dies sei ein Beweis für geistige Störungen. Ich werde später versuchen, auf direktere Weise mit Ihnen in Verbindung zu treten. Hören Sie mir dann bitte zu."

Sharan schaltete das Tonbandgerät aus. „Sehen Sie – die gleichen Phantasien wie zuvor", sagte sie leise. „Miß Reilly hat völlig korrekt gehandelt, als sie mir das Band brachte. Was halten Sie davon, Mr. Lane? Sind Sie jetzt auch der Meinung, daß etwas geschehen muß?"

„Natürlich", flüsterte er. „Natürlich."

„Was soll ich tun?" fragte Sharan.

„Tun Sie Ihre Pflicht!" verlangte er grimmig.

Ihre Stimme blieb unverändert, aber ihre Hand zitterte, als sie ihm das bereits ausgefüllte Formular gab. „Das ist die Einweisung zur Beobachtung. Ich sehe keinen Anlaß, Sie von einem Krankenpfleger begleiten zu lassen, während Sie Ihre Sachen packen. Ich werde Adamson mitteilen, daß er Sie vertreten soll, bis Ihr Nachfolger eintrifft."

Er steckte den Zettel ein und verließ wortlos den Raum. Als sich die Tür hinter ihm schloß, ließ Sharan den Kopf sinken und verbarg ihr Gesicht in den Händen.

BARD LANE kam aus dem Aufenthaltsraum der Klinik und ging in sein Zimmer am Ende des langen Korridors. Er trug den Bademantel ohne Gürtel, den er hier bekommen hatte, und die üblichen Plastikpantoffeln. Er streckte sich auf seinem Bett aus und versuchte das Nachrichtenmagazin zu lesen, das er eben gekauft hatte. Doch es schien nur Absurditäten zu enthalten.

Neues U-Boot widersteht dem Wasserdruck am tiefsten Punkt des Marianengrabens. Mello Noonan, die bekannte Videoschauspielerin, landet mit ihrem Helicar auf dem Stanson Building und bezahlt lächelnd fünfundvierzig Dollar Geldstrafe. Russische Forscher beweisen, daß der Mensch erstmals vierzehn Kilometer südöstlich von Moskau aufrecht ging. Musiker in Memphis erschlägt Freundin mit Tuba. Witwe in Viktoria, Texas, steht angeblich mit Rudolph Valentino in Verbindung. Der Axtmörder von Georgia behauptet vor Gericht, er sei „besessen" gewesen – seine Schwiegermutter soll ihn mit dem bösen Blick verhext haben. Mädchen in Houston rasieren sich die Köpfe und bemalen sie grün. In San Remo werden Automaten aufgestellt, die Scheidungen erleichtern sollen; man wirft fünfzig Dollar ein, hinterläßt seine Fingerabdrücke auf einer hochempfindlichen Platte und bekommt die Urkunde ins Hotel geschickt. Die besten Ärzte bemühen sich vergebens, ein Zwillingspaar in Daytona, das nach einundvierzig Stunden vor dem Videoschirm in einen Trancezustand versunken ist, wieder zu Bewußtsein zu bringen. Wahlschwindel in North Dakota . . . Rauschgiftschmuggler verurteilt . . . Schwimmende Spielhölle im Sturm gesunken . . . Zehnjährige wird Mutter . . . Mehrfacher Mörder richtet sich selbst . . . Wagen rast in Menschenmenge . . . Sekretärin springt aus dem 81. Stock . . . Pfarrer zündet Kirche an . . . Röcke werden nächstes Jahr noch weitere zehn Zentimeter kürzer ... Drive-in-Eros-Center ... Haß ... Angst ... Wut ... Neid.

Bard lehnte sich zurück, bis sein Kopf auf dem Kissen lag. Das Magazin glitt ihm aus den Fingern und fiel zu Boden. Die Welt taumelte am Rand des Wahnsinns entlang. Welchen Zweck hatte es also, unter diesen Umständen zu planen und zu arbeiten? Er schloß müde die Augen. War der Mensch wirklich dazu verdammt, stets nur sehnsüchtig zu den Sternen aufzublicken, ohne sie je erreichen zu können? Der allgemeine Wahnsinn tat sich wie ein Abgrund vor ihm auf. War es nicht einfacher, der Versuchung nachzugeben? Was konnte ihn daran hindern, sich in die bodenlose Tiefe zu stürzen, einen langgezogenen Schrei auszustoßen und zu fallen, immer weiter zu fallen?

Das Bett bewegte sich etwas. Er öffnete langsam die Augen. Die kleine blonde Krankenschwester aus dem Aufenthaltsraum saß auf der Bettkante und betrachtete ihn lächelnd.

„Ist es wirklich so schlimm, Bard Lane?" fragte sie jetzt.

Er runzelte die Stirn. Krankenschwestern saßen normalerweise nicht auf den Betten ihrer Patienten. Krankenschwestern unterhielten sich nicht so ungezwungen mit ihren Patienten. Aber vielleicht gehörte das alles zur besonderen Therapie für Nervenkranke.

„Soll ich tanzen, um zu zeigen, wie fröhlich ich bin?" fragte er.

„Er hat mir nichts von Ihnen erzählt. Ich wollte Sie mir selbst ansehen, während er Sie hier herausholt. Aber vielleicht ist ihm das nicht recht."

„Von wem reden Sie eigentlich, Schwester?"

„Schwester klingt so streng. Ich heiße Leesa."

„Ein seltsamer Name. Und Sie scheinen ebenso seltsam zu sein. Ich verstehe nicht recht, was Sie meinen, Leesa."

„Das kann ich mir vorstellen, Bard Lane. Vorhin habe ich von meinem Bruder Raul gesprochen. Kennen Sie ihn? Raul Kinson."

Bard richtete sich wütend auf. „Schwester, ich bin noch nicht so verrückt, daß ich mir das gefallen lasse! Richten Sie Miß Inly aus, daß sie diese Experimente aufgeben soll."

Die Krankenschwester lächelte nur. „Es gefällt mir, wenn Sie wütend sind, Bard Lane. So aufbrausend! Raul tut es jedenfalls leid, daß er Sie in Schwierigkeiten gebracht hat, weil er es so eilig hatte, mit Ihnen in Verbindung zu treten. Er bemüht sich jetzt, die Sache wieder in Ordnung zu bringen. Armer Raul! Er bildet sich ein, Sie existierten wirklich."

Bard starrte sie an. „Lassen Sie sich einen guten Rat von einem Patienten geben, Schwester", sagte er langsam. „Warum gehen Sie nicht zu Dr. Inly, um sich gründlich untersuchen zu lassen? Wenn man lange mit . . . Nervenkranken zu tun hat, kann es passieren, daß man selbst –"

Ihr Lachen klang durchaus nicht irr. „Großer Gott! So ernst und freundlich! Jetzt fehlt nur noch der Kuß auf die Stirn!"

„Ich weiß nicht, ob mir das alles helfen soll, Schwester, aber –"

Sie wurde wieder ernst. „Hören Sie zu, Bard Lane. Für mich sind Sie nur jemand aus einem unangenehmen und ziemlich langweiligen Traum. Raul scheint viel von Ihnen zu halten, deshalb wollte ich Sie einmal selbst sehen. Ich –"

Die Oberschwester erschien in der Tür. „Schwester! Was soll das? Nummer Siebzehn klingelt seit zehn Minuten. Ich habe Sie schon überall gesucht. Und Sie wissen genau, daß Sie nicht auf dem Bett eines Patienten sitzen dürfen. Tut mir leid, Dr. Lane, aber . . ."

Die kleine blonde Schwester sprang nicht entsetzt auf, sondern schlang Bard einen Arm um den Nacken und küßte ihn auf den Mund. Die Oberschwester stieß einen Schreckensschrei aus. Im gleichen Augenblick richtete sich die Krankenschwester langsam auf. Ihr Gesichtsausdruck veränderte sich, und sie stand hastig und schuldbewußt auf.

„Ich verlange eine Erklärung, Schwester", sagte die Oberschwester streng.

„Ich . . . ich . . ." Die kleine Schwester hatte Tränen in den Augen. Sie wich langsam zurück, bis sie mit dem Rücken zur Wand stand.

„Ich glaube, daß Schwester Leesa etwas durcheinander ist", warf Bard Lane beruhigend ein.

„Sie heißt Elinor", stellte die Oberschwester fest.

Die Krankenschwester wandte sich ab und stürzte hinaus. Ihre Vorgesetzte seufzte. „Wir haben ohnehin schon zuwenig Personal, und jetzt muß ich sie auch noch zur Untersuchung schicken." Sie stapfte hinaus.

Sharan Inly starrte Major Leeber an. Seine Stimme, sein Gesichtsausdruck und sein Blick waren unverändert. Aber seine Worte bewirkten, daß Sharan ein entferntes Brausen in den Ohren spürte, als drohe ihr eine Ohnmacht.

„Wenn das ein dummer Witz sein soll, Major . . ."

„Am besten beginnen wir nochmals von vorn, Dr. Inly. Ich habe einen Fehler gemacht. Aber Sie haben ebenfalls falsch reagiert. Ich heiße Raul Kinson. Im Augenblick benütze ich den Körper dieses Mannes namens Leeber. Ich habe auch Lanes Körper benützt, um ihm eine Botschaft zu übermitteln. Daraufhin waren Sie und er sich offenbar darüber einig, daß er geistesgestört sein müsse."

„Ich glaube, daß General Sachson erreichen möchte, daß Lane und ich entlassen werden, Major Leeber. Ihre Methoden sind nicht gerade anständig."

„Bitte, Dr. Inly! Wie kann ich Ihnen meine Identität beweisen? Ich könnte die Botschaft wiederholen, die ich für Lane zurückgelassen habe . . ."

„Bess Reilly kann den Text an Sie weitergegeben haben."

„Ich weiß nicht, wer sie ist, aber ich möchte Sie bitten, sie holen zu lassen."

Sie warteten ungeduldig. Bess Reilly kam wenige Minuten später herein.

„Bess, haben Sie jemand von dem Tonband auf Dr. Lanes Diktaphon erzählt?" erkundigte sich Sharan.

Lanes Sekretärin hob ruckartig den Kopf. „Dr. Inly, Sie haben mich gebeten, nicht davon zu sprechen, und ich habe es nicht getan."

„Haben Sie heute mit Major Leeber gesprochen?"

„Ich habe ihn gestern zum erstenmal gesehen. Ich habe noch kein Wort mit ihm gewechselt."

Sharan warf ihr einen prüfenden Blick zu. „Vielen Dank, Bess. Sie können gehen." Als die Tür sich hinter ihr geschlossen hatte, wandte sie sich an Major Leeber. „Wiederholen Sie die Botschaft!"

Leeber wiederholte sie bereitwillig, ohne mehr als zwei unbedeutende Fehler zu machen, die nur Veränderungen des Satzbaus betrafen.

„Hören Sie, Raul oder Major Leeber oder wer Sie auch immer

sind, das alles kann ich nicht recht glauben. Ich weiß von Fällen, in denen Versuchspersonen den Inhalt versiegelter Briefe vorgelesen haben. Wenn Sie mich überzeugen wollen, müssen Sie mehr leisten."

„Wahrscheinlich erschreckt es Sie, Dr. Inly, aber was ich jetzt vorhabe, ist der beste Beweis, den ich liefern kann. Ich werde diesen Körper verlassen und statt dessen in Ihren Verstand eindringen. Major Leeber kommt dann wieder zu Bewußtsein; er wird sich jedoch an nichts erinnern, und ich werde ihn mit Ihrer Stimme fortschicken."

Sharan lächelte ungläubig, aber schon in der nächsten Sekunde fiel ihr eine erstaunliche Veränderung an Leeber auf. Sie registrierte seinen verblüfften Gesichtsausdruck, beobachtete den verwirrten Blick, mit dem er sich in ihrem Arbeitszimmer umsah, und merkte deutlich, daß er sich im stillen fragte, wie er hierhergekommen war.

Und dann hatte sie plötzlich keine Zeit mehr für Tommy Leeber. Sie spürte, daß unsichtbare Fühler ihren Verstand abtasteten, als suchten sie eine schwache Stelle, um eindringen zu können. Sie setzte sich dagegen zur Wehr. Sie versuchte sich auf unbedeutende Erinnerungen zu konzentrieren. Ein grauer Wintertag in einer großen Stadt. Sie hatte mit dem Jungen von nebenan im Rinnstein gespielt. Das Schmelzwasser strömte in den nächsten Gully. Sie hatten Dämme aus Schnee gebaut, um es aufzuhalten. Aber das Wasser ließ sich nicht zurückhalten. Es floß um die Dämme herum, unterspülte sie und ließ sie zusammenbrechen.

Sie zog sich weiter und weiter zurück. Und dann spürte sie plötzlich, daß ein fremdes Bewußtsein in ihren Verstand eingedrungen war und ihn nun beherrschte. Ihr Unterbewußtsein schien bereits eine Ausrede vorbereitet zu haben. Sie öffnete die Lippen und sprach ganz automatisch, ohne gleich zu wissen, warum sie diese Worte sagte: „Die Sonne ist hier sehr heiß, Major. Sie haben etwas darunter gelitten. Trinken Sie viel Wasser und essen Sie Salztabletten. Sie bekommen die Tabletten unten im Revier. Gehen Sie nicht mehr in die Sonne, dann ist morgen wieder alles in Ordnung."

Leeber stand auf. „Äh . . ., vielen Dank", murmelte er. An der Tür blieb er nochmals stehen, warf Sharan einen verständnislosen Blick zu, schüttelte den Kopf und ging hinaus.

Sharan nahm einen Gedanken wahr. Er stand nicht wie geschrieben vor ihrem inneren Auge. Er wurde nicht in Worten ausgedrückt, aber der Sinn bildete sich von selbst.

„Glauben Sie mir jetzt? Ich erwarte Ihre Antwort. Sie brauchen nur laut zu sprechen."

„Ich bin verrückt geworden!"

„Das glauben die anderen. Nein, Sie sind nicht verrückt, Dr. Inly. Beobachten Sie Ihre Hand."

Sie sah nach unten. Ihre Finger griffen nach einem Bleistift, setzten ihn auf ein Blatt Papier und schrieben ihren eigenen Namen. „Sharan." Und dann wurde es um sie herum dunkel. Als sie wieder sehen konnte, standen andere Schriftzeichen, die ein Wort bedeuten mußten, unter ihrem Namen.

„Richtig, ein Wort, Dr. Inly. Ihr Name in meiner Schrift. ‚Sharan.' Ich habe Ihr Bewußtsein weit zurückdrängen müssen, um ihn schreiben zu können."

Seine Schrift erinnerte schwach an arabische Schriftzeichen.

„Verrückt, verrückt, verrückt", wiederholte Sharan tonlos.

„Nein!" sagte die Stimme in ihrem Innern wütend. „Kommen Sie endlich zur Vernunft! Glauben Sie mir! Warten Sie, Dr. Inly, ich muß Sie noch besser kennenlernen. Ich muß alles wissen, was Sie bewegt."

„Nein", flüsterte sie.

Sie blieb unbeweglich sitzen, während winzige Fühler weiter und immer weiter in ihre Erinnerungen vordrangen. Ihr Gedächtnis gab nacheinander Tausende von Erinnerungen frei, die sie längst verschollen geglaubt hatte. Die Musik bei der Beerdigung ihrer Mutter. Ein Zitat aus ihrer Doktorarbeit. Die Lippen eines Mannes. Eine Melodie, die ihr einige Wochen lang nicht aus dem Kopf gegangen war. Unzufriedenheit. Stolz auf ihren Beruf. Endlose Minuten verstrichen, und sie hatte das Gefühl, auf einem Seziertisch zu liegen . . .

„Jetzt kenne ich dich, Sharan. Ich kenne dich gut. Glaubst du mir jetzt?"

„Verrückt."

Keine Widerrede, kein Ärger, sondern nur ein kaum spürbares Verschwinden, ein Zurückweichen in die Dämmerung.

Sharan war allein. Sie öffnete eine Schreibtischschublade und nahm ein Formular heraus, wie sie es schon für Bard Lane ausgefüllt hatte. Sie machte die notwendigen Eintragungen. Name. Symptome. Erstdiagnose.

Dann öffnete sich die Tür, und Dr. Jerry Delane, der junge Arzt aus dem Krankenrevier, kam herein. Sharan runzelte die Stirn. „Seit wann klopfen Sie nicht mehr an, Dr. Delane?"

Er ließ sich in einen Sessel fallen. „Ich habe dir gesagt, daß ich Leebers Verstand verlassen und in deinen eindringen würde, und ich habe es getan. Du bezeichnest mich als Ausgeburt deiner Phantasie, deshalb muß ich dir einen anderen Beweis liefern." Er beugte sich vor, griff nach dem Mikrofon des Tonbandgerätes auf ihrem Schreibtisch und drückte auf den Sprechknopf. „Phantasiegestalten sind auf Tonbändern nicht zu hören, Sharan."

Ihr wurde schwarz vor Augen, und als sie wieder aufwachte, lag sie auf der Couch. Er beugte sich besorgt über sie.

„Was . . . was . . .?"

„Nur eine kleine Bewußtseinsstörung", meinte er beruhigend.

Sie runzelte die Stirn. „Ich . . . ich bin nicht krank, glaube ich, Dr. Delane. Ich habe mir eingebildet, Sie seien . . ."

Er legte ihr einen Finger auf die Lippen. „Nein, Sharan, glaub mir doch endlich! Ich bin Raul Kinson. Du mußt mir glauben."

Sie starrte ihn an, richtete sich auf, kam langsam auf die Beine und ging an ihren Schreibtisch. Sie setzte sich auf ihren Platz, ließ das Tonbandgerät etwas zurückspulen und schaltete auf Wiedergabe um. Eine blecherne Stimme sagte: „Phantasiegestalten sind auf Tonbändern nicht zu hören, Sharan."

Sie sah zu ihm auf. „Jetzt glaube ich dir. Mir bleibt keine andere Wahl, nicht wahr?"

„Richtig", bestätigte er. „Du sorgst jetzt dafür, daß Bard Lane entlassen wird und hierher zu uns kommt. Wir müssen zu dritt beraten."

Sie saßen in ihrem Arbeitszimmer und warteten auf Bard Lane. Raul starrte sie an. „Seltsam", meinte er dann.

„Was?"

„Ich habe eben an deinen Verstand gedacht, Sharan. Bisher habe ich es stets vermieden, mich mit Frauen abzugeben. Ihre Gedanken sind ungewiß, labil und sprunghaft. Aber deine sind ganz anders, Sharan. Sie waren mir sofort . . . vertraut, als hätte ich dich schon immer gekannt. Als seien deine Gefühlsreaktionen weibliche Parallelen meiner eigenen."

Sie senkte den Kopf. „Du hast mir nicht viel Privates gelassen, weißt du."

„Müssen wir Geheimnisse voreinander haben? Ich kenne eine Welt, wo die Menschen sich ohne Worte verstehen. Dort können ein Mann und eine Frau in Gedanken eins sein. Dann sind sie einander erst wirklich nahe, Sharan. Du bist ein weiterer Grund dafür, daß ich dazu beitragen möchte, dieses Projekt erfolgreich zu machen."

„Das ist eine neue Masche", behauptete Sharan spöttisch.

Bess Reilly kam herein, knallte die Tür hinter sich zu und setzte sich auf die Schreibtischkante. „Wir haben nicht mehr viel Zeit, Raul", sagte sie zu Jerry. „Ich bin sogar froh darüber. Du führst kein sehr amüsantes Traumleben, was?"

Raul antwortete nicht. Er wandte sich an Sharan. „Ich möchte dir meine Schwester vorstellen – Leesa Kinson."

Sharan starrte Bess Reillys Gesicht an. Bess erwiderte ihren Blick. „Glaubt sie dir, Raul?" wollte sie wissen.

„Ja."

„Wirklich merkwürdig, daß sich endlich jemand gefunden hat, der begreift, was wir sind. Das ist mir noch nie passiert. Einmal wollte ich einem Mann erklären, wer jetzt im Körper seiner Frau steckte, aber er verlor gleich den Verstand. Und heute habe ich mich im Körper einer Krankenschwester unserem Freund Bard Lane vorgestellt. Er war etwas verwirrt. Besteht die Gefahr, daß du auch verrückt wirst, Mädchen?"

„Ja", antwortete Sharan, „falls die Sache so weitergeht."

Bess lachte. „Nimm dich nicht so wichtig!"

Bard Lane kam herein und schloß die Tür hinter sich. Er warf Jerry Delane und Bess Reilly einen neugierigen Blick zu, bevor er sich an Sharan wandte. „Sie haben mich holen lassen?"

„Ich bin deine alte Freundin Leesa", sagte Bess. „Wie hat die kleine Krankenschwester anschließend reagiert?"

Sharan sah, daß Bard kreidebleich wurde, und sprach deshalb rasch. „Mr. Lane, glauben Sie mir, wir haben uns geirrt. Dort drüben sitzt Raul Kinson in Jerry Delanes Körper. Jerry und Bess wissen nicht, was mit ihnen geschieht. Bard, ich weiß jetzt, daß die Botschaft, die Sie auf Tonband gesprochen haben, wirklich wahr war."

Bard ließ sich in einen Sessel fallen. Er hielt den Kopf gesenkt.

Als er ihn wieder hob, war sein Gesicht ausdruckslos. Er sah zu Jerry hinüber. „Gut, ich höre zu", sagte er nur.

Raul Kinson erzählte ihm von den Wächtern, der großen Auswanderung, den Traummaschinen und den Veränderungen des großen Planes über fünfzig Jahrhunderte hinweg. Er erwähnte auch das Gesetz, das für alle Träumer galt. Bess hörte gelangweilt zu.

„Und das ist also die Erklärung dafür, daß es der Menschheit noch nicht gelungen ist, in den Raum vorzustoßen", murmelte Bard schließlich. „Ich bin fast bereit, sie zu glauben – aber woher sollen wir wissen, daß ihr es wirklich gut mit uns meint?"

Er erhielt keine Antwort. Er sah auf. Jerry Delane sah sich verwirrt um. „Was tue ich hier? Wie bin ich hierhergekommen?"

Bess rutschte von dem Schreibtisch. „Haben Sie mich gerufen, Dr. Inly?" fragte sie mit schriller, erschrockener Stimme.

Sharan rang sich ein Lächeln ab. „Die Besprechung ist zu Ende, Leute. Ihr könnt jetzt gehen. Bleiben Sie noch einen Augenblick, Mr. Lane?"

Jerry und Bess verließen den Raum.

„Sind wir übergeschnappt?" fragte Bard geradewegs.

„Es gibt keine gemeinsamen Illusionen, Mr. Lane", erklärte Sharan ihm. „Sie liegen entweder auf Ihrem Bett in der Psychiatrischen Abteilung und bilden sich alles nur ein – oder ich bin verrückt geworden und leide an Wahnvorstellungen. Oder – und das ist die unbegreiflichste Möglichkeit – alles ist wahr." Sie stand auf. „Verdammt noch mal! Wenn ich das alles nicht glaube, bedeutet diese Tatsache vielleicht nur, daß ich nicht imstande bin, es zu erfassen . . . Nein, ich habe eine andere Idee."

„Ja?"

„Das Ganze ist ein Sabotageakt. Unsere Freunde in Panasien haben ein neues Hypnoseverfahren entwickelt, das über weite Entfernungen hin wirksam ist. Wir sollen uns lächerlich machen, wenn wir schon nicht überschnappen. Das muß es sein!"

Bard runzelte die Stirn. „Warum konzentrieren sie sich dann nicht auf die Techniker und lassen die *Beatty I* zerstören?"

„Das haben sie bereits bei Kornal versucht – mit gutem Erfolg. Jetzt experimentieren sie weiter. Vielleicht wollen sie uns dazu bringen, unsere Arbeit freiwillig aufzugeben. Niemand weiß, was sie vorhaben. Mr. Lane, dieser eine, der sich Raul Kinson nennt, hat mich davor gewarnt, daß er in meinen Verstand eindringen würde. Es war . . . entsetzlich. Wir müssen uns mit Leuten in Verbindung setzen, die etwas von diesen Dingen verstehen. Am besten gleich mit Dr. Lurdorff. Er ist Fachmann auf diesem Gebiet . . ." Sie machte eine Pause. „Warum starren Sie mich so an?"

„Ich überlege mir nur, wie Sie anderen davon erzählen wollen, ohne in eine Zwangsjacke gesteckt zu werden, Miß Inly."

Sie setzte sich langsam. „Ja, Sie haben recht", murmelte sie betroffen. „Wir können niemand warnen. Es gibt einfach keine Möglichkeit dazu."

X

LEESA traf Jord Orlan auf einer der unteren Ebenen. Er sah zu ihr hinüber und senkte den Blick. Sie ging schneller, um ihn einzuholen.

„Ich habe dir etwas zu erzählen", sagte sie.

Er sah sich nervös um.

„Nur keine Angst, Raul ist wieder einmal oben", beruhigte sie ihn.

„Dann komm", forderte er sie auf und ging in seine Unterkunft voran. Er runzelte die Stirn, als sie sich unaufgefordert setzte. „Ich bin gespannt auf deinen Bericht, Leesa Kinson."

„Raul vertraut mir. Vielleicht sogar zu sehr. Das macht die Sache nicht leichter."

„Alles ist nur zu seinem Besten, mein Kind."

„Ich mußte vorgeben, sehr betrübt zu sein, weil ich die komischen Traumgestalten, die er für lebende Menschen hält, bisher oft gequält habe."

„Ausgezeichnet, Leesa! Und du hast an seinen Träumen teilgenommen?"

„Ja. Er hat mir von einem Raumschiffprojekt erzählt, auf das er zufällig gestoßen ist, und er hat mir beschrieben, wie es zu finden ist. Wir haben uns dort getroffen. Raul scheint auf die dort arbeitenden Leute stolz zu sein. Er will das Projekt vor uns . . . schützen. Vor einiger Zeit hat jemand von uns einen Techniker dazu gebracht, wertvolle Geräte zu zertrümmern. Das will Raul in Zukunft verhindern."

„Wie?" fragte Jord Orlan gespannt.

„Er hat zwei Menschen von uns erzählt und sie dann davon überzeugt, daß wir wirklich existieren."

„Unmöglich!" wandte Jord Orlan ein. „Viele von uns haben diesen Versuch schon vor ihm unternommen. Aber die Traumgestalten werden wahnsinnig, wenn wir ihnen von uns erzählen."

„Diese beiden sind es nicht geworden. Das ist sogar verständlich, denn die Frau ist eine Expertin für Geisteskrankheiten, und der Mann ist . . . stark."

Er warf ihr einen besorgten Blick zu. „Du verfällst hoffentlich nicht in den gleichen Irrtum wie dein Bruder? Man könnte glauben, du hieltest diesen Mann für wirklich. Er ist nur ein Produkt unserer Traummaschinen. Das weißt du selbst."

„Ist es dann nicht sinnlos, etwas zu zerstören, das diese Traumgestalten bauen?"

„Das ist nicht sinnlos, sondern durch Gesetz festgelegt. Darüber brauchen wir nicht zu diskutieren. Komm, erzähl mir jetzt, wo dieses Projekt zu finden ist. Ich organisiere dann eine Gruppe, und wir werden es gründlich zerstören."

„Nein", widersprach sie lächelnd, „das würde mein Spiel verderben. Ich will dieses Vergnügen für mich behalten."

„Ich kann es dir befehlen."

„Und ich werde diesen Befehl verweigern. Dann mußt du mich aus der Welt ausstoßen und findest das Projekt vielleicht nie."

Er überlegte kurz. „Es wäre besser, wenn wir das Projekt gemeinsam zerstören würden. Dann wäre diese Gefahr für die nächsten Jahrzehnte gebannt."

„Nein!" protestierte Leesa energisch – und war selbst überrascht, weil sie so laut gesprochen hatte.

„Ah, ich verstehe", meinte Jord Orlan lächelnd. „Du willst dir dieses Privatvergnügen nicht nehmen lassen. Gut, ich erwarte deinen Bericht über die vollständige Zerstörung."

Leesa nickte und wollte bereits gehen, aber Jord Orlan hielt sie zurück. „Innerhalb der nächsten Tage wird Ryd Talleth dich aufsuchen, meine Liebe", erklärte er ihr. „Ich habe es ihm befohlen. Er war nicht abgeneigt – aber er brauchte etwas Ermutigung."

„Er ist ein schwächlicher Trottel", behauptete Leesa erregt. „Hast du dein Versprechen vergessen, Jord Orlan? Du hast mir zugesagt, mich nicht dazu zu zwingen, wenn ich . . ."

„Niemand zwingt dich. Das war nur ein gutgemeinter Vorschlag", antwortete er rasch.

Leesa verließ wortlos den Raum. Sie war unruhig. Sie ging den Korridor entlang, an dessen beiden Seiten die kleinen Spielräume lagen. Sie blieb an der Tür eines dieser Räume stehen. Drei junge Frauen verfolgten einen behenden älteren Mann, der ihnen mit katzenhafter Geschicklichkeit immer wieder auswich. Sie kreischten vor Lachen. Er grinste breit. Leesa sah, was er beabsichtigte. Er zog eine der Frauen vor und wollte erreichen, daß sie ihn fing, obwohl die anderen schneller waren. Das gelang ihr tatsächlich; sie legte eine Hand fest auf den Schulterstreifen seiner Toga. Die anderen verließen enttäuscht den Raum, und Leesa wandte sich ebenfalls ab. Sie berührte ihre Lippen und dachte an ein Paar Männerhände – sonnengebräunte, schwere Hände, die auf einer Krankenhausdecke lagen.

Die nächsten Räume waren leer. In einem der folgenden ließen sich die Lichter beliebig verändern. Eine Gruppe von Erwachsenen führte dort ein Tanzspiel auf. Die Lichter strahlten dunkelrot. Leesa überlegte schon, ob sie sich der Gruppe anschließen sollte, aber dann hatte sie doch keine rechte Lust dazu.

Sie spürte ihre innere Unruhe größer werden, aber sie wußte nicht, was sie tun sollte, um diese Spannung zu verringern. Sie fuhr nach oben, soweit die Fahrtreppen reichten, stieg zur einundzwanzigsten Ebene hinauf, ließ sich dort an der Wand entlang zu Boden gleiten und rollte sich wie ein Kind zusammen. Sie bedeckte ihr Gesicht mit den Händen und begann zu weinen. Sie wußte nicht, warum sie weinte.

XI

BARD LANE hörte, daß jemand seinen Namen rief. Er drehte sich um und sah Major Leeber, der hinter ihm die Straße überquerte.

Major Leebers Lächeln wirkte etwas gekünstelt, und er kniff die Augen zusammen. „Dr. Lane, haben Sie eine Minute Zeit für mich?"

„Leider nicht viel länger, Major. Was gibt's?"

„Der Geheimdienst und Dr. Inly haben festgestellt, daß dem Projekt keine Gefahr von mir droht. Was haben also diese beiden

Schatten zu bedeuten?" Er wies mit dem Daumen auf zwei Wachtposten, die verlegen grinsend hinter ihm standen.

„Diese Männer sind Ihnen laut Vorschrift zugeteilt worden, Major."

„Wenn Sie sich einbilden, mich loswerden zu können, indem Sie mir –"

„Major, ich verbitte mir diese Unterstellung", warf Bard ein, „und ich hätte Ihnen eine bessere Beobachtungsgabe zugetraut. Die geänderten Vorschriften betreffen alle, die Zugang zur inneren Zone des Lagers haben. Vielleicht ist Ihnen noch nicht aufgefallen, daß ich ebenfalls von einem Posten begleitet werde. Das Projekt hat jetzt ein kritisches Stadium erreicht, und wer sich irgendwie merkwürdig benimmt, wird abgeführt und untersucht. Sie haben es sogar leichter als ich, denn ich muß auf den Mann achten, der mich bewacht. Dadurch hoffen wir ein Mittel gegen ... zeitweilige Störungen gefunden zu haben, die Dr. Inly nicht voraussagen kann."

„Hören Sie, wie kann ich die beiden Knaben loswerden?"

„Sie brauchen nur das Lager zu verlassen."

Leeber runzelte die Stirn. „Ich weiß zufällig, daß Sie kein neues Personal mehr bekommen, Doc. Woher haben Sie also die zusätzlichen Wachen?"

„Wir mußten Leute von anderen Arbeitsplätzen abziehen."

„Und das hält die ganze Sache auf, was?"

„Ja, natürlich."

„Sie haben bereits Terminschwierigkeiten, Dr. Lane. Ist es da nicht unsinnig, die Arbeiten noch mehr zu behindern?"

Bard fragte sich, ob er seinem Impuls nachgeben und Major Leeber einen Kinnhaken verpassen durfte. Dann zuckte er mit den Schultern. „Sie können General Sachson mitteilen, welche Sicherheitsmaßnahmen ich getroffen habe, Major. Er kann sie selbstverständlich wieder aufheben, aber ein zweiter Fall Kornal wäre dann seine Schuld."

„Der Alte würde sich bestimmt nicht sehr darüber aufregen, Doc. Er ist ohnehin der Überzeugung, daß Ihr ganzer Laden innerhalb von zwei oder drei Monaten unter militärische Kontrolle gestellt wird."

„Das hätten Sie nicht sagen dürfen, Major", sagte Lane drohend. „Das war nicht sehr intelligent."

Leeber merkte, daß er einen Fehler gemacht hatte. Er grinste freundlich. „Kümmern Sie sich nicht um mein Gerede, Doc. Ich bin nur wütend, weil diese beiden Kerle mir eine Eroberung verbauen, die ich schon vorbereitet hatte."

„Ich erwarte keine Loyalität von Ihnen, Leeber. Nur ein Minimum an Bereitschaft zur Zusammenarbeit."

„Entschuldigen Sie, Doc. Ich habe eine kleine Blondine aus dem Chemielabor kennengelernt, und ich konnte nur daran denken, daß die beiden Posten mich überallhin begleiten würden."

„Sie brauchen nur mit ihr aus dem Lager zu fahren, Leeber. Bei der Rückkehr müssen Sie am Tor warten, bis Ihnen zwei Posten zugeteilt worden sind."

„Ein guter Vorschlag, Doc", meinte Leeber zufrieden. „Trinken Sie einen kleinen Schluck mit mir?"

„Tut mir leid, aber ich habe es eilig."

„Okay, dann weiß ich also, was ich zu tun habe. Ich mache einfach eine Fahrt ins Blaue, was?"

„Richtig, sonst sind Sie zu viert. Nein, sogar fünf, wenn Sie die Bewacherin Ihrer kleinen Blondine mitzählen."

Leeber zuckte mit den Schultern, salutierte nachlässig und schlenderte weiter.

Bard Lane betrat die Kantine und suchte sich einen der kleinen Tische an der Wand aus, wo er allein war. Er hob eben ein Glas Tomatensaft an die Lippen, als er das vertraute Gefühl hatte, sein Verstand werde von unsichtbaren Fingern abgetastet. Er versuchte nicht, sich dagegen zu wehren. Er hielt sein Glas fest, gab sich dann einen innerlichen Ruck und hob es an die Lippen.

Sein Verstand geriet langsam unter die Kontrolle eines fremden Wesens, während er ruhig an seinem Tisch saß und Tomatensaft trank. Er stellte das Glas wieder auf den Tisch. Für jeden Zuschauer war er weiterhin Dr. Bard Lane – der Boß, der Chef oder einfach „der Alte". Aber er war sich darüber im klaren, daß dieser Bard Lane nur noch eine Hülle ohne eigenes Bewußtsein war.

Das fremde Wesen streckte seine tastenden Fühler immer weiter aus. Lane spürte, daß seine Erinnerungen registriert wurden, und er war jetzt imstande, die Gedanken des anderen so deutlich wahrzunehmen, als stehe jemand neben ihm und flüstere ihm etwas ins Ohr.

„Nein, Bard Lane. Nein. Ihr habt euch geirrt; du und Sharan Inly seid zu einem falschen Schluß gekommen. Wir stammen nicht von der Erde. Dies ist kein gerissener Trick, um euch zu täuschen. Wir kommen in freundschaftlicher Absicht. Ich bin froh darüber, daß du die Vorsichtsmaßnahmen getroffen hast, die ich vorgeschlagen habe. Hoffentlich wissen alle Leute, denen du trauen kannst, daß sie rasch handeln müssen, sowie der geringste Zweifel auftaucht. Jede noch so kleine Abweichung von der Norm, jedes unerwartete Wort und jede plötzliche Bewegung müssen Grund zum Einschreiten sein. Eine Verzögerung kann sich unheilvoll auswirken."

Bard dachte so klar wie möglich und betonte in Gedanken jede Silbe seiner Frage: „Woher sollen wir wissen, daß ihr es gut mit uns meint?"

„Das könnt ihr nicht wissen. Wir sind nicht imstande, es euch zu beweisen. Ich kann dir nur sagen, daß wir vor zwölftausend Jahren gemeinsame Vorfahren hatten. Ich habe dir von dem damals aufgestellten Plan erzählt. Dieser Plan kann nicht wie beabsichtigt verwirklicht werden, weil die Bewohner meines Planeten den ursprünglichen Zweck vergessen haben. Eine Welt – Marith – ist in ihrer Entwicklung um Jahrtausende zurückgeworfen worden. Eine andere – Ormazd – hat nur noch Interesse für sich selbst. Wir sind durch Inzucht dekadent geworden. Euer Projekt ist die einzige Hoffnung der Menschheit."

„Was treibt dich dazu, uns zu helfen?"

Die Antwort kam nach einer kurzen Pause. „Ich will ganz ehrlich sein, Bard Lane. Ich habe mich gelangweilt, und ich wollte etwas Wichtiges tun. Und jetzt gibt es noch einen weiteren Grund."

„Welchen?"

„Ich möchte Sharan selbst gegenübertreten können", erwiderte Raul, „anstatt sie nur durch die Augen anderer zu sehen . . ." Er wechselte rasch das Thema. „Ich habe mir überlegt, ob ich euch nicht praktisch helfen könnte. Euer Schiff scheint nach dem gleichen Prinzip wie die sechs Schiffe außerhalb unseres Gebäudes zu funktionieren. Ich habe die dazugehörigen Betriebsanleitungen entdeckt, aber ich verstehe sie nicht. Trotzdem müßte ich euch irgendwie helfen können."

„Wir haben einige Probleme noch nicht gelöst. Vielleicht könntest du uns dabei behilflich sein."

„Worum handelt es sich?"

„Kannst du feststellen, wie die Navigation an Bord mit den Sprüngen durch den Hyperraum synchronisiert wurde? Unsere Astronomen und Mathematiker sind vorläufig noch der Überzeugung, nach jedem Sprung sei es erforderlich, durch wochenlange Beobachtungen die genaue Position des Schiffs zu bestimmen. Aber dafür muß es eine bessere Methode geben."

„Ja, ich verstehe. Ich kann dir hoffentlich bald sagen, wie dieses Problem früher gelöst worden ist."

Der Wachtposten trat näher und hielt Bard Lanes Arm dicht über dem Ellenbogen fest. „Sir, Sie haben laute Selbstgespräche geführt."

Raul Kinson zog sich blitzschnell zurück und war nur noch Beobachter; Bard versuchte zu lächeln. „Freut mich, daß Sie so wachsam sind, Robinson. Ich habe mir nur einen wichtigen Brief überlegt, den ich nach dem Essen diktieren muß."

Robinson runzelte zweifelnd die Stirn. Bard legte seine Serviette fort. „Ich komme gern mit zu Dr. Inly, Robinson, aber . . ."

„Das wäre am besten, Sir. Die Vorschriften sind ziemlich eindeutig."

Bards Abgang erregte allgemeines Aufsehen. Die Blicke der Essenden folgten ihm zur Tür. Robinson ließ seinen Arm noch immer nicht los. Bard hörte aufgeregtes Stimmengewirr, als die Tür sich hinter ihm schloß. Die Mittagssonne brannte heiß auf die staubige Straße herab. Bard und Robinson gingen nebeneinander her.

Und dann schrillten plötzlich die Alarmsirenen.

Bard riß sich von Robinson los und lief auf die Nachrichtenzentrale zu, die kaum hundert Meter von ihm entfernt war. Das Sirenengeheul verstummte, als er die Tür aufriß. Der Mann vor dem großen Schaltpult war blaß vor Aufregung; er drehte sich nach Bard um, nickte ihm zu und drückte ihm ein Mikrofon in die Hand.

„Vom Schiff, Sir", erklärte er Bard dabei. „Sie können gleich sprechen. Die Verbindung ist hergestellt."

„Wer hat Alarm gegeben?" fragte Bard ins Mikrofon.

„Hier spricht Shellwand", antwortete eine metallische Stimme aus dem Deckenlautsprecher. „Ich habe den Alarm gegeben. Wir haben eben den Wachtposten auf Deck G an der Abschirmung gefunden. Er war bewußtlos, Sir. Jetzt lasse ich das Schiff räumen."

„Wer war das?"

„Das wissen wir erst, wenn . . . Das Schiff beginnt zu zittern, Sir! Das ganze . . ."

Aus dem Lautsprecher drang ein dumpfes Grollen. Der Mann am Schaltpult trennte die Verbindung. Das Grollen war jetzt ohnehin deutlich zu hören. Dieses Geräusch war unvergeßlich. Bard Lane hatte es schon oft gehört.

Es erinnerte an weit entferntes Donnergrollen, in das sich tausend Männerstimmen mischten, die einen einzigen Ton hielten. Es war das Lied der Menschen, die nach den Sternen griffen. Es war das dumpfe Dröhnen der Kernverschmelzung. In Hiroshima hatte eine Kernspaltung das neue Zeitalter eingeleitet; jetzt war diese zügellose Energie in Fesseln gelegt und nutzbar gemacht worden.

Bard Lane drehte sich um und stürzte ins Freie. Er blieb am Ausgang stehen, ballte hilflos die Fäuste und starrte zur *Beatty I* hinüber.

Das Donnergrollen wurde unerträglich laut. Bläuliche Flammenzungen schlugen aus dem Heck. Die Hitze war selbst in dieser Entfernung spürbar. Das Raumschiff stieg zuerst unglaublich langsam wie ein prähistorisches Ungeheuer auf, bis sein Bug das Tarnzelt berührte. Dann wurde es allmählich schneller, riß das Zelt von den Stahltürmen, schlüpfte durch einen langen Riß und verbrannte das Plastikmaterial mit der Hitze seines Antriebs. Jetzt war die bläulichweiße Flammensäule schon doppelt so hoch wie die *Beatty I.* Sie reichte vom Heck bis zum Erdboden, als balanciere das Schiff darauf.

Das untere Drittel eines Stahlturms wurde in der Hitze weich und gab nach. Der Turm lehnte sich nach Norden, sank langsam tiefer, ohne krachend zusammenzustürzen, und blieb liegen. Das Stahlgerüst des Fahrstuhls war unten ebenfalls geschmolzen, aber es stand wie durch ein Wunder noch immer aufrecht. Eine winzige Gestalt fiel von der Arbeitsplattform und wurde zur Unkenntlichkeit verbrannt, bevor sie den Erdboden erreicht hatte.

Das feuerspuckende Heck der *Beatty I* war nun bereits dreimal höher als die noch stehenden Türme. Das dumpfe Grollen des Antriebs wurde von Oktave zu Oktave schriller, als das Schiff seine Geschwindigkeit erhöhte. Die letzten Plastikfetzen kamen brennend herabgesegelt, und das Raumschiff glänzte jetzt silbern im Sonnenschein. Obwohl Bard Lane entsetzt und verzweifelt war, konnte er nicht leugnen, daß ihn dieser Anblick mit Stolz erfüllte.

Eine weitere Gestalt stürzte aus dem offenen Luk. Die Schiffsachse war bereits so weit geneigt, daß der Mann irgendwo weit außerhalb der Umzäunung des Lagers zerschmettert liegenblieb. Der Schiffsantrieb heulte jetzt noch schriller auf, und die *Beatty I* erhöhte ihre Geschwindigkeit. Sie stieg höher und höher. Ein Kondensstreifen zeichnete sich am blauen Himmel ab. Noch höher. Und dann kippte das Schiff langsam um seine Längsachse, wie es unvermeidbar war, weil niemand an Bord die Möglichkeit hatte, den Kurs zu beeinflussen.

Die *Beatty I* beschrieb eine Parabel wie ein in die Höhe geworfener Stein und raste dann mit zunehmender Geschwindigkeit wieder in Richtung Erde. Lane mußte sich die Ohren zuhalten, weil das Geräusch unerträglich wurde. Er sah die flammende Detonation und schätzte die Entfernung auf zwanzig bis dreißig Kilometer südlich. Die Druckwelle warf ihn fast um, und die Erde unter seinen Füßen zitterte, als wäre ein schwerer Lastwagen vorbeigefahren. Dann herrschte wieder Schweigen. Eine braune Staubwolke stieg über dem Explosionspunkt zum Himmel auf. Ein Teil des Kondensstreifens war noch zu sehen, aber der Höhenwind zerfaserte ihn rasch.

Bard Lane trat an den Randstein, setzte sich dort nieder und bedeckte das Gesicht mit den Händen. Irgendwo hinter ihm prasselten Flammen. Die Lagerfeuerwehr kam mit Sirenengeheul herangerast, aber Lane achtete nicht darauf. Er spürte eine schwere Hand auf seiner Schulter, hob langsam den Kopf und sah Adamson neben sich stehen. „Adamson, ich . . . ich . . ."

Adamson nickte verständnisvoll. „Ich suche mir ein paar Leute zusammen und sehe nach, was sie beim Absturz angerichtet hat. Mit etwas Glück müßte sie acht oder zehn Kilometer vom nächsten Dorf entfernt explodiert sein. Am besten benachrichtigen Sie gleich Washington, Mr. Lane. Und dann würde ich an Ihrer Stelle eine kleine Rede über unsere Lautsprecheranlage halten." Adamson ging davon.

Bard stand auf und machte sich auf den Weg in sein Büro. Robinson war spurlos verschwunden. Die Männer des Projekts „Tempo" standen in kleinen Gruppen auf der Straße und sprachen leise miteinander. Manche sahen zu ihm herüber und dann rasch wieder fort. Er durchquerte das Vorzimmer. Bess Reilly saß an ihrem Schreibtisch und hatte das Gesicht in den Händen vergraben. Ihre Schultern zuckten, aber sie gab keinen Laut von sich.

Nachdem Bard die Katastrophenmeldung verschlüsselt und nach Washington weitergegeben hatte, ließ er sich von der Nachrichtenzentrale mit sämtlichen Lautsprechern innerhalb des Lagers verbinden.

„Hier spricht Bard Lane", begann er langsam. „Wir wissen nicht, wie es zu diesem Unfall gekommen ist. Vielleicht erfahren wir nie, wer oder was daran schuld war. Sie machen sich wahrscheinlich Sorgen um Ihre Arbeitsplätze. Ich bezweifle sehr, daß wir eine zweite Chance bekommen. Bis übermorgen dürfte feststehen, wer vorläufig noch benötigt wird; alle anderen bekommen auch das nächste Monatsgehalt noch ausbezahlt.

Alle Angestellten gehen bitte sofort zu den Kontrolluhren und holen ihre Stempelkarten, um sie Mr. Nolan zu bringen. Mr. Nolan, Sie schicken in einer halben Stunde jemand zu den Uhren, der die übriggebliebenen Karten einsammelt. Das ist die einzige Möglichkeit, schon jetzt festzustellen, wer den . . . ersten und letzten Flug der *Beatty I* mitgemacht hat.

Dr. Inly, kommen Sie bitte in mein Büro. Benton, sperren Sie den Startplatz ab, und teilen Sie mir mit, wenn die Strahlung auf einen erträglichen Wert zurückgegangen ist. Wer persönliches Eigentum beim Brand des Unterkunftsgebäudes verloren hat, füllt die Schadensmeldung aus, die bei Miß Mees in der Buchhaltung erhältlich ist. Brainard, schicken Sie Ihre Leute mit Schweißbrennern los, damit sie den umgestürzten Turm aus dem Weg räumen. Der Klub bleibt heute abend geschlossen. Und . . . ich weiß nicht recht, wie ich mich ausdrücken soll, aber ich möchte Ihnen allen für Ihre Loyalität und Ihr Pflichtbewußtsein danken. Nochmals vielen Dank dafür."

Er ließ den Sprechknopf los und sah auf. Sharan Inly stand in der Tür. „Sie wollten mich sprechen?"

Bard grinste müde. „Danke, Miß Inly."

„Wofür?"

„Daß Sie mir nicht versichert haben, wie leid Ihnen das alles tut, daß ich natürlich nicht schuld daran bin und so weiter."

Sharan ließ sich in einen Sessel fallen. „Dazu gibt es nicht viel zu sagen. Unser guter Freund Raul hat uns hereingelegt. Auf der anderen Seite der Welt ist jetzt jemand sehr froh, nehme ich an."

„Was haben Sie vor, Sharan?"

„Für mich findet sich bestimmt irgendeine andere Tätigkeit. Wahrscheinlich arbeite ich wieder im Pentagon und befasse mich mit den Ödipuskomplexen junger Offiziere. Aber jetzt habe ich ein Hobby."

„Hobby?"

„Ich will herausbekommen, wer diese Hypnose über große Entfernungen hinweg bewirkt hat. Ich kenne zum Glück einige Leute, die mich nicht gleich für verrückt halten, wenn ich ihnen davon erzähle."

„Aber dazu werden Sie in nächster Zeit nicht viel Gelegenheit haben, fürchte ich. Jetzt findet erst eine große Untersuchung statt, bei der wir die Hauptrollen spielen. Sie und ich und Adamson und Leeber und Kornal und noch einige andere sitzen in der ersten Reihe."

DRAUSSEN trieb ein Sturm tiefhängende Wolken über den Himmel. In General Sachsons Konferenzraum waren zusätzliche Stühle aufgestellt worden. Zwei Sekretärinnen saßen am Fenster und stenografierten jedes Wort mit. Im Korridor warteten Reporter und Fotografen, die nicht eingelassen worden waren.

Bard Lane saß am Zeugentisch.

Senator Leedry, der jetzt die Fragen stellte, war alt, vertrocknet und weißhaarig. Er lächelte oft, aber seine Stimme konnte beißend scharf sein.

„Dr. Lane, ich finde es äußerst anerkennenswert, daß Sie sich bemühen, technische Fragen so zu erläutern, daß auch wir armen Laien etwas davon verstehen. Das ist wirklich lobenswert, aber wir sind vielleicht nicht ganz so intelligent, wie Sie anzunehmen scheinen. Ich bin es jedenfalls nicht. Können Sie uns Ihre Theorie über den Unfallhergang nochmals erläutern?"

„Die A-6-Triebwerke arbeiten mit ‚weicher' Strahlung, wie Fachleute sagen. Die Abschirmung dient gleichzeitig als Moderator. Bei der ersten Inbetriebnahme wird der Kernbrennstoff in Form kleiner Kugeln in die Verbrennungskammer gebracht, wo er den Schub zur Fortbewegung des Raumschiffs erzeugt. Die Kontrollinstrumente des Triebwerks waren noch nicht eingebaut. Deshalb ist es ausgeschlossen, daß die Kugeln versehentlich in die Brennkammer geraten sind."

Logan Brightling, der Verteidigungsminister, räusperte sich gewichtig. „Warum befand sich der Kernbrennstoff bereits an Bord der *Beatty I*, bevor die Instrumente eingebaut waren?" erkundigte er sich.

„Allein bei der Lagerung entstehen hohe Temperaturen, die an Bord zur Erzeugung von elektrischer Energie ausgenützt wurden. Das war praktisch, denn die *Beatty I* trug so selbst zu ihrem Bau bei. Ich möchte Ihnen jetzt zeigen, warum es sich nicht um einen Unfall gehandelt haben kann." Bard war aufgestanden und an den großen Bauplan des Raumschiffs getreten, der an der Wand hing. „Hier könnte ein Mann das Schiff betreten haben – angeblich, um die austretende Strahlung an der Abschirmung zu messen. Er könnte mehrere Messungen durchgeführt haben, bis er dieses Schott erreicht hätte; dort befand sich ein Durchstieg, der jedoch nur benutzbar war, wenn die Brennkammer keinen Kernbrennstoff enthielt. Die Strahlung dahinter war so stark, daß sie einen Mann in zehn oder zwölf Minuten getötet hätte. Sobald dieses letzte Hindernis überwunden war, lagen die unteren Brennstoffkugeln in ihren Halterungen auf dem Förderband vor dem Eindringling. Für ihn war es nicht mehr schwierig, sie aus den Halterungen zu lösen und auf die Platte über der Brennkammer zu werfen; anschließend war nur noch ein zweites Förderband in Betrieb zu setzen, das die Kugeln in die Kammer transportierte. Da die Moderatoren fehlten, begann das Triebwerk sofort zu arbeiten, und die *Beatty I* hob ab. Es gibt natürlich keine Beweise für diese Theorie, aber wir haben festgestellt, daß der Startplatz stärker als ursprünglich berechnet verseucht war. Daraus schließen wir, daß die Brennkammer mehr Kugeln enthielt, als das Förderband normalerweise dorthin gebracht hätte. Ein mechanisches Versagen der Fördereinrichtung ist deshalb mit Sicherheit auszuschließen."

Leedry zog die Augenbrauen hoch. „Wir sollen also glauben, Dr. Lane, daß jemand sich in . . . in diese Hölle vorgewagt hat, um die *Beatty I* zu sabotieren?"

Bard kehrte zu seinem Platz zurück. „Ich sehe keine andere Möglichkeit. Wer sich länger als einige Sekunden am offenen Luk des Brennstofflagers aufgehalten hat, war praktisch bereits tot. Der Attentäter hat sich selbst geopfert. An Bord der *Beatty I* hielten sich zwölf Techniker auf, die von zwölf Posten bewacht wurden, weil ich vier Tage zuvor die Sicherheitsvorschriften verschärft hatte.

Der Saboteur muß seinen Bewacher überwältigt haben. Der Fahrstuhlführer und zwei weitere Arbeiter, die sich in der Nähe des Schiffs aufhielten, fanden ebenfalls den Tod. Eine Stenotypistin, die schwere Verbrennungen erlitt, als sie unter einem brennenden Stück des Tarnzelts liegenblieb, ist gestern gestorben. Das Unglück hat also achtundzwanzig Todesopfer gefordert."

General Sachson stand auf, ging zu Leedry und flüsterte ihm etwas ins Ohr. „Dr. Lane, setzen Sie sich bitte an den anderen Tisch!" forderte der Senator ihn auf. „Dr. Inly, nehmen Sie bitte hier Platz." Als Sharan am Zeugentisch saß, fuhr Leedry langsam fort: „Dr. Inly, Sie haben vorhin Ihre Pflichten und Aufgaben im Rahmen des Projekts ‚Tempo' geschildert, und Sie haben die einschlägigen Vorschriften erwähnt. Soviel ich weiß, steht in diesen Vorschriften, daß ein zur Beobachtung eingewiesener Angestellter mindestens sieben Tage in der Klinik bleiben muß. Aus den Akten geht jedoch hervor, daß Dr. Lane schon nach drei Tagen entlassen wurde. Wie erklären Sie sich diese Abweichung?"

Sharan biß sich auf die Unterlippe und schwieg.

„Kommen Sie, Dr. Inly, Sie müssen doch wissen, warum Doktor Lane entlassen wurde!"

„Ich habe festgestellt, daß . . . meine ursprüngliche Diagnose . . . nicht zutraf."

„Sind Sie nicht sehr gut mit Dr. Lane befreundet? Sind Sie nicht oft mit ihm allein gewesen? Hat es unter den übrigen Mitarbeitern nicht Gerüchte gegeben, die besagten, Ihr Verhältnis zu Dr. Lane sei . . ., nun, nicht nur rein beruflicher Natur?" Leedry beugte sich vor.

„Ich verwahre mich ausdrücklich gegen diese Unterstellung, Senator."

„Beantworten Sie einfach nur die Fragen, Dr. Inly."

„Dr. Lane ist ein guter Freund von mir. Wir waren oft zusammen und haben darüber gesprochen, welche Maßnahmen dazu beitragen könnten, das Projekt ‚Tempo' zu fördern."

„Wirklich?" fragte der Senator.

Bard Lane stand auf. „Senator, ich verbitte mir diese versteckten Beleidigungen, gegen die Dr. Inly wehrlos ist!"

„Ruhe!" verlangte der Vorsitzende des Untersuchungsausschusses. „Setzen Sie sich, Dr. Lane!"

„Nehmen Sie bitte wieder am Zeugentisch Platz, Dr. Lane!" forderte Leedry ihn auf. „Und Sie brauchen wir bald wieder, Dr. Inly."

Bard setzte sich. Leedry wartete, bis Ruhe herrschte. „Dr. Inly ist recht hübsch, nicht wahr?" fragte er Bard, jovial lächelnd.

„Sie ist eine gute Psychologin", antwortete Bard Lane.

„Äh, richtig. Schön, kommen wir zu Ihnen, Dr. Lane. Gestern haben wir die Aussage einer Oberschwester der Klinik gehört. Können Sie uns erklären, wie es dazu kam, daß Sie von ihr ertappt wurden, als Sie eine Schwester namens Elinor Anderson küßten?"

„Darf ich fragen, worauf Ihr Verhör abzielt?" erkundigte sich Bard Lane.

„Das erkläre ich Ihnen gern, Dr. Lane, am besten dadurch, daß ich Ihnen eine weitere Frage stelle. Dr. Lane, Sie sind ein berühmter Mann, wie Sie selbst wissen. Sie sind noch recht jung für die gewaltige Verantwortung, die Sie zu tragen hatten. Sie haben etwas über eine Milliarde Dollar aus Steuergeldern ausgegeben. Dieses Geld stammt aus den Taschen kleiner Leute, die schwer arbeiten müssen, um leben zu können. Ich bin davon überzeugt, daß Sie sich Ihrer Verantwortung gegenüber Ihren Landsleuten bewußt waren. Beantworten Sie mir jetzt eine Frage: Hatten Sie in letzter Zeit, seitdem Sie Bill Kornal wiedereingestellt hatten, jemals Zweifel an Ihrer Eignung als Leiter des Projekts ‚Tempo'?"

Bard ballte unwillkürlich die Fäuste. Er sah zu Sharan Inly hinüber und senkte den Kopf. „Ja, ich hatte derartige Zweifel."

„Und Sie haben sich trotzdem nicht ablösen lassen?"

„Nein, Sir."

„Danke, Sie können draußen warten. Major Leeber, nehmen Sie bitte hier Platz. Stimmt es, daß Sie als Beobachter des Projekts abkommandiert waren?"

„Jawohl, Sir", antwortete Leeber militärisch knapp.

„Wollen Sie uns bitte mitteilen, was Sie von Dr. Lanes Führungseigenschaften halten?"

„Ich zitiere am besten aus einem Bericht, den ich drei Tage vor dem ‚Unfall' an General Sachson geschickt habe, Sir. ‚Allem Anschein nach ist Dr. Lane eher dazu geeignet, ein Forschungslabor zu leiten, als ein Projekt dieser Art zu koordinieren. Ihm fehlt die Ausbildung als Verwaltungsfachmann, und er legt unverständlicherweise keinen Wert auf Disziplin. Während er einerseits die oben angeführten Sicherheitsmaßnahmen anordnet, die weit übers Ziel hinausschießen, läßt er es andererseits zu, daß sich selbst Männer in leitenden Positionen mit Stenotypistinnen und dergleichen anfreunden. Es erscheint deshalb angezeigt, diese Methoden von Washington aus überprüfen zu lassen.'"

Leedry wandte sich an Sachson. „Nur eine kurze Zwischenfrage, General. Was haben Sie mit diesem Bericht angefangen?"

„Ich habe ihn mit einem Begleitschreiben durch Kurier an den Oberbefehlshaber des Heeres geschickt. Ich habe angenommen, daß der Verteidigungsminister davon erfahren würde."

„Richtig, der Bericht lag auf meinem Schreibtisch", bestätigte der Minister. „Ich werde dafür sorgen, daß Ihre Initiative in Ihrer Personalakte lobend vermerkt wird – das gilt für beide Herren."

Sharan Inly lachte plötzlich. Als die Anwesenden sie verblüfft anstarrten, erklärte sie ihnen: „Diese Komödie ist wirklich zu lächerlich! Das Militär war von Anfang an gegen das Projekt ‚Tempo' eingestellt, weil es sich nicht vorstellen kann, daß Raumfahrer erfolgreich sein könnten, ohne Uniformen zu tragen, militärisch zu grüßen und sich mit ihrem Dienstgrad anzusprechen. Dr. Lane hat das Pech gehabt, zwischen diese Mühlsteine zu geraten, und er gilt schon jetzt als Sündenbock, obwohl er in Wirklichkeit mehr Integrität im kleinen Finger hat, als Major Leeber sich überhaupt vorstellen kann." Sie wandte sich an Leeber und fügte gelassen hinzu: „Sie sind ein ziemlich schäbiger Opportunist. Meine Herren, diese Tragikomödie macht mich noch ganz krank, und wenn ich nicht rechtzeitig gehe, muß ich mich vielleicht sogar noch übergeben. Deshalb verabschiede ich mich jetzt von Ihnen. Freut mich sehr, Sie kennengelernt zu haben."

Sie stand auf und verließ den Raum. Die Tür fiel hinter ihr ins Schloß.

„Hm", machte Leedry nachdenklich, „ich nehme an, daß sie lange wird warten müssen, bevor wieder eine Position im Staatsdienst für sie frei wird. Und sie hat uns eigentlich alles erzählt, was wir wissen müssen. Daß sie in Lane verknallt war und deshalb in der Beurteilung seines Falls andere Maßstäbe angelegt hat, dürfte jetzt ziemlich klar sein. Ich schlage vor, daß wir uns allmählich Gedanken darüber machen, wie unsere Schlußfolgerung auszusehen hat. Ich bin der Überzeugung, daß das Projekt ‚Tempo' fehlgeschlagen ist, weil Dr. Bard Lane seine Pflichten fahrlässig verletzt hat. Ich schlage vor, daß wir die Zeugen hinausschicken und über die Formulierung des Untersuchungsergebnisses diskutieren."

General Sachson erhob sich. „Dürfte ich noch etwas hinzufügen, Senator?"

„Selbstverständlich, General", erwiderte Leedry.

„Aus meiner Personalakte ist zu ersehen, daß ich das Projekt ‚Tempo' vor nunmehr zwei Jahren negativ beurteilt habe, als ich zu einer Meinungsäußerung aufgefordert wurde. Dr. Inly hat behauptet, das Militär sei gegen das Projekt eingestellt gewesen. Diesen Vorwurf möchte ich energisch zurückweisen. Ich bin Soldat und führe Befehle aus. Sobald das Projekt ‚Tempo' offiziell genehmigt war, habe ich es mit aller Kraft unterstützt. Das beweisen die Protokolle aller Besprechungen im Zusammenhang mit ‚Tempo'. Ich muß jedoch zugeben, daß ich die Erfolgsaussichten von ‚Tempo' stets pessimistisch beurteilt habe. Ich bin nach wie vor der Meinung, daß der Weltraum nur durch gemeinsame Anstrengungen und eiserne Disziplin erobert werden kann. General Roamer hat schon vor sechzehn Jahren einen Plan vorgelegt, der einen Ausbau unseres Mondstützpunkts vorsah. Vom Mond aus können wir später auch zum Mars und zur Venus fliegen. Wir brauchen vor allem einen größeren und besser befestigten Stützpunkt auf dem Mond, meine Herren. Damit haben wir auch Panasien in der Hand, und dieses Ziel müßte wertvoll genug sein, um es mit allen Kräften anzustreben. Wir müssen den Mondstützpunkt ausbauen und dürfen unsere Kräfte nicht damit vergeuden, einigen weltfremden Physikern kostspielige Experimente zu ermöglichen. Ich danke Ihnen für Ihre Aufmerksamkeit, meine Herren."

Leedry klatschte als erster Beifall. Major Leeber sprang rasch auf und klatschte begeisterter als alle anderen.

XII

RAUL KINSON saß ungezählte Tage allein in einem Lernraum hoch über den übrigen Wächtern. Er kam nur selten nach unten, um etwas zu essen. Einmal begegnete ihm Leesa. Er sah sie nicht an und schien nicht zu hören, was sie sagte. Er war erleichtert, als sie schließlich fortging.

Er hatte immer wieder das gleiche Bild vor sich: die Vernichtung der *Beatty I*, die er durch Bard Lanes Augen gesehen hatte. Er wußte, wer daran schuld war; er hätte Leesa am liebsten erwürgt, aber er ahnte, daß er das nicht über sich bringen würde.

Er träumte nicht mehr. Er wollte nicht zur Erde zurückkehren. Er hatte sich schon früher für die Wächter geschämt, aber diesmal war das Gefühl intensiver. Er brauchte lange, um es zu überwinden, und er kehrte nur langsam ins Leben zurück. Auf der Erde hatte es ein Schiff gegeben. Hier standen sechs. Konnte man außerhalb des Gebäudes überleben? Vielleicht war es möglich, eines dieser Schiffe zu erreichen . . .

Er wußte, wo die Tür war. Er stieg auf die unterste Ebene hinab, eilte durch die langen Korridore und sah sich oft um. Die Räume auf beiden Seiten enthielten Dinge, die niemand mehr interessierten. Kleidungsstücke. Werkzeuge. Seit Jahrhunderten unberührt.

Schließlich stand er vor der schweren Metalltür. Zwei Räder mit polierten Speichen waren in Brusthöhe in das Metall eingelassen. Er griff nach einem von ihnen. Es ließ sich leicht bewegen. Als er es mit Schwung drehte, rotierte es lautlos und hielt dann mit einem Klicken an. Das andere bewegte sich in Gegenrichtung. Er holte tief Luft, warf noch einen Blick über die Schulter, faßte nach beiden Rädern und zog daran.

Die Tür öffnete sich langsam. Er kannte Wind und Kälte, aber er hatte sie stets nur in fremden Körpern empfunden, und er wußte jetzt, daß die Wirklichkeit schlimmer war. Der Wind schnitt messerscharf durch seine dünne Kleidung und trieb Sand durch die offene Tür herein. Er wußte, daß er diese Kälte nicht ertragen konnte. Der Sand hinderte ihn daran, die Tür wieder zu schließen. Er schaufelte ihn mit beiden Händen hinaus, schloß die Tür, lehnte sich mit dem Rücken dagegen und wartete, bis sein Körper wieder warm wurde.

Er fand die Kleidungsstücke im dritten Raum. Sie waren aus dunkelgrünem Metalltuch hergestellt und mit einem flauschigen Material gefüttert. Er fand einen passenden Anzug und schlüpfte hinein. Der Anzug ließ sich nicht richtig schließen, bis Raul merkte, daß die beiden Metallstreifen an der Vorderseite von selbst aufeinander hafteten.

Nun war er hoffentlich gegen die Kälte geschützt, aber als er zur Tür zurückkehrte, wurde er auf eine andere Gefahr aufmerksam. Wenn er die Tür hinter sich zuzog, würde sie bis zu seiner

Rückkehr geschlossen bleiben; dann brauchte er sie nur aufzustoßen. Aber wenn Jord Orlan oder ein anderer ihm folgte und die Räder drehte . . .

„Raul!" sagte eine Frauenstimme hinter ihm. Er drehte sich erschrocken um, sah Leesa und wandte sich wortlos ab.

„Raul, du mußt mir zuhören!"

„Nein."

„Ich weiß, was du von mir denkst. Ich habe dich getäuscht, Raul. Ich habe mein Versprechen nicht gehalten. Ich habe das Schiff vernichtet." Sie lachte bitter. „Aber ich habe mich dabei auch selbst betrogen!"

Er drehte sich nicht um, sondern starrte die Tür an.

„Ich habe seitdem oft geträumt, Raul, weil ich ihn unbedingt wiederfinden wollte. Ich habe Sharan Inly gefunden und ihr alles erzählt. Sie hat mich verachtet, aber jetzt versteht sie mich. Sie weiß nicht, wo er ist. Und ich muß ihn finden . . . und ihn um Verzeihung bitten . . ."

Raul hörte ein ungewohntes Geräusch und drehte sich um. „Ich habe dich noch nie weinen sehen, Leesa", sagte er erstaunt.

„Hilf mir, ihn zu finden, Raul! Bitte, hilf mir!"

„Ich möchte, daß du ihn findest, Leesa. Dann siehst du selbst, was du ihm angetan hast."

„Ich weiß, was ich ihm angetan habe. Ich bin einmal nach der Katastrophe in seinen Verstand eingedrungen. Es war . . . entsetzlich."

„Wie ist das möglich, Leesa? Hast du vergessen, daß diese Wesen nur im Traum existieren? Die Maschinen erzeugen sie für uns. Die Traummaschinen haben Bard Lane für dich erfunden."

„Nein. Bitte, nein . . ."

„Soll das etwa heißen, daß du plötzlich an die Existenz dieser Traumwesen glaubst?" erkundigte er sich spöttisch. „Was könnte diesen Sinneswandel bewirkt haben?"

Leesa erwiderte seinen Blick. „Ich kann das alles nicht so gut ausdrücken wie du. Aber ich bin in seinen Verstand eingedrungen. Ich kenne seine Gedanken, seine Erinnerungen und seine Träume. Ich kenne ihn besser, als ich mich selbst kenne, und ich kann einfach nicht in einem Universum weiterleben, in dem er nicht existiert. Und wenn er existiert, gibt es auch die anderen wirklich. Du hast recht gehabt, Raul."

„Soll ich dir jetzt trauen?"

„Gibt es jetzt noch einen Grund, mir nicht zu trauen?"

Er streckte ihr lächelnd die Hände entgegen. „Gut, ich vertraue dir. Wenn du mir hilfst, finden wir ihn vielleicht wieder. Ich weiß, wie dir zumute ist, Leesa, denn ich kann ebenfalls nicht vergessen, wie sie . . ."

„Sharan Inly?"

Raul senkte den Kopf. „Ja", sagte er leise. „Eine grausame Falle für uns beide, nicht wahr?"

„Wie kann ich dir helfen?"

„Ich bin zu den Schiffen unterwegs. Ich will versuchen, an Bord eines Schiffs zu gehen. Ich habe die Bedienungsanleitungen studiert. Wir erleben es bestimmt nicht mehr, daß die Erde ein zweites Schiff wie die *Beatty I* baut. Die Schiffe dort draußen funktionieren nach dem gleichen Prinzip. Ich hoffe, daß es mir gelingt, mit einem davon die Erde zu erreichen."

Leesa starrte ihn erschrocken an. „Aber . . ."

„Vielleicht ist es dort draußen zu kalt. Vielleicht erfriere ich. Unter Umständen ist der Sauerstoffgehalt der Luft nicht mehr hoch genug. Dann ersticke ich. Wenn ich nicht zurückkomme, gehst du in den zweiten Raum und suchst ein Werkzeug, mit dem du die Kabel der Traummaschinen durchtrennen kannst. Laß keines unversehrt! Hast du verstanden?"

„Dann finde ich ihn nie."

„Das wäre besser für ihn. Ich will Sharan Inly mit eigenen Augen sehen können. Alles andere ist zuwenig."

„Aber diese Schiffe . . .; nach so vielen Jahrhunderten . . ., unglaublich, Raul."

„Ich habe vorhin die Tür geöffnet. Ich glaube, daß ich dort draußen überleben kann. Hilf mir – warte hier auf mich. Ich muß ins Gebäude zurückkönnen. Falls jemand hier auftaucht, mußt du ihn daran hindern, diese Räder an der Tür zu berühren. Hast du das verstanden?"

„Ja."

Er ging zur Tür, zog sie auf und sah Leesa vor dem eisigen Wind zurückweichen. Er senkte den Kopf und trat ins Freie. Leesa schloß die Tür hinter ihm. Er stellte fest, daß er hier draußen rasch und tief atmen mußte. Die Kälte drang selbst durch den Schutzanzug. Er kniff die Augen zusammen und suchte nach den Schiffen; als er ihre Position ausgemacht hatte, hielt er eine Hand schützend über die Augen und steckte die andere unter die Achsel, um sie zu wärmen. Als er erstmals die Hände wechseln mußte, stellte er fest, daß er zu weit nach links abgekommen war. Er marschierte weiter und hielt sich nach rechts. Die Schiffe schienen nicht näher zu kommen. Als er wieder den Kopf hob, ragten sie endlich etwas höher vor ihm auf. Er drehte den Rücken gegen den Wind und stieß einen lauten Schrei aus, als er erstmals seine Welt weit hinter sich sah. Riesige schwarze Türme ragten in den dunklen Himmel auf; sie waren größer als die Schiffe, aber trotzdem klein im Verhältnis zu den Bergen dahinter. Er stapfte weiter. Der Wind verwehte seine Spuren. Die Schiffe wurden größer. Er wußte nicht mehr, wie lange er schon unterwegs war. Die Schiffsrümpfe standen weit voneinander entfernt und ragten höher auf, als er gedacht hatte. Die letzten hundert Meter fielen ihm leichter, weil er im Windschatten des nächsten Schiffs marschierte. Dann stand er vor einem Gebirge aus Metall. Die schimmernde Oberfläche war mit Kratern und Rillen übersät. Er suchte nach einem Zugang. Es schien keinen zu geben. Um das Schiff herum waren hohe Sanddünen aufgehäuft. Er kletterte mühsam darüber hinweg, starrte immer wieder an dem Schiffsrumpf empor und hätte vor Verzweiflung fast geweint. Er stützte sich an die schimmernde Metallwand. Seine Finger waren vor Kälte so erstarrt, daß er die Unebenheiten des Metalls nicht mehr spürte. Er umkreiste das Schiff zweimal, ohne einen Zugang zu entdecken.

Er stolperte, fiel und blieb liegen. Während er seine Kräfte sammelte, um wieder aufzustehen, sah er etwas an der glatten Wand dicht vor seinen Augen. Er hatte einen schmalen rechtwinkligen Spalt vor sich. Er blieb im Sand sitzen und legte den Spalt fieberhaft mit beiden Händen frei, die jetzt völlig gefühllos waren. Der Spalt wurde länger und gehörte unverkennbar zu einem fast ebenerdigen Luk. Raul lächelte zufrieden vor sich hin, während er die Metallwand des Schiffs tätschelte. Er stand schwankend auf und hielt sich unsicher auf den Beinen. Braves Schiff. Bringt mich zur Erde. Bald sehe ich Sharan wieder.

Raul drehte sich langsam um. Nein, er brauchte gar nicht zur Erde. Sharan stand bereits lächelnd hinter ihm. Ihr machte der Wind nichts aus, und er fror jetzt auch nicht mehr. Er taumelte auf sie zu, aber sie wich vor ihm zurück. Ihre Füße hinterließen keine Spuren im Sand.

„Sharan!" brüllte er heiser. Seine Stimme ging im Wind unter. „Sharan!" Er setzte sich in Bewegung, wollte rennen und fiel der Länge nach in den Sand. Dort fühlte er sich viel zu behaglich, um wieder aufzustehen. Es war endlich warm. Der Wind häufte den Sand rasch an seiner linken Seite auf, als wollte er ihn damit zudecken, und schließlich rieselte eine Handvoll wie ein zartes Streicheln über seinen Nacken.

XIII

SHARAN INLY runzelte die Stirn beim Anblick der schmutzigen Straße. Der Privatdetektiv hielt am Randstein. In der Abenddämmerung flammten die ersten Lichtreklamen auf. Der Detektiv zeigte auf eine Bar, über der JOE'S ALIBI stand.

„Er ist dort drinnen, Miß. Soll ich ihn herausholen? Er kommt bestimmt nicht freiwillig."

„Ich gehe selbst hinein", entschied sie.

„Dann komme ich mit. Sie brauchen wahrscheinlich Hilfe."

„Wie Sie meinen", sagte Sharan.

Sie betraten den halbdunklen Raum. Die wenigen Gäste starrten Sharan verblüfft an. Ihre Unterhaltung verstummte. Sie drehte sich enttäuscht nach dem Privatdetektiv um.

„Er ist nicht hier", murmelte sie.

„Sehen Sie genauer hin, Miß."

Sie kniff die Augen zusammen. Der Mann hockte an einem Tisch in der Ecke. Er ließ den Kopf auf die Brust hängen und schlief. Er hatte graue Bartstoppeln und trug ein schmutziges Hemd.

Sharan trat an den Tisch. „Bard!" rief sie ganz erschrocken. „Bard!"

„Heißt er so?" fragte der Barkeeper neugierig. „Für uns ist er der Professor. Sozusagen unser Maskottchen, wissen Sie. Soll ich ihn wecken?"

Der breitschultrige Barkeeper kam hinter der Theke hervor, rüttelte an Bards Stuhllehne, riß ihn mühelos am Revers seiner Jacke hoch und schlug ihm ins Gesicht. Die Ohrfeige knallte wie ein Revolverschuß.

„Immer mit der Ruhe, Freundchen", sagte der Privatdetektiv warnend.

Bard öffnete langsam die Augen. Er schien kaum zu wissen, wo er sich befand, und er sah nicht, wer vor ihm stand.

„Hören Sie sich bloß an, was er für Unsinn verzapft!" sagte der Barkeeper grinsend. „Professor! He, hörst du mich, Professor? Erzähl uns von den Marsmenschen!"

„Sie kommen von einem anderen Planeten und bemächtigen sich unserer Körper", sagte Bard heiser. „Sie bringen uns dazu, böse zu denken und böse zu handeln. Niemand weiß, wann sie kommen. Wir müssen uns vor ihnen in acht nehmen."

„Gut, was?" fragte der Barkeeper stolz.

„Lassen Sie ihn in Ruhe!" fuhr Sharan ihn an.

„Klar, Gnädigste, wird gemacht. Das war nur ein kleiner Scherz."

Bard starrte sie an und runzelte die Stirn. „Was willst du?"

„Komm, Bard, ich muß mit dir sprechen."

„Mir gefällt es hier besser", murmelte er. „Tut mir leid."

Der Privatdetektiv trat hinter ihn, hielt sein rechtes Handgelenk fest und riß ihm den Arm hoch. Bard setzte sich nur schwach zur Wehr. Der Detektiv führte ihn zur Tür. Sharan folgte ihm.

„Paß gut auf den Professor auf, Kleine!" rief einer der Gäste. Die anderen lachten.

Sharan schloß das Auto auf, und der Detektiv schob Bard auf den Rücksitz. Bard schlief sofort wieder ein. Der Detektiv ließ den Wagen an. „Ziemlicher Mief, den er an sich hat, was?" meinte er. Als Sharan nicht antwortete, fuhr er schweigend zu einer heruntergekommenen Mietskaserne in der übernächsten Straße.

„Sein Zimmer ist im ersten Stock", sagte der Privatdetektiv. Er weckte Bard und stellte ihn auf die Beine. Bard Lane ließ alles willenlos über sich ergehen. Er schien nicht mehr die Kraft zu haben, zu protestieren oder sich zur Wehr zu setzen. Der Detektiv legte Bard einen Arm um die Taille und schleppte ihn nach oben. Sharan folgte den beiden Männern die Treppe hinauf. Die Zimmertür war nicht abgeschlossen. Das Zimmer war winzig, düster und schmutzig.

„Soll ich noch hierbleiben und Ihnen behilflich sein, Miß?" fragte der Privatdetektiv.

„Danke, ich komme allein mit ihm zurecht", antwortete sie. „Und vielen Dank für Ihre Mühe."

„Dafür werde ich schließlich bezahlt. Nehmen Sie sich in acht vor ihm. Manche reagieren bösartig, wenn man sie wieder zu sich bringt."

Bard war aufs Bett gefallen. Er schnarchte. Sie schloß die Tür hinter sich ab und nahm den Schlüssel mit. Eine Stunde später kam sie mit einem Anzug, Hemd, Socken und Unterwäsche in seiner Größe zurück. Sie machte Licht und räumte das Zimmer einigermaßen auf. Das Bad befand sich auf der gegenüberliegenden Seite des Korridors. Sie breitete dort die neuen Kleidungsstücke, neue Schuhe und das Rasierzeug aus, das sie gekauft hatte.

Dann kam das Schlimmste: Sie mußte ihn wecken und erleben, daß er sie nicht mehr zu kennen schien. Auf dem Weg ins Bad stützte sie ihn. Er war nicht dazu imstande, sich selbst auszuziehen. Als er endlich in der Badewanne saß, mußte sie warten, bis das kalte Wasser ihn einigermaßen zu Bewußtsein gebracht hatte, damit er nicht hineinrutschte und ertrank. Dann ging sie hinaus und brachte einen halben Liter Kaffee. Er trank ihn durstig und wurde etwas wacher davon.

„Bard! Wasch dich und zieh dich an!"

„Klar, wird gemacht", murmelte er.

Sie kam noch mehrmals an die Badezimmertür zurück, um zu horchen. Sie hörte Wasser plätschern. Später schien Bard sich zu rasieren. Sie packte seinen alten Anzug in eine Plastiktüte.

Dann kam er langsam herein. Er setzte sich auf die Bettkante und sah mit blutunterlaufenen Augen zu ihr auf.

„Wie fühlst du dich jetzt?" wollte sie wissen.

„Scheußlich."

„Der Kaffee ist noch heiß. Am besten trinkst du ihn gleich aus."

Bard nickte gehorsam und nahm den vollen Becher entgegen. Obwohl er ihn mit beiden Händen festhielt, verschüttete er etwas von der heißen Flüssigkeit.

„Das war keine sehr gute Lösung, nicht wahr?" fragte sie.

„Gibt es überhaupt eine gute?"

„Aufgeben ist nie eine gute Lösung."

„Bitte keine Moralpredigt. Ich war plötzlich überflüssig. Deshalb wollte ich die Rolle gleich richtig spielen."

„Jeder Mensch sieht sich manchmal gern als Märtyrer, Bard."

Er starrte sie mit leblosen Augen an. „Ich bin ausgestoßen worden. Die Sache hat mir den Hals gebrochen. Kein Institut und keine Firma wollte mehr etwas mit mir zu schaffen haben. Das weißt du doch selbst. Aber ich hatte noch genug Geld auf der Bank. Ich wollte es ihnen allen zeigen. Ich habe einige Unfallopfer interviewt, von denen ich annehmen konnte, daß sie von Raul und seinen Leuten beeinflußt worden waren. Ich habe dabei ein Tonbandgerät mitlaufen lassen. Erinnerst du dich noch an den am häufigsten gebrauchten Ausdruck? ‚Ich weiß nicht, was plötzlich über mich gekommen ist.' Ich wollte eine Zeitung dafür interessieren. Die Journalisten unterhielten sich ganz freundlich mit mir, während sie die Männer in den weißen Kitteln alarmierten."

„Das habe ich gelesen, Bard."

„Ein guter Artikel, was? Und so witzig."

„Dein Name ist schon seit Monaten nicht mehr erwähnt worden. Die Öffentlichkeit hat ein kurzes Gedächtnis. Sie hat dich längst vergessen."

„Das ist immerhin ein Trost."

„Fühlst du dich besser?"

Er starrte sie an. „Dr. Inly, der Patient weigert sich leider, sich behandeln zu lassen. Er will nur seine Ruhe."

Sie lächelte gelassen. „Sei nicht kindisch, Bard. Trink den Kaffee aus. Dann bekommst du einen Haarschnitt und ein Steak – in dieser Reihenfolge."

„Und womit habe ich diese Aufmerksamkeit verdient?"

„Du wirst gebraucht", erklärte sie ihm. „Tu einfach, was ich dir sage. Alles Weitere erfährst du rechtzeitig."

SPÄTER saßen sie sich im hintersten Winkel eines ruhigen Restaurants gegenüber. Seine Augen leuchteten wieder heller, und seine Hand zitterte kaum noch, als er Sharan eine Zigarette anzündete. Er trank einen Schluck Kaffee. „Gut, jetzt können wir miteinander reden."

„Wir sind von falschen Voraussetzungen ausgegangen, Bard", erklärte sie ihm. „Die *Beatty I* ist nicht etwa deshalb zerstört worden, weil jemand auf der anderen Seite der Welt den hypnotischen Befehl dazu gegeben hat. Raul und seine Schwester haben wieder Verbindung mit mir aufgenommen. Ich habe dafür gesorgt, daß Lurdorff eingeschaltet wurde. Er glaubt ebenfalls, daß die beiden existieren."

„Weiter, bitte", sagte Bard tonlos.

„Rauls Schwester hat das Schiff zerstört. Du hast den Ablauf ganz richtig vermutet.“ Sharan machte eine Pause. „Leesa hat sich eingebildet, wir seien bloß Traumgestalten. Aber sie hat sich in dich verliebt – und seitdem glaubt sie an unsere Existenz. Sie und ihr Bruder haben mir geholfen, dich zu finden. Ich habe ihnen erklärt, wie teuer Privatdetektive sind, und sie haben veranlaßt, daß wildfremde Menschen mir auf der Straße ihr ganzes Geld in die Hand drückten. Und jetzt haben wir dich gefunden.“

Bard drückte seine Zigarette aus. „Eine merkwürdige Liebesaffäre, nicht wahr? Wenn Raul mir einen richtigen Eindruck von seiner Welt vermittelt hat, ist meine ferne Geliebte kahlköpfig und hat den Körper einer Zwölfjährigen. Ich kann es kaum noch erwarten, sie in die Arme zu schließen.“

„Laß den Unsinn, Bard!“ mahnte Sharan energisch. „Wir brauchen dich. Du mußt uns helfen, damit wir verwirklichen können, was die *Beatty I* fast erreicht hätte.“

„Aha, ich weiß schon. Raul bringt eine Milliarde Menschen dazu, uns einen Dollar zu schenken, und wir fangen ganz von vorn an.“

Sharan stand rasch auf. „Ich dachte, du würdest uns helfen wollen, Bard. Aber ich scheine mich geirrt zu haben. Freut mich, daß wir uns wieder einmal begegnet sind. Alles Gute für die Zukunft!“ Sie wollte gehen.

„Bleib hier, Sharan“, bat er. „Tut mir leid, daß ich so unbeherrscht war.“

Sie zögerte und nahm dann wieder Platz. „Gut, dann hör endlich zu. Du bist einer der wenigen Wissenschaftler, die sich vorstellen können, wie Beattys Formeln sich in die Wirklichkeit umsetzen ließen. Irgendein Mann auf Rauls Planet hat das schon vor dreißigtausend Jahren getan. Raul hat die Schiffe erreicht, von denen er dir erzählt hat. Er wäre dabei fast erfroren, aber Leesa hat ihn gerade noch rechtzeitig zurückgeholt. Seitdem ist er schon mehrmals in einem der Schiffe gewesen. Er glaubt, daß es noch betriebsbereit ist, denn er hat einzelne Systeme in Gang gebracht – Heizung, Belüftung und so weiter. Aber er braucht deine Unterstützung, weil er nicht weiß, was er mit dem Kontrollpult anfangen soll.“

„Wie kann ich ihm dabei helfen?“

„Darüber haben wir schon gesprochen. Er kann dir das Kontrollpult vollständig aufzeichnen, und wenn das Schiff nach dem gleichen Prinzip wie die *Beatty I* funktioniert, müßtest du imstande sein, ihm die Instrumente zu erklären."

„Aber . . . Sharan, wie soll ich dafür garantieren, daß meine Erklärung stimmt? Der kleinste Fehler kann dazu führen, daß das Schiff beim Start in Flammen aufgeht oder einen falschen Kurs steuert. Oder nehmen wir einmal an, es erreicht die Erde und trifft als Meteor auf?"

„Raul ist bereit, dieses Risiko auf sich zu nehmen."

Bard schwieg nachdenklich. „Was wäre damit gewonnen?" fragte er schließlich.

„Was wäre mit der *Beatty I* gewonnen gewesen? Und du liest doch manchmal Zeitung? Geheimnisvoller Flugzeugabsturz. Vater bringt sechs Kinder um. Erpresser wirft zwei Millionen Dollar weg. Auto rast in Menschenmenge. Bisher haben wir derartige Ereignisse als unabwendbar angesehen, Bard. Aber ist es nicht der Mühe wert, wenigstens den Versuch zu machen, sie zu verhindern?"

Wieder nachdenkliches Schweigen. „Gut, wann fangen wir an?" fragte Bard schließlich.

„Wir haben vor allem unser Zeitsystem koordiniert. Ihre ‚Tage' sind länger als unsere. Wir gehen zu mir. Sie warten darauf, daß ich dich dorthin bringe, damit sie mit uns Verbindung aufnehmen können. Das ist einfacher, weil sie uns dann nicht suchen müssen. Wir haben allerdings noch fast eine Stunde Zeit."

SHARAN hatte eine Suite in einem Hotel gemietet. Im Wohnzimmer saßen jetzt zwei Leute, aber geistig waren vier anwesend. Bard hatte sich seinen Sessel unter die Stehlampe gerückt, um besser schreiben zu können. Sharan stand am Fenster.

„Wir müssen alle Gedanken aussprechen, damit wir zu viert diskutieren können", sagte Raul mit Bards Stimme. „Wie sollen wir uns gegenseitig identifizieren?"

„Hier spricht Leesa", sagte Sharan. „Raul, wenn einer von uns spricht, hebt er dazu die rechte Hand. Das müßte genügen."

Die anderen stimmten zu. Bard lief unwillkürlich ein kalter Schauer über den Rücken, als er sah, wie seine rechte Hand sich hob, ohne daß er es gewollt hätte. „Dr. Lane hegt noch immer beträchtliche Zweifel, Sharan und Leesa. Er scheint bereit zu sein, uns zu helfen, aber er ist noch skeptisch." Die Hand sank herab.

„Ich gebe zu, daß ich meine feindselige Haltung noch nicht ganz überwunden habe", sagte Bard. „Soviel ich weiß, hat Leesa das Projekt ‚Tempo' zum Scheitern gebracht."

Sharan hob die rechte Hand. „Aber nur aus Unwissenheit, Bard. Du mußt mir vertrauen. Bitte. Ich weiß nicht, ob du . . ."

Bards rechte Hand wurde gehoben, und Raul unterbrach seine Schwester. „Dazu haben wir jetzt keine Zeit, Leesa. Ich möchte Dr. Lane das Kontrollpult aufzeichnen."

Bard Lane spürte, daß ihm jemand die Hand energisch führte, als er jetzt ein Kontrollpult alter Bauart auf seinen Schreibblock zeichnete. Am obersten Rand waren nebeneinander zehn quadratische Instrumente angeordnet. Jedes zeigte eine senkrechte Skala, deren Nullpunkt in der Mitte des Instruments lag. Der Zeiger bestand aus einer roten Linie, die vorläufig noch waagrecht durch den Nullpunkt führte. Unter jeder Skala waren zwei Knöpfe angebracht.

„Das ist der Teil, den ich nicht verstehe", erklärte Raul ihm. „Alle anderen Kontrollinstrumente sind einfacher. Der Kurs des Schiffes läßt sich einfach dadurch bestimmen, daß ein winziges dreidimensionales Bild in die gewünschte Richtung bewegt wird; das Schiff selbst steuert den gleichen Kurs, und die Darstellung erscheint wieder in der Ausgangsposition. Der gleiche Bildschirm dient auch als Hilfsmittel bei der Landung. In diesem Fall wird eine Darstellung der Oberfläche des betreffenden Planeten eingespiegelt, und der Pilot muß nur darauf achten, daß das kleine Schiff, das er darüber sieht, an einem Punkt aufsetzt, den er für geeignet hält. Derartige Manöver werden allerdings nicht von Hand kontrolliert. Der Pilot hat eine Art Kehlkopfmikrofon zur Verfügung, und die Geschwindigkeit seines Schiffs ist davon abhängig, wie laut er einen bestimmten Vokal vor sich hin sagt. Ich habe ihn einmal so leise wie möglich ausgesprochen, und das ganze Schiff hat merklich gezittert. Ich nehme an, daß der Pilot dadurch imstande sein soll, das Schiff auch bei großem Andruck zu kontrollieren. Ich traue es mir zu, mit dem Schiff zu starten und zu landen, aber solange ich nicht weiß, was diese zehn Instrumente zu bedeuten haben, kann ich keinen Flug wagen."

„Hast du versucht, die Verdrahtung hinter den Instrumenten zu enträtseln?" fragte Bard.

„Ja, aber ich verstehe sie nicht. Sie ist so kompliziert, daß ich bestimmt ein Jahr dazu brauchen würde, sie mir zu merken und dir Stück für Stück aufzuzeichnen. Und selbst dann könnte ich nicht dafür garantieren, daß die Zeichnung fehlerlos wäre."

„Plus- und Minuswerte, wie? Sind die Zahlen richtig übertragen? Kann man sie mit unseren Werten vergleichen?"

„Nein. Euer System beruht auf Zehnerpotenzen, während wir von der Zahl Neun ausgehen. Zehn ließe sich bestenfalls als erste Ziffer unserer zweiten Serie umschreiben."

„Das heißt also, daß der Bereich von plus neun bis minus neun eine komplette Serie umfaßt. Ich halte nichts von voreiligen Schlußfolgerungen, aber diese zehn Instrumente mit ihren Skalen erinnern mich sehr an die Anzeige jeder Rechenmaschine. Mit zehn Skalen und nur Pluswerten kann man schon fast eine Milliarde darstellen; fügt man noch Minuswerte hinzu, werden die Möglichkeiten wiederum fast milliardenmal größer. Jede Navigation geht von bekannten Koordinaten aus. Nehmen wir also vorläufig an, das grundlegende Zukunft-Vergangenheit-Verhältnis ließe sich mit Plus- und Minuswerten ausdrücken. Nehmen wir weiterhin an, daß es bei Benutzung verschiedener Bezugsrahmen möglich ist, den entferntesten Stern zu erreichen, ohne mehr als höchstens zehn Zeitlinien zu überqueren. Will man zu einem bestimmten Stern fliegen, schneidet der Kurs des Schiffs diese Linien an einem bestimmten Punkt. Deshalb müßte eine Möglichkeit vorgesehen sein, diesen Punkt im voraus einzustellen, damit er ohne Verzögerung erreicht wird. Das bedeutet praktisch, daß es für jeden Stern eine Indexzahl geben muß, die in eine Formel eingesetzt wird, aus der sich dann die Zahl ergibt, die auf den Skalen eingestellt werden muß. Nein, Augenblick! Wenn ich ein Gerät dieser Art zu bauen hätte, würde ich es mit einem Computer verbinden, der alle notwendigen Korrekturen vornimmt, so daß stets die gleiche Indexzahl verwendet werden kann."

„So muß es sein", stimmte Raul zu. „Auf unserem Planeten ist schon seit Jahrtausenden keine Zeitmessung mehr vorgenommen worden, und ich wäre gar nicht imstande, den Wert entsprechend zu korrigieren."

„Die beiden Knöpfe unter jeder Skala dienen offenbar zur Einstellung der Ziffern. Der obere Knopf bewirkt vermutlich, daß der Zeiger bei jedem Druck um einen Strich weiter nach oben rückt. Der untere Knopf dient zur Einstellung der Minuswerte. Die dadurch bestimmte Indexzahl müßte bewirken, daß das Schiff in der Nähe des Sterns, den sie bezeichnet, aus dem Hyperraum in den Normalraum übertritt. Das wäre die einfachste Möglichkeit, Beattys Formeln praktisch anzuwenden – jedenfalls viel einfacher als die, mit der wir experimentiert haben. Aber um sie benützen zu können, mußt du irgendwo ein Verzeichnis der Indexzahlen finden. Vielleicht sogar an Bord."

„Ja, ich erinnere mich an etwas in dieser Art", antwortete Raul aufgeregt. „Vor einigen Jahren habe ich einen Ordner mit dünnen Metallplatten gefunden, auf die lange Zahlen gedruckt waren. Das könnten Indexzahlen gewesen sein, denn auf dem Ordner war ein vereinfachtes Planetensystem abgebildet."

„Wahrscheinlich hast du recht. Aber ich warne dich – wenn ich mich irre oder wenn du die falsche Zahl einstellst, findest du weder zur Erde zurück noch zu deinem Heimatplaneten, sondern fliegst dein Leben lang durchs All. Seid ihr wirklich bereit, das zu riskieren?"

„Ja, Bard", antwortete Leesa für beide.

„Dann müßt ihr diesen Ordner finden und euch mit den Zahlen beschäftigen. Überzeugt euch davon, daß sie sich auf dem Kontrollpult einstellen lassen. Versucht die Indexzahl von Sol zu ermitteln. Nehmt dann wieder Verbindung mit mir auf."

Der Druck, der bisher auf seinem Verstand gelastet hatte, ließ rasch nach. Aber zuvor fing Bard noch einen schwachen Gedanken auf: „Unser Traum geht zu Ende . . ."

Dann war er wieder mit Sharan allein. „Wird er es schaffen?" fragte sie leise. „Kann er hierherkommen?"

Bard zuckte mit den Schultern. „Wann wollen sie wieder Verbindung mit uns aufnehmen?"

„Morgen um Mitternacht", antwortete Sharan.

„Gut, ich komme."

ZEHN der älteren Männer waren in Jord Orlans Zimmer versammelt. Sie saßen leicht vorgebeugt auf ihren Plätzen, und ihre Augen schienen zu glühen. Jord Orlan hatte lange gebraucht, um sie in diesen Zustand zu versetzen.

„Unsere Welt ist gut!" rief er.

„Unsere Welt ist gut", wiederholten die Männer mit heiseren Stimmen.

„Die Träume sind gut!“

„Die Träume sind gut.“

„Wir sind die Wächter, und wir kennen das Gesetz!“

„Ja, wir kennen das Gesetz.“

Orlan hob seine zur Faust geballte Hand. „Und sie wollen die Träume beenden!“

„. . . die Träume beenden.“ Das Echo klang traurig.

„Aber wir hindern sie daran. Die beiden anderen. Die beiden Schwarzhaarigen, die uns fremd sind.“

„Wir hindern sie daran.“

„Ich habe versucht, sie auf den rechten Weg zu bringen, meine Brüder. Ich habe versucht, ihnen die Wahrheit zu zeigen. Aber sie behaupten noch immer, die drei Welten seien wirklich.“

„Orlan hat es versucht.“

„Ich bin nicht rachsüchtig. Ich bin gerecht. Ich kenne das Gesetz und die Wahrheit. Sie sind ins Nichts hinausgegangen, in die Leere, die unsere Welt umgibt, um dort nach den anderen Welten zu suchen. Der Tod ist eine milde Strafe.“

„Der Tod ist eine milde Strafe.“

„Sucht und findet sie, meine Brüder. Schiebt sie in das Loch des Todes. Laßt sie in die ewige Dunkelheit hinabgleiten. Ich habe alles versucht, aber sie waren nicht zu bekehren. Uns bleibt nichts anderes zu tun.“

„Nichts anderes zu tun.“

Sie standen auf, bewegten sich langsam zur Tür und gingen dann schneller. Noch schneller. Jord Orlan blieb stehen und hörte ihre raschen Schritte verhallen. Dann waren sie fort. Er setzte sich. Er war plötzlich müde. Und er wußte nicht, ob er richtig gehandelt hatte. Nun war es allerdings für Zweifel zu spät. Und doch . . . Er runzelte die Stirn. Sein Gedankengang enthielt einen logischen Fehler. Wie konnten die beiden außerhalb dieser Welt gewesen und zurückgekehrt sein, wenn draußen das Nichts lag? War das nicht eher ein Beweis dafür, daß dort ein Etwas lag? Und falls diese Annahme zutraf, waren Raul Kinsons phantastische Behauptungen vielleicht doch nicht unwahrscheinlich.

Aber wenn Raul Kinson recht hatte, kam Jord Orlans gesamtes Gedankengebäude ins Wanken. Er war zunächst noch unschlüssig, wie er sich in dieser Lage verhalten sollte. Sein Kopf schmerzte. Dann stand sein Entschluß fest. Er würde sich selbst überzeugen.

Vielleicht hatte der Spion unrecht gehabt. Vielleicht waren die beiden gar nicht draußen im Nichts gewesen.

Kurze Zeit später stand Jord Orlan auf der untersten Ebene vor der Tür mit den zwei Rädern, an deren Mechanismus er sich undeutlich erinnerte. Er öffnete sie und wagte es diesmal, die Augen offenzuhalten. Sechs Schiffe hoben sich von dem purpurroten Himmel ab. Der Wind trieb etwas Sand von draußen herein. Jord Orlan schloß die Tür wieder und lehnte sich schwer atmend dagegen. Erst lange danach raffte er sich zur Rückkehr auf.

SECHS der Männer hielten Raul fest. Sein Gesicht war zu einer wütenden Grimasse verzerrt, und Jord Orlan staunte über die Kraft, mit der er sich gegen ein halbes Dutzend Männer zur Wehr setzte und sie gelegentlich mit zu Boden riß. Die vier übrigen Männer hatten alle Hände voll mit Leesa zu tun. Als Jord Orlan herankam, waren sie eben dabei, sie in die ovale Öffnung zu schieben, hinter der die ewige Dunkelheit begann. Aber Leesa riß einen Fuß los, stemmte ihn gegen die Mauer neben der Öffnung und stieß sich mit aller Kraft ab. Die Männer stolperten und fielen mit ihr.

„Halt!" rief Jord Orlan.

„Nein!" antworteten die Männer atemlos.

„Wollt ihr ihnen einen so raschen Tod gönnen? Wer auf diese Weise stirbt, hat einen schönen Tod gehabt. Dafür sind ihre Sünden zu schwer. Wir stoßen sie ins Nichts hinaus und lassen sie dort sterben!"

Die Männer zögerten noch. „Ich befehle es euch!" fügte Orlan streng hinzu.

Er ging voraus. Hinter ihm folgten die beiden Gefangenen, die jetzt keinen Widerstand mehr leisteten, und die zehn Männer.

„Laßt sie allein zur Tür weitergehen!" befahl Orlan, als sie die Stelle erreichten, an der der Korridor den letzten Knick machte. „Ich begleite sie. Wer das Nichts sieht, ist auf ewig geblendet. Ich komme zurück, wenn sie fort sind."

Die Männer stimmten erleichtert zu. Jord Orlan ging mit Raul und Leesa weiter. „Ich habe die Gewänder gesehen", sagte er leise. „Ihr braucht sie, um draußen nicht zu erfrieren."

„Was soll das heißen?" fragte Raul erstaunt.

„Es gibt Dinge auf unserer Welt, die ich nicht verstehe. Aber bevor ich sterbe, möchte ich alles begreifen. Ich habe vorhin die Schiffe gesehen. Nun bin ich ein Sünder wie ihr. Wenn ihr wirklich eine andere Welt erreichen könntet . . ." Er wandte sich ab. „Beeilt euch jetzt."

„Komm mit uns!" forderte Leesa ihn auf.

„Nein, ich werde hier gebraucht. Falls sich erweisen sollte, daß ihr recht gehabt habt, brauchen die anderen jemand, der ihnen alles erklärt. Mein Platz ist hier."

Sie legten die Schutzanzüge an, und er schloß die Tür hinter ihnen. Eine Sekunde lang glaubte er noch das Bild vor sich zu sehen, wie sie auf die sechs Schiffe im Hintergrund zugingen. Dann kehrte er zu den anderen zurück und teilte ihnen gelassen mit, nun sei alles vorüber.

XIV

Die Lichtplatten an den Wänden des Kontrollraums leuchteten hell. Die Klimaanlage summte kaum hörbar und ließ erwärmte Luft aus zahlreichen Düsen in Bodennähe strömen.

Der gesamte Kontrollraum ruhte auf einem Hydraulikstempel, der sich teleskopartig zusammenschieben ließ und durch das ganze Schiff bis zum Heck reichte. An den Wänden waren sechs Andruckliegen fest montiert; sie waren für die Besatzung, während der Pilot eine anders konstruierte Konturliege benützte.

Leesa streckte sich auf einer Liege aus, und Raul schnallte sie dort an. Sie sah zu ihm auf. „Können wir es wirklich riskieren?"

„Uns bleibt keine andere Wahl", antwortete ihr Bruder. „Ich muß dir übrigens noch etwas gestehen. Wenn es nicht zu diesem Bruch gekommen wäre, hätte ich versucht, die Erde auch ohne dich zu erreichen."

„Vielleicht träumen wir nur", meinte sie leise. „Vielleicht ist alles nur ein lebhafter Traum, Raul. Glaubst du, daß wir die Erde finden?"

„Ich kenne jedenfalls ihre Indexzahl, und ich stelle sie so ein, wie Bard Lane es mir erklärt hat. Wir werden bald wissen, ob er recht gehabt hat – wenn wir Sol erreichen."

„Versprichst du mir etwas?"

Er sah auf sie herab. „Was soll ich dir versprechen?"

„Wenn wir uns getäuscht haben, wenn es dort draußen keine anderen Welten gibt oder wenn wir uns verirrt haben, möchte ich rasch sterben. Versprichst du mir das?"

„Ja", sagte Raul nur.

Er überprüfte nochmals die Gurte und ging dann ans Kontrollpult zurück. Die Konturliege des Piloten war auf Rollen beweglich, so daß er sich bequem anschnallen und erst dann nach vorn rollen und die Halterung einrasten lassen konnte. Er zog die Gurte fest, rollte nach vorn und lag nun so, daß er die Instrumente über sich hatte. Er schaltete die Kameras ein, die dem dreidimensionalen Bildschirm ihre Signale übermittelten. Jetzt waren die übrigen fünf Schiffe, die weite Ebene, die Hügel und das riesige Gebäude, das einmal ihre ganze Welt gewesen war, deutlich zu sehen.

Raul warf einen Blick auf die Indexzahl für Sol, die er sich über die Skalen geschrieben hatte, obwohl er sie längst auswendig wußte. Er stellte die sechs Pluswerte und die vier Minuswerte auf den zehn Skalen ein und überprüfte die Einstellung nochmals. Die kleine Schiffsdarstellung, die ihm Fluglage und Kurs zeigte, befand sich in Mittelstellung. Erst jetzt legte Raul das Kehlkopfmikrofon an.

Der erste leise Ton ließ das Schiff zittern. Die winzige Darstellung geriet in Bewegung, stieg senkrecht nach oben, wurde schneller, als Raul den Ton laut wiederholte, und ließ die Oberfläche des Planeten unter sich zurück. Jetzt wagte Raul es, den Ton lauter hervorzustoßen. Der Andruck traf ihn wie eine Faust: Er verlor das Bewußtsein, und als er wieder erwachte, war er schwerelos. Das Schiff war nur noch ein winziger Lichtpunkt auf dem dunklen Bildschirm, und der Planet, den sie verlassen hatten, schwebte am rechten Bildrand und war nicht mehr größer als eine Billardkugel.

Raul streckte eine Hand nach dem Knopf aus, mit dem sich die Beobachterposition verändern ließ; er wählte eine andere Einstellung, so daß seine Blickrichtung mit der Flugrichtung übereinstimmte. Er erhöhte die Geschwindigkeit ihres Schiffs weiter, bis er den Eindruck hatte, sie lasse sich nicht mehr steigern. Irgendwann würden sie den Punkt erreichen, an dem der Schiffscomputer den Übergang in den Hyperraum veranlaßte. Er wußte nicht, wo das sein würde. Er wußte nicht, wie lange sie darauf warten mußten.

XV

VIER Nächte verstrichen. Bard und Sharan warteten jeweils von Mitternacht bis drei Uhr morgens in Sharans Hotelzimmer. Aber die Verabredung wurde nicht eingehalten. Keine tastenden Gedankenfühler drangen in ihren Verstand ein und begrüßten sie wie alte Freunde.

Zunächst versuchten Bard und Sharan noch, die Sache auf die leichte Schulter zu nehmen; sie lachten über ihre Befürchtungen und machten sich gegenseitig Mut.

Aber als in der vierten Nacht wieder drei Stunden vergangen waren, sah Bard besorgt zu Sharan hinüber.

„Er hat mir erklärt, daß sie zu Hause als Ketzer gelten, Sharan."

„Warum sind sie nicht gekommen? Warum nicht?"

„Es gibt nur zwei logische Möglichkeiten. Sie können von den anderen bestraft oder sogar getötet worden sein. Oder sie können in Richtung Erde gestartet sein."

„Und die dritte Möglichkeit?" fragte Sharan leise.

„Daß für sie alles nur ein Spiel war, an dem sie die Lust verloren haben. Daß sie nicht imstande waren, ihren Entschluß zu verwirklichen. Glaubst du das im Ernst?"

Sie zuckte mit den Schultern. „Eigentlich nicht", gab sie zu.

„Sharan, wir sind es den beiden schuldig, vorläufig anzunehmen, sie seien aus irgendeinem Grund dazu gezwungen worden, die geplante Reise vorzeitig anzutreten. Ich weiß nicht, wie lange ihr Flug dauern wird. Vielleicht drei oder vier Wochen. Aber stell dir nur vor, was passieren würde, wenn ihr Schiff hier oder in Panasien zu landen versuchte. Überall würden Flugabwehrraketen gestartet, und unsere Freunde würden in einem Lichtblitz verschwinden. Hast du dir darüber schon einmal Gedanken gemacht?"

Sharan schüttelte den Kopf. „Nein! Das ist doch unmöglich!"

„Hör gut zu, Sharan. Wir wissen von Raul und Leesa, daß selbst die Wächter, die mit Hilfe ihrer Traummaschinen drei Planeten besuchen können, der festen Überzeugung sind, sie seien die einzigen Bewohner des Universums. Dieser Egoismus ist allen Menschen gemeinsam. Sie bilden sich ein, nur ihr Planet sei bewohnt – und folglich muß ein unbekanntes Schiff in einem anderen Land ihres Planeten gestartet sein."

„Dann haben die beiden also keine Chance!"

„Doch, wenn wir ihnen helfen, Sharan. Wir müssen die Erde von ihrer Ankunft benachrichtigen. Die Leute werden uns auslachen, aber vielleicht erreichen wir doch, daß im kritischen Moment jemand *nicht* auf den Feuerknopf drückt. Ich wollte, sie wären noch einmal zu uns gekommen, um die Vorbereitungen zur Landung mit uns zu besprechen."

„Und was ist, wenn sie überhaupt nicht kommen, Bard?"

„Dann haben wir uns unsterblich lächerlich gemacht. Stört dich das?"

„Nein, eigentlich nicht."

„Wir müssen mit den wahren Hintergründen der Zerstörung der *Beatty I* beginnen. Zuerst muß Bill Kornal überzeugt werden. Dr. Lurdorff wird uns dabei helfen. Unsere Story muß möglichst weit verbreitet werden, und das bedeutet, daß wir jemanden finden müssen, der Einfluß und gleichzeitig genügend Verständnis hat. Unser Mister X müßte einen Vorteil daraus ziehen können, daß er uns unterstützt. Fällt dir jemand ein?"

„Hm, am besten wäre jemand in Washington . . ."

„Oder ein einflußreicher Kolumnist", murmelte Bard. „Pelton genügt nicht, und ich bezweifle, daß Trimball sich überzeugen läßt."

„Aber wie steht es mit Walter Howard Path? Er schreibt eine Kolumne, und er kommentiert regelmäßig die Nachrichten im Fernsehen. Außerdem ist er es, der vor einigen Jahren die Sache mit den UFOs wieder ausgegraben hat. Er hat mich interviewt, nachdem ich vor dem Untersuchungsausschuß ausgesagt hatte, und er war wirklich ganz nett."

„Vielleicht ist er unser Mann, Sharan. Komm, wir rufen ihn gleich an."

„Jetzt?"

„Wieviel Zeit haben wir noch zu vergeuden? Willst du warten, bis es zu spät ist?"

Sharan hob den Hörer ab und wählte. Es war zehn vor vier am Morgen. Kurze Zeit später war Walter Howard Path in New York am Apparat.

„Dr. Inly? Ah, richtig. Ich erinnere mich noch gut an Sie."

„Mr. Path, möchten Sie exklusiv darüber berichten können, warum das Projekt ‚Tempo' wirklich gescheitert ist?"

Der Journalist antwortete nicht gleich. „Ich wäre kaum an irgendwelchen kleinen Skandalen interessiert, Dr. Inly", sagte er dann. „Das ist alles schon lange her, und die Geschichte wäre nicht gut genug."

„Nehmen wir einmal an, ich könnte beweisen, daß Bewohner eines anderen Planeten das Projekt sabotiert haben, Mr. Path?"

„Das glauben Sie doch selbst nicht!"

„Legen Sie nicht auf, Mr. Path. Hier ist noch jemand, der mit Ihnen sprechen möchte."

Bard nahm ihr den Hörer aus der Hand. „Mr. Path, hier spricht Bard Lane. Hätten Sie nicht Lust, uns hier zu besuchen? Ich weiß, wie abstoßend Superlative sein können – aber dies ist wirklich die größte Story unseres Jahrhunderts!"

„Wo sind Sie zu erreichen?" fragte Path nur noch.

WALTER HOWARD PATH war ein hagerer, großgewachsener Mann mit hängenden Schultern, runzligem Gesicht und hellwachen Augen. Er stand am Fenster des Wohnzimmers, hatte beide Hände in den Hosentaschen vergraben und starrte auf die Straße hinab.

Die vier anderen beobachteten ihn gespannt. Die Besprechung hatte fünf Stunden gedauert. Walter Howard Path war zuerst wütend, dann abweisend, später widerwillig interessiert und schließlich sichtlich erschrocken gewesen.

„Das ist ein Glücksspiel mit verdammt hohem Einsatz, Leute", sagte er jetzt. „Obwohl alles so gut zusammenpaßt. Obwohl damit viel zu erklären ist, was uns bisher rätselhaft war. Aber die Leute *wollen* etwas Derartiges einfach nicht glauben. Dafür können sich nur die wenigen begeistern, die das Ende der Welt für die nächste Zeit voraussagen." Als die anderen schwiegen, fuhr Path müde lächelnd fort: „Mir bleibt also nichts anderes übrig, als ins kalte Wasser zu springen. Heute ist Mittwoch. Ich schreibe in meiner Sonntagskolumne darüber und spreche abends im Fernsehen über dieses Thema. Am besten graben wir uns ein Loch, kriechen hinein und halten uns die Ohren zu, wenn die Bombe hochgeht."

„HIER spricht Melvin C. Lynn. Wir bringen Ihnen die Nachrichten im Auftrag von Wilkins' Met und den Wilkins-Laboren, wo das Geheimnis unseres Glücks entdeckt wurde.

Heute abend werde ich Ihnen ein besonderes Programm bieten, meine Damen und Herren. Wie Sie wissen, hat mein Kollege Walter Howard Path heute eine verblüffende Geschichte unter die Leute gebracht. In unserem Beruf gilt es als unanständig, einen Kollegen direkt anzugreifen, aber ich habe doch das Gefühl, daß Mr. Path dringend eine freundschaftliche Ermahnung braucht.

Ich habe mich stets bemüht, Ihnen die Nachrichten unverfälscht zu servieren. Ich bin manchmal auf Falschmeldungen hereingefallen – aber ich habe nie selbst welche produziert. Mr. Path erreicht einen wesentlich größeren Zuhörer- und Leserkreis als ich, so daß seine Verantwortung der Öffentlichkeit gegenüber entsprechend größer ist. Vielleicht erinnern Sie sich noch daran, daß er vor einigen Jahren die UFOs erneut ausgegraben hat. Wahrscheinlich hat ihm die damalige Sensationsmache ein paar Leser mehr eingebracht.

Diesmal hat Walter Howard Path den Bogen jedoch überspannt. Sie erinnern sich alle an den Skandal im Zusammenhang mit dem Projekt ‚Tempo'. Dr. Bard Lane, ein Physiker, wurde wegen Unfähigkeit entlassen. Er hatte William Kornal, einen Techniker, in Schutz genommen, nachdem dieser das Projekt sabotiert hatte. Dr. Lane soll ein Verhältnis mit Dr. Inly, einer hübschen Psychologin des Projekts, gehabt haben. Als dann die *Beatty I* schließlich vorzeitig startete, fanden achtundzwanzig Menschen den Tod. Für ehrliche Reporter gab es nichts mehr zu berichten.

Aber Walter Howard Path hat noch mehr aus dieser Geschichte gemacht. Er hat eine kleine Gruppe um sich versammelt, zu der außer den vorhin genannten Personen auch Dr. Heinz Lurdorff gehört, der einen höchst zweifelhaften Ruf als Hypnotiseur und Psychiater genießt. Diese fünf haben sich eine phantastische Geschichte ausgedacht. Wir werden von einem anderen Planeten aus hypnotisiert! Menschen wie wir leben dort und bringen uns dazu, alles zu tun, was ihnen Spaß macht!

Schön, sehen wir uns also an, was zu erwarten ist, wenn Walter Howard Path weiterhin Gelegenheit hat, diesen Unsinn zu verbreiten. Dr. Bard Lane verfügt nun über eine prächtige Entschuldigung dafür, daß er seine Arbeit vernachlässigt und sich lieber mit der hübschen Sharan befaßt hat. Dr. Sharan Inly wird die Hohepriesterin eines neuen Kults und kommt dabei finanziell vermutlich recht gut weg. Dr. Heinz Lurdorff wird noch bekannter und kann sich vor Patienten nicht mehr retten. William Kornal wird in Zukunft sagen: ‚Seht ihr! Ich war es gar nicht. Die Marsianer sind schuld daran.'

Und wie steht es mit Walter Howard Path? Er hat eine glänzende Gelegenheit, für sich selbst Reklame zu machen! Aber das genügt ihm nicht, sondern er muß noch etwas Besonderes dazuerfinden: Zwei dieser Leute, die uns bisher hypnotisiert haben, kommen in einem Raumschiff zur Erde! Bruder und Schwester. Raul und Leesa Kinson. Klingt ihr Nachname nicht fast wie *Unsinn*? Ich frage mich nur, wie lange Walter Howard Path gebraucht hat, um diese klangvollen Namen zu erfinden . . .

Zum Schluß noch eine wichtige Frage: Wie lange kann eine Zeitung oder eine Fernsehstation einem unverantwortlichen Mann wie Walter Howard Path Gelegenheit geben, seine Thesen zu vertreten, ohne sich selbst lächerlich zu machen?"

ASSOCIATED PRESS meldet: In Benson, Georgia, kam es gestern zu tätlichen Auseinandersetzungen zwischen Anhängern des neuen Kults, dessen Mitglieder auf Hügeln nach Walter Howard Paths Raumschiff Ausschau halten, und der Polizei. Dabei wurde ein „Kinsonianer" getötet; drei Personen wurden verletzt.

AUS EINER Rede anläßlich der Jahreshauptversammlung der American Medical Association: „Es ist keineswegs außergewöhnlich, daß die in der Mitte unseres Jahrhunderts üblichen Massenhalluzinationen, die ‚Fliegende Untertassen' betrafen, sich jetzt mit ‚Raumschiffen' wiederholen. Schon ein flüchtiger Blick auf die Geschichte derartiger Massenhalluzinationen zeigt ein fast regelmäßiges An- und Abschwellen, wobei etwa zwanzig bis vierzig Jahre zwischen einzelnen Höhepunkten liegen. Bisher soll das ‚Raumschiff' schon an sechsundzwanzig verschiedenen Orten gelandet sein. Amüsant ist in diesem Zusammenhang natürlich, daß diese ‚Landungen' nur an Orten erfolgten, an denen es bereits Kinsonianer gibt."

ANWEISUNG NO. 7112
NUR FÜR DEN DIENSTGEBRAUCH!
PRESSEAMT DER STREITKRÄFTE, WASHINGTON, D. C.

1. Da nicht beabsichtigt ist, auf die ungerechtfertigten Angriffe gegen das Projekt „Tempo" einzugehen, werden alle Dienststellen angewiesen, Reportern keine Auskünfte zu geben.
2. Alle Dienstgrade, die unmittelbar mit dem Projekt „Tempo" zu tun hatten, sind ins Ausland versetzt worden, wo die Gefahr solcher Interviews geringer ist.
3. Die offizielle Stellungnahme zu diesem Problem, die später veröffentlicht werden soll, weist auf die Gefahren hin, die die Massenhysterie mit sich bringt. Angesichts der gespannten politischen Lage dürfte es nicht angezeigt sein, eine Bewegung zuzulassen, die dazu geführt hat, daß mehr Arbeiter und Angestellte als je zuvor ihre Arbeitsplätze verlassen, um nach einem Phantom Ausschau zu halten.
4. Alle Offiziere und Mannschaftsdienstgrade, die sich öffentlich als Kinsonianer zu erkennen geben und auch nach einer Verwarnung auf diesem Standpunkt beharren, müssen mit ihrer Entlassung rechnen.

„UND NUN, meine Damen und Herren, bringen wir Ihnen das flachsköpfige Weltraumwunder, den kleinen Mann, der *nicht* mit einem Raumschiff gelandet ist, den Komiker Willy Wise! He, Willy! Was ist los, Willy! Die Kameras stehen hier drüben, nicht dort oben an der Decke."

„Stör mich nicht, Harry. Ich warte auf das Raumschiff. Willst du eine Million Dollar verdienen, Harry?"

„Das ist der Unterschied zwischen dir und mir, Willy. *Ich* brauche eine Million Dollar."

„Wenn die Leute noch mal lachen, brauchst du einen neuen Job. Weißt du, was eine gute Idee wäre? Wir müßten eine Salbe gegen steife Nacken auf den Markt bringen. Ich möchte wetten, daß verdammt viele Leute einen steifen Hals bekommen, wenn sie so lange nach oben starren."

„Willy, sieh bitte in die Kamera. Du hast heute einen Gast. Ein hübsches Mädchen."

„Dann sollen die anderen auf das blöde Schiff aufpassen. Hallo, Liebling, wie heißt du?"

„Sharan Riley, Mr. Wise."

„Nicht zufällig mit einer gewissen Sharan Inly verwandt oder verschwägert?"

„Leider nicht, Mr. Wise."

„Leute, ich weiß jetzt, wie die ganze Sache vor sich gegangen ist. Haben Sie schon einmal ein gutes Bild von dieser Sharan Inly gesehen? Folgendes ist passiert: Sie und Dr. Lane begegnen sich, sie findet ihn nett, sie umarmt ihn – und seit diesem Augenblick sieht Dr. Lane plötzlich Marsianer, Raumschiffe und kleine grüne Männer. Früher hat er wahrscheinlich nur Augen für seinen Bunsenbrenner gehabt. Aber wer kann es ihm verdenken, daß er sich damals hat ablenken lassen?"

„IN ALBANY wurde heute auf Antrag von Gouverneur LePage ein Gesetz verabschiedet, das öffentliche Veranstaltungen der Kinsonianer untersagt. Dieser Eingriff in die Redefreiheit war angeblich notwendig, weil im Bundesstaat New York bereits der Notstand ausgerufen werden mußte, seitdem zahlreiche Kinsonianer ihren Arbeitsplätzen ferngeblieben sind. Die übrigen Staaten warten gespannt auf die Entscheidung des Obersten Gerichtshofes, der in dieser Sache angerufen worden ist."

XVI

DIE SONNTAGABENDDÄMMERUNG sank langsam herab. Überall flammten Lichtreklamen auf. Bard Lane trat vom Fenster zurück. Aus Sharans Suite waren inzwischen zwei Wohnungen geworden. Bess Reilly hatte sich wieder gemeldet; sie war sofort bereit gewesen, erneut für Bard zu arbeiten, und war hierhergekommen.

Das Telefon auf ihrem Schreibtisch kam nicht zur Ruhe. Sharan und Lurdorff spielten unterdessen mit achteckigen Karten Quad-Bridge. Kornal lag auf der Couch und schlief friedlich.

„Was ist eigentlich in die Leute gefahren?" erkundigte sich Bard Lane. „Sie stehen unten auf der Straße und starren unentwegt zu unserem Fenster herauf!"

Heinz Lurdorff grinste. „Sie müssen sich daran gewöhnen, daß Sie der Verkünder einer neuen Religion sind, mein Freund."

„Das macht mich nervös", sagte Bard. „Und die Anrufe machen mich noch nervöser. Was soll das alles?"

„Amerika weiß nicht, ob es dich lieben oder hassen soll, Bard", erklärte Sharan ihm.

„Jedenfalls haben wir erreicht, was wir erreichen wollten", behauptete Bard. „Ich möchte nur wissen, was alles passiert, wenn das Schiff wirklich landet. Ich kann mir diese Begeisterung der Öffentlichkeit nicht erklären. Kannst du das, Heinz?"

„Selbstverständlich. Die Menschheit hat sich schon immer einen Prügelknaben gewünscht. Du hast ihr einen verschafft. Jetzt ist sie begeistert. Der Gouverneur von Nevada hat ganz richtig reagiert."

„Du meinst, weil er eine Untersuchung aller Mordfälle angeordnet hat, in denen der Täter kein Motiv zu haben schien, nicht wahr? Hältst du es für richtig, diese Leute zu entlassen? Ich weiß nicht recht . . ."

Kornal richtete sich gähnend auf. „Bald Zeit für unseren Freund, was?"

Bard schaltete den Fernsehapparat ein. Er wartete, bis die Reklame vorüber war, und drehte den Lautstärkeregler nach rechts, als Walter Howard Paths Ansager auf dem Bildschirm erschien.

„. . . Ihnen mitteilen zu müssen, daß Mr. Path diesmal nicht selbst auftreten kann. Er hat wegen Überarbeitung einen Nervenzusammenbruch erlitten und ist vorläufig beurlaubt worden. Kinsey Hallmaster, der bekannte Journalist und Reporter, wird sein Programm vorerst übernehmen. Mr. Hallmaster, meine Damen und Herren!"

Mr. Hallmaster war ein kleiner Mann hinter einem riesigen Schreibtisch; er lächelte nervös und erinnerte mit seinen vorstehenden Zähnen an einen Biber. „Ich freue mich, dieses Programm fortführen zu dürfen, und bedauere es sehr, daß Mr. Path erkrankt ist. Hoffentlich erholt er sich rasch. Zu Beginn dieser Sendung möchte ich Ihnen eine Erklärung vorlesen, die Walter Howard Path mir übergeben hat. ‚Hier spricht Walter Howard Path. Meine Damen und Herren, ich muß Ihnen mitteilen, daß ich soeben weitere Informationen über das angebliche Raumschiff . . .'"

„Angeblich!" rief Bard wütend aus. Die anderen mußten ihn mühsam beruhigen.

„‚. . . und diese Tatsachen haben mir bewiesen, daß mich Lane, Inly, Lurdorff und Kornal hereingelegt haben. Ich bedauere aufrichtig, daß ich mich so habe täuschen lassen. Es gibt kein Raumschiff. Es gibt keine Wächter auf einem anderen Planeten. Das Geschwisterpaar ist eine Erfindung von Lane, Inly, Lurdorff und Kornal. Wer durch meine Behauptungen veranlaßt worden ist, sich den Kinsonianern anzuschließen, hat ein Recht darauf, daß ich mich öffentlich entschuldige, was ich hiermit getan haben möchte.'"

Hallmaster legte die Erklärung auf den Schreibtisch und faltete die Hände. „Endlich ein erlösendes Wort, meine Damen und Herren", fuhr er fort. „Mr. Path hat einen Nervenzusammenbruch erlitten, als er merkte, wie sehr er getäuscht worden ist. Ich möchte jedoch noch einiges hinzufügen. Wie aus Washington verlautet, soll die Angelegenheit nämlich einen wesentlich ernsteren Hintergrund haben. So ist beispielsweise bekannt, daß Inly, Lane, Lurdorff und Kornal etwa zwei Wochen vor ihrer ersten Zusammenkunft mit Mr. Path ziemlich . . ., nun, sagen wir abgebrannt waren. Jetzt haben sie plötzlich genug Geld, um in teuren Hotelsuiten zu wohnen und sich eine Schreibkraft zu halten. Sie haben dieses Geld nicht von Mr. Path bekommen. Aus welcher Quelle stammt es also?

Eine interessante Frage, nicht wahr? Haben Sie noch einen Augenblick Geduld, meine Damen und Herren. Nehmen wir einmal an, die Vereinigten Staaten würden überfallen. Dann würden Flugabwehrraketen starten, um den Angriff abzuwehren. Aber nehmen wir weiterhin an, jemand hätte es fertiggebracht, uns Amerikanern einzureden, irgendwann werde hier ein geheimnisvolles Raumschiff landen. Vielleicht landen die Geschwister Kinson in zwanzig Raumschiffen in der Nähe unserer wichtigsten Industriestädte. Vielleicht sind sie nicht auf einem anderen Planeten, sondern irgendwo in Panasien gestartet. Was dann, meine Damen und Herren? Gibt es da noch etwas hinzuzufügen?"

Hallmaster machte eine längere Pause, um diese Argumente wirken zu lassen, bevor er fortfuhr: „Und nun zu den ernsthafteren Nachrichten. Wie aus Kairo gemeldet wird . . ."

Bard Lane schaltete das Gerät aus. Die anderen schwiegen betroffen. Das Telefon klingelte. Bess nahm den Hörer ab, drückte auf die Gabel und ließ den Hörer liegen, um die Leitung zu blockieren.

„Dieser . . . gemeine . . ., schmutzige . . ."

„Er hat innerhalb weniger Minuten alles zerstört, was wir aufgebaut haben", sagte Sharan leise. „Alles!"

„Vielleicht gibt es noch genügend andere, die ihrer Überzeugung treu bleiben", meinte Kornal.

„Nachdem dieser Kerl uns den Rest gegeben hat?" fragte Lurdorff sarkastisch. „Nein, darauf brauchen wir nicht mehr zu hoffen. Ich gehe jetzt, Sharan. Tut mir leid, aber jetzt ist nichts mehr zu retten."

„Das verdanken wir alles nur Melvin C. Lynn und Wilkins' Met", stellte Sharan fest. „Amerika braucht ein neues Symbol: einen Affen mit sechs Armen wie der indische Gott Wischnu, damit er sich gleichzeitig Augen, Ohren und Mund zuhalten kann."

„Dazu braucht er aber nur fünf Hände", warf Kornal ein. „Er hat also die sechste für seine Nase frei."

Nach einer Stunde am Telefon wußte Bard Lane, daß Walter Howard Path auf Veranlassung seiner Frau für unbestimmte Zeit in eine private Nervenheilanstalt eingewiesen worden war.

XVII

Raul schätzte, daß etwa zehn Tage vergangen waren, bevor das schrille Alarmsignal ertönte, das Leesa und ihn erstarren ließ. Sie aßen gerade, als das Signal ertönte. Leesa zuckte so heftig zusammen, daß sie den Halt verlor und frei durch den Kontrollraum schwebte. Sie bemühte sich, irgend etwas zu erreichen, an dem sie sich festhalten und herunterziehen konnte, aber der Versuch mißlang, und sie mußte warten, bis Raul ihr zu Hilfe kam.

Sie schnallten sich an, aber es dauerte noch fünf Minuten, bis eine Veränderung eintrat. Raul hatte plötzlich das Gefühl, von unsichtbaren Händen ausgewrungen zu werden, aber dieses Gefühl verschwand so schnell, wie es gekommen war. Er hörte ein leiseres Glockenzeichen und vermutete, daß damit das Ende der Gefahrenperiode angezeigt wurde. Der Zeiger der ersten Skala stand jetzt genau in der Mitte. Als Raul auf den Bildschirm sah, hatte er unbekannte Sternbilder vor sich.

Einige Tage später ertönte das Alarmsignal wieder, und sie

schnallten sich erneut an. Der zweite Zeitsprung war leichter zu ertragen, weil sie wußten, was sie erwartete.

Als der dritte bevorstand, machten sie sich nicht einmal mehr die Mühe, ihre Andruckliegen aufzusuchen. Sie warteten gespannt auf den Übergang, und als der dritte Zeiger in Nullstellung zurückgekehrt war, lächelten sie sich erleichtert zu.

Eine Stunde später klang das Alarmsignal lauter und schriller. Sie schnallten sich vorsichtshalber an, und diesmal folgte ein Sprung nach dem anderen. Als Raul endlich wieder den Kopf heben konnte, standen alle Zeiger in Nullstellung. Er streckte eine Hand aus, um das Bild schärfer einzustellen.

„War das der letzte Sprung?" wollte Leesa wissen.

„Ich nehme es an", erwiderte Raul.

„Was siehst du? Schnell!"

„Warte, ich muß die Einstellung verändern. Ich sehe eine Sonne. Sie ist weiß, Leesa."

„Ihre Sonne, Raul."

„Ich habe die Sonne von der Erde aus gesehen. Sie ist gelb, Leesa."

„Siehst du einen Planeten?"

Raul ließ das Schiff einen Bogen um die eigene Achse beschreiben. Ein winziger Planet war undeutlich zu erkennen.

„Ich sehe einen!" rief er aus.

„Schnell, wir wollen dorthin, Raul. Schneller!"

Er stieß vorsichtig einen Ton aus, der das Schiff vorantrieb und ihnen zum erstenmal seit vielen Tagen wieder Gewicht gab. Er spürte die Bewegung des Hydraulikstempels, der einen Teil der Beschleunigungskräfte aufnahm. Der Planet wurde allmählich größer, als das Schiff noch mehr beschleunigte.

Und dann wußte er es sicher. Er drehte sich langsam nach Leesa um.

„Was gibt's, Raul?" fragte sie erschrocken.

„Der Planet hat neun Monde, Leesa. Die Erde hat nur einen."

Leesa antwortete nicht gleich. „Steuern wir den Planeten noch immer an, Raul?" wollte sie schließlich wissen.

„Ja."

„Erinnerst du dich an dein Versprechen?"

„Ja."

„Komm, wir schließen einfach die Augen und lassen das Schiff weiterfliegen", schlug Leesa vor. „Es dauert nicht lange, Raul."

Er schloß resigniert die Augen. Er dachte an die Erde. Anscheinend hatte er die falsche Indexzahl eingestellt. Das war leicht möglich, denn er hatte Millionen von Zahlen zur Auswahl gehabt.

Bard Lane und Sharan Inly würden die Erde nie von der Existenz der Wächter überzeugen können. Aber vielleicht würde die Erde eines Tages über Schiffe wie dieses hier verfügen. Dann konnten die Menschen zuerst die Planeten ihres eigenen . . .

Bei diesem Gedanken riß Raul die Augen auf und starrte den Planeten an, der bereits gefährlich nahe war. Er steuerte daran vorbei und stieß gleichzeitig den Ton aus, der das Schiff beschleunigte. Bevor er das Bewußtsein verlor, sah er den Planeten Saturn mit seinen neun Monden am linken Rand des Bildschirms verschwinden.

BARD LANE träumte, er stehe wieder in der Mittagssonne im Sperrgebiet des Projekts „Tempo" und sehe die *Beatty I* vorzeitig starten. Aber diesmal war das Antriebsgeräusch kein gleichmäßiges Donnergrollen, sondern ein dumpfes Poltern, das zeitweise aussetzte. Der Traum hörte auf, aber das Poltern war noch immer zu hören. Irgend jemand trommelte draußen gegen die Tür von Sharans Suite. Bard rieb sich die Augen und richtete sich schlaftrunken in dem Sessel auf, in dem er eingeschlafen war, nachdem Sharan zu Bett gegangen war.

„Ich komme schon!" rief er wütend. Er reckte sich und sah auf die Uhr. Halb zehn. Draußen regnete es. Er ging zur Tür und riß sie auf. „Warum haben Sie die Tür nicht gleich eingeschlagen?" erkundigte er sich bissig.

Ein dicker Mann, der auf einem Zigarrenstummel herumkaute, stand breitbeinig im Korridor. Hinter ihm waren zwei Polizisten zu sehen.

„Wenn Sie nicht aufgemacht hätten, wäre uns gar nichts anderes übriggeblieben, Freundchen", sagte der Mann. Er drängte sich an Bard vorbei, und die Polizisten folgten ihm in die Suite.

„Vielleicht erklären Sie mir zuerst einmal, was Sie überhaupt wollen?" fragte Bard wütend.

Der Dicke schob seinen Hut zurück. „Sie sind Bard Lane." Das war keine Frage, sondern eine Feststellung.

„Freut mich, daß Sie mir das in aller Frühe mitteilen", antwortete Bard.

„Nicht so vorlaut, Freundchen." Der Mann nickte einem der Polizisten zu. Der Uniformierte setzte sich gehorsam in Bewegung und trat Bard kräftig auf den Fuß.

„Oh, entschuldigen Sie!" sagte er und trat ihm gleichzeitig auf den zweiten Fuß. Bard holte ganz automatisch aus; der Polizist wehrte den Schlag etwas ab, aber Bards Faust landete trotzdem noch auf seinem Backenknochen.

Jetzt mischte sich auch der zweite Polizist ein, und die beiden Männer hielten Bard fest. Der Dicke nahm die Zigarre aus dem Mund.

„Die Hoteldirektion hat mir mitgeteilt, daß Sie sich eigenartig benommen haben, Dr. Lane. Ich komme vom Gesundheitsamt, um diese Meldung zu überprüfen. Sie scheint richtig zu sein, denn Sie haben eben Sergeant Quinn grundlos angegriffen."

„Was wollen Sie von mir?" fragte Bard nur.

„Ich will gar nichts. Ich weise Sie zur Beobachtung und Behandlung sechzig Tage in eine Nervenheilanstalt ein. Verrückte wie Sie dürfen nicht frei herumlaufen."

„Wer sind Sie überhaupt?"

„Inspektor Hemstrait vom Gesundheitsamt."

„Wer hat Ihnen diesen Auftrag gegeben, Hemstrait?"

Der Dicke lief rot an. „Das ist meine Sache, Lane. Zwei Monate in der Nervenheilanstalt können Ihnen nur guttun. Wo steckt diese Sharan Inly?"

„Was wollen Sie von ihr?" fragte Bard erschrocken. „Soll sie auch ins Irrenhaus?"

„Die Hoteldirektion behauptet, sie sei ebenfalls verrückt. Ich tue hier nur meine Pflicht. Ich muß jeder Anzeige nachgehen."

In diesem Augenblick erschien Sharan in einem weißen Morgenrock auf der Schwelle ihres Zimmers. „Bard, was . . ." Sie riß erschrocken die Augen auf, als sie sah, daß er festgehalten wurde. „Lassen Sie ihn sofort los!"

„Sie sind unzurechnungsfähig", behauptete der Mann vom Gesundheitsamt.

„Laß dich auf nichts ein!" warnte Bard sie.

Hemstrait warf ihm einen irritierten Blick zu, trat dicht an Sharan heran und legte ihr eine Hand auf die Schulter. Sie trat einen

Schritt zurück. Er folgte ihr. Sie gab ihm eine Ohrfeige. Er hielt sie grinsend fest. „Gnädigste, ich komme vom Gesundheitsamt und weise Sie zur Beobachtung und Behandlung für sechzig Tage in eine Nervenheilanstalt ein. Das war ein grundloser Angriff."

„Es hat keinen Zweck, Sharan", meinte Bard resigniert. „Irgend jemand hat ihm den Befehl dazu gegeben. Wahrscheinlich dieselben Leute, die Path aus dem Verkehr gezogen und Hallmaster dazu gebracht haben, eine falsche Erklärung vorzulesen. Wir stören, deshalb müssen wir zum Schweigen gebracht werden."

„Halten Sie die Klappe, Freundchen", riet Hemstrait ihm jovial. „Kommen Sie mit, junge Dame. In der Anstalt werden Sie bestens behandelt. Wir haben heute morgen schon Lurdorff und Kornal festgenommen. Kornal hat sich so unmöglich aufgeführt, daß wir ihn in eine Zwangsjacke stecken mußten. Ich hoffe sehr, daß wir diesmal keine brauchen."

ZWEI Tage später wurde Sharan Inly, die jetzt graue Anstaltskleidung trug, in das Behandlungszimmer des jungen Anstaltspsychiaters gebracht.

„Ich freue mich sehr, Ihre Bekanntschaft zu machen, Dr. Inly", sagte der Psychiater. „Tut mir leid, daß wir uns unter diesen Umständen kennenlernen. Ich habe Ihre Veröffentlichungen immer mit Interesse gelesen."

„Danke."

„Ich kann mir vorstellen, wie sehr Sie Ihr eigener Fall beschäftigt. Es handelt sich dabei um eine außergewöhnlich nachhaltige Illusion – und noch dazu um eine gemeinsame Illusion mehrerer Patienten. Wirklich außergewöhnlich. Allerdings auch ein Fall mit schlechten Heilungsaussichten, wie Ihnen natürlich klar ist." Er lächelte schwach. „Normalerweise muß ich dem Patienten erklären, welche Wirkung der Tiefschock hat, aber Sie haben damals mit Belter zusammengearbeitet, als er dieses Verfahren entwickelte . . ." Er sprach nicht weiter.

Sharan beherrschte sich mühsam. Sie sprach so gelassen wie möglich. „Wäre diese Behandlung in unserem Fall nicht etwas ungewöhnlich, Doktor? Einmal gelöschte Erinnerungen sind für immer unbrauchbar. Das bedeutet, daß der Patient eine völlig neue Ausbildung braucht und daß seine Intelligenz im besten Fall den Quotienten DD auf der Belter-Skala erreicht."

„Richtig", stimmte der Psychiater zu, „und ich habe ein ungutes Gefühl dabei, wenn ich diese Behandlung für Sie und Ihre Freunde ansetze. Dr. Lurdorff ist sogar gewalttätig geworden. Er wird heute nachmittag behandelt. Eigentlich schade um diesen brillanten Geist – aber seine Intelligenz war natürlich fehlgeleitet. Wir wollen dafür sorgen, daß Sie alle wieder nützliche Mitglieder der menschlichen Gesellschaft werden. Sie sind nach der Behandlung durchaus imstande, ein befriedigendes Leben zu führen und einfache Arbeiten zu erledigen. Und Sie wissen selbst, daß die Ausbildungszeit nach der Schockbehandlung wesentlich verkürzt worden ist. Die Patienten können jetzt schon nach einem Monat wieder einigermaßen sprechen. Die geistige Zusammenhanglosigkeit verschwindet bereits nach der ersten Woche."

„Darf ich fragen, ob Sie daran gedacht haben, einen anderen Psychiater zur Beratung hinzuzuziehen, Doktor?"

„Oh, diese Behandlung ist das Ergebnis eingehender Konsultationen, Dr. Inly. Die besten Männer unseres Fachs sind sich darüber einig geworden. Aber sprechen wir lieber von Ihnen – Sie sind trotz Ihrer Illusionen durchaus imstande, vernünftige Entscheidungen zu treffen. Solange unsere Patienten nicht gewalttätig sind, geben wir ihnen Gelegenheit, noch einige Briefe zu schreiben, ihr Testament aufzusetzen, über ihr Eigentum zu verfügen und so weiter. Nach der Behandlung bekommen Sie künstliche Erinnerungen an ein anderes Leben, einen neuen Namen und ein leicht verändertes Gesicht. Sie werden dann natürlich in einem Gebiet eingesetzt, in dem es zuwenig Arbeitskräfte gibt, und ein ausgebildeter Sozialhelfer wird sich zunächst um Sie kümmern."

„Das ist im Grunde genommen nicht besser als der Tod, nicht wahr?"

„Bitte werden Sie jetzt nicht rührselig, Dr. Inly. Ich hatte gehofft, daß Sie als fachlich ausgebildete Kollegin . . ."

Sharan rang sich ein Lächeln ab. „Nun, dann ist es wohl Zeit für ein offenes Geständnis, Doktor. Wir haben uns diese Sache mit den Wächtern gemeinsam ausgedacht, um bekannt zu werden. Außerdem brauchten wir Geld."

Der Psychiater schüttelte traurig den Kopf. „Sie erwarten doch nicht etwa, daß ich das glaube? Ihre Reaktion war geradezu lehrbuchmäßig, Dr. Inly. Selbst unter künstlich erzeugter Hypnose haben Sie und Ihre Freunde sich übereinstimmend an alle Einzelheiten Ihrer gemeinsamen Illusion erinnert."

„Dann möchte ich Ihnen eine Frage stellen. Halten Sie es nicht für möglich, daß eine Illusion, die mehrere Menschen gemeinsam haben, gar keine Illusion ist?"

Der junge Psychiater lächelte wohlwollend. „Was Ihnen alles einfällt! Sehen Sie denn nicht, daß an der ganzen Illusion nur der Wunsch nach einer Flucht aus der Wirklichkeit schuld ist? Unsere Welt erscheint Ihnen unerträglich, deshalb haben Sie eine illusionäre Rasse auf einem entfernten Planeten erfunden, die Ihnen als Sündenbock dienen kann. Aber Sie müssen sich daran gewöhnen, mit unserer Wirklichkeit zu leben – oder Sie werden entsprechend behandelt, bis Sie die Realität wieder erträglich finden."

„Trottel!" sagte Sharan verächtlich.

Der junge Arzt wurde rot. „Ich finde Sie zu sympathisch, Dr. Inly, um mich von Ihnen ärgern zu lassen. Denken Sie lieber an die Zukunft. Ich hatte eigentlich die Absicht, Sie und Dr. Lane als Familieneinheit zu erziehen. Ob es wirklich dazu kommt, hängt natürlich von Ihnen und Dr. Lane ab. Ich spreche anschließend mit ihm."

„Das spielt keine Rolle mehr", sagte Sharan tonlos. „Dann bin ich . . . praktisch tot. Ich habe genügend Erfahrungen mit dieser Methode gesammelt, Doktor."

„Gut, dann teile ich Dr. Lane mit, daß Sie einverstanden sind. Sie und er werden morgen vormittag behandelt. Sie bekommen Schreibzeug und haben bis dahin Zeit, Ihre Angelegenheiten zu ordnen."

Sharan drehte sich an der Tür nochmals um und wollte etwas sagen. Der Psychiater schrieb irgend etwas auf ihre Karteikarte. Die Wärterin drängte sie mit sanfter Gewalt in den Korridor hinaus.

XVIII

EIN STRAHLENDER Donnerstagmorgen im Oktober. Ein umfangreiches Hoch hat sich über dem Golf von Mexiko gebildet. Ein anderes breitet sich in der Gegend von Chicago aus. Der Tag verspricht schön zu werden.

In Atlanta erhalten Partygäste Weckamin-Cocktails, bevor die am Vortag begonnene Party weitergeht.

In New York steuert ein bankrotter Börsenmakler seinen Helicar aufs Meer hinaus und läßt ihn dort abstürzen.

In Grosse Point steht eine junge Millionenerbin vor ihrem Spiegel und schneidet sich mit einem Rasiermesser die Kehle durch.

In einer einsamen Radarstation starrt Major Leeber die Betonmauern an und verflucht den Tag, an dem er General Sachsons Adjutant wurde.

Ein wunderbarer Herbstmorgen.

Sharan Inly liegt auf ihrem Bett und wartet darauf, abgeholt zu werden. In einem anderen Teil des Gebäudes sitzt Bard Lane auf der Bettkante und geht die Erinnerungen durch, die bald nicht mehr ihm gehören werden.

In einer Nervenheilanstalt in Connecticut muß ein Pfleger einen Anpfiff von seinem Vorgesetzten einstecken, weil er Walter Howard Path nicht daran gehindert hat, Selbstmord zu begehen.

Achtzehn Kilometer von Omaha entfernt starrt ein Radartechniker einen Lichtpunkt auf seinem Schirm an. Er runzelt die Stirn und vergleicht die Anzeigewerte mit den gemeldeten Flügen im Erfassungsbereich des Geräts.

Geschwindigkeit gleichbleibend. Kurs fast genau hundertachtzig Grad. Sinkgeschwindigkeit über achthundert Meter in der Sekunde.

Der Mann am Radarschirm reagiert automatisch. Er drückt auf den Alarmknopf und legt den Hebel um, der zwölf Abwehrstationen alarmiert und mit seinem Kontrollpult verbindet.

Eine Krankenschwester ordnet die Elektroden. Ein Techniker überprüft die Geräte. Der junge Psychiater schließt die Tür seines Zimmers hinter sich und geht langsam in Richtung Behandlungsraum.

Die Abwehrstellungen sind alarmiert. Weitere fünf Radarschirme erfassen das Ziel und geben ihre Meßwerte an die Computer der Raketenstellungen weiter. Insgesamt sechshundert Flugabwehrraketen stehen jetzt in sechzig Stellungen startbereit und werden von ihren Computern automatisch nachgeführt. Wäre das Ziel an irgendeinem Punkt annähernd senkrecht heruntergekommen, hätte die Elektronik den Startbefehl erteilt. Keine menschliche Hand hätte sich rasch genug bewegen können.

In der Zentralstelle Südwest, die in der Nähe von El Paso liegt, schaltet ein grauhaariger Colonel die Handsteuerung der Raketenstellungen ein und übernimmt selbst die Entscheidung. Er hat zehn rote Knöpfe vor sich und kann damit jeweils sechzig Flugabwehrraketen starten.

„Kursänderung", sagt er jetzt in sein Mikrofon, während er den Radarschirm beobachtet. In einem kleinen Raum in Washington, der sich rasch füllt, dringen seine Worte aus einem Lautsprecher. „Geschwindigkeit um die Hälfte verringert. Ziel bewegt sich senkrecht nach oben. Weiterer Geschwindigkeitsverlust. Entweder unbemannt mit defekter Steuerung oder ungenügend bemannt."

„Abfangen, sobald ein kritisches Gebiet gefährdet zu sein scheint", sagt eine metallische Stimme aus dem Deckenlautsprecher über dem Colonel.

„Das wird den Kinsonianern gefallen", meint der Major, der neben dem Colonel steht.

Der Colonel antwortet nicht. Er denkt an seinen Sohn, der aus unerklärlichen Gründen Selbstmord begangen hat. Sein Gesichtsausdruck bleibt starr. Er erinnert sich an Walter Howard Path.

„Neuer Kurs sechzig Grad. Höhe dreihundert. In Reichweite. Geschwindigkeit auf achthundert gesunken. Höhe dreihundert, Geschwindigkeit siebenhundertfünfzig."

„Abfangen!" befiehlt die Lautsprecherstimme.

Der Colonel reagiert nicht.

„Abfangen!" wiederholt die Stimme. „Bestätigen!"

„Empfehle Erteilung einer Landegenehmigung für den Fremden", sagt der Colonel langsam.

Er hört den Major erschrocken tief Luft holen und sieht aus dem Augenwinkel heraus, daß der Major die Hand nach den roten Knöpfen ausstreckt. Er springt auf und schlägt ihn zu Boden.

Seine Stimme klingt unverändert, als er feststellt: „Das fremde Schiff scheint in Murdoc landen zu wollen."

Funk und Fernsehen überall in Amerika – auf der Party in Atlanta, in dem abstürzenden Helicar vor New York, im Schlafzimmer der toten Millionenerbin in Grosse Point, in der Nervenheilanstalt in Connecticut – und auf dem Schreibtisch der Stationsschwester einer anderen Heilanstalt, an deren Zimmer der junge Psychiater auf dem Weg zum Behandlungsraum vorbeikommt: „ . . . unterbrechen wir unser Programm, um Ihnen mitzuteilen, daß in dieser Sekunde ein unidentifiziertes Raumschiff in Murdoc zu landen versucht. Dieses Schiff scheint der Beschreibung Dr. Lanes zu entsprechen, die Walter Howard Path verbreitet hat. Wie wir soeben erfahren, ist der erste Landeanflug mißglückt. Weitere Berichte folgen. Bis dahin setzen wir unser Programm fort und bringen . . ."

Jord Orlan verließ den Glaskasten und kehrte in seine Räume zurück. Er hatte sich auf die Lippe gebissen, und der Blutgeschmack störte ihn.

Er saß allein und bemühte sich, etwas zu rekonstruieren, das er selbst nicht mehr glauben konnte. Sein Gedankengebäude war zusammengebrochen, und die Trümmer waren wertlos.

Er erinnerte sich an das große Schiff, das nun auf der Oberfläche eines fremden Planeten stand. Und draußen vor ihrem Gebäude, wo zuvor sechs Schiffe gestanden hatten, waren nur noch fünf zu sehen.

Er hatte den Körper eines Zuschauers benutzt und hatte gesehen, daß Raul und Leesa mit einem Fahrzeug abgeholt und zu einem entfernten Gebäude gebracht worden waren. Er hatte die beiden deutlich erkannt, obwohl sie abgemagert waren. Es war ihm sogar gelungen, in dem fremden Körper dicht genug an die beiden heranzukommen, um Raul mit vor Aufregung heiserer Stimme unbeholfen in der Sprache dieser Menschen sagen zu hören: „Dr. Inly und Dr. Lane. Schnell, wir müssen zu ihnen."

Nun gab es nichts mehr zu glauben. Jord Orlan erinnerte sich an das Gesetz. Dieser Flug bedeutete das Ende der Träume. Er sah die Zukunft vor sich: endlose, leere Jahre, in denen es nichts als dieses Spiel gab, das jetzt sinnlos geworden war.

Jord Orlan wußte, was er zu tun hatte. Er fand das schwere Werkzeug auf der untersten Ebene. Als er getan hatte, was nur er tun konnte, waren seine Hände wund und mit Blasen bedeckt.

Dann ging er zu den anderen hinab, um ihnen zu sagen, daß die Träume zu Ende waren.

XIX

Sharan Inly stand neben Bard Lane. Sie sahen durch die gläserne Trennwand eines Fernsehstudios. Raul und Leesa saßen an einem Tisch. Die Kameras waren auf sie und den Interviewer gerichtet, der an der Längsseite des Tisches Platz genommen hatte. Bard und Sharan hatten durchgesetzt, daß Raul und Leesa sich wie normale Menschen kleiden durften, anstatt auch zu diesem Interview die auffällige Tracht der Wächter zu tragen.

„Wie lange dauert das Interview noch?" fragte Sharan.

„Nicht mehr lange", beruhigte Bard sie. „Aber die beiden haben natürlich keine ruhige Minute, solange sie eine Sensation sind."

„Dann beeilst du dich am besten mit ‚Tempo II', mein Freund, und holst ein paar Leute von Marith und Ormazd hierher. Wie kommst du damit voran?"

„Ausgezeichnet, seitdem Panasien sich entschlossen hat, sich daran zu beteiligen. Allerdings ist die andere Seite noch etwas mißtrauisch, weil sie sich nicht erklären kann, warum wir plötzlich unsere Karten offen auf den Tisch legen."

Sharan sah zu Leesa hinüber. „Sie ist sehr geduldig, nicht wahr?"

„Das hat sie mir bereits erklärt. Für sie ist das alles . . . eine Art Buße für vergangene Untaten. Wie findest du ihr Englisch?"

„Sie hat erstaunlich rasch gelernt, sich verständlich auszudrücken." Sharan kicherte. „Weißt du, was mir eben einfällt, Bard? Du hast einmal behauptet, sie sei vermutlich kahlköpfig und habe den Körper einer Zwölfjährigen."

Bard Lane erinnerte sich ebenfalls daran. „Sie hat mir selbst gesagt, daß sie zu Hause als außergewöhnlich groß und kräftig gegolten hat. Hier ist sie nur eine hübsche junge Frau, die vielleicht etwas zierlicher als die meisten ist. Und dein Raul würde nirgends auffallen."

„Das stimmt nicht!"

Bard grinste nur. Sie hörten den letzten Teil des Interviews. „Stimmt es, daß die Wächter sich seit Ihrer Ankunft vor einigen Wochen nicht mehr mit Ihnen oder Ihrer Schwester in Verbindung gesetzt haben, Mr. Kinson?"

Raul runzelte die Stirn. „Ja, Sie haben recht. Das ist mir unerklärlich. Sie hätten es leicht tun können."

„Ich habe hier eine Statistik, die vielleicht auch Sie überraschen wird, meine sehr verehrten Zuschauer. Seit der Ankunft dieser beiden jungen Leute ist die Zahl der Gewaltverbrechen in allen Ländern erstaunlich zurückgegangen. Selbstverständlich gibt es noch immer welche – aber die Täter ohne Motiv, die Verbrecher, die aus einem unerklärlichen Zwang heraus handelten, scheinen schlagartig ausgestorben zu sein."

Raul und Leesa starrten sich betroffen an.

„Das kann nur bedeuten, daß die Wächter endlich die Wahrheit erkannt haben – oder daß sie die Traummaschinen nicht mehr benutzen", sagte Leesa. „Wir wissen nicht, welche dieser beiden Möglichkeiten zutrifft. Um das festzustellen, müßte jemand ... zurückfliegen."

„Würden Sie zurückfliegen wollen?"

Leesa bewegte langsam den Kopf, bis sie Bard in die Augen sehen konnte. „In meinem Leben, Sir, gehe ich nur noch dorthin, wohin Dr. Lane geht."

„Oh, ich wußte gar nicht, daß du noch rot werden kannst!" flüsterte Sharan.

„Pst!"

„Und wie steht es mit Ihnen, Mr. Kinson? Würden Sie zurückfliegen?"

Raul runzelte die Stirn. „Ich weiß nicht, ob ich mich richtig ausdrücken kann. Alles ist nur ein Teil des großen Plans, von dem ich Ihnen erzählt habe. Die Wächter zerstören jetzt nicht mehr. Die drei Planeten, die von unseren gemeinsamen Vorfahren kolonisiert worden sind, können nun ungestört zusammenarbeiten. Die Erde hat Marith viel zu bieten. Aber die Erde und Marith können noch mehr von Ormazd lernen. Wir sind wie drei Kinder, die unter verschiedenen Umständen aufgewachsen sind – und jetzt haben wir das Alter erreicht, in dem wir uns gegenseitig helfen können. Ich habe mir Gedanken über meine Zukunft gemacht, die natürlich auch Dr. Inly betreffen, seitdem wir an einem Tag gemeinsam mit meiner Schwester und Dr. Lane geheiratet haben. Ich weiß aus meinen Träumen, daß die Bewohner von Ormazd imstande sind, auch ohne Traummaschinen über kürzere Entfernungen hinweg in Gedanken eins zu sein. Meine Schwester und ich möchten mit unseren Ehepartnern dorthin fliegen, um zu lernen. Und sobald wir wissen, woraus das Geheimnis dieser Menschen besteht, möchten wir zurückkommen und die Menschen der Erde darin unterweisen, damit auch die restlichen Gewalttaten eines Tages ausgerottet werden. Auch das ist ein Traum – aber diesmal ein nützlicher. Die drei Planeten, auf denen die Nachkommen der ursprünglichen Auswanderer jetzt leben, werden in Zukunft gemeinsame Fortschritte erzielen. Aber diese Vereinigung wird lange dauern, und ich glaube nicht, daß wir alle die größten Veränderungen noch erleben werden. Aber ich möchte wenigstens dazu beitragen, daß die Menschen den ersten Schritt auf diesem Weg tun.

Um das zu erreichen, möchte ich zurückgezogen mit meiner Frau leben. Ich möchte mit Dr. Lane zusammenarbeiten. Es gibt viel zu lernen und viel zu tun. Ich möchte nicht mehr von Kameraaugen angestarrt werden. Auch meine Schwester hat diese Auftritte satt. Wir wollen jetzt an die Arbeit gehen, um das große Schiff zu bauen, das den Menschen einen Weg in die Zukunft bahnen soll."

Er sah lächelnd zu Sharan hinüber.

„Dieses Schiff wird *Pfadfinder* heißen", fügte er leise hinzu.

John D. MacDonald

John Dann MacDonald kam am 24. Juli 1916 in Sharon im amerikanischen Bundesstaat Pennsylvania zur Welt. Nach Studien an der „Syracuse University" und der „Harvard Graduate School of Business" trat er 1940 in die Armee ein, die er als hoher Offizier 1946 wieder verließ. Zu dieser Zeit fing er an zu schreiben, zunächst Kriminalerzählungen, die er an Groschenhefte – die sogenannten „pulps" –, aber auch an renommiertere Zeitschriften wie *Esquire* verkaufte. Seit 1950 verfaßte er mehr als fünfzig Kriminalromane, von denen sich etwa zwanzig um Travis McGee drehen, den Detektiv, der MacDonald weltweit bekannt machte. Für seine Werke, zu denen neben Krimis auch „seriöse Literatur" und Sachbücher gehören, erhielt er mehrere Auszeichnungen. Sie wurden in mehr als zehn Sprachen übersetzt, und in den USA war er mit mehr als 15 Millionen verkaufter Bücher einer der erfolgreichsten Autoren der sechziger Jahre.

Unter anderem betätigte sich MacDonald auch auf dem Gebiet der Science-fiction. Seine SF-Geschichten, die bereits in den vierziger Jahren in verschiedenen Magazinen erschienen waren, wie auch seine Romane fanden in der Fachwelt Beachtung und Anerkennung. 1951 veröffentlichte der Schriftsteller mit dem vorliegenden Werk „Planet der Träumer" seinen ersten SF-Roman, mit dem er in Deutschland viele Anhänger gewann. Um ein ähnliches Thema ging es in seinem folgenden, 1952 erschienenen SF-Titel „Herrscher der Galaxis", in dem Menschen als Marionetten einer galaktischen Zivilisation dargestellt werden. Einen anderen Ton schlug er zehn Jahre später an: „Flucht in die rote Welt" erzählt die Geschichte einer Uhr, die ihren Träger unsichtbar macht, indem sie die Zeit verlangsamt, und MacDonald bewies damit, daß Science-fiction-Themen auch auf amüsante Weise behandelt werden können.

John D. MacDonald starb am 28. Dezember 1986 in Milwaukee, Wisconsin, an den Folgen einer Herzoperation.

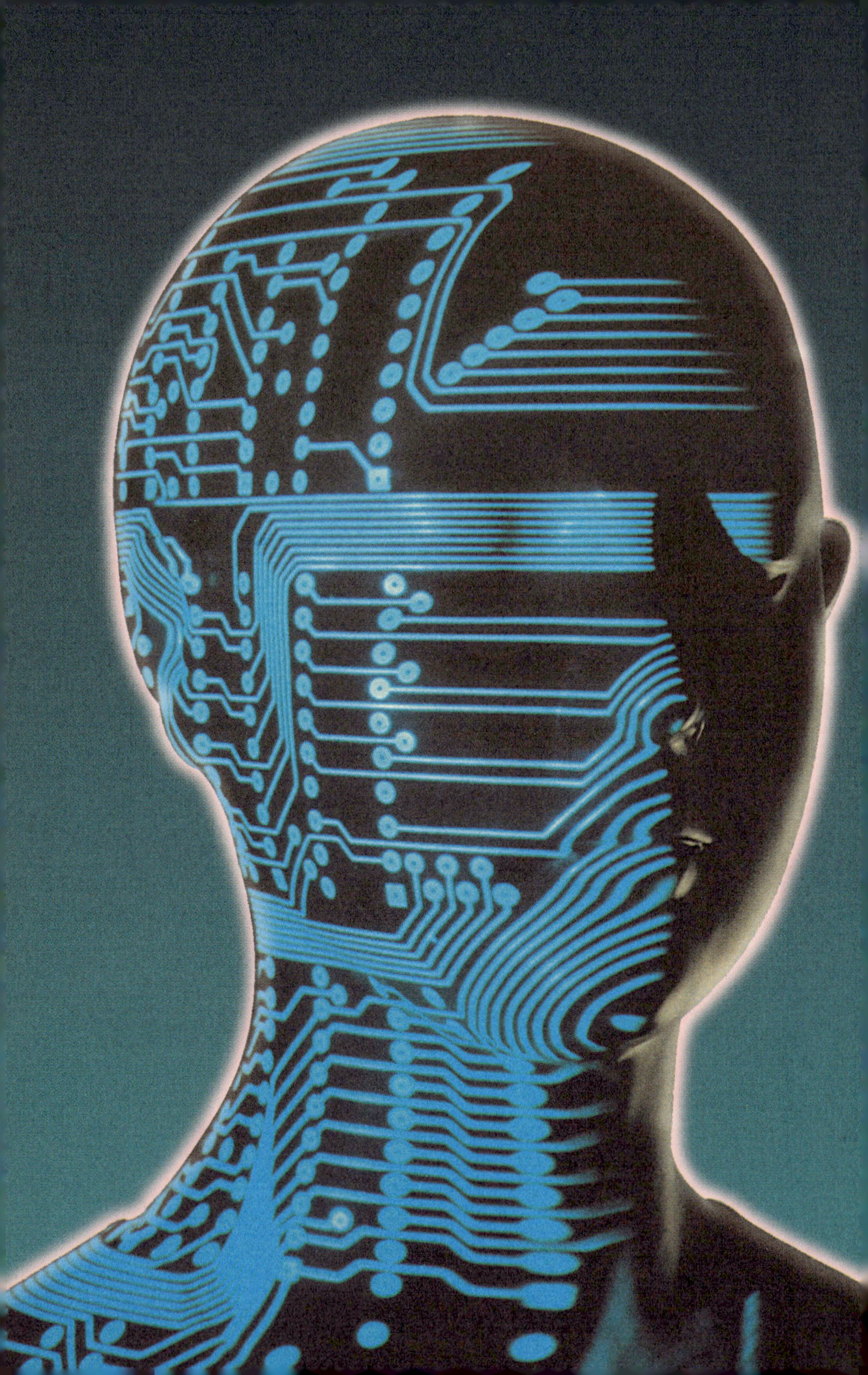

Das Zeitalter der künstlichen Intelligenz

Visionen und Szenarios

Ein Auszug aus dem Buch
KI – Das Zeitalter der Künstlichen Intelligenz
von Raymond Kurzweil
erschienen im Carl Hanser Verlag

Seit es die Computerindustrie gibt, ist der rasche Wandel eines ihrer hervorstechendsten und beständigsten Merkmale. Eine Aufgabe, die Anfang der vierziger Jahre zehn Personen an elektromechanischen Rechnern zehn Monate lang in Anspruch nahm, erforderte auf einem IBM-Rechner Anfang der sechziger Jahre noch zwanzig Minuten; heute kann man sie auf einem Personalcomputer in nur wenigen Sekunden ausführen. Im Verhältnis zu den ersten relaisgesteuerten Computern ist ein moderner PC fast eine Million Mal schneller, bei einem Bruchteil der Kosten. Zusätzlich zur grundlegenden Rechenleistung, die in Geschwindigkeit und Speicherkapazität gemessen wird, haben neue Hardware- und Software-Technologien unsere Fähigkeit der Interaktion mit Computergeräten immens verbessert.

In den vierziger und fünfziger Jahren erfolgte die Kommunikation zumeist über Schalttafeln mit Steckverbindungen, in den sechziger und siebziger Jahren über Rollen von Lochstreifen aus Papier, Stapel von Lochkarten und Ausdrucke von Zeilendruckern. Mit hochauflösenden graphischen Displays, der Maus, Laserdruckern, Scannern, Spracherkennung und anderen Technologien besteht heute eine Vielzahl von Möglichkeiten für die Kommunikation zwischen Mensch und Maschine.

Fortschritte in der Software haben es ermöglicht, die immer leistungsstärkere Hardware für eine Produktivitätssteigerung in den meisten Berufen einzusetzen. Auch außerhalb des Büros findet man Computer überall – im Büro, in der Küche, im Kinderzimmer, im Lebensmittelgeschäft und in der Grundschule.

Wird sich dieser Trend fortsetzen? Natürlich kann irgendwann ein Zeitpunkt kommen, von dem an sich die Steigerungsrate verlangsamt, aber es sieht nicht so aus, als werde das in der näheren Zukunft der Fall sein. Oft heißt es, daß die Software-Entwicklung und -Anwendung den erstaunlichen Fortschritten der Hardware-Technologie hinterherhinkt. Die Fortschritte bei der Software sind vielleicht eher evolutionär als revolutionär, andererseits sind in vielen Fällen bereits Software-Techniken erhältlich, für deren

Einsatz man lediglich auf eine genügend leistungsstarke Hardware wartet. Beispielsweise können Techniken der Spracherkennung, die ein großes Vokabular erfassen, so erweitert werden, daß sie auch fließend gesprochene Sprache verstehen. Aber das erfordert eine sehr viel größere Rechengeschwindigkeit.

Doch die bereits jetzt erreichten extremen Zahlenwerte, die Billionstelsekunden der Taktrate und die Milliarden von Zeichen der Speicherkapazität lassen uns abstumpfen. Welche Auswirkungen haben diese Entwicklungen? Wie wird sich die Gesellschaft wandeln? Wie wird sich unser tägliches Leben verändern? Welche Probleme werden gelöst und welche werden geschaffen?

Man kann auf unterschiedliche Weise versuchen, diese Fragen zu beantworten. Am aufschlußreichsten ist es vielleicht, über bestimmte Geräte und Szenarios nachzudenken, welche die Art, wie wir kommunizieren, lernen, leben und arbeiten, grundlegend verändern können. Solche Beispiele repräsentieren nur einige der Arten, wie Computer die Welt der Zukunft gestalten werden. Die Beispiele beruhen auf sich bereits abzeichnenden Trends. Der genaue Zeitpunkt ihrer Verwirklichung steht noch nicht fest.

Das übersetzende Telefon

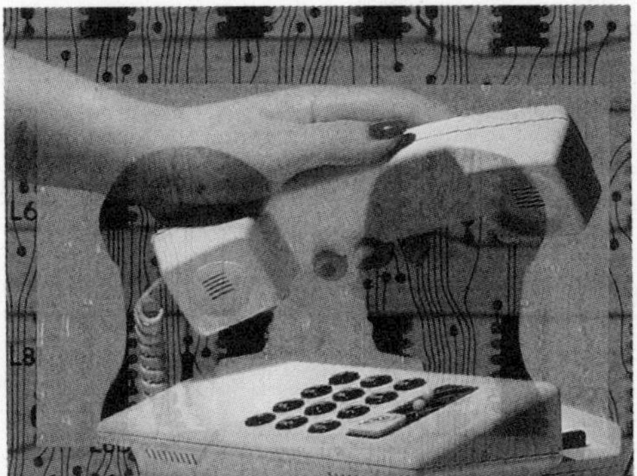

Koji Kobayashi, Präsident des mächtigen japanischen Konzerns NEC, hat einen Traum: Eines Tages wird man in der Lage sein, überall auf der Welt anzurufen und sich mit Menschen zu unterhalten, ungeachtet der Sprache, die

diese Menschen sprechen. Die Wörter werden dabei beim Sprechen in Echtzeit von einer Sprache in die andere übersetzt.

Für die Verwirklichung von Kobayashis Traum sind drei Technologien erforderlich: automatische Spracherkennung, Sprachübersetzung und Sprachsynthese. Alle drei gibt es heute schon, wenn auch nicht in der notwendigen ausgereiften Form.

Die automatische Spracherkennung müßte einen großen (relativ uneingeschränkten) Wortschatz mit der Akzeptanz von fließend gesprochener Sprache und Sprecherunabhängigkeit kombinieren. Das Übersetzungssystem müßte keine literarisch hochwertigen Übersetzungen erstellen, aber ohne Hilfe arbeiten können. Völlig automatische Übersetzungen von ausreichender Qualität werden vermutlich gleichzeitig mit der Spracherkennung verfügbar sein. Die Sprachsynthese ist die einfachste der drei Technologien, sie ist heute schon verfügbar. Synthetische Sprache, von hochwertigen Synthesizern erzeugt, klingt zwar noch nicht völlig natürlich, aber sie kann recht gut verstanden werden.

Die Überwindung der Sprachbarriere wird eine noch enger verflochtene Weltwirtschaft und -gesellschaft zur Folge haben. Es wird einfacher sein, mit mehr Menschen zu reden – doch die Möglichkeit, einander mißzuverstehen, wird davon unbeeinflußt bleiben.

Der intelligente Assistent

Der Mitarbeiter einer Firma, der über den Kauf einer teuren betrieblichen Anlage nachdenkt und sich ein Bild der verschiedenen Finanzierungsmöglichkeiten verschaffen möchte, muß einiges berücksichtigen: die augenblickliche Bilanz der Firma, die Situation auf verschiedenen Finanzmärkten sowie zukünftige finanzielle Projekte. Der Mitarbeiter bittet nun seinen intelligenten Assistenten, einen Bericht zu erstellen, in dem die vernünftigsten Finanzierungsmethoden und ihre Auswirkungen vorgestellt werden. Der Computer führt zunächst ein Gespräch mit ihm, in dem geklärt wird, worum es geht. Während der Untersuchung hat er Zugriff auf die Bilanz und die Finanzpläne aus den Datenbanken der Firma. Er kontaktiert über Telefon die Dow-Jones-Datenbank, um sich über die aktuellen Finanzmärkte zu informieren. Er spricht mit Leuten, um Einzelheiten eines Leasing-Angebots zu klären. Er stellt alle notwendigen Informationen zusammen und präsentiert sie in einem schriftlich ausgearbeiteten Bericht mit Farbtabellen.

Außerdem könnte der Computer-Assistent die Termine des Mitarbeiters planen und Dienstreisen organisieren. Wann ein solches System realisiert sein wird, hängt davon ab, wie intelligent der Assistent sein soll. Primitive Vorläufer gibt es schon heute.

Man hat Spracherkennung mit einem großen Wortschatz mit Programmen für natürliche Sprache und Datenbanken zu Systemen integriert, die auf mit der Stimme erteilte Befehle reagieren können.

Die größten Herausforderungen, vor die uns diese Vision stellt, ist der Besitz von genügend Allgemeinwissen und die Fähigkeit zu entscheiden, welche Information für die Lösung eines bestimmten Problems erforderlich ist. Für viele Arbeitsgebiete *werden Expertensysteme benötigt, die weniger eng gefaßt sind als die heutigen. Einer der ersten intelligenten Assistenten wird uns wahrscheinlich helfen, Informationen von Datenbanken über Telekommunikation zu erhalten.*

Die ausgereifteren Systeme werden eigene Datenbanken verwalten. Man wird Informationen auf flexible Art und Weise erhalten können, ohne wissen zu müssen, welcher Datenbankservice welche Information bereithält und wie man an sie herankommt. Im Laufe der Zeit werden diese Systeme in problemlösende Expertensysteme der verschiedensten Arbeitsgebiete integriert werden.

Der kybernetische Chauffeur

Wann werden Computer unsere Autos fahren? Ohne tiefgreifende Veränderung der Methoden der Verkehrslenkung ist das Aufkommen selbstfahrender Autos noch lange Zeit unwahrscheinlich, denn menschliches Sehen und die menschlichen Fähigkeiten der Mustererkennung sind beim Fahren in vollem Umfang gefordert.

Doch es gibt eine einfachere Ausführung des kybernetischen Chauffeurs, die sowohl die Zahl der tödlichen Unfälle drastisch reduzieren als auch das Fahren insgesamt erleichtern könnte. Wenn speziell entwickelte Sensoren und Kommunikationsgeräte an den Hauptverkehrsstraßen angebracht würden, könnten die Fahrzeuge sowohl mit der Straße als auch mit anderen Fahrzeugen kommunizieren. Sie könnten dann auf Autopilot gestellt werden. Computerisierte Straßen wären so etwas wie elektronische Eisenbahnschienen, auf die unsere Autos auffahren. Algorithmen, die in die Elektronik von Kraftfahrzeugen und Straßen eingebaut wären, würden Sicherheitsabstände einhalten und wüßten auf eine Vielzahl von Situationen zu reagieren. Es gibt heute bereits die entsprechende Technologie, mit der dafür gesorgt werden könnte, daß Autos die vorgeschriebene Geschwindigkeit und genügend Abstand einhalten. Die Situation kompliziert sich freilich, wenn noch andere Bedingungen berücksichtigt werden.

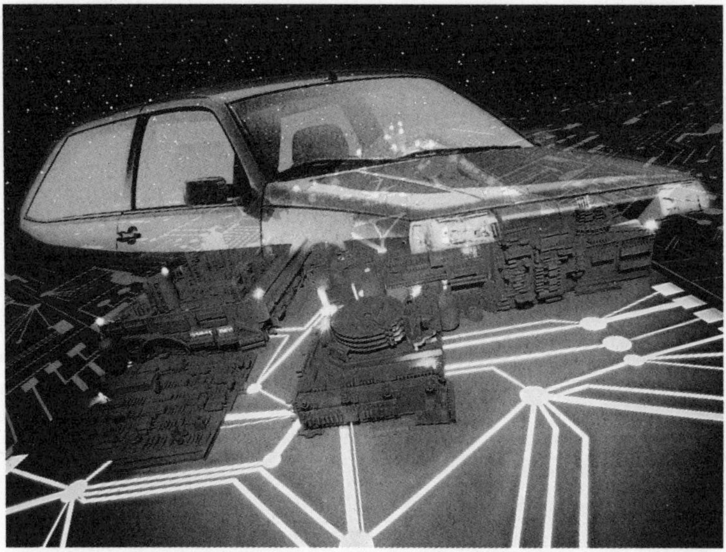

Zuerst einmal muß man mit dem Auto auf eine computergesteuerte Straße gelangen. Man müßte wahrscheinlich auf eine Zubringerstraße fahren, auf der der Computerfahrer sich an das Straßenkommunikationssystem anschließt, das gemeinsam mit dem intelligenten Autocomputer die Kontrolle übernimmt. Noch heikler ist es wahrscheinlich, die Straße wieder zu verlassen. Das System muß mit der Möglichkeit rechnen, daß der Fahrer eingeschlafen oder aus irgendeinem anderen Grund nicht bereit ist, die manuelle Steuerung zu übernehmen. Die beste Lösung wäre, wenn das System das Auto an einer Ausfahrt anhielte, wo der menschliche Fahrer dann wieder übernehmen müßte. Die Maschinenintelligenz müßte ferner wissen, was bei einem Ausfall der Hardware zu tun ist. Außerdem müßten die Konstrukteure solcher Systeme die Möglichkeit in Betracht ziehen, daß sich Menschen oder Tiere auf der Straße befinden.

Trotz solcher Komplikationen sind intelligente Straßen vom technischen Standpunkt gesehen ein weit geringeres Problem als der automatische Fahrer, der sich in der jeweiligen Verkehrssituation zurechtfindet. Ein großes nichttechnisches Hindernis bei der Schaffung eines intelligenten Straßensystems ist jedoch, daß dafür ein hohes Maß an Kooperation zwischen der Automobilindustrie und den für unsere Straßen (und Fahrer) zuständigen Behörden erforderlich wäre. Eine solche Innovation könnte nicht zunächst auf einen kleinen Benutzerkreis begrenzt werden. Sie müßte gleichzeitig in zumindest einige Straßen und in alle Autos, die auf diesen Straßen fahren sollen, eingebaut werden. Die Einführung eines solchen Systems wird wohl schrittweise erfolgen.

Ein anderer Ansatz wäre es, Straßen überhaupt abzuschaffen und statt dessen computergesteuerte Fluggeräte zu entwickeln, die senkrecht aufsteigen und landen können. Schließlich ist im dreidimensionalen Luftraum sehr viel mehr Platz als auf unseren zweidimensionalen Straßen. Die Fluggeräte wären ungefähr so groß wie unsere heutigen Autos, aber in der Benutzung einfacher.

Unsichtbare Kreditkarten und Schlüssel

Wir haben heutzutage eine Reihe von Schlüsseln und Karten bei uns, mit denen wir in unser Haus, Auto oder Büro gelangen können und Zugriff auf eine ganze Reihe finanzieller Dienstleistungen haben. Diese Schlüssel und Karten könnten durch eine entsprechend weitverbreitete Anwendung verläßlicher Technologien der Personenidentifizierung überflüssig werden.

Solche Systeme werden die Erkennung eines persönlichen Merkmals (eines Fingerabdrucks oder eines Stimm-Musters) mit einem vom Benutzer eingegebenen Kennwort kombinieren. Das Kennwort verhindert, daß bei falscher Erkennung Probleme entstehen. Das Erkennungssystem verhindert den unerlaubten Zugriff durch einen Dieb, der in den Besitz eines Kennworts gelangt ist. Leider können solche Technologien auch Big Brother dabei helfen, die Transaktionen und Schritte einzelner zu verfolgen und zu überwachen.

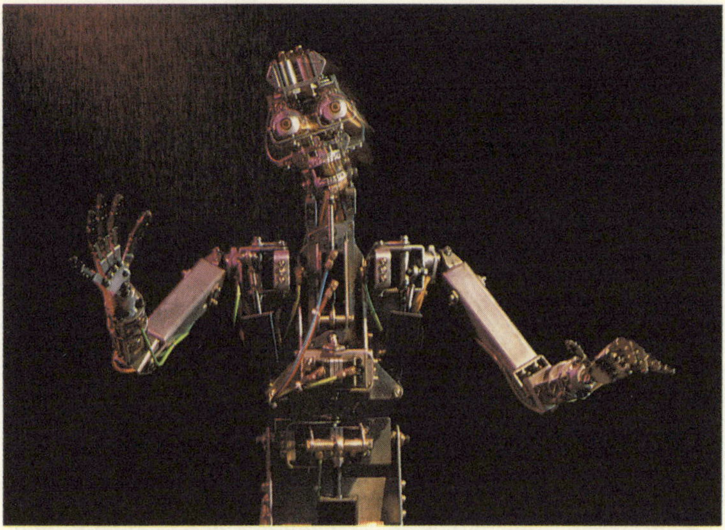

Künstliche Menschen und die Medien der Zukunft

Ungefähr ein Jahrzehnt nach Einführung von allen möglichen Computerspielen, in denen wir es mit künstlichen Geschöpfen zu tun haben, ist es heute bereits möglich, einigermaßen lebensechte Videobilder von menschlichen Gesichtern künstlich zu erzeugen und lebendig zu gestalten. In künftigen Computerspielen und interaktiven Lernprogrammen, die synthetisch erzeugte Menschenbilder benutzen, wird man Bilder von einigermaßen realistischen Menschen sehen, die sprechen und Emotionen ausdrücken können. Diese Bilder werden nicht vorher abgespeichert, sondern in Echtzeit geschaffen werden. Bewegungen und Sprachlaute werden so berechnet sein, daß sie die gewünschten Gedanken und Gefühle ausdrücken, und entsprechend dem Programmkontext könnten solche künstlichen Menschen auf unsere Handlungen reagieren.

Der künstliche Mensch wird immer mehr zu einem wirklichen Menschen werden, je weiter Spracherkennung und Verstehen von natürlicher Sprache fortgeschritten sind und je mehr eine verbesserte Bildauflösung und Rechenleistung der Computer sehr viel realistischere Bilder ermöglichen. Hinzukommen müßten noch hochentwickelte Fähigkeiten der Problemlösung sowie mehr Intelligenz, um eine komplexere Persönlichkeit zu erhalten.

Solche künstlichen Menschen könnte man in realistischen Spielen einsetzen, in Filmen, in die der Betrachter aktiv eingreifen kann, sowie in Lernprogrammen, bei denen die Schüler anhand von Erfahrungen aus erster Hand lernen. Mit der Zeit würden die künstlichen Personen immer ausgereifter, realistischer, kommunikativer, interaktiver und natürlich intelligenter werden. Selbstverständlich ist Persönlichkeit keine Eigenschaft, die einfach einer intelligenten Maschine einprogrammiert werden könnte. Die Formung der Persönlichkeit intelligenter Maschinen wird so wichtig sein wie die ihrer Intelligenz.

Für künstliche Menschen könnte man schließlich eine dreidimensionale holographische Darstellungstechnik verwenden, durch die man sie nicht mehr von wirklichen Menschen unterscheiden könnte.

Man sorgt sich heute darüber, daß die Macht des Fernsehens unsere Meinung formt und unsere Gefühle und unsere Aufmerksamkeit besetzt. Doch das Fernsehen ist im großen und ganzen nicht interaktiv; der Fernsehbildschirm hat nur eine geringe Auflösung und ist zweidimensional. Ein Medium, das eine fast perfekte Auflösung und dreidimensionale Bilder böte und mit uns auf intelligente und natürliche Art und Weise interagieren würde, könnte eine viel stärkere emotionale Wirkung erzielen, vermutlich zu stark für die meisten Menschen. Die Nutzbarmachung und Überwachung dieser Medien der Zukunft wird zweifelsohne ein Gebiet sein, über das viel diskutiert und gestritten werden wird.

Eine ganz andere Herangehensweise an das Konzept vom künstlichen Menschen liegt im Bereich der Robotik. Die Hauptmotivation der Roboter-Technologie liegt in den praktischen Anwendungen der Produktions- und Dienstleistungsindustrie. Für die meisten dieser Anwendungen ist eine Ähnlichkeit zum Men-

schen oder zu einem anderen Lebewesen von geringer Bedeutung, doch wird es Anwendungen für natürliche Roboter als Lehrer, Unterhalter und Gesellschafter geben.

Die Schaffung einer einigermaßen natürlichen Roboter-Imitation eines Menschen ist noch schwieriger als die Schaffung eines überzeugenden Bildes in den Medien. Jeder autonome Roboter, menschenähnlich oder von anderer Gestalt, muß sich in einer natürlichen Umgebung bewegen können; dies erfordert eine uneingeschränkte Sehfähigkeit und ein hohes Maß an feinmotorischer Koordination. Autonome Roboter für die Erkundung menschenfeindlicher Umgebung – Kernreaktoren oder Oberflächen anderer Planeten – gibt es bereits. Der routinemäßige Einsatz von Robotern auf konventionellen Schauplätzen wird aber wahrscheinlich noch eine Weile dauern.

Schlußfolgerung

Die aufgeführten Szenarios zeigen nur eine kleine Auswahl von Möglichkeiten, wie intelligente Maschinen der Zukunft unser Leben beeinflussen könnten. Die heutigen Computer mögen noch dumm sein, aber sie sind bereits in fast jeden Bereich des Arbeitslebens und der Freizeit eingedrungen. Unsere Bürokratien würden ohne ihre extensiven Computernetze kaum mehr funktionieren. Wenn den heutigen Computern mit ihrer enormen Speicherkapazität und Schnelligkeit in der nächsten Phase des Zeitalters intelligenter Maschinen zusätzlich die Intelligenz bestimmter Wissensgebiete einprogrammiert wird, so ergibt das eine wahrhaft leistungsstarke Kombination. Autos, Uhren, Betten, Stühle, Wände, Böden, Schreibtische, Bücher, Kleider, Telefone, Häuser, Haushaltsgeräte – nahezu alles, womit wir in Berührung kommen, wird intelligent sein und unsere Bedürfnisse und Wünsche abfragen und befriedigen. Das Zeitalter der intelligenten Maschinen wird nicht an einem bestimmten Tag einsetzen; es hat bereits begonnen, und Maschinen werden mit jedem Jahr intelligenter.